U0895995

现代铅冶金

张乐如　编著

内容简介

Introduction

本书全面介绍了各种现代直接炼铅技术的冶金原理和生产实践，总结了国内外现代直接炼铅技术在科研、设计和生产领域取得的最新进展，介绍了粗铅连续脱铜技术、大极板电解精炼技术、环境保护及资源综合回收。全书共分 14 章，包括铅冶金的理论基础，各种直接熔炼方法（包括基夫赛特法、富氧底吹法、富氧侧吹法、富氧顶吹法、QSL 法和卡尔多法），粗铅初步火法精炼，电解精炼及资源综合回收。

本书是一本系统介绍现代铅冶金技术的专著，可供从事铅冶金科研、设计和生产的技术人员参考，也可作为大专院校有色冶金专业的大学生、研究生和教师的参考书。

前言

Foreword

铅的主要用途是制造铅酸蓄电池，世界铅消费量的80%以上用于铅酸蓄电池。汽车工业的发展使铅成为人们生活中不可缺少的材料。由此也促进了铅冶炼工业和冶炼技术的迅速发展。

铅是一种危害人体健康的重金属，冶炼过程中的废气、废水和废渣都会对环境带来不良影响。迫于环境保护的压力，世界许多国家有色冶金专家和工程技术人员都在研究开发新的炼铅技术取代传统的炼铅工艺，提高铅冶炼工业的机械化和自动化水平，尽量减少铅冶炼对环境的影响。

中国是铅产量和消费量最大的国家，世界近50%的铅产自中国。十余年来我国铅冶炼的技术和装备水平得到快速提高。目前我国不仅拥有世界上各种现代炼铅方法，而且铅冶炼工作者在现代熔炼技术的基础上自主创新，自行研究开发了多种新的炼铅方法。传统的烧结－鼓风炉还原熔炼工艺正在逐步被淘汰，过去那些采用烧结锅、烧结盘的小规模炼铅厂已经被迫关闭。铅的电解精炼的技术进步正在向设备大型化和生产自动化发展，过去的小极板电解和人工操作的局面正在改变。

以直接炼铅为核心的现代铅冶炼与传统铅冶炼最显著的区别是：硫化铅精矿直接熔炼、采用氧气或富氧空气作为工艺风鼓入熔体、具有一定动能的气流对熔体形成强烈搅动，从而使冶炼工艺流程缩短；传质传热效率高，生产效率大幅度提高；烟气量大幅度减少，热效率提高，能耗降低；对环境的影响显著减小。本书主要介绍我国所拥有的各种现代炼铅法，包括富氧底吹炼铅工艺、富氧侧吹炼铅工艺、基夫赛特炼铅工艺、富氧顶吹炼铅工艺、QSL炼铅工艺和卡尔多炉炼铅法等铅冶金的基本原理、工程设计、生产实践、环境保护和资源综合利用，以及大极板铅电解精炼的机械化和自动化。书中也介绍了一些作者对现代铅冶金的观点和认识。希望随着铅冶金的技术进步，能出现更多理论探讨和理论研究。

为了使用方便，本书中的个别术语采用习惯用语，如冰铜（应为铜锍）等。

本书是一本系统介绍铅冶金技术的专著，可供从事铅冶金科研、设计和生产的技术人员参考，也可作为大专院校有色冶金专业的大学生、研究生和教师的参考书。

感谢长沙有色冶金设计研究院有限公司余刚总经理、廖江南副总经理及科技部尹泽辉部长对本书出版的大力支持。在本书的编著过程中，宋光辉、陈智和、谭荣和、舒见义、贺菊香、蔡晖、宋守恒、吴晓松、刘燕庭、鄢铁强、熊家政、张岭、黄文虎等提供了许多帮助，在此一并表示衷心感谢。

由于作者学术水平有限，对书中个别炼铅方法缺乏深入全面的理解，认识程度不高，而且获得的资料及相关信息也很有限，文中难免有一些肤浅和缺陷之处，恳请读者批评指正。

作　者

2013 年 9 月

目录

Contents

第1章 绪 论

1.1 铅冶金发展史

1.1.1 铅冶金技术发展过程

古代铅冶金历史悠久，可以追溯到公元前2000多年。由于氧化铅矿石具有容易被碳或一氧化碳还原成金属铅，硫酸铅用火焰烧灼析出金属铅的特性，因而人们很早就发现了铅。我国是发现、生产和使用铅很早的国家。早在公元前2000年左右，我国就用铅铸造钱币，叫做“铅刀”。据史料记载，我国古代还用铅作为原料制造铅丹和铅白等化合物，用于医药及化妆。

以工业规模生产的铅冶金是16世纪开始的。到了19世纪，人们发现铅具有抗酸、抗碱、防潮、密度大以及能吸收放射性物质等性能，并且可以与其他金属合成各种合金、制造蓄电池。这些新性能和新用途的发现促进了铅冶金工业的快速发展。

铅冶炼工业化生产是从烧结－鼓风炉还原熔炼工艺开始的，今天它常被人们称为传统炼铅工艺。烧结－鼓风炉还原熔炼工艺以硫化铅精矿为原料，首先将铅精矿、熔剂及返粉配料，混合制粒，进行烧结脱硫，产出的烧结块部分进行破碎，制成返粉送入配料，合格的烧结块送入鼓风炉，加焦炭进行还原熔炼。早期烧结设备为烧结锅或烧结盘。烧结过程为间断操作，劳动条件很差，环境污染严重。20世纪初发明了履带式的烧结机，使烧结过程改变成连续操作，劳动条件和操作环境大为改善，但是由于烧结机的密封性能较差，烧结脱硫的效果不佳，导致脱硫产生的烟气SO_2浓度低，不能满足制酸工艺要求，含有SO_2的烟气直接排空，对大气造成严重污染。随着人类对环境质量的日益重视，对烧结机和烧结工艺作了许多改进。烧结机采用刚性滑道和柔性传动，加强烧结机的密封。烧结工艺采用返烟烧结，提高返粉质量和烧结物料的制粒水平，改善烧结物料透气性，增加料层厚度，提高脱硫效果。这些改进提高了烟气SO_2的浓度，可以满足稳态一转一吸制酸工艺的要求和其他低浓度制酸工艺的要求，20世纪90年代许多炼铅厂的烧结烟气增加了制酸系统，烟气中的SO_2 80%左右得到回收和利用，减少了SO_2对大气环境的污染。

20 世纪 60 年代到 70 年代，德国、澳大利亚、苏联等国家对硫化铅精矿直接熔炼进行了大量的研究工作，开发出多种直接炼铅方法。诸如德国鲁奇的 QSL 法；澳大利亚科学与工业组织和芒特 · 艾萨公司共同开发的艾萨熔炼法(ISA Smelting Process)，又称悉罗熔炼法；苏联有色金属研究院开发的基夫赛特法(Kivcet Process)等。其中 QSL 法和基夫赛特法在 20 世纪 80 年代就得到工业化应用，艾萨法首先用于铜冶炼，后来也在铅精矿直接熔炼方面得到工业化应用。

我国从 20 世纪 90 年代开始在 QSL 法的基础上开发了水口山炼铅法，又称富氧底吹炼铅法，近十余年来该工艺在我国得到广泛应用。2000 年开始又在瓦纽科夫熔炼法的基础上开发了富氧侧吹炉炼铅法，这种方法最近也得到了工业化应用。

1.1.2 铅冶金技术现状

目前世界铅总产量 900 余万吨/年，我国铅产量 400 余万吨/年，其余产量主要分布在美国、日本、加拿大、德国、韩国、俄罗斯和澳大利亚等国家。由于环境保护的要求日益严格以及西方经济危机的影响，西方有色冶炼产量逐步减少，使有色金属价格迅速升高，又促进了铅冶炼工业的快速发展，不仅炼铅产能迅速扩大，铅冶炼的技术装备水平也得到快速进步。

我国现代铅冶炼技术发展历程如下：

1989 年西北铅锌冶炼厂引进 QSL 炼铅工艺，1992 年投产。

1993—1998 年在水口山矿务局进行富氧底吹炉炼铅试验，1999 年分别在豫光金铅公司和安徽池州建设富氧底吹炉熔炼 - 高铅渣铸块鼓风炉还原工艺的炼铅厂，于 2001 年投产，此后这一工艺在国内得到广泛推广，用富氧底吹炉氧化熔炼取代烧结机烧结，解决了烧结烟气低浓度 SO_2 制酸困难及烧结过程粉尘污染问题。

2003 年西部矿业公司引进卡尔多技术用于炼铅，2005 年 11 月开始试运行。

2002 年云南冶金集团公司引进 ISA 顶吹熔炼技术炼铅，产出的高铅渣铸块采用鼓风炉还原熔炼，2005 年 6 月投产。

2005—2007 年豫光金铅公司进行底吹炉还原液态高铅渣试验，2007 年进行工业化生产设计，2010 年投产。

2000—2002 年在新乡中联公司进行富氧侧吹炉炼铅的氧化熔炼和还原熔炼试验。2009 年河南万洋公司和豫光金铅公司采用富氧侧吹炉对底吹炉产出的液态高铅渣进行还原熔炼生产。2007 年河南金利公司也采用富氧侧吹炉对底吹炉产出的液态高铅渣进行还原熔炼生产。随后在湖南郴州的宇腾公司、金旺公司、华信公司、众德公司、丰越公司均采用富氧侧吹炉炼铅工艺，其中金旺公司、众德公司、丰越公司均采用两台富氧侧吹炉分别进行氧化熔炼和还原熔炼，宇腾公司和华信公司则是还原底吹炉产出的液态高铅渣。

2008 年江西铜业集团公司引进基夫赛特炼铅工艺，设计规模 100 kt/a 粗铅，搭配处理 100 kt/a 湿法炼锌的全部浸出渣，2012 年 3 月投产。

2009 年株洲冶炼集团公司引进基夫赛特炼铅工艺，设计规模 120 kt/a 粗铅，搭配处理来自硫化锌精矿直接浸出的硫尾矿渣和硫热滤渣 120 kt/a，2013 年 1 月投产。

目前，我国铅冶炼不仅拥有世界各种直接炼铅方法，包括基夫赛特法、QSL 法、艾萨法、奥斯麦特法和卡尔多法，而且自行开发了富氧底吹炼铅法和富氧侧吹炼铅法。粗铅冶炼技术装备已经达到世界领先水平。这些炼铅方法除了西北冶炼厂的 QSL 法炼铅厂和西部矿业的卡尔多法炼铅厂处于长期停产状态外，其余方法都在进行工业化生产，其中以富氧底吹法应用最多。这些直接炼铅方法的共同特点是用富氧或纯氧进行氧化熔炼，烟气 SO_2 浓度提高，能够满足两转两吸制酸工艺的要求，从根本上解决了烧结烟气制酸困难的问题，从而解决了铅冶炼 SO_2 烟气对大气环境的污染问题。富氧底吹法将硫化铅精矿加入富氧底吹炉在富氧空气作用下进行氧化脱硫熔炼，产出部分粗铅和高铅渣，高铅渣铸成渣块，加入鼓风炉以焦炭作还原剂进行还原熔炼。艾萨法也是采用类似流程。近年来有的使用富氧底吹法的厂家开发新的高铅渣还原工艺，采用富氧底吹炉或富氧侧吹炉进行液态渣直接还原，用煤作为还原剂，节省了高铅渣铸块这一中间环节，减少了由此带来的环境污染和能源损失。

据初步统计，直接炼铅法的生产能力及铅产量占我国铅冶炼生产能力及产量的一半以上。烧结锅和烧结盘早已被国家列入淘汰设备的目录，采用烧结锅和烧结盘的小型炼铅厂由于环境污染严重，基本上被迫停产关闭。烧结－鼓风炉还原熔炼工艺正在逐步减少，也正在被直接炼铅工艺所取代。

近年来我国粗铅精炼的技术装备水平也得到很大提升，粗铅的电解精炼采用大极板技术，阳极立模浇铸技术，阴极自动生产线，阴阳极自动排距生产线，残阳极和析出铅自动洗涤生产线，析出铅自动抽棒和铜棒自动研磨生产线，残阳极自动输送线和阴阳极自动排距技术等。粗铅初步火法精炼开始采用连续脱铜技术和自动捞渣技术等。

国外由于环保压力和金融危机，很少有炼铅厂进行技术改造，一直停留在 20 世纪八九十年代的水平。除了加拿大特雷尔冶炼厂和意大利维斯麦港冶炼厂采用基夫赛特炼铅法，德国斯托尔伯格冶炼厂和韩国锌业公司的温山冶炼厂采用 QSL 法，其余炼铅厂仍然采用烧结－鼓风炉还原熔炼工艺。然而国外铅产量的 50% 左右来自再生铅的生产，只有 50% 的铅产量来自硫化铅精矿的冶炼生产。

1.2 铅冶金工业概况

1.2.1 铅的主要用途

由于铅的价格低廉，产量较大，并且具有抗腐蚀、抗辐射的优良特性，在许多工业领域得到应用。但是由于铅是五种对人体具有严重危害的重金属之一，在民用领域用途越来越受到限制。铅的主要用途见表1－1。

表1－1 铅的主要用途及比例/%

蓄电池	铅管铅板	铅弹	铅合金	化工材料	电缆护套	其他
80	6	3	2	5	1	3

(1)蓄电池

铅的最大用途是制作蓄电池，由于汽车工业的迅猛发展，铅产量的80%以上用于蓄电池生产。

(2)抗辐射材料

利用其抗辐射性能，用做核电站、原子能工业及X光工业的防护材料。

(3)合金材料

铅能与锑、锡、铋等金属配制成各种合金，如熔断保险丝、印刷合金、耐磨轴承合金、焊料、榴散弹弹丸、易熔合金及低熔点合金模具等。

(4)抗腐蚀材料

铅板和铅管广泛用于制酸工业、蓄电池、电缆包皮及冶金工业设备的防腐衬里。

此外，铅的化合物四乙基铅可以作汽油抗爆添加剂和颜料；铅还可以作建筑工业的隔音材料和装备上的防震材料等。

1.2.2 铅的生产方法与工艺流程

1.2.2.1 铅的生产方法

铅的传统生产方法是烧结－鼓风炉还原熔炼生产粗铅，粗铅采用火法精炼或电解精炼。这种方法应用时间较长，从16世纪开始到目前仍然是铅冶炼的主要方法。从20世纪80年代开始出现了多种直接炼铅法，如QSL炼铅法、基夫赛特炼铅法、艾萨炼铅法、奥斯麦特炼铅法、卡尔多炉炼铅法、富氧底吹炼铅法、富氧侧吹炉炼铅法，等等。粗铅精炼采用火法精炼或电解精炼。中国、日本和加拿大普遍采用电解精炼，其他国家主要采用火法精炼。世界各种矿产铅炼铅方法的产能及产量如表1－2所示。

表1－2 世界各种矿产铅炼铅方法的产能及产量/(kt·a^{-1})

粗铅冶炼方法	生产能力	产量	工厂数量(座)
基夫赛特炼铅	440	440	4
QSL炼铅	300	300	3
富氧顶吹(艾萨法)	180	80	2
富氧顶吹(奥斯麦特法)	300	200	3
富氧底吹(水口山法)	1200	1000	15
富氧侧吹*	640	320	8
烧结－鼓风炉还原		2000	
其他方法(如ISP工艺等)	500	300	15
合计		464	

＊富氧侧吹炉炼铅生产能力包括液态高铅渣的还原熔炼产能，产量全部为还原熔炼的产量。

我国主要铅冶炼厂的产能及工艺装备情况见表1－3。

表1－3 我国主要铅冶炼厂的产能及工艺装备情况

省份	企业名称	工艺及装备	生产线数	总产能/(10 kt·a^{-1})
河南	安阳市豫光金铅有限责任公司	底吹炉＋侧吹炉还原	2	20
		再生铅	1	10
	安阳岷山有色金属有限责任公司	底吹炉＋底吹炉还原	1	15
	焦作市东方金铅有限公司	底吹炉	1	10
	河南豫光金铅集团有限公司	底吹炉＋底吹炉还原	2	20
		再生铅	2	20
	济源市金利冶炼有限责任公司	底吹炉＋侧吹炉还原	2	20
		再生铅	1	10
	济源市万洋冶炼(集团)有限公司	底吹炉＋侧吹炉还原	2	20

续表 1-3

省份	企业名称	工艺及装备	生产线数	总产能/(10 kt·a⁻¹)
湖南	株洲冶炼集团有限公司	烧结-鼓风炉还原	1	8
		基夫赛特	1	12
	水口山有色金属股份有限公司	底吹炉+鼓风炉还原	1	10
	湖南宇腾有色金属股份有限公司	底吹炉+侧吹炉还原	1	10
		底吹炉+鼓风炉还原	1	10
	郴州市金贵银业股份有限公司	底吹炉+鼓风炉还原	1	10
	湖南资兴华信有限公司	底吹炉+侧吹炉还原	1	15
云南	云南驰宏锌锗股份有限公司	顶吹炉+鼓风炉还原	1	18
	云南祥云飞龙有色金属股份公司	底吹炉+鼓风炉还原	1	10
	云南锡业股份有限公司	奥斯麦特	1	10
广西	广西河池南方有色金属有限公司	烧结-鼓风炉还原	1	8
	广西成源矿冶有限公司	烧结-鼓风炉还原	1	8
江西	江铜铅锌冶炼股份有限公司	基夫赛特	1	10
	金德冶炼厂	底吹炉+鼓风炉还原	1	8
陕西	陕西东岭集团有限公司	ISP	1	3
	陕西有色矿山有限公司	烧结-鼓风炉还原	1	8
甘肃	白银有色集团西北铅锌冶炼厂	ISP	1	3
内蒙古	内蒙古兴安银铅冶炼有限公司	底吹炉+鼓风炉还原	1	10
	内蒙古林西县蒙发矿业开发公司	烧结-鼓风炉还原	1	6
	云南驰宏锌锗公司呼隆贝尔冶炼厂	底吹炉+鼓风炉还原	1	10
安徽	铜冠有色池州公司九华冶炼厂	底吹炉+鼓风炉还原	1	10
	安徽省华鑫铅业集团			40
辽宁	中冶葫芦岛有色金属集团有限公司	ISP	1	3
广东	中金岭南韶关冶炼厂	ISP 部分停产	1	3
江苏	江苏春兴胜科合金有限公司	再生铅	1	30
湖北	湖北金洋冶金股份有限公司	再生铅	1	20
	湖北楚凯冶金股份有限公司	再生铅	1	20
青海	青海豫西铅业有限公司	底吹炉+鼓风炉还原	1	10
山东	山东恒邦冶炼股份有限公司	底吹炉+底吹炉还原	1	10

1.2.2.2 工艺流程

传统的烧结－鼓风炉还原炼铅工艺如图1－1所示，基夫赛特炼铅工艺如图1－2所示，底吹炉－鼓风炉还原熔炼工艺如图1－3所示。

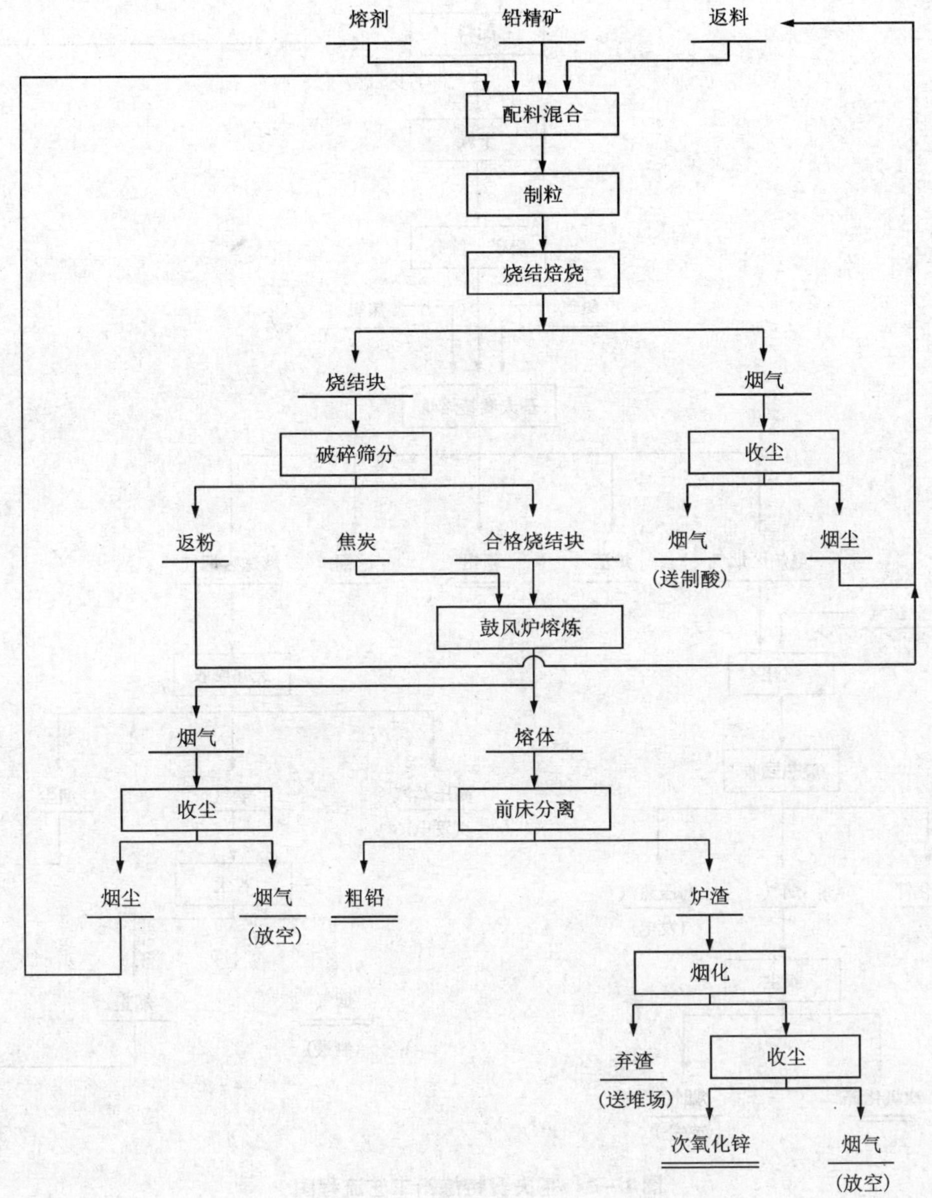

图1－1 烧结－鼓风炉还原炼铅工艺流程图

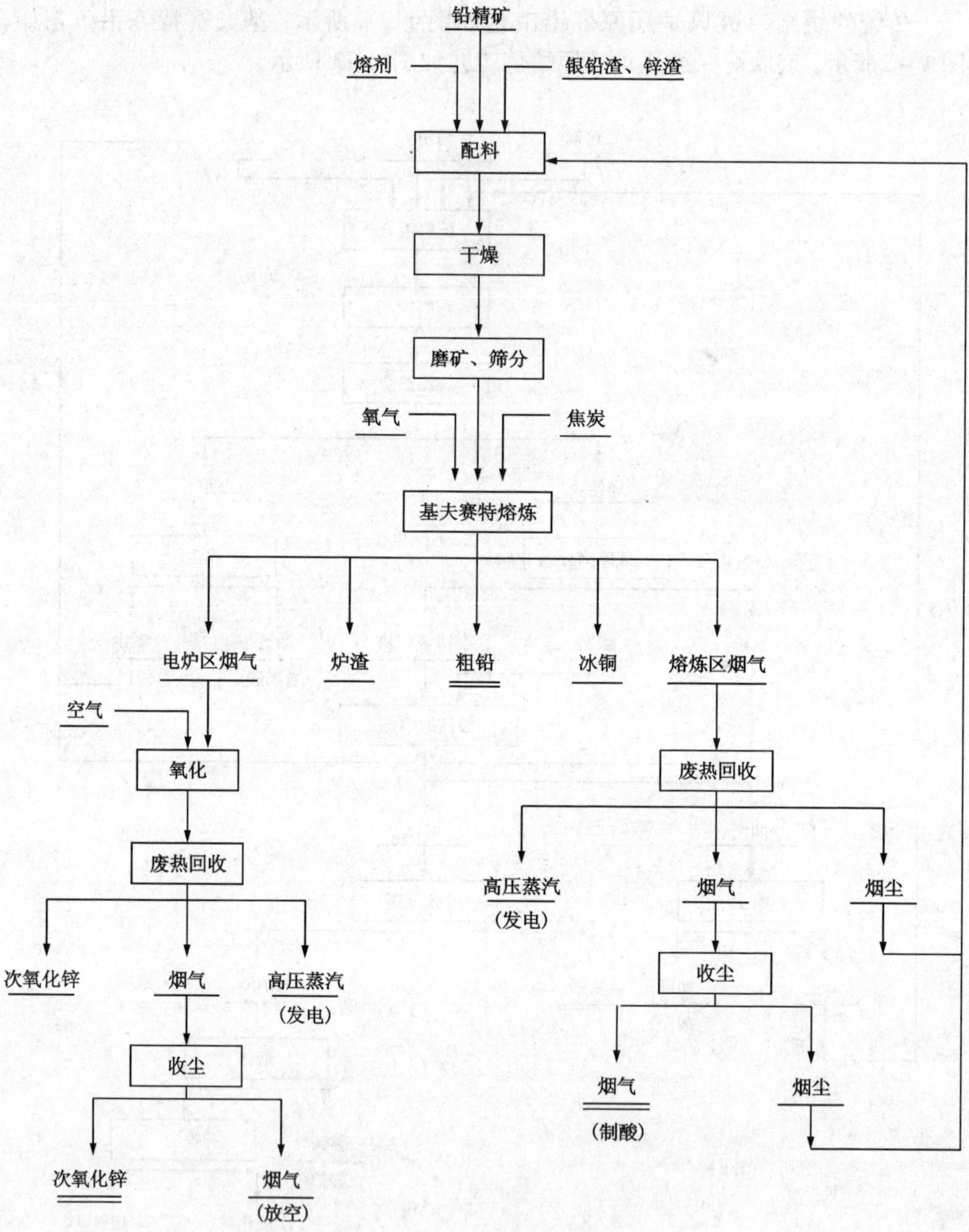

图 1-2　基夫赛特炼铅工艺流程图

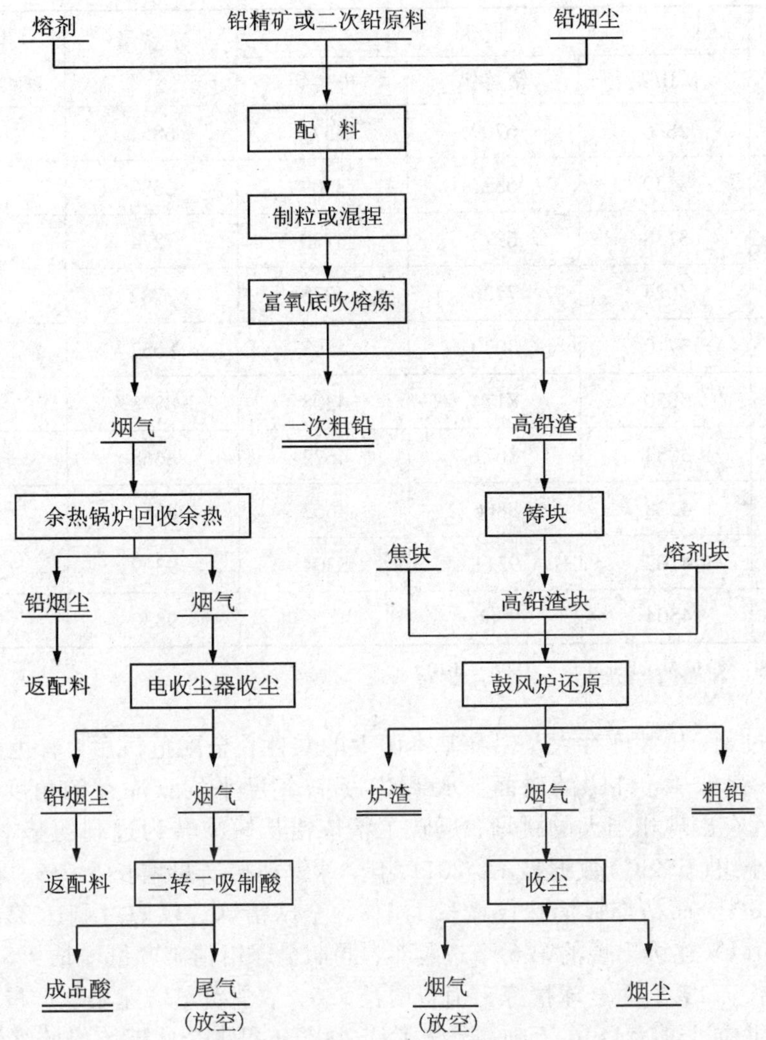

图1-3 富氧底吹熔炼-鼓风炉还原炼铅工艺流程图

1.2.3 铅的生产与消费

1.2.3.1 世界铅的生产与消费

近年世界铅的生产和消费情况见表1-4。

表 1－4 世界铅的生产及消费情况

年份	产量/kt			消费量/kt	供求差/kt
	矿山铅	精炼铅	再生铅		
2002	2886	6709	3571	6861	－152
2003	3139	6821	3609	6683	138
2004	3138	6972	3730	7274	－303
2005	3624	7726	4038	7782	－56
2006	3710	8020	4108	8057	－37
2007	3850	8174	4308	8378	－203
2008	3884	8671	4672	8668	2
2009	4128	8866	4663	8886	－20
2010	4102	9311	5304	9329	－18
2011	4504	9986		9830	156

资料来源：World Metal Statistics，1996—2010。

供应过剩、显性库存大是铅在基本面上的共性。金融危机后，有色金属大多维持“高库存－高价格”的局面。从 LME 铅锌年度平均日库存的角度看，2011 年，铅锌库存出现相当大的跳增，反映了精炼铅从短缺转为过剩的基本面环境。国际铅锌小组(ILZSG)数据显示，2011 年全球锌精矿产量增长 6.2%，精炼锌产量增长 1.8%，而精炼锌消费仅增长 1.1%，全球精炼锌供应过剩达 35.3 万吨，是 2006 年以来连续出现的第 6 个过剩年；同期全球铅精矿产量增长 9.8%，精炼铅产量增长 7.1%，而全球精炼铅消费增长 5.5%，消费量增速小于产量增速，全球精炼铅供应过剩达 15.6 万吨，改变了从 2005 年以来全球精炼铅始终保持偏紧的供应状态。

1.2.3.2 中国铅的生产与消费

2002—2010 年，中国矿山铅产量由 641 kt 提高到 1852 kt；精炼铅产量由 1325 kt 提高到 4199 kt，矿山铅和精炼铅的增幅达到了 188.92% 和 126.73%；而铅的消费量更是从 920 kt 提高到了 4213 kt，增幅达到了 357.93%；而供求也在 2009 年首次出现了负值。

精炼铅供求平衡见图 1－4。国内铅的生产量及消费量详见表 1－5。

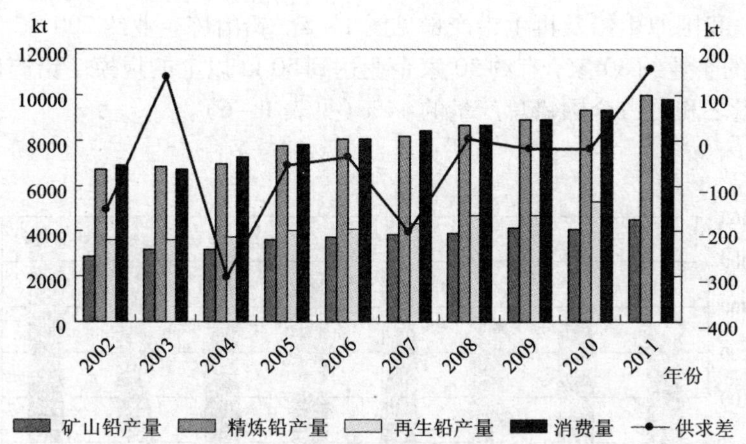

图1-4 ILZSG 精炼铅供求平衡

表1-5 国内铅的生产量及消费量

年份	产量/kt			消费量/kt	供求差/kt
	矿山铅	精炼铅	再生铅		
2002	641	1325		920	405
2003	955	1564		1170	394
2004	944	1812	346	1440	372
2005	1327	2391	540	1990	401
2006	1490	2736	800	2230	506
2007	1592	2753	590	2510	243
2008	1546	3206	957	3132	74
2009	1908	3708	1023	3860	-152
2010	1852	4199	1567	4213	-14

2011 年中国铅精矿产量大量增加，中国矿产铅占全球矿产铅的比重达到 51%；同时由于中国原生铅增速强劲，全球再生铅供应比例也有所下降，由 2010 年的 56% 下降到 2011 年的 54.5%。

2012 年中国铅产量 4646 kt，基本与 2011 年产量持平。矿产铅 3284 kt；再生铅 1362 kt，同比下降 4.7%，再生铅产量占到铅总产量的 29.3%，连续 11 年位居世界第一。我国原生铅及再生铅产量见图 1－5。铅冶炼企业约 200 家，其中产量 10 kt 以上的企业约 80 家，有约 30 家企业达到 50 kt 以上的规模。铅产量前 10 名企业的产量之和约占全国铅总产量的 44%（见表 1－6）。

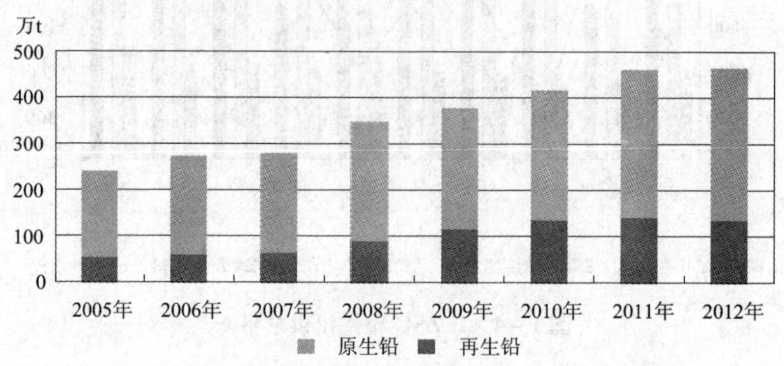

图 1－5　我国原生铅及再生铅产量

表 1－6　2012 年我国铅产量前 10 名企业

序号	企业名称	产量/kt	比 2011 年增长/%	占总产量比例/%
1	河南豫光金铅集团公司	412.0	2.7	
2	安徽省华鑫铅业集团	396.0	－9.7	
3	济源市金利金铅有限公司	221.0	43.3	
4	济源市万洋冶炼有限公司	221.0	－1.6	
5	安阳市豫北金铅有限公司	186.0	89.0	
6	湖北楚凯冶金股份有限公司	178.0	64.6	
7	湖北金洋冶金股份有限公司	127.0	5.4	
8	湖南水口山有色金属有限公司	113.0	21.3	
9	湖南宇腾有色金属公司	100.0	7.1	
10	云南锡业集团公司	98.0	1.5	
合计		2052.0		44.1

2012 年中国铅消费呈现出初级消费领域高速增长，终端消费领域疲弱不振的特点。据初步统计，2012 年中国精铅消费量约为 4510 kt，同比增加 12.6%。供需平衡后国内铅过剩约 162 kt。

1.2.4 国内外铅市场需求分析

1.2.4.1 国际铅市场需求分析预测

世界高新技术的迅速发展为拓展铅产品应用领域开辟了新的空间。铅酸蓄电池产品经过不断开发，电流强度不断提高，在电子信息、交通运输、航空航天、海洋工程等高新技术领域的应用越来越广，对铅的需求也将明显增加。铅酸蓄电池的两种新应用在今后 10～15 年间对扩大铅消费有很大潜力：其一是用于电动汽车，其二是用做固定式蓄电池。全球目前约有 1/3 的人口得不到电网供电，若能逐步实现电网供电，铅消费必将得到一定程度扩张。另外，目前世界各国的汽车普及率差别很大，西方发达国家一般为 1～2 人/辆，次发达国家和地区为 3～6 人/辆，而众多发展中国家仍很低，有关人士预测到 2020 年之前，中国人均汽车拥有量将从目前的 15 人/辆，达到全球平均水平每 6 人/辆，预示世界汽车保有量的增长潜力仍十分巨大，对今后一段时期铅消费保持一定增长提供较强的支持。

在全球铅消费中，发展中国家所占比重逐渐上升，成为拉动世界铅消费增长的主要因素。2010 年全球精铅消费 9329 kt，与上一年度相比增幅不大，主要是由于美国次级房贷危机使西方国家铅消费出现较大幅度下降所致。世界铅锌消费的变化表明，在未来的若干年内，世界铅消费凭借发展中国家尤其是亚洲国家经济的快速增长而继续适度增长。预计未来 10 年世界铅消费在日益增加的基数水平上仍将保持年均增长 2% 左右。

1.2.4.2 中国铅市场需求分析预测

我国铅消费主要集中在铅酸蓄电池领域，据安泰科提供的资料，2007 年我国铅酸蓄电池耗铅占铅消费总量的比例在 75% 左右，氧化铅、铅合金及铅材分别是 13% 和 6%。虽然 2007 年中国取消了蓄电池出口退税（退税率 13%），出口量明显下降，蓄电池消耗铅总量同比下降 7%，但是近年来国内汽车、通信、电力、交通和计算机等产业的高成长带动了中国铅酸蓄电池工业的发展，据中汽协会统计，2010 年全国汽车产销 1826.47 万辆和 1806.19 万辆，同比分别增长 32.44% 和 32.37%。根据“十二五”规划预测，2015 年中国汽车产量将达到 2500 万辆，继续保持强势。

目前，我国的电动汽车产业已经从研发示范阶段进入商业化阶段，2010 年 7 月，国家加大对新能源汽车的扶持力度，已将十城千辆节能与新能源汽车示范推广试点城市由 20 个增至 25 个，2010 年 10 月 18 日，国务院发布了《关于加快培育和发展战略性新兴产业的决定》，计划用 20 年的时间，使新能源汽车等七大战略性新兴产业整体创新能力和产业发展水平达到世界先进水平。

中国汽车行业“十二五”规划初稿已定，年内将正式出台，新能源车被列为中国汽车行业今后五年发展的重中之重。国家发改委会同有关部门修订《产业结构调整指导目录(2011 年本)》，在鼓励类产品中，新增新能源汽车关键零部件。其中还包括电池管理系统、充电设备等。在动力汽车的生产成本构成中，动力电池占 1/2 左右，而动力电池成本的降低则来自于规模化生产和经验积累。我们认为，在政策的扶持下，铅酸蓄电池行业及上下游产业将会得到巨大发展。

与此同时，铁路、邮电等其他工业领域对铅酸蓄电池的用量也将继续增加。在 2010—2020 年，国内铅需求量的年均增长幅度以 3.5% 计算，2020 年中国铅需求量将达到 6700 kt。

2012 年 1 月，工信部发布了《有色金属工业“十二五”发展规划》。规划中总结了铅锌在“十五”和“十一五”期间的发展，并对 2015 铅锌需求进行了预测，铅表观消费量年均增长 25% 和 16.5%；“十二五”期间我国铅消费量年平均增长 7.9%，铅表观消费量到 2015 年达到 6200 kt。

1.2.5 铅的价格分析

世界铅锌价格近 40 年来的走势情况见图 1-6。

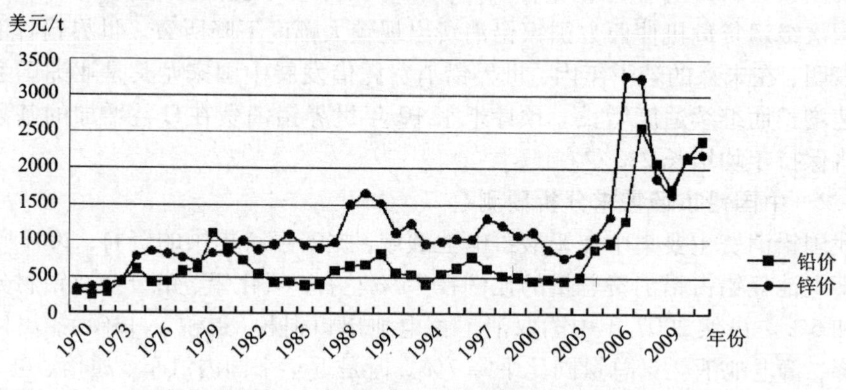

图 1-6 1970—2011 年世界铅锌价格

从图 1-6 分析世界铅锌价格走势，从 2003 年开始，铅锌价格一路飙升，LME 铅现货平均价 2007 年达到历史最高价 2579 美元/t，锌价 2006 年达到最高价 3274 美元/t，随后在金融危机的影响下一路走低，至 2008 年末 LME 铅现货平均价已经跌至 850 美元/t 左右，2009 年开始回升，到 2011 年底国际市场铅平均价为 2391 美元/t。LME 锌现货平均价自 2009 年探底后，开始稳步回升，之后保持较为平稳的价格。

从表 1-7 中可以看出，近几年来，国内市场铅价格走势与国际市场走势相对应。

相对于敏感的宏观经济、金融情况的变动，基本面对价格指引的敏感度已经下降。同时，较之供给，由于市场更加关注欧元区经济在欧债拖累下的衰退程度以及中国经济有序放缓的幅度，市场对需求的忧虑更加主动，易使铅锌价格在较高水平承压，不过，铅锌过剩以及高水平库存仍支持铅锌价格宽幅震荡。

根据市场走势以及总结10年来的价格曲线变动规律，预计未来几年铅均价在14000 ~18000 元/t。

表1-7 国内外精铅平均价格

年份	LME 现价/(美元·t^{-1})	国内生产资料市场/(元·t^{-1})
2000	454	4807
2001	476	4781
2002	452	4769
2003	514	5405
2004	886	8982
2005	976	9367
2006	1289	12283
2007	2579	19451
2008	2090	17319
2009	1726	13811
2010	2147	16153
2011	2391	16506
2012 年1 ~3 月	2108	15766

数据来源：LME，安泰科。

1.3 铅冶金工业的原料

1.3.1 铅原料的储量及分布

世界铅矿产资源丰富，保证程度高且有很好的找矿前景。到2010 年底，世界已查明的铅资源量 1.5×10^{6} kt，铅储量 8×10^{5} kt，储量基础 1.7×10^{5} kt；这些已查明的铅锌矿产资源主要分布在澳大利亚、中国、美国、加拿大、秘鲁、哈萨克斯坦等国，详见表1-8。

表 1-8 铅矿产资源的世界分布

国家	储量/kt	占世界比例/%	储量基础/kt	占世界比例/%
澳大利亚	24000	30	59000	34.71
中国	11000	13.8	36000	21.18
美国	7700	9.6	19000	11.18
哈萨克斯坦	5000	6.3	7000	4.12
加拿大	400	0.5	5000	2.94
秘鲁	3500	4.4	4000	2.35
墨西哥	1500	1.9	2000	1.18
其他	26900	33.6	38000	22.35
世界	80000	100	170000	100

资料来源：Mineral Commodity Summaries 2010，世界总计取整数。

中国铅锌资源储量丰富，分别占世界储量的13.8%和18.3%，均居世界第二位。中国矿山的铅锌平均品位高于世界平均品位、铅锌比高于世界平均水平，矿石共伴生有价成分较多。目前我国查明资源储量主要集中分布在南岭地区、川滇地区、滇西兰坪地区、秦岭-祁连山及内蒙古狼山、渣尔泰等五大地区。从省际比较来看，全国铅锌储量以云南最多，铅资源储量占全国总储量17%，锌资源储量占全国总储量25.68%；甘肃和内蒙古占20%以上，广东、江西、湖南、四川、陕西、河北等省的铅锌矿资源储量均在4000 kt以上。

1.3.2 铅矿石及铅精矿

铅矿石因其中的矿物成分不同分为硫化矿和氧化矿两类。

硫化铅矿的主要成分是方铅矿（PbS），属原生矿，分布最广。全世界所产的铅大部分是从硫化铅矿冶炼出来的。纯方铅矿含Pb 86.6%，S 13.4%。单金属的铅矿在自然界很少，铅矿物大多数是与其他金属矿物组成多金属矿石。硫化铅矿中通常共生的有辉银矿（AgS）及闪锌矿（ZnS），含银高的称为银铅矿，含银低的称为铅锌矿。此外，铅矿石常常伴有黄铁矿（FeS_2）、黄铜矿（$CuFeS_2$）、硫砷铁矿（FeAsS）和其他硫化矿物，还有石灰石、石英、重晶石等脉石。方铅矿结晶颗粒大的含银较少，而含有多种硫化物的铅矿，含银量比纯方铅矿多。

氧化铅矿中的主要组分是白铅矿（$PbCO_3$）及铅矾（$PbSO_4$）。白铅矿含PbO 83.5%，CO_2 16.5%；铅矾含PbO 73.6%，SO_3 26.4%。这两种矿物都属于再生矿物，是原生的硫化矿受风化作用及含有碳酸盐的地下水的影响而渐次形成的。矿石中的铅以白铅矿或铅矾的形态存在时，因其中含氧，统称为氧化铅矿石。氧化矿常在铅矿床的上层，硫化矿则在下层。由于铅在氧化矿床中的储量比硫化矿床中少得多，本书不作详细论述。各种铅矿物见表1－9。

表1－9　铅的矿物特性

矿物名称	化学式	含铅量/%	硬度	密度/($g \cdot m^{-3}$)	颜色
方铅矿	PbS	86.6	2.5	7.4~7.6	—
硫锑铅矿	$3PbS \cdot Sb_2S_3$	58.8			
车轮矿	$2PbS \cdot Cu_2S \cdot Sb_2S_3$	42.40			
脆硫锑铅矿	$2PbS \cdot Sb_2S_3$	50.65			
白铅矿	$PbCO_3$	77.55	3~3.5	4.66~6.57	白、灰
铅矾	$PbSO_4$	68.30	3.0	6.2~6.35	白
角铅矿	$PbCl_2 \cdot PbCO_3$	76.0			
磷酸氯铅矿	$3Pb(PO_4)_2 \cdot PbCl_2$	76.37	3.5~4.0	6.7~7.0	褐、绿、黄
砷酸铅矿	$3Pb(AsO_4) \cdot PbCl_2$	69.61	3.5~4.0	7.2	黄、绿
铬酸铅矿	$PbCrO_4$	64.10			
彩钼铅矿	$PbMoO_4$	58.38	3.0	6.7~7.0	黄、白、灰
褐铅矿	$3Pb(VO_4) \cdot PbCl_2$	73.15			
铅重石(钨铅矿)	$PbWO_4$	45.5			

铅矿石一般含铅不高，而且成分复杂，因此，铅矿石大多数情况下不直接冶炼，先要进行选矿。选矿得到的较纯、较富的铅精矿送冶炼厂进行冶炼。我国制定了铅精矿标准，对品质划分和化学成分进行了明确规定，一共分为4个等级。一级品含Pb≥70%，二级品含Pb≥65%，三级品含Pb≥55%，四级品含Pb≥45%，并对杂质含量的限制提出了要求。

由于我国炼铅工业的迅速发展，我国铅精矿需要大量进口。某厂采用的国内铅精矿来自国内25个矿山，2001年对其化学成分进行统计，其结果列于表1－10。

表 1-10　某厂所用国内铅精矿化学成分平均值

元素	Pb	Zn	Cu	Cd	Ni	Co	In	Ge	Ga
%	61.06	4.90	1.05	0.046	0.0036	0.0021	0.0024	0.0008	0.004
元素	S	Bi	As	Sb	Hg	F	Cl	Fe	Mn
%	20.93	0.30	0.28	0.60	0.00013	0.02	0, 103	8.53	—
元素	Sn	Ag	Si	Ca	Al	Au	Se	Te	Tl
%	0.054	0.1424	1.30	0.74	0.173	0.00028	0.0128	0.0073	0.0051

1.3.3　铅原料特性对冶炼过程的影响

从铅精矿标准可以看出，铅精矿成分的变化范围很大，含铅品位从贫到富，含铜锌从低到高。铅精矿的品质对冶炼过程及主要技术经济指标影响很大。铅精矿愈富，冶炼的金属回收率愈高。单位产品消耗的铅精矿愈少，能耗愈低，生产成本愈低。若铅精矿含铜高，熔炼时铅的损失会相应增加。若铅精矿含锌高，产生炉结的几率增加，使熔炼过程变得困难。若铅精矿含铜和锌都高，则熔炼时困难更大。

现在出于环境保护和节能减排的目的，铅的原料除了铅精矿之外，还要包括许多其他含铅物料，如锌冶炼产出浸出渣、铅银渣、硫尾矿渣、铜冶炼产出的含铅烟灰、废蓄电池硫酸铅泥等。这些物料成分复杂，含铅品位很低，对冶炼过程及其技术经济指标产生不良影响。

1.4　铅的物理化学性质

1.4.1　铅的物理性质

铅是蓝灰色的金属，新的断口具有灿烂的金属光泽。其结晶属于短轴晶系（八面体及六面体）。

(1)密度

铅的密度很大，固体时为 11.34 g/cm^3，液态时密度随着温度的变化而变化。表 1-11 列出一些温度下液态铅密度。

表 1-11　不同温度下液态铅密度

温度/℃	327.4	356	528	650	731	850
密度/($g \cdot cm^{-3}$)	10.686	10.632	10.423	10.265	10.188	10.078

(2)硬度

纯铅是重金属中最柔软的，其硬度为莫氏硬度1.5，铅的硬度因加入少量的铜、砷、锑、锌、碱金属及碱土金属而增大，但其韧性下降。

(3)展性及延性

铅的展性很好，可以压轧成铅带，捶成铅箔，但延性较差，难以拉成铅丝。

(4)潜热及比热

铅的熔化潜热为26.21 J/g，蒸发潜热为841.59 J/g。固体铅的平均比热见表1－12。

表1－12 不同温度下固体铅的比热

温度/℃	18～100	18～200	18～300
比热/$(J\cdot g^{-1})$	0.1281	0.1331	0.1369

液态铅的比热见表1－13。

表1－13 不同温度下液态铅的比热

温度/℃	365	378	418	459
比热/$(J\cdot g^{-1})$	0.1403	0.1415	0.1403	0.1403

(5)黏度

液态铅的黏度见表1－14。

表1－14 不同温度下液态铅黏度

温度/℃	340	376	419	470
黏度/(Pa·s)	0.0189	0.0167	0.0160	0.0144

从上述数据可见铅液流动性极好，因此在修建熔炼炉及精炼炉时要注意防止漏铅。

(6)导热率及电阻率

铅是热和电的不良导体，常温(18℃)时测定值：导热率为0.348 J/(cm·s·℃)，电阻率为20.65 $m\Omega/cm^3$。

(7)熔点及挥发性

铅的熔点是327.502℃，在低于熔点3～10℃的温度下，铅变得很脆，用力摇动可制成细粒的试金用铅。

(8)沸点

铅的沸点及明显的挥发温度各文献所载的测定值很不一致，一般沸点是1525℃。表1－15列出一些不同温度下铅的平衡蒸气压数据。

表1－15 不同温度下铅的平衡蒸气压

温度/℃	620	710	820	960	1130	1290	1360	1415	1525
蒸气压/kPa	0.133×10^{-3}	0.133×10^{-2}	0.133×10^{-1}	0.133	1.333	6.666	13.33	38.52	101.32

由于高温时铅及其化合物的挥发性大，容易导致铅的损失和环境污染，所以炼铅厂必须配备完善的通风除尘设施，不仅可以减少铅的损失，而且可以防止操作人员受到铅蒸气的危害。

在不同温度下，铅的平衡蒸气压近似值可以根据下列实验式进行计算：

$$\lg 0.133p = -10310/T + 8.346$$

式中：p——铅的蒸气压，kPa；

T——温度，K。

如果已知冶金炉内铅蒸气的分压及气流的温度，假定铅蒸气的饱和程度达到100%，则气流中的含铅量可用下式计算：

$$X = 1000Mp/[101.32\times22.4(1+\alpha t)]$$

式中：M——铅的相对原子质量；

t——温度，℃；

p——铅的蒸气压，kPa；

α——气体膨胀系数，$1/273 = 0.00366$。

铅蒸气的饱和程度可以实际测定。

1.4.2 铅的化学性质

铅的原子量为207.21，原子价为+2及+4。

常温时铅在干空气中不发生化学反应，但在潮湿的及含CO_2的空气中则失去光泽变成暗灰色，其表面覆盖着次氧化铅(Pb_2O)的薄膜，并且会慢慢地转变成碱性碳酸盐[$3PbCO_3\cdot Pb(OH)$]。

铅在空气中加热熔化时，最初氧化成Pb_2O，表面现虹彩，再升高温度变成PbO，继续加热到330～450℃，又转变为Pb_3O_4(铅丹$2PbO\cdot PbO_2$)了。Pb_2O_3及Pb_3O_4在高温下发生离解，即：

$Pb_3O_4 \xlongequal{高温} 3PbO + 1/2O_2$，$Pb_3O_4$的离解压与温度的关系见表1－16。

表1-16 不同温度下 Pb_3O_4 的离解压

温度/℃	450	500	550	600
离解压/kPa	1.40	6.93	29.73	113.3

所有含氧量比 PbO 多的铅氧化物都不稳定，当温度高于600℃时，都会离解成 PbO 及 O_2，CO_2对铅的氧化作用不大。

铅易溶于硝酸(HNO_3)、硼氟酸(HBF_4)、硅氟酸(H_2SiF_6)、醋酸(CH_3COOH)及硝酸银($AgNO_3$)等；难溶于盐酸(HCl)及硫酸(H_2SO_4)，缓溶于沸盐酸及发烟硫酸。常温时盐酸及硫酸反作用于铅的表面，由于生成的氯化铅及硫酸铅几乎不溶解，附着在铅的表面，使内部金属不受酸的影响。一般来说，铅对酸的溶解度视铅中所含杂质的性质和数量而定。

1.4.3 铅的化合物

铅的化合物比较多，这里只简述几种与铅冶金有关的重要化合物。

一氧化铅(PbO)：铅的氧化物中最重要的是 PbO；铅的其余氧化物 Pb_2O、Pb_2O_3 及 Pb_3O_4都不稳定，只是冶金过程的中间产物。Pb_3O_4可用做试金的氧化剂。PbO 又名密陀僧，因为结晶晶格不同，有两种同素异形体：(1)红密陀僧，属正方晶系；(2)黄密陀僧，属斜方晶系。熔化的密陀僧急冷时出现黄色，缓慢冷却时呈红色；黄密陀僧的熔点为885~890℃，沸点为1470~1475℃。PbO 的形成热在固体时219 kJ/mol；液体时217.4 kJ/mol。

PbO 的平衡蒸气压及离解压与温度的关系见表1-17及表1-18。

表1-17 PbO 的平衡蒸气压与温度的关系

温度/℃	750	850	950	1050	1100	1200	1300	1425	1470	1472
蒸气压/kPa	0.0027	0.048	0.240	0.999	1.986	6.851	19.99	59.80	86.64	101.32

表1-18 PbO 的离解压与温度的关系

温度/℃	500	700	900	1100	1300	1500	1700	1900	2000	2050
离解压/kPa	0.413×10^{-38}	0.275×10^{-25}	0.420×10^{-18}	0.173×10^{-13}	0.275×10^{-10}	0.64×10^{-3}	0.423×10^{-6}	1.19×10^{-5}	0.492×10^{-4}	21.28

注：PbO 的离解按照下式进行：$PbO = Pb + 1/2O_2$。

从表1-17可见，当750℃时，PbO 开始挥发，950℃时 PbO 挥发的蒸气压达到相当大的数值，因此冶金过程中应该注意防止 PbO 的挥发损失。

PbO 是两性氧化物，它可以与 SiO_2 或 Fe_2O_3 结合生成硅酸盐或亚铁酸盐；也可以与难熔的 CaO 或 MgO 结合生成亚铅酸盐（如 CaO·PbO）或铅酸盐（如 $CaO·PbO_2$）；又可与 Al_2O_3 结合生成铝酸盐。PbO 对硅砖及黏土砖的侵蚀作用特别强烈。所有铅酸盐都不稳定，在高温时解离放出氧气。

Cu_2O 与 PbO 不形成化学的化合物，但在 689℃时形成共晶（Cu_2O 32%，PbO 68%）。PbO 是强氧化剂，易使 Te、S、As、Sb、Bi、Zn、Cu、Fe 的一部分或全部氧化，形成的氧化物或造渣或挥发。这种性质广泛用于铅的火法精炼中，此时 PbO 起转运氧的作用。此外，PbO 是良好的助熔剂，可与许多金属氧化物形成易熔的共晶或化合物等。特别是 PbO 在过剩的情况下，对难熔的金属氧化物即使不形成化合物，也使之易熔；此种作用在提银的灰吹过程中及试金的渣化过程中具有重要意义。将 PbO 与各种金属氧化物组成易熔混合物所需的数量见表 1－19。

表 1－19　PbO 与各种金属氧化物组成易熔混合物所需的数量

1 份金属氧化物	所需 PbO 的份数	1 份金属氧化物	所需 PbO 的份数
Cu_2O	1.5 以下	SnO_2	12
CuO	1.8 以下	Sb_2O_3	任何比例
ZnO	8	Sb_2O_4	5
Fe_3O_4	4	As_2O_3	0.4～0.8
Fe_2O_3	10	As_2O_5	0.25～1.0
MnO	10		

例如难熔的氧化锌与 8 倍 PbO（质量）混合，则变得容易熔化。其余难熔金属氧化物以此类推。

铅的硅酸盐（$xPbO·ySiO_2$）：这是烧结熔炼过程产生的重要化合物。PbO 与 SiO_2 形成三种化合物：①$PbO·SiO_2$；②$3PbO·2SiO_2$；③$2PbO·SiO_2$，根据光谱分析，上述三种化合物可以构成三种共晶：①$PbO-PbO·SiO_2$，凝固点 717℃；②$PbO·SiO_2-3PbO·2SiO_2$；③$3PbO·2SiO_2-2PbO·SiO_2$。后两种共晶混合物的凝固点都是 670℃。$PbO-PbO·SiO_2$ 系的凝固点曲线见图 1－7。

与 SiO_2 结合的 PbO，其挥发性比 PbO 的挥发性小，并且铅的硅酸盐中 SiO_2 的含量愈多，其挥发性愈小。铅的硅酸盐比铅难于还原，它的熔点低，并且熔化后的流动性大。

硫化铅（PbS）：PbS 的熔点 1135℃，熔化后流动性很大，可以透过黏土砖不

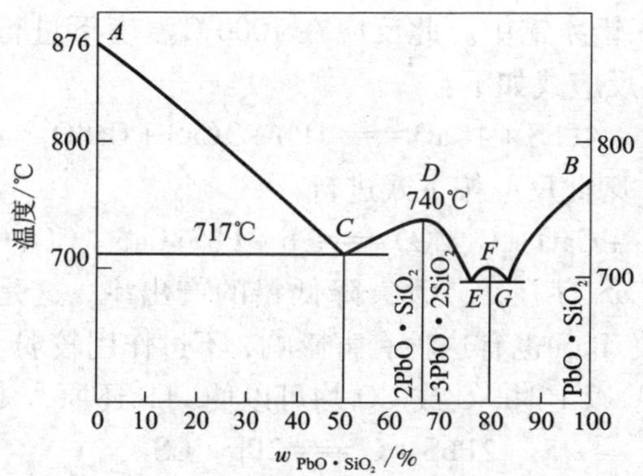

图1-7 PbO-PbO·SiO_2系的凝固点曲线图

起侵蚀作用，也可以渗入炉底或砖墙。因此，修理冶金炉时，在砌缝中常常发现方铅矿的结晶。若隔绝空气加热，PbS会不起化学变化而挥发。PbS在600℃开始挥发，它的平衡蒸气压与温度的关系如下：

表1-20 PbS平衡蒸气压与温度的关系

温度/℃	850	900	950	1000	1048	1108	1221	1281
p_{PbS}/kPa	0.266	0.512	0.797	2.262	5.331	13.329	53.33	101.32

硫化铅与其他金属氧化物如Sb_2S_3或Cu_2S等共熔时，挥发性变小。在高温下，PbS依下式离解：$PbS \longrightarrow Pb + 1/2S_2$。1000℃时离解的硫蒸气压为0.126 mmHg，1350℃时PbS的离解速度很大。

按照各种金属硫化物分子形成热的大小，将各种金属的顺序排列如下：Mn、Cu、Fe、Sn、Zn、Pb、Ag、As、Sb。

从上述的顺序可知，MnS最稳定，Cu_2O次之，Sb_2S_3的稳定性最小。所有位置在铅前面的金属，在适当的温度下都可以从PbS中把铅置换出来。沉淀熔炼就是基于这个原理。例如在1000℃以上的温度下用铁作置换剂，则起下列反应：

$$PbS + Fe \longrightarrow FeS + Pb$$

但是，实验表明，上述反应进行得不完全，铁只能从PbS中置换出72%～79%的铅，其余呈硫化铅形态的铅，在熔化后与FeS结合成稳定的化合物3FeS·PbS，名叫铅冰铜。因此，沉淀熔炼过程中所起的化学反应，严格地说可以用下式表示：

$$4PbS + 4Fe \longrightarrow 3Pb + PbS \cdot 3FeS + Fe$$

也就是说，沉淀熔炼过程中需加过剩的铁，才能得到上述数量的金属铅。上式中过剩的铁会溶入铅冰铜中。此反应在1000℃温度下进行。CaO及BaO也对PbS起分解作用，其反应式如下：

$$4PbS + 4CaO = 4Pb + 3CaS + CaSO_4$$

在还原气氛下，则此反应按下式进行：

$$2PbS + CaO + C(CO) = Pb + PbS \cdot CaS + CO(CO_2)$$

所以炉料中有CaS存在，会大大降低铅的产出率，这是因为形成了稳定的PbS·CaS合金的缘故。BaS也有这种有害影响，不过作用较弱。

当温度在1000℃以上时，C或CO均可以使PbS还原，其反应如下：

$$2PbS + C = 2Pb + CS_2$$

$$PbS + CO = Pb + COS$$

但是这些反应进行得很慢，即使在1100℃的温度，反应也进行得很慢，没有实际应用价值。

在铅的熔点附近时，PbS完全不溶于液体铅中；随着温度的升高，PbS在铅中的溶解度增大。在1040℃时，PbS与铅的熔体分为两层：上层含PbS 89.5%，Pb 10.5%。下层PbS 19.4%，Pb 80.6%。当Pb－PbS熔合体冷却时，PbS以纯净的结晶状态析出。这种现象也是构成鼓风炉炉结的原因之一。

PbS溶于浓硝酸、盐酸、硫酸及三氯化铁的水溶液。在空气中焙烧时，PbS氧化成PbO或$PbSO_4$。

硫酸铅($PbSO_4$)：$PbSO_4$的熔点1170℃是计算求出的，因为在达到熔点以前的温度时，$PbSO_4$即已离解。$PbSO_4$是比较稳定的化合物，在800℃时开始离解，到950℃离解进行得很快，$PbSO_4$的离解按照下式进行：

$$PbSO_4 = PbO + SO_2 + 1/2O_2$$

硫酸铅的性质和行为对直接炼铅时搭配处理锌浸出渣的冶炼过程的影响很大，因为锌浸出渣中的铅锌几乎都是以硫酸盐的形态存在，硫酸铅和硫酸锌的行为对直接炼铅过程产生直接影响。

亚铁酸铅($xPbO \cdot yFe_2O_3$)：PbO与Fe_2O_3形成一系列的成分不同的化合物和合金，其熔点视成分而定，如表1－21所示。

表1－21 各种成分的亚铁酸铅的熔点

w_{PbO}/%	95	92.5	90	80	70	60
$w_{Fe_2O_3}$/%	5	7.5	10	20	30	40
熔点/℃	810	785	762	925	1137	1227

注：PbO－Fe_2O_3系的组成结构有待进一步研究。

亚铁酸铅是不稳定的化合物，在 CaO 及 SiO_2存在的条件下，当温度达到1080℃时，按照下式进行强烈分解而放出氧：

$$PbO \cdot Fe_2O_3 + CaO + SiO_2 = 2FeO \cdot SiO_2 + CaPbO_2 + 1/2O_2$$

亚铁酸铅容易被还原成金属铅。用 H_2 作还原剂时，在 180 ~ 205℃的温度下已经开始还原；用 CO 作还原剂时，在 500 ~ 550℃下可使之完全还原。

PbO 与 Fe_2O_3形成化合物及合金的性能，对进行烧结机熔炼含铅物料时有良好影响，因为它会降低 PbO 的挥发损失。

1.4.4 铅合金

铅合金分类：按照性能和用途，铅合金可分为耐蚀合金、电池合金、焊料合金、印刷合金、轴承合金和模具合金等。铅合金主要用于化工防蚀、射线防护、制作电池板和电缆套。

铅合金特点：铅合金表面在腐蚀过程中产生氧化物、硫化物或其他复盐化合物覆膜，有阻止氧化、硫化、溶解或挥发等作用，所以在空气、硫酸、淡水和海水中都有很好的耐蚀性。铅合金如含有不固溶于铅或形成第二相的铋、镁、锌等杂质，则耐蚀性会降低；加入碲、硒可消除杂质铋对耐蚀性的有害影响。在含铋的铅合金中加入锑和碲，可细化晶粒组织，增加强度，抑制铋的有害作用，改善耐蚀性。

铅合金熔点低(在327℃以下)、流动性好，凝固收缩率小，熔损少，重熔时成分变化小，可铸造形状复杂、轮廓清晰的器件，广泛应用于铸造铅字和制作模型等。铅锡锑合金用于印刷工业上已有五百多年的历史。制作模型和铸字用的铅合金，所含的锑起提高硬度和强度、降低凝固收缩率的作用；所含的锡起提高流动性和轮廓清晰度的作用。利用熔点低的铅合金作模型材料，制作工艺简便，且有一定的使用寿命，对产品更改及模型翻新非常便利。

铅合金的变形抗力小，铸锭不需加热即可用轧制、挤压等工艺制成板材、带材、管材、棒材和线材，且不需中间退火处理。铅合金的抗拉强度为29.4 ~ 68.6 N/mm^2，比大多数其他金属合金低得多。锑是用于强化基体的重要元素之一，仅部分固溶于铅，既可用于固溶强化，又能用于时效强化；但如果含量过高，会使铅合金的韧性和耐蚀性变坏。从综合性能考虑，铅合金用于制作化工设备、管道等耐蚀构件时，以含锑6%左右为宜；用于制作连接构件时，以含锑8% ~10%为好。铅锑合金加入少量的铜、砷、银、钙、碲等，可增加强度，称为硬铅。

由于铅合金的剪切、蠕变强度低，在一定的载荷和滚动切变作用下，铅合金易于变形并减薄成为箔状；且铅合金的自润性、磨合性和减震性好，噪声小，因而是良好的轴承合金。铅基轴承合金和锡基轴承合金统称为巴氏合金，可制作高载荷的机车轴承。含砷高达2.5% ~3%的铅合金，适于制作高载荷、高转速、抗温升的重型机器轴承。

1.5 现代铅冶金的特点

现代铅冶金是相对于传统铅冶金即烧结－鼓风炉还原熔炼工艺而言的，是指铅原料不需烧结直接熔炼的各种炼铅方法。为了了解现代铅冶金与传统铅冶金的区别，首先需要对传统铅冶金的工艺流程及生产过程有简单认识。

1.5.1 传统炼铅工艺简述

本书所述的传统铅冶金工艺是指烧结－鼓风炉还原熔炼工艺，这是相对于现代铅冶金的概念而言的。烧结－鼓风炉还原的炼铅工艺的最大特点是硫化铅精矿必须经过烧结，而所有现代直接炼铅方法的特点是硫化铅直接熔炼，不需经过烧结。

在烧结－鼓风炉还原的炼铅工艺中，烧结的目的有两个：①氧化脱硫，除去铅精矿中的硫，同时除去其中的砷锑；②将铅精矿细料（一般小于 200 目）烧结成高孔隙率的具有一定强度的烧结块，便于鼓风炉还原熔炼。这是因为细料进入鼓风炉熔炼会被吹跑，无法达到熔炼的目的。如果烧结块中残余硫过多，熔炼时会产生大量的铅冰铜使很多的铅进入其中，降低铅的直接回收率。若烧结块中砷锑残留过多，就会产生黄渣（砷冰铜），影响铅和贵金属的回收率。

烧结过程的脱硫率，直接影响烧结块的残留的硫量。这是根据铅精矿含锌量和含铜量来决定的。若铅精矿含锌高，则要求脱硫完全，消除 ZnS 在鼓风炉还原熔炼过程中的有害影响。使 Zn 变成 ZnO 进入炉渣，然后用烟化炉吹炼回收锌。若铅精矿含铜高，则要求烧结块中残留部分硫，使铜进入铅冰铜。如果脱硫完全，则铜以氧化物、硅酸盐及亚铁酸盐的形态存在于烧结块中，熔炼时大部分还原成金属铜进入粗铅。粗铅含铜过高，就会导致鼓风炉操作困难。

烧结过程的脱硫效果及烧结块的质量主要取决于炉料的透气性，炉料的透气性良好有利于 O_2在炉料中的扩散、吸附和化学反应，也有利于 SO_2的解析和排出。炉料的透气性又取决于炉料制备。烧结过程的热量主要来自于铅精矿中硫化物的氧化反应热。若炉料中含硫过高，发热量大而烧结温度过高，就会导致炉料中低熔点物质熔化而过早烧结，从而影响炉料的透气性。为了降低炉料中的含硫量，需要加入烧结返料或鼓风炉渣作为“稀释剂”。由于鼓风炉渣的加入会降低炉料中铅品位，所以需要加入大量烧结返料（又称返粉），一般烧结产物的 65% ~ 75% 被用于制作返粉，需要经过 3 ~ 4 段破碎，将烧结块破碎成 5 ~ 9 mm 返粉，与铅精矿、熔剂等进行配料，将炉料中的含硫量配到 6% ~ 8%，然后进行混合、制粒。这个炉料制备过程流程较长，劳动条件较差。

由于炉料中的硫被大量稀释剂稀释，尽管对烧结设备的密封性进行改进，并采用返烟烧结等措施，烧结烟气的 SO_2 浓度还是难以满足两转两吸制酸工艺的要求。

虽然烧结－鼓风炉还原炼铅工艺具有生产能力大、铅的回收率高、渣含铅低等优点，但是由于烧结过程流程长，劳动条件较差，烧结过程产生余热难以回收利用，鼓风炉还原熔炼需要用价格较高的冶金焦炭作还原剂，烧结烟气 SO_2 浓度低，治理困难的问题，该工艺正在被直接熔炼的炼铅工艺所取代。

1.5.2 现代铅冶金的技术特点

现代铅冶金具有三大技术特点：一是硫化铅精矿直接熔炼氧化脱硫，不需要烧结焙烧；二是在熔炼过程中采用纯氧或富氧空气鼓风技术；三是具有一定动能的气流对熔体形成强烈的搅动，传质传热速度加快，生产效率大幅度提高。

1.5.2.1 硫化铅精矿直接熔炼

硫化铅精矿直接熔炼的炼铅工艺无论是闪速熔炼还是熔池熔炼都是在高温、气流强烈搅动的熔融状态下完成氧化脱硫，反应速度快，脱硫完全，一般在炉渣或高铅渣中含硫1%以下。在氧化脱硫的同时，完成造渣反应，能够产出部分粗铅或全部粗铅，产出炉渣或高铅渣。而传统的烧结脱硫过程中，需要大量烧结返粉冲稀烧结物料中硫含量，避免物料过早熔化造成板结而影响烧结层的透气性，从而影响空气在料层的扩散及 SO_2 的解析，无法达到脱硫效果。而且烧结脱硫不完全，一般烧结块含硫在2%左右，导致在鼓风炉还原熔炼过程烟气 SO_2 浓度不能达到排放标准的要求，必须经过烟气脱硫处理才能达标排放。

硫化铅精矿直接熔炼使炼铅流程缩短，减少了烧结过程原料制备的复杂工序。在烧结过程中，烧结产物的70%左右需要返回配料，经过3～4次破碎筛分，将炽热的烧结块破碎成6～9 mm的颗粒，制成返粉冷却后与铅精矿进行配料。在烧结块破碎筛分过程中产生大量灰尘，即使严密的通风除尘设施也难以保证操作环境的清洁。硫化铅精矿直接熔炼减少了返粉制备过程中带来的粉尘污染，为铅冶炼的清洁生产创造了有利条件。

硫化铅精矿采用闪速熔炼工艺（如基夫赛特炼铅工艺），硫化铅精矿与熔剂等进行配料，干燥和磨矿后直接加入炉内，用氧气作为氧化剂，在反应塔中进行氧化熔炼和造渣熔炼，温度为1350～1400℃，氧化脱硫非常快，按照理论计算氧化反应的时间不到2 s，但是由于气流与炉料接触几率、炉料颗粒熔化后产生的团聚等因素影响，研究表明，实际完成氧化反应的时间需要5～6 s。氧化铅通过焦滤层被C和CO还原，直接产出粗铅和炉渣，熔炼产生的烟气 SO_2 浓度达到20%～30%。

熔池熔炼分为两种情况：

(1) QSL工艺能够在一座反应器中由硫化铅精矿直接产出粗铅，反应器分为氧化段和还原段两个区域，硫化铅精矿配料后，经过制粒反应器的氧化段加入，用喷枪从反应器底部加入富氧空气作为氧化剂，进行氧化自热熔炼，在还原段用煤作还原剂，产出粗铅和炉渣。

(2) 其他熔池熔炼工艺，如富氧底吹炼铅工艺、富氧侧吹炉炼铅工艺、富氧顶吹炼铅工艺等都需要两台反应器，第一台反应器（氧化炉）进行氧化熔炼，通过硫化铅精矿的氧化反应及硫化铅与氧化铅的交互反应，产出部分粗铅和高铅渣，烟气 SO_2 在10%以上，能满足两转两吸制酸的工艺要求。高铅渣在第二台反应器（还原炉）中进行还原反应，在过去的10年中，第二台反应器就是传统的炼铅鼓风炉。鼓风炉只能冶炼块料，需要将高铅渣铸成渣块，与焦炭一起加入鼓风炉进行还原熔炼，产出粗铅和终渣。最近几年，开发出液态热渣直接还原技术，用底吹炉或侧吹炉作为第二台反应器，第一台反应器产出的高铅渣直接流入第二台反应器，用煤作还原剂将高铅渣继续还原，产出粗铅和终渣。

1.5.2.2 氧气技术在铅冶金中的应用

现代铅冶金第二个技术特点是用工业纯氧或富氧空气取代空气作为熔炼的工艺风及氧化熔炼的氧化剂。由此带来如下好处：

一是用工业纯氧或富氧空气取代空气，基夫赛特工艺采用工业纯氧熔炼，侧吹炉和底吹炉采用60%～80%的富氧空气熔炼，顶吹炉采用30%～40%的富氧空气熔炼。富氧熔炼所需的鼓风量大幅度减少，带入的氮气大幅度减少，每用1 m^3 氧气减少氮气3.76 m^3，从而使工艺烟气量及烟气带走热量大幅度减少。在火法冶炼过程中的热支出主要是烟气带走热、水套冷却水带走热、产品及炉渣带走热、炉料升温及熔化吸收热和炉体散热等。其中烟气带走热是火法冶炼过程热支出的最大项目，通常占总热支出的30%～40%。在其他热支出数量不变的条件下，如果烟气量减少50%，烟气带走热也减少50%，总的热支出减少15%～20%。熔炼过程的热收入主要来自铅精矿中硫化物氧化反应产生的化学反应热。只要铅精矿的加料量及其成分稳定，热收入就基本不变。热平衡计算表明，在使用工业纯氧或高浓度富氧的条件下，当炉料中硫含量在14%以上，或炉料发热值达到2100 kJ/kg以上时，硫化铅精矿的直接熔炼完全可以达到热收入与热支出的平衡，完全可以实现自热熔炼。只有在搭配处理大量低硫的含铅物料，导致炉料含硫很低时，才需补充少量燃料。自热熔炼可以达到节能减排的目的。

二是由于烟气量减少，脱硫率的提高，烟气 SO_2 浓度大幅度提高。传统的铅精矿烧结脱硫尽管采取一系列提高 SO_2 浓度的措施，如加强烧结机的密封、返烟烧结等，但是 SO_2 浓度只能达到3%～4%，不能满足两转两吸制酸工艺的要求，只能采用一转一吸制酸工艺，再加尾气脱硫，或是采用非稳态制酸工艺，或是托普索制酸工艺(WSA)。硫的回收率始终只能达到80%左右。硫化铅精矿直接熔炼氧化脱硫烟气的SO_2浓度均在10%以上，基夫赛特炼铅工艺的氧化脱硫烟气的SO_2浓度高达30%，在搭配大量浸出渣等含铅物料的条件下仍可达到20%左右，侧吹炉和底吹炉烟气均可达到10% ~20%，不仅能够满足两转两吸制酸工艺的浓度要求，一般情况下均超过制酸所需的浓度，硫的回收率可以达到96%以上，彻底解决了铅冶炼脱硫烟气制酸困难、低浓度SO_2的环境污染问题。

三是熔炼的热强度提高，炉子的床能力成倍提高。基夫赛特炉反应塔内的氧化熔炼反应和造渣反应在气相中进行，只需几秒钟就可以完成，床能力可以达到60 ~70 t/(d·m^2)。熔池熔炼是通过富氧空气的气流在熔体中强烈搅动，传质传热速度加快，反应产生的SO_2和CO等气体能够迅速解析、排出，有利于化学反应的剧烈进行。反应速度的加快，导致床能力提高。如富氧侧吹炉床能力达到70 ~80 t/(d·m^2)。传统的烧结脱硫是烧结物料处于半熔融的静止状态进行的，传质传热都非常缓慢，而且大部分烧结块作为返粉在烧结过程中反复循环，导致床能力相当低。

四是氧气技术的应用使炉渣的渣型控制比以前更简单。现在氧气技术不仅用于氧化熔炼，还用于还原熔炼。在鼓风炉还原熔炼过程中，渣型的选择和控制对于生产操作及还原效果非常重要，必须认真选择和严格控制。采用富氧的液态高铅渣还原，渣型的范围很大。一般认为采用高钙渣型有利于渣铅分离，w_{CaO}/w_{SiO_2}控制在0.6 ~0.8，才能将炉渣含铅率降低到2% ~3%。但是有一家企业采用侧吹炉还原液态高铅渣时基本不配或只配少量石灰石，w_{CaO}/w_{SiO_2}控制在0.3 ~0.4。2013年4月的实际炉渣成分为：FeO 36% ~37%，SiO_2为20% ~21%，CaO为7% ~8%，Pb <1%，Zn为21% ~22%。控制富氧浓度为70%，富氧空气量为2 ~3 m^3/(min·m^2)，空气压力为0.2 ~0.3 MPa。实践证明，采用低钙渣型同样可以将渣含铅降低到2%以下，说明采用富氧熔炼的渣型控制并不需要像以前那样严格。由此可以减少熔剂加入量，降低渣量，从而降低能耗，提高金属回收率。

由于氧气技术在铅冶炼过程中的积极作用，氧气的使用越来越广泛，不仅用于氧化熔炼，还用于还原熔炼和烟化炉吹炼。在合理控制富氧空气的浓度的前提下，没有发现利用富氧对冶炼过程有何不利影响。但是熔池熔炼的炼铅工艺，氧气浓度需要根据以下因素进行控制：一是富氧浓度与鼓风量之间的平衡，由于熔池熔炼的富氧空气需要鼓入熔体中，气流对熔体形成强烈的搅动，提高熔体内部传质传热的强度。当反应所需的氧量一定时，富氧空气的浓度越高，鼓风量就越小，导致进入熔体的气流减小，熔体中传质传热的动能也就减小，就会影响熔炼反应速度。解决的办法是提高鼓风压力，但是提高鼓风压力，需要增加设备和能耗。压力过高也会增加对喷枪的磨损，还可能产生振动。例如氧气顶吹炼铅工艺采用的单根喷枪，气流分散速度不如底吹炉和侧吹炉那么迅速，而且熔池高度比底吹炉或侧吹炉更高，熔体对气流的阻力也就大于底吹炉或侧吹炉，也就需要鼓入的富氧空气具有更大的搅动能量，所以顶吹炉的富氧浓度只能控制在30% ~40%，而底吹炉或侧吹炉都可以控制更高的富氧浓度；二是富氧浓度过高，可能造成局部氧化性气氛过强，将铁氧化成 Fe_3O_4，使炉渣黏度增加，影响渣铅分离，并且容易产生炉结。然而闪速熔炼的气流不需鼓入熔体，氧化反应是在气相中进行的，还原反应是静止的碳热反应和电热反应，所以基夫赛特炼铅采用氧气浓度95% ~98%的工业纯氧。

1.5.2.3 气流对熔体的搅动

在传统冶炼过程中，无论鼓风炉还是反射炉的传质都主要靠熔体的流动、沉降和气体渗透扩散来实现。传热主要靠火焰的辐射传热和传导传热。传质传热的速度相当缓慢。即使是鼓风炉鼓风位置在熔池以上，风口区位于焦炭层，鼓入气流也不能对熔体产生搅动。现代炼铅都是通过喷嘴或喷枪将富氧空气直接鼓入熔体内部，在熔体中形成气泡，遇到熔体的阻力后，气泡就会破裂变成更小的气泡，最后形成羽状卷流。由于气流具有一定的流量、流速和压力，就会使熔体强烈搅动。气流的分散—吸附—反应—解析—扩散—排出过程，即气泡中的氧气与硫化物或炭发生反应，产生的 SO_2、CO_2、CO 气体通过解析和扩散，CO 在扩散过程中可能再次发生反应，产生的 CO_2 气体再次扩散，这种气流扩散运动以及熔体的搅动，极大地加速了传质传热的过程。氧化反应和碳热反应基本上都在熔体内部进行，热量传递非常直接，热利用效率显著提高，冶炼的能耗大幅度降低。

第 2 章　现代铅冶金的理论基础

2.1 概述

现代铅冶金相对于传统铅冶金的最大特征是硫化铅精矿直接熔炼，取代了硫化铅精矿的烧结焙烧，即在熔炼过程中采用工业纯氧或富氧空气取代空气作为工艺风或氧化剂进行氧化脱硫反应，使氧化脱硫过程变得更为简单、有效，而且在氧化脱硫的同时完成造渣反应和一系列交互反应，可以产出部分粗铅和高铅渣，也可以同时完成还原反应，产出全部粗铅和炉渣。第二个特征是还原熔炼可以与氧化熔炼在同一反应器内完成，也可以在另一个反应器内完成。第三个特征是铅精炼生产设备大型化，电解精炼由原来每槽 32 ~ 38 片阳极增加至 38 ~ 50 片，每片阳极由原来的 90 ~ 120 kg 增加至 300 ~ 370 kg。年产 100 kt/a 电铅只需 230 ~ 340 个电解槽，电解槽数量仅为原来 1/3 左右。第四个特征是整个炼铅过程机械化和自动化水平明显提高，操作环境明显改善，劳动生产率明显提高，能耗明显降低。

在硫化铅精炉直接熔炼技术出现之前，以硫化铅精炉为原料的工业化铅冶炼生产基本上都是采用烧结 - 鼓风炉还原熔炼工艺，该工艺至今仍在世界各产铅国继续使用。在该工艺中，硫化铅精矿采用烧结焙烧方式氧化脱硫，制粒后的烧结物料在烧结设备中构成一定厚度的料层，向料层强制鼓入(或吸入)空气，空气穿过料层时与精矿中的硫化物发生氧化反应，其中的硫化铅被氧化生成硫酸铅和碱式硫酸铅，随着烧结温度的升高，部分硫酸铅分解为氧化铅，即

$$PbS + 2O_2 =\!=\!= PbSO_4$$

$$PbSO_4 =\!=\!= PbO + SO_2 + \frac{1}{2}O_2$$

为了保持烧结料层的透气性，防止料层板结，烧结温度控制较低。如采用烧结机烧结，烧穿温度一般为 900 ~ 950℃，烧结物料为半熔化状态。因为硫化物的氧化反应为放热反应，炉料含硫过高，就会使烧结温度升高，因此，在烧结过程中需要制备大量返粉来稀释精矿中的硫，使烧结料含硫控制在 6% ~ 8%。其次是料层在烧结机内处于静止状态，传质传热的效率很低，空气中的氧与物料的接触几乎全部依靠空气在料层的扩散，但是料层厚度只有 300 ~ 400 mm，气流穿过料

层很快，在料层中的停留时间很短，大部分空气来不及扩散，与物料发生反应就随着气流离开料层，空气的利用率很低，因此，鼓入的空气往往是理论计算量的几倍。

采用烧结焙烧氧化脱硫的优点是能够得到气孔率高的烧结块，合格的烧结块的气孔率一般大于50%。高气孔率的烧结块 CO 容易渗透其中。在鼓风炉还原熔炼过程中容易被 C 和 CO 还原，炉渣含铅可以降至2%左右。鼓风炉床能力达到50～60 t/(m^2·d)。焦炭率在10%～12%。其缺点：一是烧结块残硫2%左右，导致鼓风炉熔炼烟气中 SO_2 含量不能达标排放；二是大量的过剩空气导致烟气量很大，烟气中 SO_2 浓度降低，达不到两转两吸制酸工艺的浓度要求；三是硫化物氧化反应产生的化学热没有得到利用；四是返粉制备及炉料准备复杂，导致生产流程长，操作环境粉尘污染严重。

在现代铅冶金中，硫化铅精矿是直接熔炼，即精矿中的硫化物在高温下和强氧化气氛中氧化脱硫。铅精矿直接熔炼分为闪速熔炼(如基夫赛特炼铅工艺)和熔池熔炼(如富氧底吹炼铅法、顶吹炼铅法和侧吹炼铅法等)。在闪速熔炼过程中，铅精矿在悬浮状态下，采用工业纯氧仅在5～6 s内即可完成氧化反应，反应温度达到1300～1400℃。在熔池熔炼过程中，采用富氧空气，物料在完全熔化的状态进行氧化反应，气流鼓入熔体，使熔体产生强烈的搅动，传质传热的速度很快，为了减少硫化铅及氧化铅的挥发，熔炼温度一般在1050～1100℃。无论闪速熔炼还是熔池熔炼，其氧化脱硫过程与烧结焙烧有本质的区别。

(1)发生的化学反应不同

在硫化铅精矿直接熔炼过程中，不仅发生硫化物的氧化反应和硫酸铅的分解反应，还会发生硫化铅与氧化铅、硫化铅与硫酸铅之间的交互反应，生成金属铅，同时还会发生造渣反应，形成高铅渣或炉渣。由于烧结过程中的传质效果很差，炉料中各化学成分相互接触的几率很小，发生交互反应和造渣反应的几率也很低。

(2)得到的产物不同

硫化铅精矿直接熔炼得到的是粗铅、高铅渣(或炉渣)及高浓度 SO_2(>10%)烟气，而烧结焙烧产出的是烧结块和含低浓度 SO_2(一般<3.5%)的烟气。

(3)脱硫的程度不同

硫化铅精矿直接熔炼的脱硫率可以达到95%以上，高铅渣(或炉渣)含硫一般低于0.5%。而烧结脱硫率只能达到70%左右，烧结块残硫2%左右。

(4)反应机理不同

硫化铅精矿直接熔炼在高温条件下进行，熔体温度高于硫酸铅稳定生成的温度，即使有硫酸铅生成，也会立刻分解。这就是直接熔炼脱硫率高的原因。焙烧采用低温烧结，温度刚好是硫酸铅生成温度，硫酸铅即使到达烧结机尾部，硫酸铅也不可能完全分解，一部分硫酸铅留在烧结块中，导致烧结块残硫高。

因此，硫化铅精矿直接熔炼的铅冶金的理论基础与传统铅冶金也会有所差别。

2.2　铅精矿直接熔炼的主要化学反应

在现代铅冶炼，即铅精矿直接熔炼过程中，炉料一般由硫化铅精矿、返料(如烟尘)、熔剂和其他含铅物料组成。炉料在炉内要发生一系列物理化学变化，最终形成互不相溶的粗铅相和炉渣相(必要时还有冰铜相)，并释放出反应气体进入烟气。其主要反应如下：

(1)硫酸盐、碳酸盐及高价硫化物的离解反应

锌浸出渣带入的硫酸盐和精矿中的高价硫化物，以及熔剂中的碳酸盐在高温下首先发生离解反应：

$$PbSO_4 \longrightarrow PbO + SO_2 + 1/2O_2$$

$$ZnSO_4 \longrightarrow ZnO + SO_2 + 1/2O_2$$

$$CaCO_3 \longrightarrow CaO + CO_2$$

$$FeS_2 \longrightarrow FeS + S_2$$

$$CuFeS_2 \longrightarrow Cu_2S + FeS + S_2$$

硫酸铅($PbSO_4$)是单斜方晶体，密度 6.2 g/cm^2，熔点 1170℃。但是它在高温下并不存在，无法实际测量熔点，其熔点是计算出来的。$PbSO_4$ 在 800℃开始离解，到 950℃以上离解速度很快。

黄铁矿(FeS_2)是立方晶系，着火温度 402℃，很容易分解。在中性或还原性气氛中，FeS_2 在 300℃开始分解，在空气中通常 565℃开始分解。在 680℃时，离解压为 69.061 kPa。

黄铜矿($CuFeS_2$)着火温度 375℃，在中性气氛或还原性气氛中，加热到 550℃或更高温度开始离解，在 800 ~ 1000℃完成分解。

(2)硫化物的氧化反应

硫化铅精矿的主要成分是方铅矿(PbS)，此外还有 ZnS、FeS_2、$CuFeS_2$ 等。

$$PbS + 3/2O_2 = PbO + SO_2$$

$$ZnS + 3/2O_2 = ZnO + SO_2$$

$$Cu_2S + 2O_2 = 2CuO + SO_2$$

在采用氧气或富氧空气的强化熔炼的条件下，高价硫化物在发生分解反应的同时，也会直接发生氧化反应。

$$2FeS_2 + 11/2O_2 = Fe_2O_3 + 4SO_2$$

$$3FeS_2 + 8O_2 = Fe_3O_4 + 6SO_2$$

$$2CuFeS_2 + 5/2O_2 = Cu_2S \cdot FeS + FeO + 2SO_2$$

高价硫化物分解产生的 FeS 也会发生氧化反应。

$$FeS + 3/2O_2 = FeO + SO_2$$

在有 FeS 存在的条件下，Fe_2O_3也会转变为 Fe_3O_4，然后进一步转变为 FeO。

$$6Fe_3O_4 + 2FeS = 20FeO + 2SO_2$$

此反应是熔炼过程中的重要反应，对于抑制 Fe_3O_4的生成具有重要意义。

(3)交互反应

无论是闪速熔炼还是熔池熔炼，都会按下式进行：

$$PbS + 2PbO = 3Pb + SO_2$$

$$PbSO_4 + PbS = 2Pb + 2SO_2$$

交互反应对于熔池熔炼很重要，底吹炉和顶吹炉产出的一次粗铅就是交互反应的产物。闪速熔炼的交互反应产生的粗铅在氧化气氛中又被氧化成氧化铅，这在第 3 章有比较详细的论述。

(4)造渣反应

炉内生成的 FeO 在有 SiO_2存在的条件下，将按下列化学反应式生成铁橄榄石炉渣。

$$xPbO + ySiO_2 = xPbO \cdot ySiO_2$$

$$2FeO + SiO_2 = 2FeO \cdot SiO_2$$

$$xCaO + ySiO_2 = xCaO \cdot ySiO_2$$

(5)还原反应

熔体中生成的氧化铅被碳或一氧化碳还原，生成金属铅。同时部分高价铁也可能被还原成氧化亚铁。

$$PbO + C = Pb + CO$$

$$PbO + CO = Pb + CO_2$$

$$Fe_2O_3 + C = 2FeO + CO$$

前面 3 类反应基本上发生在氧化熔炼阶段，第 4 类反应既发生在氧化熔炼阶段，产出高铅渣，也发生在还原熔炼阶段，产生还原炉渣，第 5 类反应是氧化物的还原反应，主要发生在还原阶段。基夫赛特炼铅工艺是在反应塔的不同高度同时进行氧化反应和还原反应，如在基夫赛特炉反应塔的上部空间为强氧化气氛，进行氧化反应、交互反应和造渣反应，下部为焦滤层，大部分氧化铅被还原成金属铅。其他工艺大多是在不同区域或反应器中分别进行氧化反应和还原反应。

2.3　铅精矿直接熔炼热力学分析

铅精矿直接熔炼的热力学分析主要是通过热力学方程的计算结果判断直接熔炼过程中分解反应、氧化反应、交互反应、还原反应和造渣反应进行的方向、程度，以及各相之间的平衡。为了直观起见，通常根据计算结果编制各种热力学平衡图来进行热力学分析。

(1)氧势图及硫势图

氧势图(见图 2 - 1)是稳定单质(M)与 1 mol 氧结合成氧化物(M_xO_y)的反应的标准摩尔吉布斯自由能变量 $\Delta G^{\ominus}$(即氧势)与温度 T 的关系图。它既反映同一物质在不同温度下进行氧化反应的标准自由能的变化(即氧势的变化)，也反映了不同物质进行氧化反应的标准自由能与温度的关系，有助于判断直接炼铅过程中氧化物还原的热力学，能直观表明各种氧化物稳定性的次序。图中直线的位置越低，它代表的氧化物越稳定。由此可见，在直接炼铅过程中氧化铅和高价氧化铁可以在还原熔炼中优先还原成金属铅和氧化亚铁。

硫势图(图 2 - 2)是在标准状态下硫化反应的标准自由能 $\Delta G^{\ominus}$ 与温度 T 的关系图，同样也直观反映各种硫化物的稳定性次序，图中直线的位置越低，它代表的硫化物越稳定。这对于直接炼铅过程中硫化物氧化的热力学判断很有帮助。

(2)Pb - S - O 系 $\lg p_{O_2} - 1/T$ 状态图

Schuhmann 等人根据热力学数据分别绘制了 p_{SO_2} 为 1×10^5 Pa、0.1×10^5 Pa、0.05×10^5 Pa 时 Pb - S - O 系 $\lg p_{O_2} - 1/T$ 状态图，其中 p_{SO_2} 为 1×10^5 Pa 时状态图如图 2 - 3 所示。

图 2 - 3 中的 y 点的温度是 PbS 转变为金属铅的最低平衡温度。当 p_{SO_2} 发生变化时，y 点所示的平衡温度和平衡氧位会发生相应变化，例如：

$$p_{SO_2} = 1\times10^5\ \text{Pa}\quad t = 960℃\quad \lg p_{O_2} = -4.5$$

$$p_{SO_2} = 0.1\times10^5\ \text{Pa}\quad t = 860℃\quad \lg p_{O_2} = -5.7$$

$$p_{SO_2} = 0.05\times10^5\ \text{Pa}\quad t = 830℃\quad \lg p_{O_2} = -6.3$$

在图 2 - 3 中，在 $p_{SO_2} = 1\times10^5$ Pa 时，低于 y 点的温度，PbS 是稳定的；高于 y 点的温度，PbS 会氧化形成熔融金属铅相(系 Pb - PbS 液态共熔体)。在一定温度及 p_{O_2} 的范围内金属铅相是稳定的。当熔炼温度一定时，在高氧势下，熔融金属铅就会氧化，形成 PbO 和 $PbSO_4$ 的熔体混合物，其中硫酸盐的含量随着 p_{O_2} 的增大而增加；在低氧势下，熔体中的硫含量增加，所以直接炼铅产生的金属铅含硫，与炉渣中的 PbO 保持平衡。

$4Ag+O_2=2Ag_2O$
$Mn+O_2=MnO_2$
$\frac{3}{2}Pb+O_2=\frac{1}{2}Pb_3O_4$
$2Cu+O_2=2CuO$
$4Fe_3O_4+O_2=6Fe_2O_3$
$4Cu+O_2=2Cu_2O$
$2Pb+O_2=2PbO$
$2Ni+O_2=2NiO$
$6FeO+O_2=2Fe_3O_4$
$2Co+O_2=2CoO$
$2CO+O_2=2CO_2$
$\frac{4}{5}P+O_2=\frac{2}{5}P_2O_5$
$S+O_2=SO_2$
$\frac{1}{2}S_2+O_2=SO_2$
$Sn+O_2=SnO_2$
$2H_2+O_2=2H_2O$
$\frac{3}{2}Fe+O_2=\frac{1}{2}Fe_3O_4$
$2Fe+O_2=2FeO$
$C+O_2=CO_2$
$\frac{4}{3}Cr+O_2=\frac{2}{3}Cr_2O_3$
$2C+O_2=2CO$
$4K+O_2=2K_2O$
$4Na+O_2=2Na_2O$
$2Mn+O_2=2MnO$
$2Zn+O_2=2ZnO$
$\frac{4}{3}V+O_2=\frac{2}{3}V_2O_3$
$Ti+O_2=TiO_2$
$\frac{4}{3}Al+O_2=\frac{2}{3}Al_2O_3$
$Zr+O_2=ZrO_2$
$U+O_2=UO_2$
$2Be+O_2=2BeO$
$Si+O_2=SiO_2$
$2Mg+O_2=2MgO$
$4Li+O_2=2Li_2O$
$2Ca+O_2=2CaO$
Cu_2O
PbO
NiO
CoO
H_2O
FeO
Fe_3O_4
CO_2
SnO_2
P_2O_5
UO_2
ZrO_2
Al_2O_3
O_2
H
C
kJ/mol 0
$\Delta G^\ominus/(kJ\cdot mol^{-1})$
kcal/mol O_2
t/℃
T/K
p_{CO}/p_{CO_2}
p_{H_2}/p_{H_2O}
$p_{O_2}/10^5$ Pa
金属 氧化物
熔点 M Ⓜ
沸点 B Ⓑ
相变点 T Ⓣ
升华点 S Ⓢ

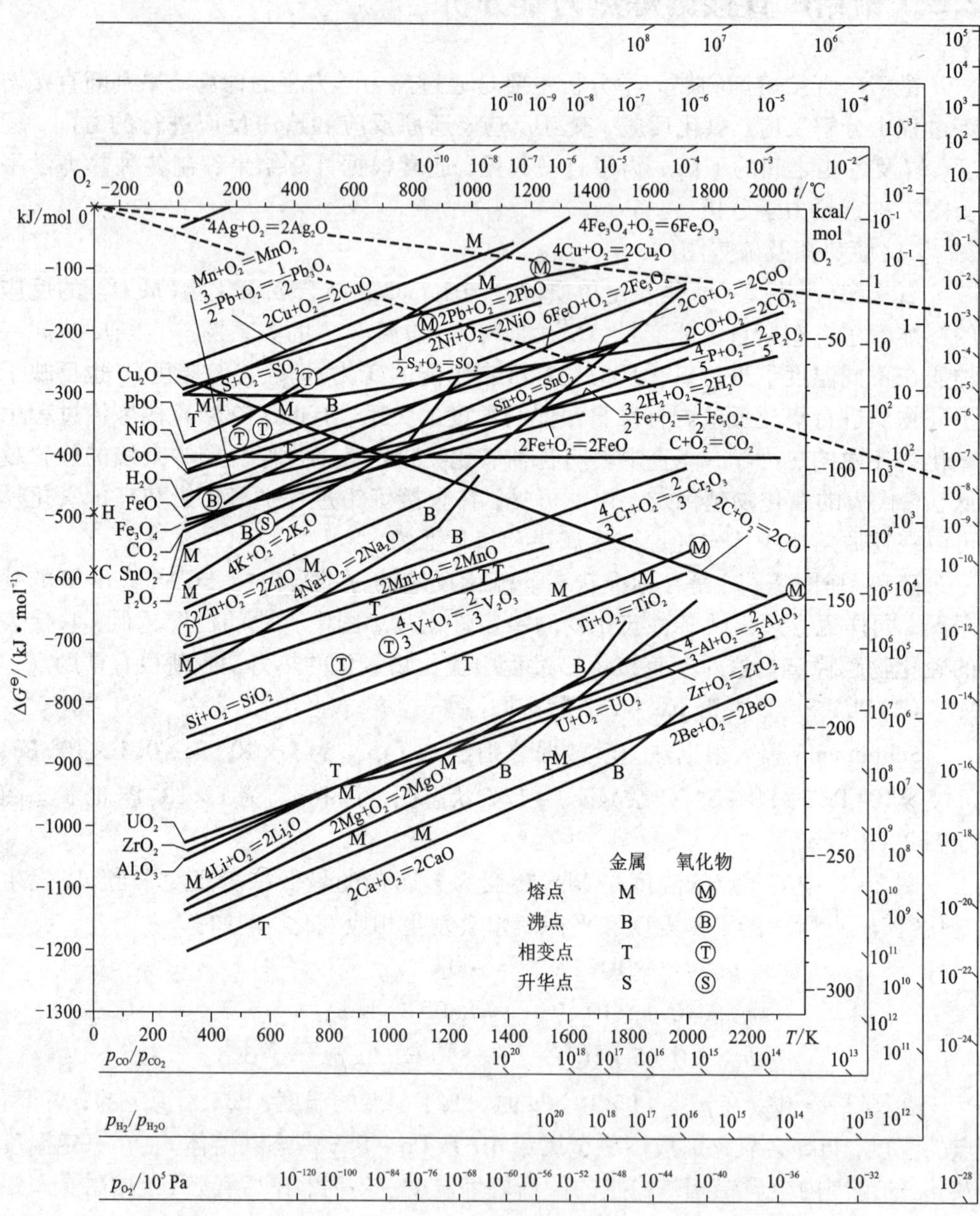

图 2-1 氧势图

p_{H_2}/p_{H_2S}/Pa
$\Delta G^{\ominus}=RT\ln p_{S_2}$/(kJ·mol^{-1}·$S_2$)
$p_{S_2}/10^5$ Pa
C+S₂=CS₂
2Pt+S₂=2PtS
2C+S₂=2CS
FeS-FeS₂
2H+S₂=2H₂S
4Ag+S₂=2Ag₂S
Pb-PbS
Mo-MoS₂
Cu-Cu₂S
Fe-FeS
Co-Co₃S₂
2Zn+S₂=2ZnS
Zn-ZnS
2Mn+S₂=2MnS
4/3Al+S₂=2/3Al₂S₃
4Na+S₂=2Na₂S
2Mg+S₂=2MgS
Mg-MgS
Na-Na₂S
2Ca+S₂=2CaS
2Ce+S₂=2CeS

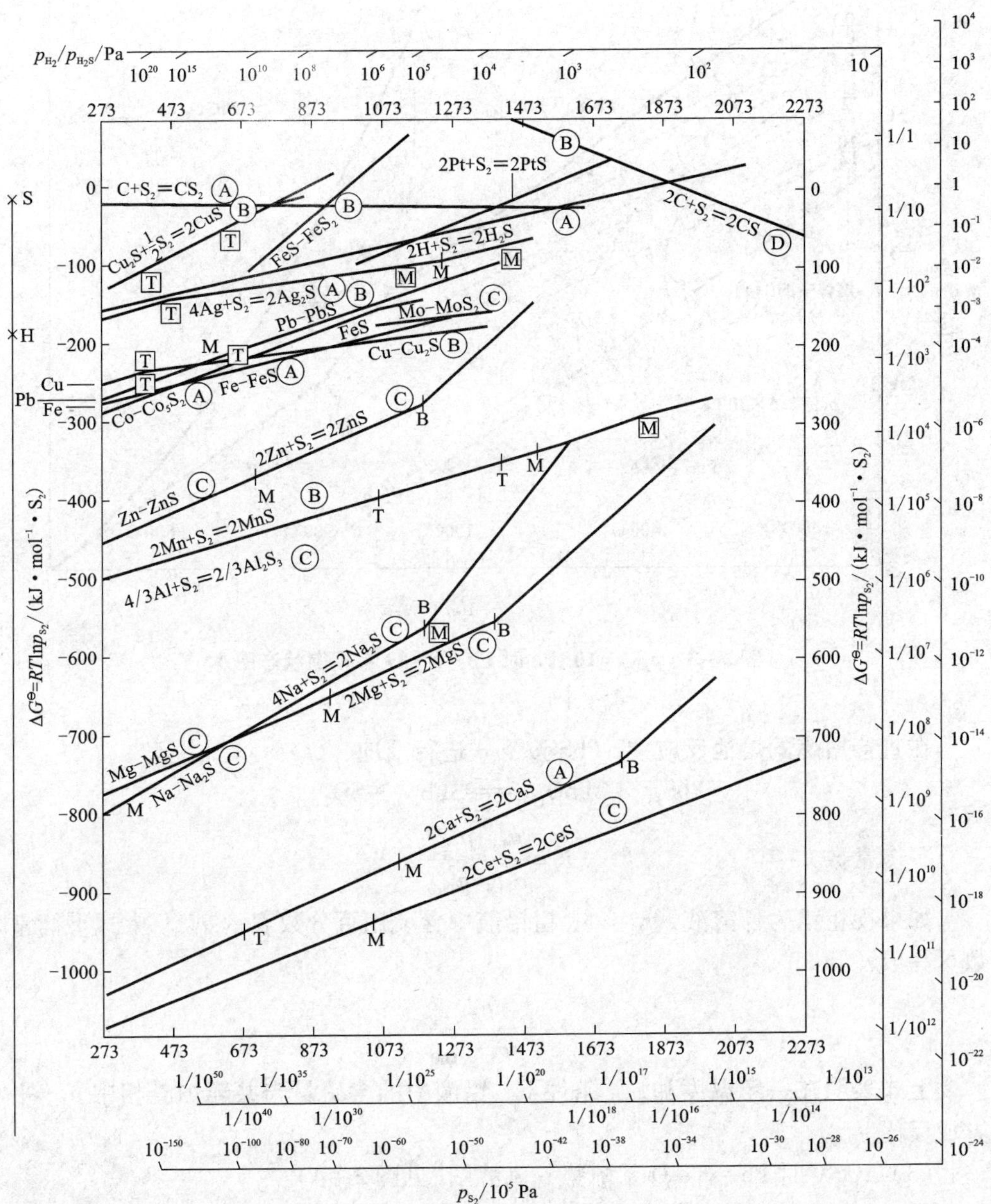

图 2-2　硫势图

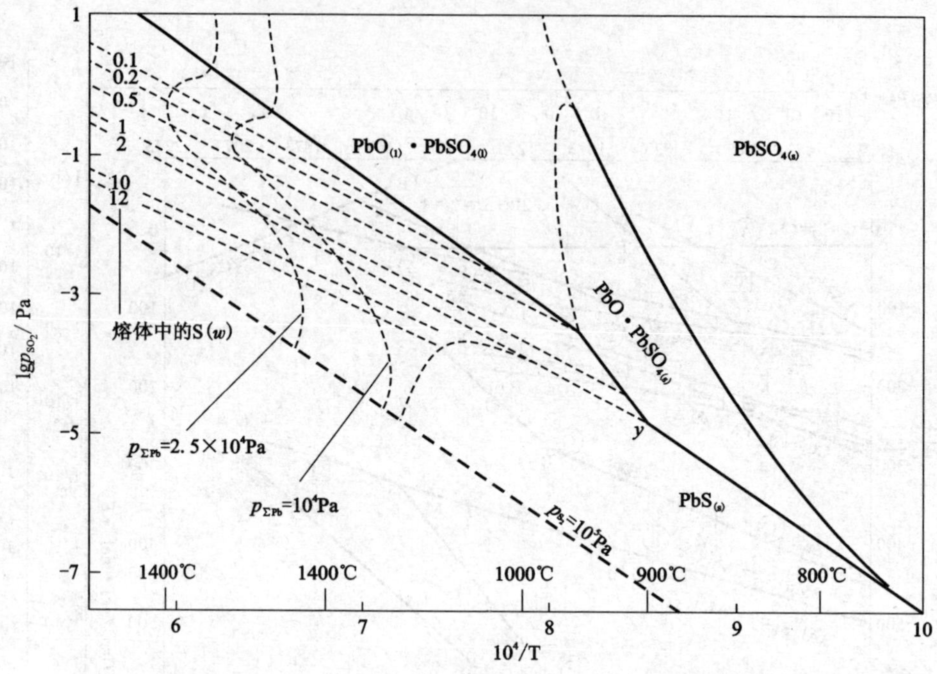

图 2-3 $p_{SO_2}=10^5$ Pa 时 Pb-S-O 系平衡状态图

在直接熔炼的熔池反应中，PbS 按下式进行反应：

$$PbS_{(l)}+2PbO_{(l)}=\!=\!=3Pb_{(l)}+SO_{2(g)}$$

平衡常数

$$K=\frac{a_{Pb}^3\cdot p_{SO_2}}{a_{PbS}\cdot a_{PbO}^2}$$

如果视粗铅为稀溶液，$a_{Pb}=1$，粗铅液中含硫用百分数表示 a_{PbS}，上式平衡常数可写成：

$$K'=\frac{p_{SO_2}}{w_S\cdot a_{PbO}^2}$$

上式表明在一定温度和 p_{SO_2} 条件下，铅液中的含硫量与共轭炉渣相中 a_{PbO} 平方成反比。

(3)1200℃时 Pb-S-O 系硫势-氧势图(见图 2-4)

图 2-4 给出了直接炼铅在平衡相图中的位置是在标有“直接”字样的区域。在 1200℃高温下，只要控制适当的气氛，用空气或氧气直接氧化就会使 PbS 转变为该状态下的金属铅和含 PbO 的炉渣。

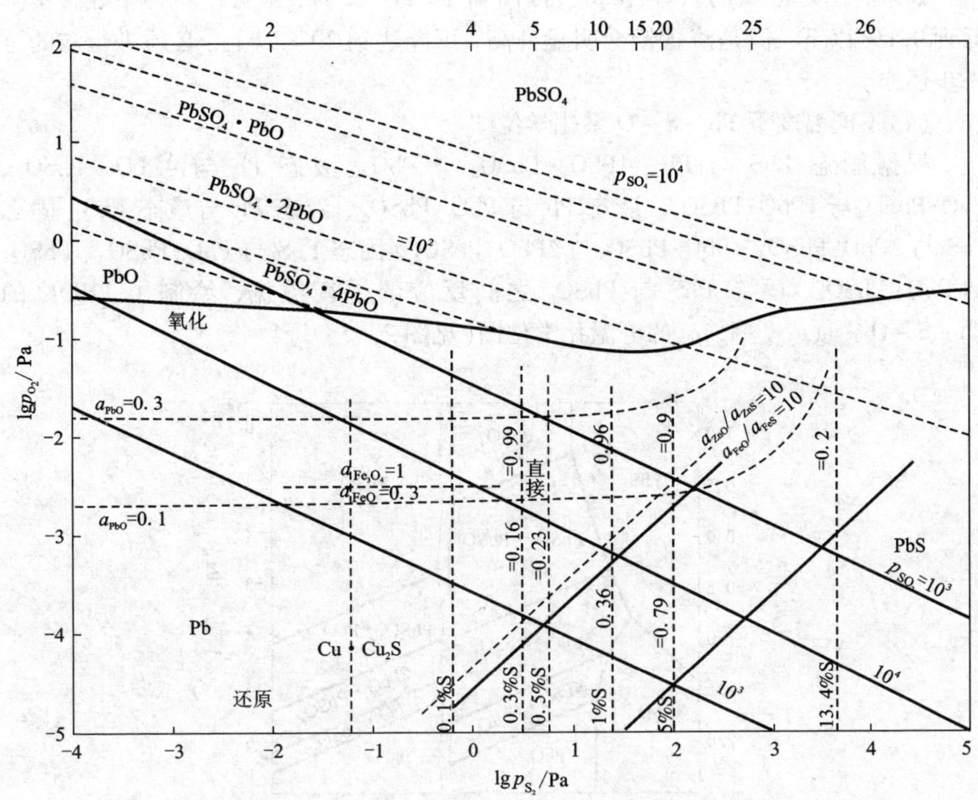

图 2-4　1200℃时 Pb-S-O 系硫势-氧势图

如果将直接熔炼的气氛控制在 $\lg p_{O_2} = -3$ 或 -4 时，产出的炉渣中 a_{PbO} 可能小于 0.1，即渣含铅可以降到 5% 左右；但是得到的金属铅含硫将达到 3% 左右，粗铅质量较低。这就说明，如果要在同一反应器的同一反应区域同时既保持氧化气氛又保持还原气氛是不可能实现的。因此要在氧化气氛中得到金属铅，只有通过氧化铅与硫化铅的交互反应才能实现，即：

$$PbS_{(熔铅)} + 2PbO_{(熔渣)} = 3Pb_{(l)} + SO_2$$

只有在低氧势条件下，保持熔体中有一定量的 PbS，才能保证上述反应顺利进行，并得到含铅较低的炉渣。这样将导致粗铅含硫高达 2% ~3%，影响粗铅质量。如果在氧化熔炼过程中控制渣含铅过低，降低过氧化程度，避免高价铁的生成，就会导致粗铅含硫过高，在一次粗铅表面形成一层冰铜层或浮渣层，影响一次粗铅的质量。

同时要使渣含铅降低到鼓风炉熔炼的水平是很困难的。如果要渣含铅降低到鼓风炉熔炼的水平，炉渣放出区域的氧势需控制在 $\lg p_{O_2} < -5$ 的水平。

如果将熔炼区域的氧势（$\lg p_{O_2}$）提高到 -1 或 -2 时，就会使粗铅中硫含量降低到0.1%以下，但是渣含铅会明显升高，可能达到20%以上，必须进行渣的进一步还原。

（4）不同温度下 Pb - S - O 系化学位图

根据固态 PbS 与 Pb、$4PbO \cdot PbSO_4$ 与 PbO、液态 Pb 与 $4PbO \cdot PbSO_4$、$PbO \cdot PbSO_4$与$4PbO \cdot PbSO_4$、液态 Pb 与 $PbO \cdot PbSO_4$、液态 Pb 与液态 PbS、固态 PbS 与$2PbO \cdot PbSO_4$、$PbO \cdot PbSO_4$与$2PbO \cdot PbSO_4$、固态 PbS 与$PbO \cdot PbSO_4$、$PbSO_4$与$PbO \cdot PbSO_4$、固态 PbS 与 $PbSO_4$ 之间反应的平衡数据，绘制了 1100K 的 Pb - S - O系 $\lg p_{SO_2} - \lg p_{O_2}$的等温化学位图（见图 2 - 5）。

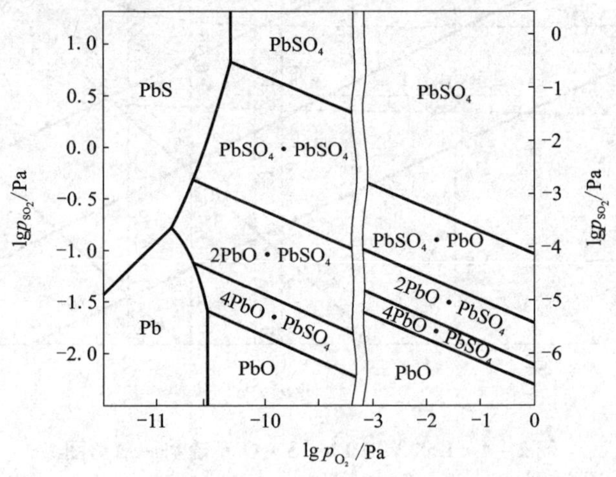

图 2 - 5　1100K 的 Pb - S - O 系化学位图

图 2 - 5 表明，PbS 进行焙烧时，可以生成氧化铅、硫酸铅（$PbSO_4$）和碱式硫酸铅（$PbO \cdot PbSO_4$），在高氧势和高硫势条件下，铅的氧化会生成硫酸铅（$PbSO_4$）或碱式硫酸铅（$PbO \cdot PbSO_4$）。生成哪种铅的化合物在一定温度下取决于体系中的气相成分。在一般焙烧条件下，氧压在 $10^3 \sim 10^4$ Pa 波动，$\lg p_{O_2} = -3$ 时若在1100K 下焙烧需要得到焙烧产物是 PbO，则 p_{SO_2}必须小于 1.53×10^{-1} Pa，这在实际生产中难以实现。假如焙烧气氛控制在 10^3 Pa < p_{SO_2} < 10^4 Pa，10^3 Pa < p_{O_2} < 10^4 Pa，焙烧的最终产物是硫酸铅（$PbSO_4$），而不是 PbO。

当温度发生变化时，铅的化合物的稳定区域也会发生变化，其变化规律如图 2 - 6 所示，当温度升高时，各化合物的稳定区域向右上方移动，即铅（Pb）和氧化铅（PbO）的稳定区域不断扩大，而硫酸铅（$PbSO_4$）或碱式硫酸铅（$PbO \cdot PbSO_4$）的区域缩小，说明焙烧温度升高有利于 PbS 氧化生成铅（Pb）和氧化铅（PbO）。在直

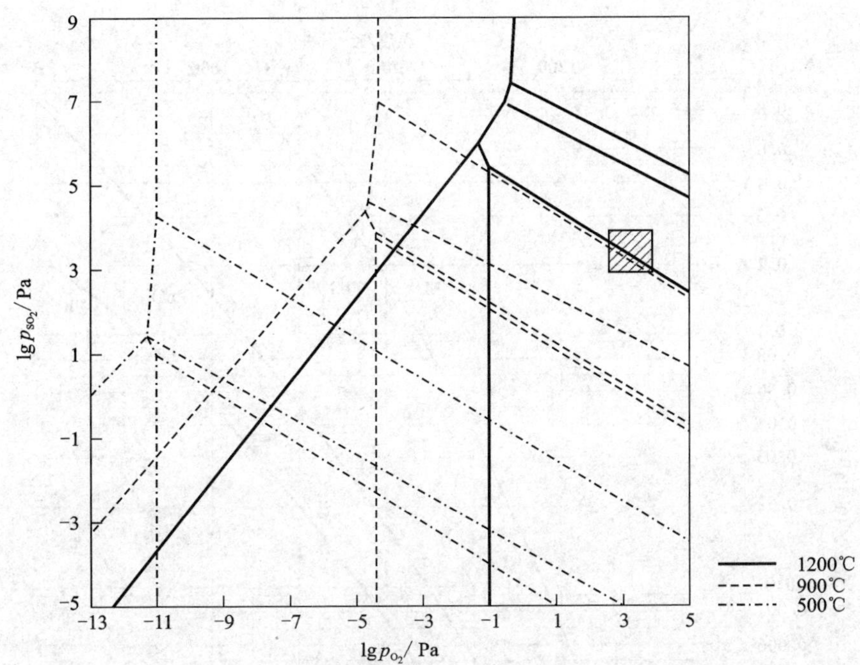

图 2－6　不同温度下 Pb－S－O 系化学位图

接炼铅过程中，希望硫化铅精矿氧化得到氧化铅，而不是硫酸铅。所以将硫化铅精矿直接熔炼温度控制在 1200℃或 1200℃以上，氧势和硫势控制在适当范围内进行氧化熔炼得到氧化铅。

(5) 铅及其化合物的蒸气压

从图 2－7 中可以看出，铅及其化合物都具有一定挥发性，但是它们之间存在较大差异。PbS 的挥发性最强，PbO 次之，Pb 的挥发性最弱。比如在 1281℃时，PbS 的蒸气压达到 1×10^5 Pa，PbO 约为 0.1×10^5 Pa，仅为 PbS 的 10%，金属铅的蒸气压约为 0.03×10^5 Pa，仅为 3%。因此在直接炼铅过程中铅的挥发主要以硫化物的形态，PbS 挥发是直接炼铅烟尘率高的主要原因。为了减少铅的挥发，一方面适当控制熔炼温度，但是温度过低，无法使炉料熔化，或降低熔炼强度；另一方面是加快 PbS 氧化速度，使 PbS 迅速转变为 PbO 或金属铅，减少熔体中 PbS 的活度。

直接炼铅的闪速熔炼虽然在 1300～1400℃高温下进行，但是由于硫化铅精矿的氧化过程在气相中完成，氧化速度很快，而且很完全，所以它的烟尘率要比直接炼铅的熔池熔炼低许多。

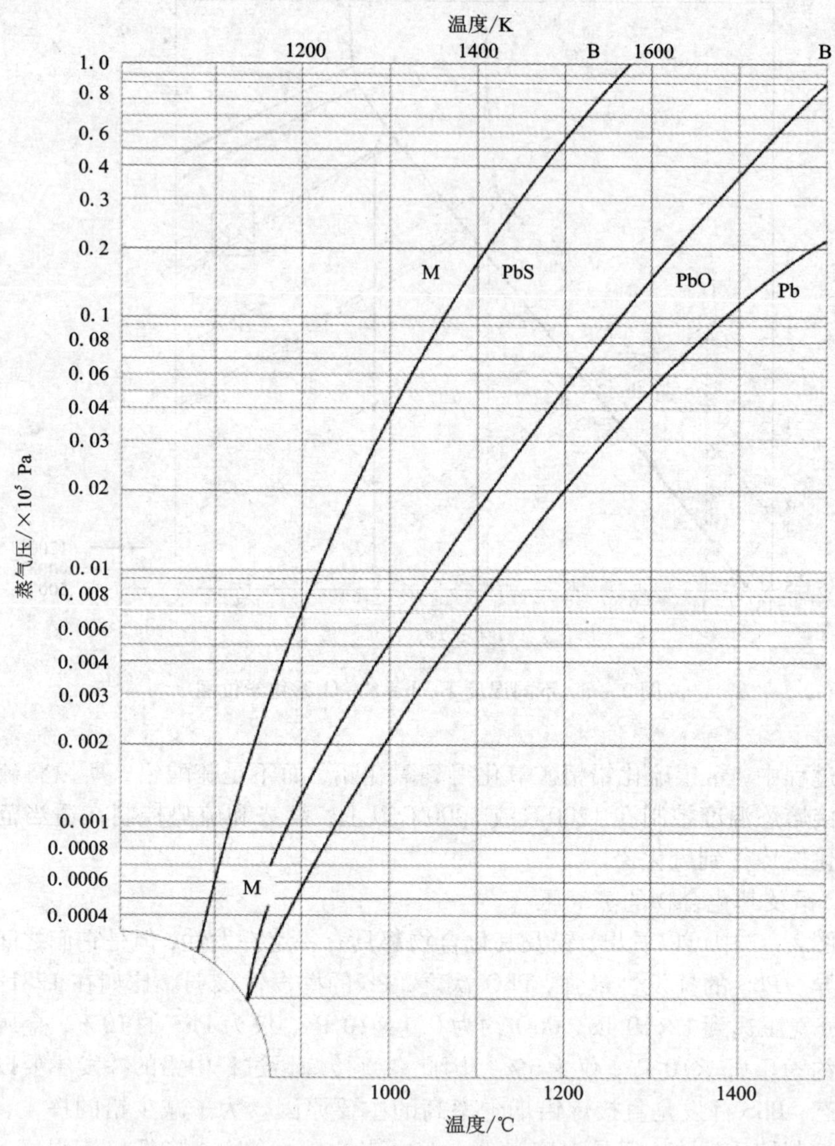

图 2-7 铅及其化合物的蒸气压

(6)铅在直接熔炼产物中的分配

铅在直接熔炼产物中的分配率与粗铅含硫的关系如图 2-8 所示，一是当粗铅含硫增加到1%以后，铅进入粗铅的比例就会降低；二是随着粗铅含硫增加，进入烟尘的铅的比例增加，意味着烟尘率增加，而进入高铅渣的铅的比例降低。

在实际生产中，控制粗铅含硫小于 0.4%，这时大约 45% 铅进入高铅渣，40% ~ 45% 铅进入一次粗铅，10% ~15% 的铅进入烟尘。

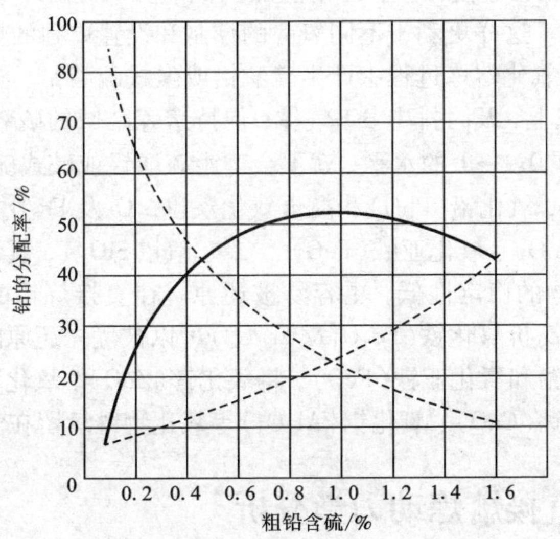

图 2-8　铅在直接熔炼产物中的分配

铅的直接熔炼的热力学分析表明，硫化铅精矿直接熔炼无法在同一熔炼区域和同一工艺条件下，同时得到含硫低的粗铅和含铅低的炉渣。直接炼铅的实践充分证明这一理论的正确性。可以表明如下结论：

①在直接炼铅的熔炼过程要同时得到含硫低的粗铅和含铅低的炉渣，必须在一台炉子的两个不同区域(或两台炉子)中进行，在两个区域控制不同技术条件。硫化铅精矿在高氧势区域(称为氧化区)或氧化熔炼炉进行氧化熔炼。在熔池熔炼中氧化区得到高铅渣和含硫较低的一次粗铅，高铅渣进入低氧势区域(称为还原区)或还原炉继续进行还原熔炼；基夫赛特炉炼铅工艺是在一个区域的两个不同空间同时进行氧化熔炼和还原熔炼，两个空间的气氛完全不同，反应塔上部为氧化空间，硫化铅精矿进行氧化熔炼和造渣熔炼，得到氧化铅。反应塔下部为还原空间，氧化物通过焦炭过滤层被还原，大部分氧化铅被还原为粗铅，部分高价铁也会被还原为 FeO。ZnO 的稳定性更强，难以被还原，基本上进入炉渣，熔体通过隔墙下方通道流入低氧势区域继续还原和澄清分离。

②为了减少直接炼铅的挥发损失，应该尽量加快硫化铅精矿的氧化速度，使 PbS 迅速转变为 PbO 或金属铅，减少熔体中 PbS 的活度。

③如果直接熔炼在一座炉子中进行，氧化和还原两个区域的气相应彼此分开，分别设置各自的烟气处理系统，便于控制不同的氧势，也有利于氧化区得到

高浓度 SO_2。液相可以互相连通，便于使氧化区的熔体流入还原区。

④直接炼铅也可以在两台炉子内进行。对熔池熔炼，高氧势的氧化炉进行氧化熔炼，产出一次粗铅和高铅渣；高铅渣加入低氧势的还原炉进行还原熔炼，产出其余粗铅和终渣。这样更利于不同氧势的控制和设置单独的烟气处理系统。

⑤尽量避免在氧化熔炼过程中产生硫酸铅或碱式硫酸铅。只要将氧化熔炼温度控制在1000℃以上，及时排走 SO_2 气体，保持熔炼区域的硫势在较低水平（$p_{SO_2}<1$），并保持 p_{O_2} 在 0.1 ~1 的水平，就不会产生硫酸铅或碱式硫酸铅。

⑥在氧势图中，氧化铅（PbO）和高价氧化铁（Fe_2O_3 及 Fe_3O_4）的线位于较高的位置，比氧化锌（ZnO）、氧化亚铁（FeO）、二氧化硅（SiO_2）、氧化钙（CaO）、氧化铝（Al_2O_3）等氧化物的稳定性低，更容易被还原。在直接炼铅的还原过程中，利用氧化铅（PbO）和高价氧化铁（Fe_2O_3 及 Fe_3O_4）可以被优先还原的特性，进行选择性还原，得到金属铅和氧化亚铁（FeO），将氧化锌（ZnO）、氧化亚铁（FeO）、二氧化硅（SiO_2）、氧化钙（CaO）、氧化铝（Al_2O_3）等氧化物继续留在渣相。

2.4 铅精矿直接熔炼动力学分析

2.4.1 硫化铅氧化机理

PbS 在氧化气氛中加热时，会形成 PbO 和 $PbSO_4$，两种化合物哪一种先形成或同时形成，学术界的观点不一致。一般认为 $PbSO_4$ 首先形成，因为一个分子的 PbS 的结晶格子中只要加入两个分子的氧就可形成 $PbSO_4$，比硫与氧的原子相互交换形成 PbO 更加容易和快捷，而且 $PbSO_4$ 的形成温度比 PbO 形成温度低。但是本书作者认为，在高温和强氧化气氛条件下，两种化合物会同时形成，这是因为 PbS 在熔炼温度下会发生离解反应，生成 Pb 和 S_2，至于哪一种化合物形成更多，取决于物料被加热升温的速度，当物料吸热升温非常迅速，形成 PbO 的几率更大。在闪速熔炼过程中，物料粒度细且含水很低，进入炉内迅速被气流分散，吸热升温速度相当快，直接氧化成 PbO 几率很大。相反，熔池熔炼过程中，物料粒度较大，有的还需制成 10 ~15 mm 的粒料，含水量6% ~8%，物料进入熔池后不可能在瞬间升温 900℃以上，有一个逐步升温过程，在这升温过程中可能会有一部分硫化铅被氧化生成 $PbSO_4$，化学反应速度比气流的速度小得多，即使反应界面氧气浓度很高，开始发生氧化反应时也将生成以 $PbSO_4$ 为主的产物。当温度继续升高到 900℃以上时，$PbSO_4$ 就会分解成 PbO。在铅精矿烧结过程中就证明了这一点，在烧结机的前部温度较低硫化铅氧化形成 $PbSO_4$，在烧结机的尾部烧结温度升高，大部分 $PbSO_4$ 分解为 PbO。其氧化机理为：

$$\begin{array}{c} \qquad\qquad\qquad O_2 \\ \qquad\qquad\qquad \downarrow \\ PbS_{(s)} + O_{2(g)} \longrightarrow PbS \cdot O_{2(\text{吸附})} \longrightarrow PbO \cdot SO \longrightarrow PbO \cdot SO_3 \longrightarrow PbSO_4 \end{array}$$

当温度接近 PbS 的着火温度(700～750℃)时，产物中除了 $PbSO_4$ 之外，还会生成碱式硫酸铅。当温度高于硫化铅的着火温度 750～800℃时，在 PbS 仍为固态的初期氧化阶段，氧化反应按化学吸附－解吸方式进行，其反应机理为：

$$PbS_{(s)} + O_{2(g)} \longrightarrow PbS \cdot O_{2(\text{吸附})} \longrightarrow PbO \cdot SO \longrightarrow PbO \cdot SO_3 \longrightarrow PbO_{(s)} + SO_{(g)}$$

$$SO + O_2 \longrightarrow SO_2 + \frac{1}{2}O_2$$

$$\begin{array}{c} \qquad O_2 \\ \qquad \downarrow \\ PbS_{(s)} + \frac{1}{2}O_{2(g)} \longrightarrow PbS \cdot O_{2(\text{吸附})} \longrightarrow PbO_{(s)} + SO_{2(g)} + \frac{1}{2}O_2 \end{array}$$

经过初步氧化过程之后，氧化产物中存在碱式硫酸铅和 PbO，并可能出现液相。PbS－PbO 和 PbO(2PbO)·$PbSO_4$ 两种共晶的熔点分别为 790℃和820～850℃。

PbS 在氧化脱硫过程中可能发生如下反应：

$$PbS + PbSO_4 = 2Pb + 2SO_2$$

$$PbS + 3PbSO_4 = 4PbO + 4SO_2$$

$$PbS + 2PbO = 3Pb + SO_2$$

$$PbS + 3Fe_2O_3 = PbO + 6FeO + SO_2$$

$$PbS + 2(PbO \cdot SiO_2) = 3Pb + 2SiO_2 + SO_2$$

$$PbS + 2PbO \cdot SiO_2 = 3Pb + SiO_2 + SO_2$$

在 900～1000℃下进行氧化脱硫，这些反应进行得很完全。反应产物中主要以 PbO 和 Pb 为主。

$PbSO_4$ 的存在会导致产物含硫高，为此研究了硫酸铅分解反应的动力学。$PbSO_4$ 在 900～1000℃的温度范围内的分解程度随着温度升高加快。要使硫酸铅在短时间内分解完全，必须将温度提高到 1000℃以上。

根据硫酸铅分解产物分析，分解的中间产物是碱式硫酸铅，按下列顺序进行：

$$PbSO_4 \longrightarrow PbO \cdot PbSO_4 \longrightarrow 2PbO \cdot PbSO_4 \longrightarrow 4PbO \cdot PbSO_4 \longrightarrow PbO$$

2.4.2　闪速熔炼直接炼铅动力学分析

在闪速炼铅过程中，反应塔的温度在 1300～1400℃，硫化物颗粒进入反应塔后立即着火燃烧，氧化反应在几秒钟内完成，要研究氧化反应的速率及反应步骤是很困难的，可以借鉴的研究结果也很少，只能根据反应条件作出一些推论。

硫化铅精矿中的硫化物主要有方铅矿(PbS)和黄铁矿(FeS_2),在氧化熔炼过程中的总反应可以表达如下:

$$PbS + O_2 \longrightarrow PbO + SO_2$$

$$FeS_2 + O_2 \longrightarrow FeO + SO_2$$

$$FeO + O_2 \longrightarrow Fe_3O_4$$

(1)方铅矿氧化

基夫赛特直接炼铅生产实践的取样检测结果表明(见图3-7),炉料在沿反应塔下降过程中,PbS浓度迅速降低,下降到距离炉顶6 m处时接近于零;同时PbO浓度迅速增加,距离炉顶6.5 m处时几乎全部氧化成PbO。在距离反应塔顶部1.5~6.5 m的位置有一条金属铅的曲线,这条线在距离塔顶1.5 m时出现,到3 m时达到最高,到6.5 m时全部消失。表明在氧化反应的初期,可能生成部分金属铅液滴,氧化产生的氧化铅也可能与没有氧化的硫化铅发生碰撞,炉料中的PbS与PbO发生交互反应,生成部分金属铅。但是金属液滴在下降过程中又被氧化成氧化铅。因此硫化铅氧化的最终产物是氧化铅。

其反应机理可能为:

$$PbS_{(s)} + O_{2(g)} \longrightarrow PbS\cdot O_{2(吸附)} \longrightarrow PbO_{(l)} + SO_{2(g)} + \frac{1}{2}O_2$$

$$PbO_{(l)} + PbS_{(l)} \longrightarrow Pb_{(l)} + SO_{2(g)}$$

$$Pb_{(l)} + O_{2(g)} \longrightarrow PbO_{(l)}$$

炉料硫化物颗粒进入反应塔后,迅速着火燃烧,温度升高到1300℃以上。硫化铅颗粒表面发生氧化,核心中的硫形成硫蒸气向外逸出,硫蒸气与O_2接触生成SO_2。颗粒小的硫化铅可能气化,在气相中进行氧化反应,生成氧化铅液滴。

(2)黄铁矿的氧化

在高温下,FeS_2发生离解反应,即:

$$FeS_2 \longrightarrow FeS + S_{2(g)}$$

$$S_2 + O_2 \longrightarrow SO_2$$

核心内的硫蒸气分压达到0.6 MPa,当气相中氧分压高时,硫化物颗粒表面温度相当高,比气流温度高出200~300℃,这时硫化物的氧化速率超出FeS_2的离解速率。当氧分压低时,FeS_2的离解速度快于氧化速度。在闪速熔炼温度下,硫化物颗粒的表面首先氧化形成硫化物-氧化物的混合体,并且在表面熔化,形成Fe-S-O和Fe-O液相。残留在颗粒核心的FeS_2自然分解,其产物FeS继续氧化。随着颗粒尺寸、氧分压、反应温度和渣体系的变化,可以有不同氧化程度,黄铁矿氧化的最终产物可能是FeO、Fe_3O_4、Fe_2O_3。其反应机理可能是:

$$FeS_{2(s)} + O_2 \longrightarrow FeS_{(l)} + FeO_{(l)} + SO_{2(g)}$$

$$FeS_{(l)} + O_2 \longrightarrow FeO_{(l)} + SO_{2(g)}$$

(3)闪速炼铅的传质传热

闪速炼铅的氧化反应及造渣反应等主要熔炼反应都是在反应塔的气相中完成。炉料颗粒的运动和气流运动速度、炉料与气流的混合程度、反应区的温度及其分布对反应速率有直接影响。这些因素与炉料颗粒、气流的初始速度、以及气流运动方向密切相关。本书将在第 3 章“基夫赛特直接炼铅”中进行详细论述。

基夫赛特炼铅的还原反应主要是在焦炭层和电热区完成，焦炭层和电热区相对比较静止，焦炭层的传质完全依赖于熔体与焦炭的密度差，氧化反应产生的高温氧化物熔体在落入熔池过程中，由于它的密度比焦炭更大，焦炭浮在熔体表面，熔体必须穿过焦炭层，由此进行传质传热，并进行还原反应，还原反应是吸热反应。焦炭层的热量一方面来自焦炭下落过程中经过高温区域时对流传热；另一方面来自气流运动的辐射传热和熔体穿过焦炭层时的热交换，还有一部分热量来自电热区的焦耳热。

熔体进入电热区后进行进一步还原和渣铅分离。电热区熔体的运动主要为反应塔熔体向电热区的流动和电磁力作用下的熔体运动，运动相对缓慢，有利于渣铅的沉降分离，但不利于熔体内部的传质传热，化学反应速率相当缓慢。电热区的热量主要来自于电极的电能转化的焦耳热。

2.4.3　熔池熔炼直接炼铅动力学分析

(1)硫化铅的氧化

硫化铅精矿熔池熔炼的氧化反应、造渣反应及还原反应主要在熔池熔体气固液三相中完成，氧化熔炼的主要反应也可以表达如下：

$$PbS + O_2 \longrightarrow PbSO_4$$

$$PbS + O_2 \longrightarrow PbO + SO_2$$

$$PbSO_4 \longrightarrow PbO + SO_2$$

$$PbO + PbS \longrightarrow Pb + SO_2$$

$$PbSO_4 + PbS \longrightarrow PbO + SO_2$$

$$PbSO_4 + PbS \longrightarrow Pb + SO_2$$

$$FeS_2 + O_2 \longrightarrow FeO + SO_2$$

$$FeO + O_2 \longrightarrow Fe_3O_4$$

其反应机理可能是：

$$PbS_{(s)} + O_{2(g)} \longrightarrow PbS \cdot O_{2(吸附)} \longrightarrow PbO \cdot SO \xrightarrow{\;\downarrow O_2\;} PbO \cdot SO_3 \longrightarrow PbSO_4$$

$$PbSO_4 \longrightarrow PbO \cdot PbSO_4 \longrightarrow 2PbO \cdot PbSO_4 \longrightarrow 4PbO \cdot PbSO_4 \longrightarrow PbO$$

这是因为熔池熔炼的炉料颗粒要比闪速熔炼大得多，颗粒内部温度传递相对较慢，反应温度相对较低，大部分首先生成硫酸铅，然后通过硫酸铅分解产生氧化铅。同时，氧化铅与硫化铅、硫酸铅的交互反应产生一部分金属铅，这就是氧化熔炼产出的一次粗铅。

(2)熔池熔炼的流体运动

虽然在熔池熔炼过程中也有悬浮颗粒与周围介质的传递过程，但是与闪速熔炼不同的是悬浮粒子是处在一个强烈搅动的气-液介质中，受到液体流动、气体流动和两种流体相互作用及其动能交换的影响。熔池熔炼是通过喷枪从侧面或底部或上部向熔体内部鼓入气流，气流进入熔体时，受到熔体的阻碍被分散变成小股气流和气泡，这些气泡继续受到熔体阻力，会变成更小的气泡，使熔体气化膨胀。但是气泡并不是均匀分布在熔体中使熔体整体向上膨胀，而是随着流体的运动形成羽状卷流。这是因为除了气泡夹带熔体向上浮动外，更重要的是喷出口的负压与其他区域的正压形成的压力差，使流体向流股界面垂直的方向流动。滞留气体在熔体表面形成的这种羽状卷流是熔池熔炼的基本条件。羽状卷流的好坏决定了熔池内炉料的熔化、氧化和造渣速度，而且直接影响炉体耐火材料的寿命和烟尘率。

(3)熔体中液体与气体的界面面积

在喷入熔池的气体形成的羽状卷流中，滞留气体与熔体之间的界面面积是传质传热的主要参数。决定其面积的因素有单位熔体的鼓风量、气泡在熔体中的停留时间、气泡的大小及熔体温度等。

由于熔池熔炼的炼铅工艺有许多种，每种工艺的炉型结构不同，包括 QSL 炉、富氧底吹炉(又称底吹炉)、富氧顶吹炉、富氧侧吹炉等，鼓风量的计算应该根据不同炉型有不同的计算方法和经验数据。

鼓风量决定熔池表面的搅动速度，也决定熔池表面的气流速度。气流速度低可以减少熔池上部空间飞溅物的数量，气流速度高将导致上部空间飞溅物及烟尘量增加。因此，鼓风量的大小不仅要根据热力学的氧气量进行计算，而且要考虑气流速度的动力学影响。

液体与气体之间的界面面积是分析熔池熔炼传质传热及化学反应的重要参数。熔池内任何瞬间的液体与气体之间的界面面积是根据理想气体定律按照球形气泡进行计算的，即：

$$A = U \cdot \frac{T}{273} \cdot \frac{1}{P} \cdot t \cdot \frac{\sigma}{d} \qquad (2-1)$$

式中：A——液体与气体之间的界面面积，m^2；

U——通过喷枪或风口的气流速度，m^3/s；

T——熔体温度，K；

p——气泡内平均压力补偿系数，101.3 kPa；

t——直径为 d 的气泡在熔体中的停留时间，s；

σ/d——直径为 d 的气泡表面积与体积之比。

上式表明液体与气体之间的界面面积与气流速度、熔体温度、气泡在熔体中的停留时间及气泡的比表面积成正比，与气泡直径成反比。鼓风的气流速度越高，说明气流的动能越大，克服熔体阻力的能力越强，形成的气泡直径越小；熔体温度越高，熔体的黏度越小，越容易被气流分散；气泡在熔体中的停留时间越长，熔体中的气泡数量越多。这些因素都能促使液体与气体之间的界面面积增大，有利于炉料的熔化和化学反应的进行。相反，气泡直径越大，气泡的比表面积就越小，与液体的界面面积就越小。

当然气泡在熔体中的停留时间不能过长，停留过长，说明熔体温度过低、黏度过大，气体不能及时排出就会形成大气泡，产生泡沫渣。这个问题将在第 7 章进行专门论述。

(4)气泡在熔体中的滞留体积

气泡在熔体中的滞留体积 V 可用下式表示：

$$V = U\cdot\frac{T}{273}\cdot\frac{1}{P}\cdot t \qquad (2-2)$$

式中：V——气泡在熔体中的滞留体积，m^3；其余符号表示意义与式(2-1)相同。

假设 20 m^2 的富氧侧吹炉，全部风口的气流速度为 2.5 m^3/s，气泡内平均压力 150 kPa，熔炼温度 1500 K，气泡在熔体内的停留时间 0.25 s，由此可以计算出气泡在熔体中的滞留体积为 2.32 m^3。如果这些气泡均匀分布在整个熔体内部，就会使整个熔体表面膨胀上升 116 mm。但是由于气泡随着熔体流动，事实上滞留气泡使熔体形成羽状卷流。这是熔池熔体产生强烈搅动的动能。

值得注意的是，如果熔体表面形成黏度较大的泡沫渣，化学反应生成的气体和惰性气体就不能及时排出。滞留时间仅为 1 s 时，气泡滞留体积就会达到 9.28 m^3，整个熔体表面上升 464 mm。如果滞留时间达到 1 min，熔体表面上涨 27.8 m，炉子就会冲顶，出现安全事故。遇到这种情况，事先必须停止鼓风。

(5)熔体搅动能量

鼓入气体对熔体的冲击、气泡上升及膨胀的能量，构成熔体的搅动能量，与鼓风量、鼓风压力、熔体密度及风口的浸没深度有关。可以用下式表示：

$$P_m = 0.74QT\ln(1+\rho Z/p_a) \qquad (2-3)$$

式中：P_m——搅动能量，W；

Q——鼓入的气体流量，m^3/s；

T——熔体温度，K；

ρ——熔体密度，g/cm^3；

Z——风口的浸没深度，cm；

p_a——鼓风压力，×101.3 kPa。

熔池熔炼依靠这种搅动能量进行传质传热，加快熔炼的反应速度，强化其熔炼过程。这种搅动并非分布于整个熔池，而是只限于熔池的搅动区域，熔体需要分相分离，需要静止区域和单向流动区域。

(6)炉料颗粒与熔体之间的传热

由于强制鼓风给予熔体的强烈的搅动能量，熔池熔炼的传热过程是强制对流传热，比自然传导传热的速度要快得多。

在相对静止的熔池内，炉料加入熔池内熔体表面时，在冷料周围会形成一层硬壳，当熔体的热量传递给炉料颗粒并大于颗粒内部传出的热量时，颗粒及硬壳开始熔化。对于自然状态下被浸没颗粒及硬壳熔化所需要的时间，J. Themelis 等人提出过数学计算公式，并将计算结果绘制成曲线图。曲线图表明炉料颗粒从2 cm加大到10 cm时，完全熔化所需要的时间从160 s增加到840 s，与实验结果基本上吻合。

在强制鼓风条件下，熔体形成羽状卷流，J. Themelis 等人对于喷射强制传热条件下由于熔体搅动而增加的传热值提出过计算方法。

计算结果表明，强制传热条件下相同粒度的炉料颗粒完全熔化所需要的时间仅为自然传热的1/4，也就是在气流喷射强制传热条件下炉料颗粒的熔化速度为自然状态下的4倍。2 cm的炉料颗粒的熔化时间为35 s，10 cm炉料颗粒的熔化时间为210 s。

2.4.4 氧气浓度对炼铅动力学的影响

熔炼过程的氧气量是根据热力学计算得出的，是根据炉料化学成分、物相组成、熔炼过程的各种化学反应方程式及熔炼温度进行计算的。但是富氧空气的浓度的确定不仅要考虑熔炼过程所需氧气量，还要考虑富氧空气量，必须从熔体对搅动能量的需要量来确定富氧空气量，由此计算富氧空气的氧气浓度。一般来说，氧气浓度高对熔炼过程有利，氧气与炉料或熔体的接触几率增大，反应速度加快。而且带入炉内或熔体内部的惰性气体减少，烟气带走的热量减少，容易提高炉内或熔体温度。因此即使是在还原熔炼阶段也可以采用70%～80%的富氧空气浓度进行操作，仍然可以保持炉内的还原性气氛。但是并非富氧空气的浓度越高越好，富氧浓度增高，空气量就会减小，气流过小，不能满足熔体产生传质传热所需要的强烈的搅动。除非增加气流的压力，但是压力过高，能耗增加，还可能使炉体产生振动，加快对喷嘴的磨损，影响喷嘴或喷枪寿命。例如顶吹熔炼的富氧空气一般为 30% ~40% 的氧气浓度，这是因为顶吹熔炼采用单根喷枪从炉顶插入熔池，而且由于熔池面积较小，熔池深度较深，气流受到熔体阻力大，气流分散不如底吹熔炼和侧吹熔炼。氧气浓度过高，导致气体流量减小，气体的能量不足以使熔体产生强烈搅动。

2.5　直接炼铅还原熔炼

2.5.1　概述

无论是传统炼铅方法还是现代炼铅方法，硫化铅精矿都必须经过氧化脱硫和还原熔炼两个过程才能得到全部粗铅。在硫化铅精矿直接熔炼方法中，基夫赛特工艺、QSL 工艺、卡尔多炉冶炼工艺和奥斯麦特炼铅工艺是在一座炉子里完成氧化熔炼、造渣熔炼和还原熔炼，从而完成全部冶炼过程，产出全部粗铅。基夫赛特工艺、QSL 工艺是在一座炉子的不同区域完成这两个过程，而卡尔多炉冶炼工艺和奥斯麦特炼铅工艺则是在同一座炉子的不同阶段完成这两个过程的。其他直接熔炼方法如底吹熔炼、顶吹熔炼及侧吹熔炼是在两台炉子内完成这两个过程，氧化炉完成氧化熔炼和部分造渣熔炼，产出部分粗铅和高铅渣，其余的铅以氧化铅形态进入高铅渣。还原炉将高铅渣中的氧化铅还原成金属铅，产出全部粗铅。一般高铅渣含铅在 40% 左右，必须进行高铅渣的还原熔炼才能得到全部粗铅。因此高铅渣的还原熔炼是必不可少的步骤。而且高铅渣还原熔炼的技术经济指标对这些直接炼铅方法也是至关重要的。

底吹炉熔炼产出的高铅渣最初采用电炉还原，效果很不理想。后来将高铅渣铸成块，破碎后配入焦炭、熔剂加入鼓风炉进行还原熔炼，取得比较理想效果。所采用的鼓风炉就是烧结块还原熔炼的鼓风炉。顶吹熔炼产出的高铅渣也是鼓风炉还原熔炼。最近几年，我国又开发出液态渣直接还原技术，采用的设备是底吹炉或侧吹炉，不仅取得了良好的技术经济指标，生产操作也比鼓风炉还原固体高铅渣更为简单。

高铅渣的鼓风炉还原熔炼与烧结块的还原熔炼的化学反应及动力学原理基本相同。

2.5.2　高铅渣还原的热力学分析

高铅渣是硫化铅精矿直接熔炼的产物，其物理化学性质与烧结块有所不同，其还原的热力学条件也会有所不同。高铅渣块还原所用的设备是相同的鼓风炉，炉内发生的化学反应基本相同。

2.5.2.1 烧结块的还原

烧结块的化学成分一般为 Pb 42% ~48%，ZnO 4% ~6%，S 1.5% ~2%，Fe 9% ~13%，SiO_2 8% ~12%，CaO 7% ~9%，Cu 0.4% ~0.8%。

其中铅的物相组成见表 2 – 1。

表 2 – 1 烧结块中铅的物相分析(按金属铅计)/%

PbO	金属铅	$PbO \cdot SiO_2$	$PbO \cdot Fe_2O_3$	PbS	其他	总铅量
26 ~28	3 ~4	8 ~10	0.1 ~0.12	3 ~4	2 ~3	46 ~48

从烧结块的铅的物相分析可见，需要还原的主要是氧化铅和硅酸铅。

鼓风炉由于采用高料柱操作，炉内上下区域温度差异明显，由上至下可以分为预热区、上还原区、下还原区、熔炼区、风口区和炉缸区。还原熔炼以焦炭作还原剂，还原烧结块时，由于烧结块孔隙率高(孔隙率 50% ~60%)，容易发生气 – 固反应，氧化铅被 CO 还原是其主要途径。可能有下面三种情况：

上还原区 <327℃时，$PbO_{(s)} + CO \longrightarrow Pb_{(s)} + CO_2 + 63625\ J$

下还原区 327 ~883℃时，$PbO_{(s)} + CO \longrightarrow Pb_{(l)} + CO_2 + 58183\ J$

熔炼区 >883℃时，$PbO_{(l)} + CO \longrightarrow Pb_{(l)} + CO_2 + 67895\ J$

上述反应均为放热反应，其反应的平衡常数方程式为：

$$\lg K_p = \frac{3250}{T} + 0.417 \times 10^{-3} T + 0.3$$

按上述方程式计算结果见表 2 –2。

表 2 –2 用 CO 还原氧化铅的热力学计算结果

温度/℃	$\lg K_p = \lg p_{CO}/p_{CO_2}$	平衡气相中($CO + CO_2$)中 CO 含量/%	$p = 0.1$ MPa 时的 p_{CO}/Pa
300	5.17	0.001	1.013
727	–2.87	0.13	11.99
1227	–1.24	5.10	5129.36

由此可见，PbO 还原所需的 CO 浓度很低，在 1000℃以下其浓度仅为十万分之几至千分之几，在 1000℃以上则为 3% ~5%。由于上述反应为放热反应，所以反应温度越高，所需的 CO 浓度越高。

不同形态的硅酸铅被 CO 还原的反应为：

$$PbO \cdot SiO_{2(晶体)} + CO = Pb_{(l)} + SiO_2 + CO_2$$

$$2PbO \cdot SiO_{2(晶体)} + 2CO = 2Pb_{(l)} + SiO_2 + 2CO_2$$

用 CO 还原硅酸铅时，平衡气相中 CO 含量要比还原氧化铅高得多，说明硅酸铅被 CO 还原比氧化铅困难得多。

通过热力学计算，绘制出的用固定碳和一氧化碳还原氧化铅和硅酸铅的反应标准自由能变化与温度的关系图如图 2－9 所示，由此可以得到如下认识：

(1) 对于同一种铅的化合物用固定碳还原比一氧化碳容易得多，无论有无熔剂参与反应。但是固－固反应，接触面小，扩散难度大，还原过程的动力学条件不好。因此硅酸铅的还原实际上是熔融的硅酸铅与固定碳之间的液固反应，硅酸铅的熔化温度为 700～800℃，硅酸铅的还原反应应该是在焦炭区和炉缸区完成的。

(2) FeO 和 CaO 的参与，可以改变铅的氧化物的还原难易程度的顺序。没有 FeO 和 CaO 的参与的情况下，其顺序为 PbO、$2PbO \cdot SiO_2$、$PbO \cdot SiO_2$，其中 PbO 最容易被还原。如果加入碱性氧化物参与反应，还原的难易顺序发生变化，如 CaO 存在，最容易还原的是 $PbO \cdot SiO_2$，其次是 $2PbO \cdot SiO_2$、PbO，如果有 FeO 存在，最容易还原的是 $PbO \cdot SiO_2$，其次是 PbO、$2PbO \cdot SiO_2$。这是因为这些碱性氧化物对硅酸铅中氧化铅的置换反应的自由能在研究范围内均为负值。

(3) 由于 CaO 可以与 SiO_2 形成多种硅酸盐，所以炉料中 CaO 与 SiO_2 的比值对硅酸铅的还原程度有很大影响。从图 2－9 可见，生成 $3CaO \cdot SiO_2$ 的 $\Delta G^\ominus$ 负值最大，其次是生成 $2CaO \cdot SiO_2$、$CaO \cdot SiO_2$ 的反应。为了降低鼓风炉熔炼渣含铅的损失，要求选用高钙渣型，但是炉渣含钙过高会使其熔点升高，以 FeO 代替部分 CaO 也是可以的，因为有 FeO 参与反应时，在熔炼温度下的 $\Delta G^\ominus$ 仍然具有较大的负值。在处理高锌炉料时，选用高铁渣型，可以增加炉渣对 ZnO 的溶解度，有利于烟化炉回收锌。

(4) 硅酸铅的直接还原或间接还原，如果没有碱性氧化物的参与是很困难的，甚至是不可能的。因为在烧结块的熔炼温度下，没有碱性氧化物的反应 $\Delta G^\ominus$ 为正值，或为很小的负值，要使硅酸铅的还原反应顺利进行，需要有 FeO 和 CaO 的参与，但是这种反应需要在熔融状态下进行。

2.5.2.2　高铅渣的还原

高铅渣的化学成分一般为 Pb 42%～50%，ZnO 9%～12%，S 0.1%～0.4%，FeO 12%～15%，SiO_2 10%～12%，CaO 4.5%～5.5%，Cu 0.1%～0.8%。

无论是高铅渣块的鼓风炉还原，还是液态高铅渣直接还原，高铅渣的质量对于富氧底吹炼铅和富氧顶吹炼铅都是至关重要的。

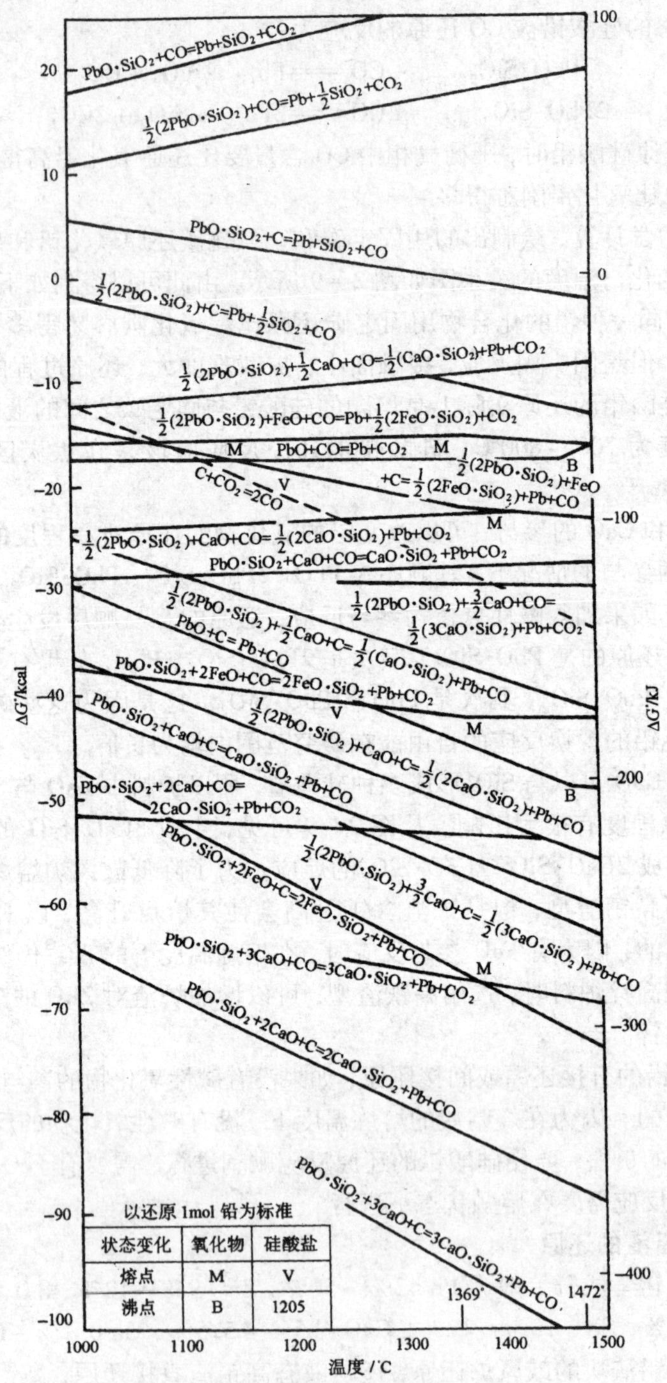

图 2-9　铅的化合物还原反应的 $\Delta G^{\ominus}-T$ 图

(1)高铅渣块的鼓风炉还原

高铅渣与一般烧结块相比，其中 CaO 的含量低于烧结块，ZnO 含量高于烧结块中的含量。因此高铅渣采用鼓风炉还原时要根据炉料成分配入石灰石。同时要求有较高 FeO 含量，以保证 ZnO 在炉渣中的溶解度，避免 ZnO 析出形成炉结。

用鼓风炉还原高铅渣块时，由于高铅渣块非常致密，密度为 4.5 ~ 5 g/cm^3，孔隙率低，块度 40 ~ 120 mm 占 70% 以上，CO 难以渗入渣块内部，发生气固反应的可能性很小。即使发生气固反应也只可能发生在渣块的表面。因此在低温下氧化铅被 CO 还原的可能性极小，高铅渣的还原熔炼主要发生在熔炼区和炉缸区，熔融的渣块与焦炭发生液固反应。

高铅渣中铅的物相与烧结块不同，主要以硅酸铅的形态存在，而烧结块中铅以氧化铅和碱式硫酸铅的形态为主。硅酸铅还原比氧化铅困难得多，更需要在熔融状态下与焦炭直接发生还原反应，这是因为固定碳比一氧化碳的还原性更强。

由于高铅渣块与烧结块的物理性能和化学成分有所不同，因此与烧结块还原熔炼相比，高铅渣还原具有如下特点：

①焦炭率较高。高铅渣是熔体冷凝结成的块状物，比烧结块致密得多，孔隙率低，需要在还原熔炼过程中配入熔剂，高铅渣、熔剂熔化所需热量更多，还原性气体渗透性更差。而且高铅渣是强氧化熔炼的产物，含硫很低(一般 $S < 0.5\%$)，造渣反应放出的热量更少。因此还原高铅渣的焦炭率比烧结块至少高出 3 个百分点，达到 15% 以上。而烧结块还原的焦炭率一般为 11% ~12%。

②炉渣黏度大、渣含铅高。由于高铅渣是在过氧化熔炼条件下形成的，高铅渣中的铁一般以高价铁的形式存在，80% ~85% 是以 Fe_3O_4 的形态存在，而且渣含锌高，容易生成熔点很高的铁酸锌，由此导致炉渣黏度增大及焦炭率升高。

由于高铅渣还原的炉渣黏度大，也导致渣铅分离难度增加，渣含铅一般控制在 3.5% 左右，烧结块还原渣含铅一般为 2% ~2.5%，比烧结块还原高出 1 ~2 个百分点。

③床能力较低。高铅渣还原熔炼产生的黏渣多，熔化速度慢，故障率高，导致床能力降低，一般为 40 ~45 $t/(m^2 \cdot d)$，而烧结块还原的床能力达到 60 ~65 $t/(m^2 \cdot d)$。

(2)液态高铅渣直接还原

基夫赛特炼铅工艺、QSL 炼铅工艺及卡尔多炼铅工艺都是液态渣直接还原。基于这些方法的经验，我国铅冶炼行业研究开发了富氧底吹炉液态高铅渣直接还原技术。富氧底吹炉液态高铅渣直接还原是在另一座炉内进行，目前采用的是富氧底吹炉或富氧侧吹炉，用煤作还原剂。其还原反应主要是熔融高铅渣中的 PbO 与煤中的 C 之间的液固反应，以及 PbO 与 CO 之间的液气反应，这两种反应中哪一种占主导还有待进一步研究。

液态高铅渣的化学成分及物相组成与高铅渣块相同，液态高铅渣还原的热力学条件应该与鼓风炉还原基本相同。有人提出要降低液态高铅渣还原熔炼的渣含铅关键是控制炉渣中 Ca 的比例，一般应该将 w_{CaO}/w_{SiO_2} 控制在 0.6 ~ 0.8。但生产实践表明，在液态高铅渣还原不加入石灰石，炉渣中 w_{CaO}/w_{SiO_2} 控制在 0.3 ~ 0.4，w_{FeO}/w_{SiO_2} 控制在 1.8 ~ 1.9，同样可以得到渣含铅 1% 左右的还原效果。这说明在富氧条件下可以控制更强的还原性气氛，而且液态高铅渣还原的动力学条件比鼓风炉更好，气流对熔体的搅动增加 PbO 与 CO 之间的液气反应的几率，硅酸铅还原更加容易，并且还原熔炼对渣型的要求并不像鼓风炉还原那样严格。

2.5.3 高铅渣还原的动力学分析

高铅渣在鼓风炉还原熔炼中一般采用高料柱操作，这样可以降低炉顶温度和烟尘率，降低渣含铅，提高铅的回收率，但是也会降低生产能力，增加焦炭消耗。高料柱一般为 4 ~ 6 m，高铅渣块与焦炭交替加入炉内，焦炭率一般为 14% ~ 20%，焦炭在风口区燃烧，控制风量，大约 50% 焦炭中的 C 氧化成为 CO_2，提供炉料熔化和高铅渣还原所需的热量。氧化铅及硅酸铅用碳还原均为吸热反应。

硅酸铅的还原主要是炉料熔化后发生，硅酸铅是易熔的化合物，在 700 ~ 850℃熔化。炉料进入鼓风炉预热区进行预热，温度达到 300 ~ 400℃，随着炉料在鼓风炉内下移，进入还原区，温度逐渐升高至 600 ~ 900℃，炉料中的硅酸铅开始熔化，部分造渣成分（CaO、FeO）也开始熔化，硅酸铅与 CaO 或 FeO 相互接触，有可能与上升的 CO 气体进行液气还原反应，或者在向下流动的过程中，穿过风口区的高温焦炭层时与焦炭发生液固还原反应。

铅的氧化物被 CO 还原的机理一般认为是按吸附—自动触媒催化几个阶段进行：

(1) CO 气体穿过界面层扩散到 PbO 块的表面；

(2) CO 气体通过 PbO 块的孔隙向块的内部扩散；

(3) 在 PbO 块的表面和孔隙通道表面发生吸附 - 结晶化学反应：

$$PbO + CO \longrightarrow Pb + CO_{2(\text{吸附})}$$

(4) CO_2 解析通过孔隙向外扩散。

虽然氧化铅是很容易还原的氧化物，但是由于高铅渣孔隙率很低，CO 气体难以渗透其中，且渣块中氧化铅含量低，只能在渣块表面与 CO 发生还原反应。

高铅渣还原主要是熔体硅酸铅被碳直接还原。在铅鼓风炉还原熔炼条件下，随着炉料高度的下降，炉料被炉气加热后，温度逐渐升高至超过硅酸铅的熔点，液态硅酸铅与固定碳发生还原反应。其动力学曲线如图 2 - 10 所示。

图 2 - 10 表明，$2PbO \cdot SiO_2$ 与 $PbO \cdot SiO_2$ 被碳还原的速度和程度存在差别，这是由于两种硅酸铅熔体中的氧化铅的活度不同所致。液相还原从一开始就快速进

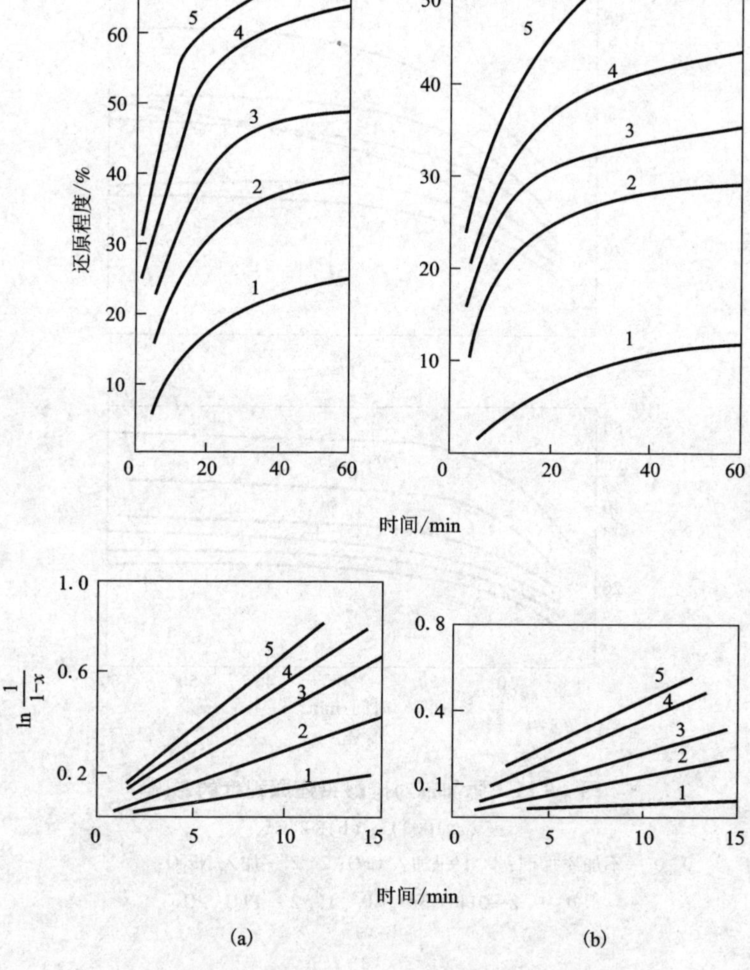

图 2-10　硅酸铅被碳还原的动力学曲线

(a) $2PbO \cdot SiO_2$；(b) $PbO \cdot SiO_2$

1—600℃；2—800℃；3—1000℃；4—1100℃；5—1200℃

行，其原因是 C 的直接还原及 CO 的还原可能同时进行。

研究表明，在硅酸铅熔体中加入钙或钠的氧化物，均可加快其还原反应速度，并提高还原程度(见图 2-11)。

一般认为硅酸铅的还原过程为：

$$2PbO \cdot SiO_2 \longrightarrow Pb + PbO \cdot SiO_2 \longrightarrow Pb + PbO \cdot 2SiO_2 \longrightarrow Pb + SiO_2$$

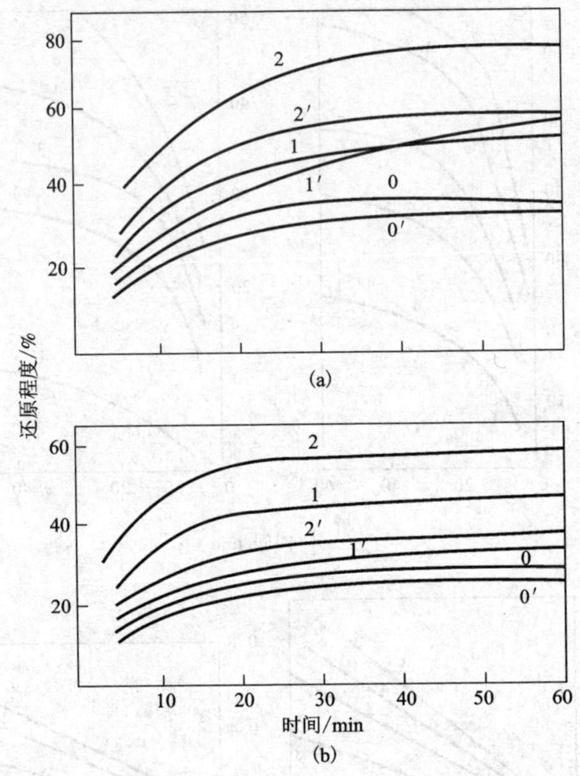

图 2-11　添加剂对硅酸铅还原程度的影响

(a)1000℃；(b)800℃

0、0′—不加添加剂；1、1′—加入 CaO；2、2′—加入 Na_2O；

0、1、2—$2PbO \cdot SiO_2$；0′、1′、2′—$PbO \cdot SiO_2$

2.6　炉渣

炉渣的渣型选择和控制对于火法冶炼非常重要，在一定程度上决定生产的技术经济指标和操作的难易程度。富氧技术用于还原熔炼后，渣型控制的范围比鼓风炉还原熔炼更加宽泛，同样可以取得良好的还原效果。

铅冶炼炉渣是多种氧化物组成的固溶体。炉渣的主要成分是 FeO、SiO_2、CaO、ZnO、Al_2O_3、Fe_2O_3、MgO 等。将这些氧化物分成酸性氧化物和碱性氧化物，其中 SiO_2、Al_2O_3、Fe_2O_3为酸性氧化物，FeO、CaO、ZnO、MgO 为碱性氧化物。这些氧化物相互结合形成化合物、固溶体或共晶混合物。炉渣是由多种金属的硅酸盐、亚铁酸盐及铝酸盐组成的，含有少量硫化物、金属及气体。

炉渣主要性质是熔点、硅酸度、黏度、密度、熔融炉渣与铅液的表面张力等。炉渣必须选择合适的成分，才会具有良好的性质，才能使熔炼过程顺利进行。

2.6.1　炉渣的熔点

炉渣中各种氧化物的熔点都很高，如 FeO 1360℃、SiO_2 1710℃、CaO 2570℃、ZnO 1900℃、Al_2O_3 2050℃、Fe_2O_3 1580℃、MgO 2800℃。当碱性氧化物与酸性氧化物结合时形成炉渣，炉渣的熔点比其组成中单独的氧化物低得多。

炼铅炉渣的主要组分是 FeO、SiO_2、CaO、ZnO，其总量占炉渣质量的 90% 左右。这些组分基本上决定了炉渣的性质。

铅熔炼产物的熔点大致为：粗铅 325℃ 左右；铅冰铜 950 ~ 1000℃，黄渣 1050 ~ 1100℃。为了使铅冰铜和黄渣有一定的过热程度，炉渣的熔点不应低于黄渣的熔点。同时炉渣熔点过低，会影响硅酸铅的还原及 PbS 被 Fe 分解反应的进行。如果炉渣熔点过高，就必须增加焦炭的消耗；同时熔化速度减慢导致生产率降低；炉内焦点区温度升高使 FeO 还原。这些都是对还原过程不利的。因此鼓风炉还原时炉渣熔点一般选择在 1050 ~ 1150℃。

炉渣中除了 FeO、SiO_2、CaO 外，还存在着其他组分，会改变炉渣的熔点。一般情况下，炉渣中加入其他组分会在一定程度内降低熔点，三元共晶比二元共晶容易熔化，多元共晶比三元共晶易于熔化。

2.6.2　炉渣的硅酸度

炉渣的酸碱性常用硅酸度表示：

$$硅酸度 = \frac{酸性氧化物中氧的质量和}{碱性氧化物中氧的质量和}$$

如果不考虑 Al_2O_3 的影响，也可以表示为：

$$硅酸度 = \frac{Q_{SiO_2}}{\sum Q_{MeO}}$$

式中：$\sum Q_{MeO}$——FeO、CaO、ZnO、MgO 等碱性氧化物的氧含量之和。

许多研究者在研究炉渣酸碱性时，只把 SiO_2 归纳为酸性氧化物，但是许多炉料中 Al_2O_3 较高，在酸性氧化物中需要将 Al_2O_3 考虑进去，因此用炉渣的碱度表示其酸碱性更为合理。炉渣碱度 >1 时为碱性渣，碱度为 1 时为中性渣，碱度 <1 时为酸性渣。可以用下式表示：

$$炉渣碱度 = \frac{w_{FeO} + b_1 w_{CaO} + b_2 w_{ZnO} + b_3 w_{MgO} + b_4 w_{MeO}}{w_{SiO_2} + a_1 w_{Al_2O_3} + a_2 w_{Me_xO_y}}$$

式中：w_{FeO}——氧化物含量，%；

a_n 和 b_n——酸性氧化物和碱性氧化物的系数。

通常还用键强度、离子静电场强度、电负性等参数作为判断炉渣酸碱度的依据。与炉渣有关的主要氧化物的键强度、离子静电场强度、电负性如表2-3所示。

表2-3 与炉渣有关的主要氧化物的键强度、离子静电场强度、电负性

MeO中的Me	化合价	配位数	离子半径/$\times10^{-10}$m	MeO离解能/$\times4.18$ (kJ·mol^{-1})	单键强度/$\times4.18$ (kJ·mol^{-1})	静电场强度/$\times(10^{16}\cdot cm^{-2})$	电负性
Si	4	4	0.4	424	106	1.23	1.90
Fe	2	6	0.75	—	—	0.43	1.83
	3	6	0.69	—	—	0.69	—
Ca	2	8	1.26	257	32	0.28	1.0
Zn	2	4	0.74	144	36	0.44	1.65
Pb	4	6	0.92	232	39	0.74	2.33
	2	4	1.22	145	36	0.31	
Al	3	4	0.53	317~402	79~101	0.81	1.61
		6	0.68	317~402	53~67	0.69	
Mg	2	6	0.86	222	37	0.46	1.31

键强度越小，氧化物的酸性越强。从表2-3可见，SiO_2比CaO的酸性更强。

离子静电场强度越大，氧化物的酸性越强。酸性氧化物的阳离子静电场大于1×10^{16} cm^{-2}，而碱性氧化物的阳离子静电场小于0.61×10^{16} cm^{-2}。

2.6.3 炉渣结构

炉渣的性质与炉渣结构紧密相关。炼铅炉渣是一种结构复杂的硅酸盐，在高出熔点不多的温度下，熔融硅酸盐与晶体硅酸盐的结构相似。晶体硅酸盐是一种复杂的晶体。硅酸盐晶体有两个特点：一是它由金属阳离子和硅氧聚合阴离子组成，研究表明，硅氧聚合阴离子的结构单元为硅氧四面体SiO_4^{4-}。在硅氧四面体SiO_4^{4-}中，氧阴离子有很大的极化，Si—O键有很大的共价键成分，从而使SiO_4^{4-}非常稳定。二是两个硅氧四面体之间可能有三种结合方式，即顶点连接、棱连接和面连接。其中以顶点连接最为稳定，这是因为这种连接的相邻两个SiO_4^{4-}四面体之间的距离最远，静电斥力最小。

研究表明，在硅酸盐晶体中存在两种不同结构的氧，一种是一个连接两个硅氧四面体，称为桥氧。另一种是氧一边连接硅氧四面体，另一边连接金属阳离子，称为非桥氧。因为桥氧归一个硅氧四面体所有，硅氧四面体中桥氧越多，硅

酸盐晶体中硅氧原子数之比越大，硅氧四面体的网状结构越复杂。表2－4为硅氧聚合阴离子结构特点及其化学式。

表2－4　硅氧聚合阴离子结构特点及其化学式

氧硅比	离子种类	离子结构状态	矿物名称	化学式
4	SiO_4^{4-}	简单四面体	橄榄石	$2MeO \cdot SiO_2$
3.5	$Si_2O_7^{6-}$	双连四面体	方柱石	$3MeO \cdot 2SiO_2$
3	$(SiO_3^{2-})_n$	由 $n=2$、3、6个四面体构成的环	绿柱石	$MeO \cdot SiO_2$
2.5	$(Si_2O_5^{2-})_n$	无限个四面体构成的网	云母	$MeO \cdot 2SiO_2$
2.0	$(SiO_2)_n$	三度空间构架	石英	SiO_2

研究表明，将碱性氧化物加入SiO_2二元硅酸盐时，使硅氧四面体中Si—Si之间距离拉大，围绕在一个Si周围的Si原子的数量减少，硅氧四面体变得易于运动。这说明碱性氧化物中氧破坏了硅氧四面体的网状结构。其反应式如下：

$$MeO \longrightarrow Me^{2+} + O^{2-}$$

$$—Si—O—Si—O—Si—MeO \longrightarrow —Si—Me^{2+}—Si—O—Si—$$

炉渣中经常含有Al_2O_3等氧化物，在强碱性炉渣中Al_2O_3呈酸性，对氧离子吸引力比较大，容易形成铝氧聚合阴离子或硅铝氧聚合阴离子。

2.6.4　炉渣的黏度

炉渣黏度随着温度的升高而降低。良好的炉渣必须黏度小，具有良好的流动性，一般为3～5 Pa·s。因为黏度小，有利于炉缸内熔炼产品的分离，有利于炉渣中的有价金属进入粗铅或冰铜，铅鼓风炉炉渣在1200℃时，其黏度通常在5 Pa·s以下。当炉渣的黏度达到30～40 Pa·s，炉子就难以操作。为了使炉渣具有良好的流动性，需要使炉渣过热，过热温度高于熔点100～250℃。酸性炉渣比碱性炉渣的黏度大，需要较高的过热程度。

一般来说，炉渣的黏度与其组分密切相关：SiO_2、ZnO、Al_2O_3、Fe_2O_3、MgO会使炉渣黏度增大，而FeO、CaO、MnO使炉渣黏度降低。但CaO增加到11%以上时也会使黏度增加。炉渣中存在大量SiO_2以及悬浮着各种金属化合物时，黏度增加。ZnO、Al_2O_3可能形成难熔的锌尖晶石($ZnO \cdot Al_2O_3$)，因此炉渣中Al_2O_3含量过高，会使炉渣黏度大大增加，使炉子出现故障。$FeO-SiO_2-CaO$系1400℃的黏度曲线和几种鼓风炉炉渣的黏度曲线如图2－12和图2－13所示。

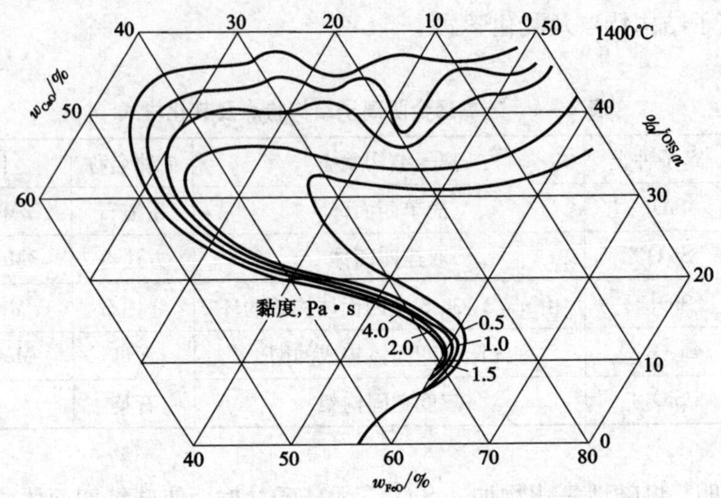

图 2 – 12　FeO – SiO_2 – CaO 系 1400℃的黏度曲线

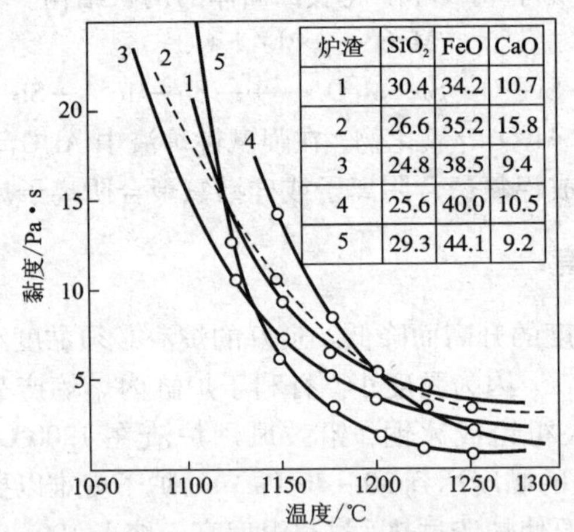

炉渣	SiO_2	FeO	CaO
1	30.4	34.2	10.7
2	26.6	35.2	15.8
3	24.8	38.5	9.4
4	25.6	40.0	10.5
5	29.3	44.1	9.2

图 2 – 13　鼓风炉炉渣的黏度曲线图

2.6.5　炉渣组元的活度

炉渣组元活度是决定炉渣在熔炼过程中热力学行为的参数，如果知道炉渣组元活度与炉渣组成的关系，就可以根据所需的炉渣组元活度调整炉渣组成。所有研究基本上都是采用实验测定与热力学计算相结合的办法来确定炉渣组元的活度。通常是利用实验测出渣系某一组元的活度，再通过 Gibbs – Duhem 方程式计算其余组元的活度。

2.6.6　高铅渣的渣型特点

高铅渣的化学成分及物相组成与鼓风炉还原熔炼炉渣不一样，其物理特性也不相同。在硫化铅精矿直接熔炼过程中，为了降低烟尘率，减少氧化铅和硫化铅的挥发，氧化熔炼阶段一般选择低熔点的渣型。同时高铅渣中含 Pb 40% 左右，主要以 $PbO \cdot SiO_2$、$2PbO \cdot SiO_2$、PbO 的形态存在，炉渣中大量的铅存在使其熔点大大降低，高铅渣的熔点一般在 900 ~ 1000℃。而且通过控制铅含量可以调节高铅渣的熔点、黏度、密度等物理性质。

鼓风炉还原烧结块时，配料是根据鼓风炉还原熔炼渣型的要求，在烧结之前进行的配料，烧结块加入鼓风炉时，不需要再配入熔剂。但是高铅渣中 CaO 含量较低，难以满足还原熔炼的渣型要求，需要补充适量的 CaO，使硅酸铅的还原反应的焓值变得更负，反应更容易进行，从而降低炉渣含铅率，提高铅的回收率。因此必须在高铅渣还原熔炼之前进行二次配料。

高铅渣块用鼓风炉还原时，由于高铅渣具有低熔点的特点，高铅渣风口区上方几乎完全熔化，熔体通过风口区时，与风口区的焦炭层进行液 - 固反应，大部分氧化铅被还原成金属铅。进入熔池后主要进行造渣反应和渣铅分离。由于大量铅被还原，还原炉渣中 FeO、SiO_2、CaO 的含量比高铅渣要高得多，尤其是 CaO 的比例比其他组分的增长幅度更大。因此还原熔炼炉渣的熔点要比高铅渣的熔点高，还原熔炼的温度也就高于氧化熔炼的温度。高铅渣块鼓风炉还原熔炼一般控制炉渣成分为 $w_{FeO}/w_{SiO_2} = 1.2 \sim 1.4$，$w_{CaO}/w_{SiO_2} = 0.5 \sim 0.65$。其操作规程控制比还原烧结块更加严格。液态高铅渣还原时，由于采用高浓度的富氧空气，还原温度较高，炉渣成分一般控制在 $w_{FeO}/w_{SiO_2} = 1.2 \sim 2.0$，$w_{CaO}/w_{SiO_2} = 0.4 \sim 0.7$。有的冶炼厂只配入少量的 CaO，在高铅渣含锌较高条件下，还原熔炼不配 CaO，$w_{CaO}/w_{SiO_2} < 0.4$。

2.6.7　渣型选择

主要根据原料成分和性质特点以及冶炼方法，选择技术经济合理的渣型。渣型选择的具体原则是：

(1) 合理选择炉渣硅酸度，尽量减少熔剂消耗量，从而减少渣量，减少炉渣带走的铅及其他有价金属，提高金属回收率。

(2) 选择黏度低、流动性好的渣型，有利于降低渣含铅和其他有价金属的含量，正常炉渣在 1200℃ 的黏度应小于 5 Pa · s，炉渣含铅不超过 1%，含银不超过 5 g/t。

(3) 选择熔点较低的渣型，减少焦炭消耗，有利于节能减排。

根据炉料含锌，确定炉渣中铁、二氧化硅及氧化钙的含量。研究表明，离子半径大的物质都会降低金属与炉渣之间的表面张力；炉渣中增加 CaO 的成分，可使 Si—O 及 Fe—O—Zn 的结合力减弱，提高 Fe 和 Zn 在炉渣中的活度。这有利于炉渣的烟化处理，使锌更容易从炉渣中蒸发出来。

研究表明，在 1250℃下，成分近似于铅鼓风炉炉渣的合成渣的热为 1339 ~ 1361 J/g。

炉渣主要成分的选择，即 FeO、SiO_2、CaO 之间的比例，决定于炉料中锌的含量。

根据熔炼温度下氧化锌在炉渣中的溶解度，炉渣含锌应控制在 17%，即炉渣中 ZnO 含量不应超过 21%。当炉渣含锌超过 17% 时，操作就会出现困难。同时由于 Al_2O_3对于炉渣性质的影响与 ZnO 相同，因此 Al_2O_3的存在会影响 ZnO 的含量。当炉渣中 ZnO 的含量增高，SiO_2、CaO 及 Al_2O_3都要降低，而 FeO 的含量需要增高，这是因为 ZnO 在炉渣中的溶解度与 FeO 的含量有关，FeO 含量越高，炉渣中 ZnO 的溶解度就越大。在处理含锌高的铅精矿时，一般采用高锌炉渣。在 FeO - SiO_2 - CaO系炉渣中，以 ZnO 代替 CaO 时，并未发现炉渣的熔化温度有很大变化。但是如果 ZnO 在炉渣中出现难熔化合物如硅酸盐、铁酸盐或铝酸盐等，就会大大提高熔化温度。如果 ZnO 含量超过溶解度的限度，渣的黏度和熔点都会剧烈上升。同时炉渣含锌高而含 SiO_2过低，也会使熔点大大升高，因此在高锌炉渣中，SiO_2含量务必不低于 17%。

第 3 章　基夫赛特炼铅工艺

3.1　概述

基夫赛特炼铅法是一种闪速熔炼的直接炼铅方法。该法由苏联“全苏有色金属科学研究院”(现为哈萨克斯坦东方有色金属研究院)开发，20 世纪 60 年代开始进行试验研究，先后建立了日处理 5 t 和 25 t 的实验炉进行小型和中型实验。20 世纪 80 年代在乌斯季卡缅诺戈尔斯克建设了第一座工业生产工厂，日处理炉料 300 t，达到 50 kt/a 的生产能力，运行 20 年后于 2006 年停产。20 世纪 80 年代末在意大利维斯麦港冶炼厂建设第二座基夫赛特炼铅厂，1987 年 2 月投产，日处理炉料 500 t，经过改造后达到 700 t/d 炉料的生产能力，采用虹吸放铅，设有配置烟化炉进行炉渣处理，炉渣直接水淬，现仍在生产运行。20 世纪 90 年代加拿大特雷尔冶炼厂建设了一座处理能力 1200 t/d 炉料基夫赛特炼铅厂，采用 4 个炉料喷嘴，开孔放铅，连续脱铜炉脱铜，同时处理该厂 280 kt/a 湿法炼锌的浸出渣，炉料中浸出渣含量达到 50%，含铅品位 25% 左右，配置烟化炉对炉渣进行处理，现仍在正常运行。

经多年生产运行，该法已成为工艺先进、技术成熟的现代直接炼铅方法。具体而言，干燥后的炉料通过喷嘴与工业纯氧同时喷入反应塔内，炉料在塔内完成硫化物的氧化反应并使炉料颗粒熔化，生成金属氧化物、金属铅滴和其他成分所组成的熔体。熔体在通过浮在熔池表面的焦炭过滤层时，其中大部分氧化铅被还原成金属铅而沉降到熔池底部。炉渣进入电热区，渣中 ZnO 被还原挥发，同时渣、铅进一步沉降分离，然后分别放出。含二氧化硫的烟气经竖烟道和废热锅炉后送入高温电收尘器，而后送硫酸厂净化制酸。电炉部分烟气经捕集氧化锌的滤袋收尘器后排放。与传统的鼓风炉炼铅相比较，基夫赛特法具有下述特点：

(1)基夫赛特炼铅的整个生产过程在密闭体系进行，原料制备及配料在封闭的体系进行，炉料采用气力密闭输送，由硫化铅精矿、熔剂、含铅物料组成的炉料从炉顶加入炉内，从放铅口排出粗铅，全部氧化熔炼及还原熔炼过程的化学反应均在密闭的基夫赛特炉内完成，生产系统排放的有害物质含量低于欧洲环境保护允许标准，操作场地具有良好的卫生环境。液态熔体在封闭溜槽中流动，物料在密闭管道和输送设备中输送，没有烟气、粉尘和铅蒸气外逸，操作环境十分清洁。反应塔烟气经过除尘、净化、制酸和尾气脱硫，其他烟气及通风废气均经过除尘净化，SO_2及粉尘浓度远低于国家排放标准的允许浓度。

意大利的基夫赛特冶炼厂位于风景如画的维斯麦港口，各项环保指标都必须满足相当严格的欧洲环保标准的要求。

(2)采用工业纯氧熔炼，氧化熔炼的烟气量大幅度减少，熔炼过程的热支出也就大量减少，有利于提高熔炼温度，强化熔炼过程，提高反应速度，也有利于提高烟气SO_2浓度，有利于烟气净化和制酸。基夫赛特炉反应塔产出的烟气SO_2浓度高达20%～50%，即使在炉料中搭配含铅渣料40%～50%，烟气SO_2浓度仍可达20%。

(3)基夫赛特直接炼铅工艺与传统的烧结－鼓风炉还原工艺相比，炉料不需要进行烧结和返粉制备等工序；与其他直接熔炼工艺相比，不需要在熔炼之后进行高铅渣铸块和还原等多道工序。炉料经过球磨干燥后直接熔炼，在一台设备(基夫赛特炉)内完成粗铅生产全过程，工艺流程短，生产环节少。

(4)基夫赛特直接炼铅工艺原料适应性强，可处理含铅品位20%～70%的炉料，可在冶炼硫化铅精矿的同时处理其他含铅杂料，如湿法炼锌厂产出的铅银渣、浸出渣，有利于降低渣处理的能耗、提高有价金属回收率和减少环境污染，对于铅锌联合企业，可以构成铅锌冶炼联合流程，发挥其技术优势。

(5)基夫赛特直接炼铅工艺能源消耗低，在搭配其他含铅物料，特别搭配处理锌浸出渣时，可以利用硫化铅精矿氧化脱硫的化学反应热进行自热熔炼，减少锌浸出渣处理的能耗，热能利用率高，焦炭只用作还原剂，能耗相对较低。

(6)基夫赛特直接炼铅工艺自动化控制水平高，劳动生产率高。整个生产过程采用计算机程序控制，生产操作人员少，国外100 kt/a规模的基夫赛特炼铅厂，生产人员和管理人员只有70～80人。

3.2 基夫赛特炼铅的理论基础

3.2.1 反应塔内的传质传热及氧化反应

理论研究的目的是分析基夫赛特炉冶炼含铅物料的各个主要步骤，炉料与氧气的闪速熔炼及在焦滤层的还原见图3－1。图3－1显示了反应塔各个区域发生的反应及步骤，物质流场的定性图示，沿反应塔高度的气流成分和温度的变化。

基夫赛特炼铅主要化学反应在反应塔内完成。研究反应塔内炉料颗粒的运动规律、分布状况、气流运动及分布、热量传递和温度分布状况，对于研究炉料各组分在离开炉料喷嘴之后直至到达焦滤层之前所进行的氧化、着火、燃烧及相互之间各种化学反应具有极其重要的意义。

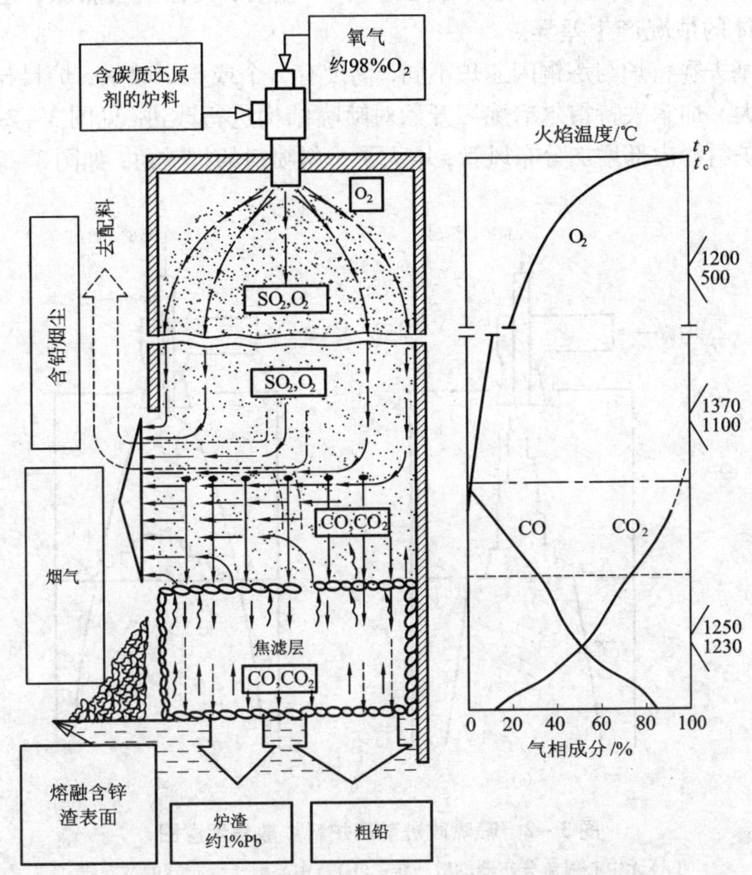

图 3－1　基夫赛特炉反应塔及焦滤层纵剖面图

(1)炉料颗粒及气流运动

炉料和氧气通过炉料喷嘴喷入炉内形成固体颗粒和气体混合流，离开喷嘴后，在反应塔的上方形成一段射流区域，气流呈扩散形，将炉料打散。气流在下降过程中不断扩散，气流截面积增大，气流速度下降，在反应塔下方形成气流的紊流区。等温气体喷射时的衰减可用式(3－1)表示：

$$U_x = 12.4 U_0 \cdot r_0 / x \tag{3-1}$$

式中：U_x——等温气体离开喷嘴出口距离的速度，m/s；

U_0——刚离开喷嘴出口时的初始速度，m/s；

r_0——气流离开喷嘴出口的初始半径，m。

式(3－1)表明气流的最终速度与其初始速度密切相关，而且对气流在反应塔的停留时间起决定性的作用。但是由于炉料与气流在喷嘴出口混合后就会剧烈地发生化学反应，产生热量将气流加热到1400℃左右，气体就会膨胀，速度的变化与等温气体的情况产生差异。

由于基夫赛特炉与炼铜闪速炉不同，仍设有2个或4个喷嘴，炉料与气流接触的几率更大。加拿大特雷尔冶炼厂开始对喷嘴结构进行改进(见图3-2)，改进后的喷嘴在炉料管内部增加分布风管，增大了炉料喷射的扩散角，如图3-2所示。

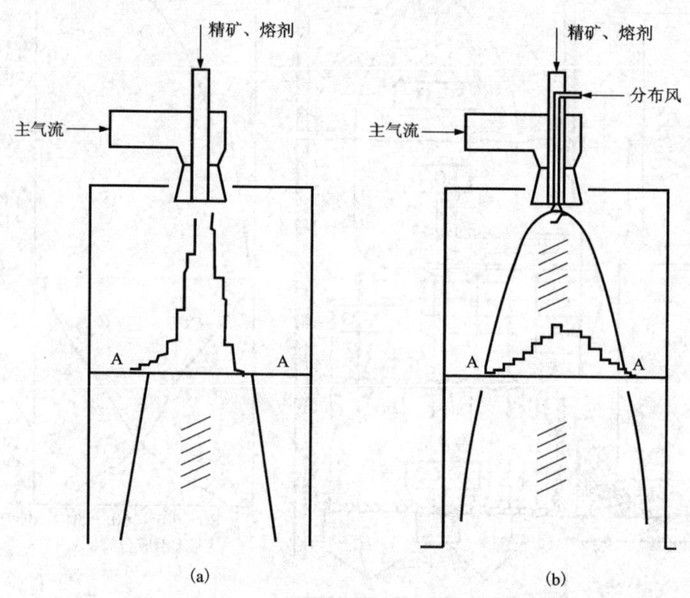

图3-2　喷嘴改进前后炉料扩散角示意图

(a)无中心射流分布器的散布锥；(b)有中心射流分布器的散布锥

如果反应塔高度8 m，截面积25 m^2，假设初始速度10 m/s，气流通过反应塔的时间约为6 s。事实上气流初始速度远大于10 m/s，气体离开喷嘴后就与炉料颗粒发生碰撞，速度就会明显降低，然后是硫化物的离解产生的S蒸气，以及化学反应产生的SO_2气体，都会干扰气流速度。

对于化学反应而言，炉料颗粒的运动速度比气流速度更为重要。炉料颗粒速度受到颗粒重力和气流运动的共同影响，颗粒下落速度等于重力下降速度加上气流速度。虽然颗粒在气流中的分散度很大，颗粒之间的间距大于颗粒直径，但是颗粒在高温下熔化后可能与固体颗粒碰撞而使颗粒变大，以及气流的紊流可能使颗粒发生碰撞，只是在研究颗粒运动时暂时不考虑颗粒碰撞。颗粒运动的终极速度可以用Stokes公式进行粗略计算：

$$u_p = g_c(\rho_p - \rho_g)d^2/18\eta \qquad (3-2)$$

式中：u_p——颗粒运动终极速度，m/s；

g_c——重力加速度，m/s^2；

ρ_p、ρ_g——颗粒、气体密度，kg/m^3；

d——颗粒直径，m；

η——气体黏度，kg/(m·s)。

从式(3-2)可见，颗粒直径对运动终极速度影响最大。根据式(3-2)计算，直径10 μm颗粒的运动速度为0.04 m/s，200 μm的颗粒运动速度为1.6 m/s。因此，在颗粒的粒度范围内，其运动速度与气流运动速度基本一致。较大颗粒的运行速度大于气流速度，在反应塔停留时间更短。

(2)反应塔内的热传递

基夫赛特熔炼的氧化反应是在反应塔的气相中完成的，炉料颗粒的传质传热对反应的速度和完全性具有决定性的意义。反应塔内的热传递主要来自两个方面：一是剧烈氧化反应火焰的高温热辐射和炉体内壁的热辐射，二是炉料颗粒与气流运动的热传递，研究表明，颗粒大小不仅对运动速度有明显影响，而且对传质传热的速度也有明显影响，如表3-1所示，颗粒越小，热传导性能越好，传质速度越高。粗颗粒不仅比表面积小，而且在反应塔内的停留时间短，传热系数和传质系数都很低，同时表明炉料颗粒在氧气中的传质性能比在空气中更好。

表3-1　颗粒尺寸对运动速度及传质传热的影响

颗粒尺寸/μm	10	50	100	200
终极运动速度/($cm \cdot s^{-1}$)	0.39	9.94	39.8	158
传热系数/($J \cdot cm^{-2} \cdot s^{-1} \cdot ℃^{-1}$)	1.77	0.36	0.19	0.12
传质系数/($g \cdot cm^{-2} \cdot s^{-1}$)(氧气中)	1.176	0.246	0.133	0.084
传质系数/($g \cdot cm^{-2} \cdot s^{-1}$)(空气中)	0.244	0.051	0.028	0.017

(3)炉料颗粒的氧化速度

许多冶金专家对硫化物颗粒在闪速熔炼条件下的氧化速率进行过研究，认为硫化物颗粒进入反应塔后，首先从气流对流和火焰及炉壁辐射得到热量，开始发生氧化反应并产生热量，当颗粒表面热量大于颗粒向周围散发的热量时，颗粒温度急剧上升，着火燃烧，氧化反应更加剧烈，多余的热量向周围的气流及颗粒传递，颗粒温度继续急剧升高，直至反应产生的热量与对流传热及辐射传热给周围环境的热量互相平衡。图3-3表示几种硫化物在不同温度下的反应速率，表明黄铁矿是最容易氧化的，黄铜矿次之，再次之是方铅矿，相对而言，闪锌矿是最难氧化的。

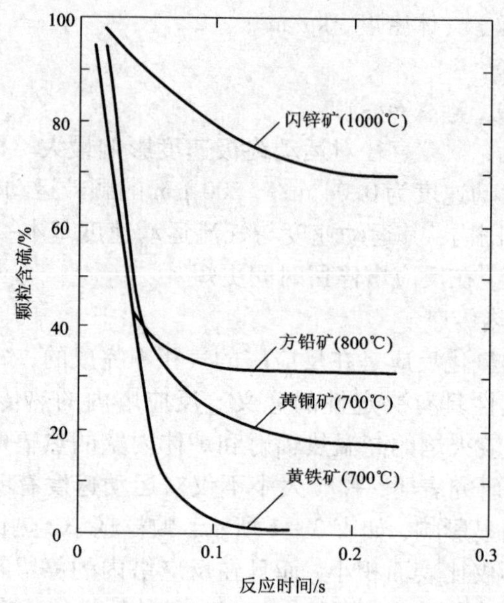

图 3-3 几种硫化物颗粒(37~53 μm)的反应速率

3.2.2 反应塔的熔炼反应及其产物

炉料主要组成是硫化铅精矿、其他含铅物料(如锌浸出渣、氧化锌浸出渣、硫尾矿渣、含铅烟尘等)、石灰石、石英石和煤粉(必要时)。

硫化铅精矿的主要化学成分为锌、铅、铁、铜、硅、硫等。其主要物相组成是方铅矿(PbS)、黄铁矿(FeS)、黄铜矿($CuFeS_2$)、闪锌矿(ZnS)以及少量砷、锑、铋的硫化物和硅、钙、镁的氧化物等，其中绝大部分成分为硫化物，在反应塔内发生的氧化脱硫反应为放热反应，这是基夫赛特炉实现自热熔炼的主要热量来源。

锌浸出渣及氧化锌浸出渣的主要成分是锌、铅、铁、铜、硅、硫等元素，其中铅、锌主要以硫酸盐、铁酸盐或硅酸盐的形态存在，在反应塔熔炼过程中所发生的分解反应均为吸热反应。

来自硫化锌精矿直接浸出的硫尾矿渣的化学成分与锌浸出渣基本相同，锌、铁含量比锌浸出渣低，铅、硫含量比锌浸出渣高，但是其物相组成不同，其中硫的大部分以元素硫的形态存在，在熔炼过程中发生的氧化反应为放热反应，可以为熔炼过程提供部分热量。

含铅烟尘为基夫赛特炉熔炼过程的烟气经过余热锅炉及电收尘器收集后返回

的烟尘，其主要成分是铅、锌、铁的氧化物和硫酸盐，在熔炼过程中的化学反应也为吸热反应。

石灰石、石英石是用于造渣的熔剂，其主要成分分别为氧化钙和氧化硅，在熔化造渣的过程中需要吸收热量。

一般而言，硫化铅精矿的含铅为 50% ~65%，含硫 15% ~20%，单独以硫化铅精矿为原料进行冶炼，实现自热熔炼的热量是足够的，热平衡计算表明，只要炉料含可燃硫达到 14%，即可实现自热熔炼。但是如果在炉料中搭配大量含铅的硫酸盐或氧化物渣料，硫化铅精矿在炉料中所占比例下降，炉料中硫含量比例也会降低，化学反应所放出的热量不能与必要的热支出平衡。根据热平衡计算，就能计算出需要补充的热量，不足的热量就需要在炉料中加入适量的煤粉予以补充。

经过配料、干燥、球磨后的炉料在炉顶加料系统与焦炭混合后，经过喷嘴的炉料管道进入反应塔，同时采用工业纯氧经过外环气体管道和中心分散气流管道高速喷入反应塔。为了减少烟气量及烟气带走的热量，提高烟气中二氧化硫的浓度和冶炼强度，基夫赛特熔炼既与闪速炼铜不同，也不同于铅的其他直接熔炼方法，不是采用富氧空气，而是采用工业纯氧（O_2含量≥98%）。

闪速炼铜普遍采用富氧空气进行熔炼，而且富氧空气中的氧气浓度越来越高，从过去的 30% ~40% 提高到现在的 70% ~90%，大幅度减少了反应塔的鼓风量，从而减少了烟气量及其带走的热量，有利于节能减排。但是也带来了一些不利的影响：一是反应塔高温区上移，热负荷增大，精矿喷嘴附近塔壁内衬烧损加重；二是反应塔的鼓风量减少，需要改变原来的精矿喷嘴结构，否则就会造成精矿与富氧空气混合不好，容易出现生料；三是在铜的闪速熔炼过程中，随着富氧空气中氧气浓度的提高，铁的过氧化程度增加，炉渣中 Fe_3O_4 增加，导致炉渣黏度升高，渣含铜的比率升高，并且容易生成炉结，减小熔池容积。

基夫赛特炼铅从一开始就使用高浓度的工业纯氧。基夫赛特炉反应塔的炉墙原来采用耐火砖与铜水套相结合的"三明治"结构，现在顶盖和炉墙全部改用铜水套，没有发现热负荷增加导致内衬和喷嘴的烧损。基夫赛特炉反应塔下部设有焦滤层，在反应塔下部及电热区均为还原性气氛，即使在反应塔上部的强氧化性气氛中生成 Fe_3O_4，大部分 Fe_3O_4 也会在随后的还原性气氛中还原成 FeO，即：

$$Fe_3O_4 + CO \longrightarrow FeO + CO_2$$

在反应塔中，炉料中的硫化物在悬浮状态迅速进行氧化（燃烧），传质传热及熔化相变。在氧化脱硫的同时还发生一系列分解反应、交互反应、造渣反应等熔炼反应。

主要化学反应有如下四类：

第一类氧化反应，包括硫化铅及其他金属硫化物的氧化反应：

$$PbS + O_2 \longrightarrow PbSO_4$$
$$PbS + O_2 \longrightarrow PbO \cdot PbSO_4 + SO_2$$
$$PbS + O_2 \longrightarrow 2PbO \cdot PbSO_4 + SO_2$$
$$PbS + O_2 \longrightarrow 4PbO \cdot PbSO_4 + SO_2$$
$$PbS + O_2 \longrightarrow PbO + SO_2$$
$$PbS + O_2 \longrightarrow Pb + SO_2$$
$$ZnS + O_2 \longrightarrow ZnO + SO_2$$
$$Cu_2S + O_2 \longrightarrow CuO + SO_2$$
$$CuFeS_2 + O_2 \longrightarrow Cu_2S \cdot FeS + FeO + SO_2$$
$$FeS + O_2 \longrightarrow FeO + SO_2$$
$$FeS_2 + O_2 \longrightarrow FeO + SO_2$$

第二类分解反应：

$$PbSO_4 \longrightarrow PbO + SO_2$$
$$ZnSO_4 \longrightarrow ZnO + SO_2$$
$$CaCO_3 \longrightarrow CaO + CO_2$$

第三类交互反应：

$$PbS + PbO \longrightarrow Pb + SO_2$$
$$PbSO_4 + PbS \longrightarrow Pb + SO_2$$

第四类造渣反应：

$$xPbO + ySiO_2 \longrightarrow xPbO \cdot ySiO_2$$
$$FeO + SiO_2 \longrightarrow FeO \cdot SiO_2$$
$$CaO + SiO_2 \longrightarrow CaO \cdot SiO_2$$

(1)硫化铅氧化的动力学分析

当炉料经过炉料喷嘴进入反应塔，反应塔上部温度在1400℃左右。但是当炉料和氧气从喷嘴源源不断进入炉内的一瞬间，总是需要一个吸热升温的过程，因此在喷嘴出口处，温度不可能达到1400℃，温度一般在750～900℃。尽管炉料粒度小于1 mm，水分小于1%，在工业纯氧（O_2含量≥98%）的气氛中，炉料中的硫化物在悬浮状态下迅速氧化脱硫，但是由于反应塔上部氧气和二氧化硫浓度很高，即氧势和硫势都很高，硫化铅氧化生成的产物应该是硫酸铅（$PbSO_4$）、碱式硫酸铅（$4PbO \cdot PbSO_4$、$2PbO \cdot PbSO_4$、$PbO \cdot PbSO_4$）和氧化铅，如图3－4所示。硫酸铅、碱式硫酸铅的熔点均高于氧化铅的熔点，其中$PbSO_4$的熔点最高，见图3－5。但它们是不稳定化合物，进入高温区时迅速分解成氧化铅，离开喷嘴2 m左右基本上分解完全。硫化铅沸点为1281℃，反应塔上部温度远高于硫化铅的沸点。从理论上讲，硫化铅进入反应塔之后会汽化进入烟气。但事实上炉料离开喷嘴从反应塔下降2.5 m时硫化铅的含量已经接近0，如图3－6所示。这是因为粒度很细的硫化铅精矿，表面活化能很高，进入反应塔之后，在氧气的包围中就会迅速燃烧氧化，其中的硫化铅迅速氧化，生成液态氧化铅。

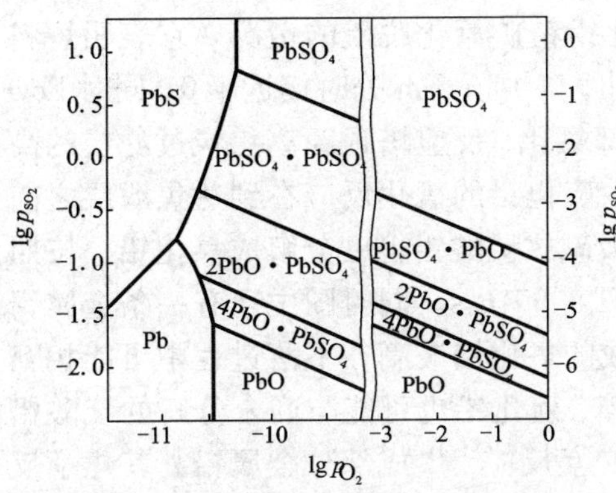

图 3－4　Pb－S－O 系 827℃相图

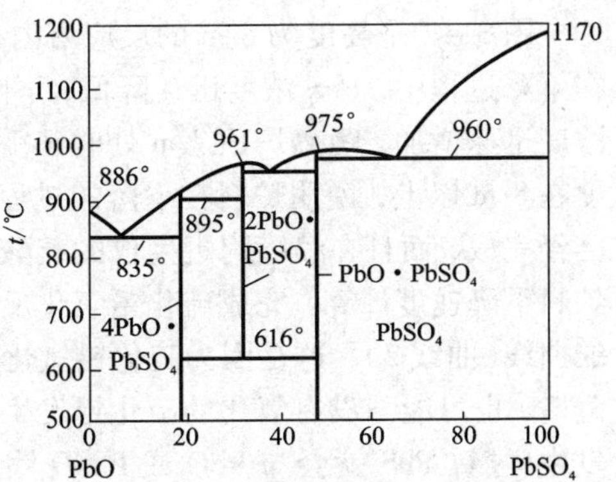

图 3－5　PbO－$PbSO_4$ 系相变图

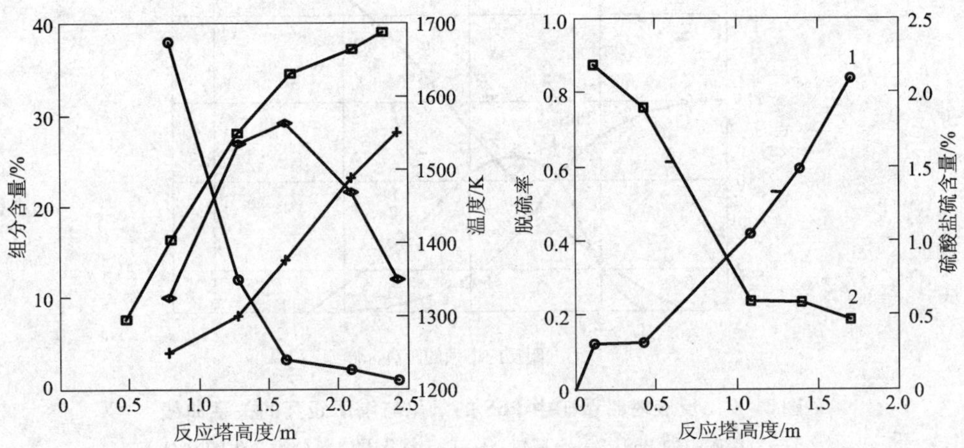

图 3－6　硫化铅氧化的产物及脱硫效果

1—脱硫率；2—硫酸盐中的硫含量

硫化铅精矿在反应塔氧化脱硫过程中发生如下氧化反应，即：

$$PbS + O_2 \longrightarrow PbO + SO_2$$

$$PbS + O_2 \longrightarrow PbSO_4$$

$$PbS + O_2 \longrightarrow PbO \cdot PbSO_4 + SO_2$$

$$PbS + O_2 \longrightarrow 2PbO \cdot PbSO_4 + SO_2$$

$$PbS + O_2 \longrightarrow 4PbO \cdot PbSO_4 + SO_2$$

$$PbS + O_2 \longrightarrow PbO + SO_2$$

$$PbS + O_2 \longrightarrow Pb + SO_2$$

$$Pb + O_2 \longrightarrow PbO$$

图3－7是高度为8 m的反应塔内硫化铅精矿氧化脱硫的情况。它表明炉料在下降过程中，PbS浓度迅速降低，下降到距离炉顶6 m处时接近于0；同时PbO浓度迅速增加，距离炉顶7 m处时几乎全部氧化，反应塔顶距离焦炭过滤层的高度在8 m以上，说明炉料在下落的过程中，硫化铅的氧化反应在到达焦滤层之前已经完成，而且在喷嘴附近生成的硫酸铅或碱式硫酸铅也已分解成氧化铅。按照炉料下降速度计算，完成硫化铅氧化反应只需5～6 s。同时图中还有一条金属铅的曲线(曲线2)，这是因为硫化铅氧化生成的氧化铅液滴在下落过程中可能相互碰撞，也可能与没有氧化的硫化铅发生碰撞，硫化铅也可能与尚未分解的硫酸铅发生碰撞，PbS就会与PbO或$PbSO_4$发生交互反应，生成部分金属铅。其化学反应如下：

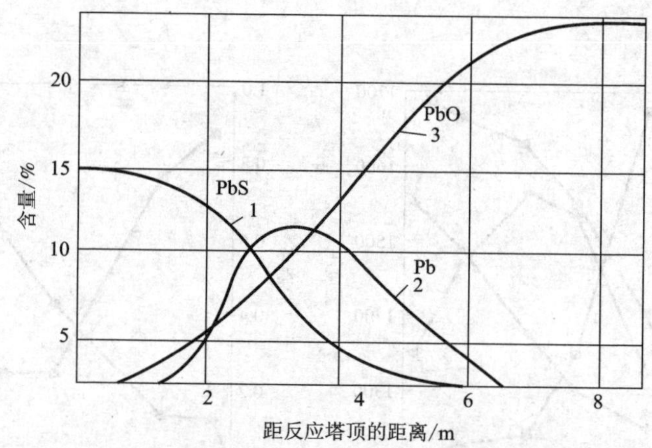

图3－7　反应塔铅精矿中PbS的氧化与塔顶距离的关系曲线

1—铅精矿中的PbS；2—金属铅；3—PbS氧化及渣料分解产生的PbO

$$PbS + PbO \longrightarrow Pb + SO_2$$

$$PbSO_4 + PbS \longrightarrow Pb + SO_2$$

在距离塔顶约1.5 m的位置开始出现金属铅，然后金属铅浓度逐渐增加，到距离塔顶约3 m处金属铅浓度达到最高，然后随着金属铅液滴的继续下落，金属铅浓度逐渐降低，下降到距离塔顶约6 m处时金属铅浓度接近于0。这说明在距离塔顶3～6 m的位置，氧气尚未完全耗尽，仍为氧化性气氛，导致金属铅液滴在下落的过程中又重新被氧化，生成氧化铅，其反应如下：

$$Pb + O_2 \longrightarrow PbO$$

图3-8中t表示温度分布，τ表示停留时间。图3-8表明，PbS、FeS_2、ZnS等硫化物在反应塔内的反应非常迅速，在距离塔顶2 m的范围内硫化物的浓度迅速降低，到距离塔顶5 m处接近于0，硫化铅、硫化锌、硫化铁几乎全部被氧化。同时随着一系列氧化反应的剧烈进行，气流中的氧气被迅速消耗，氧气浓度迅速降低，二氧化硫的浓度迅速增高。焦滤层距离塔顶有8 m多，焦滤层内的还原反应产生的CO和CO_2将从炽热的焦滤层溢出，覆盖于焦滤层的表面，下降气流中残留氧气与CO发生反应生成CO_2，一方面为焦滤层提供还原反应所需的热量，另一方面始终保持焦滤层表面的还原性气氛。

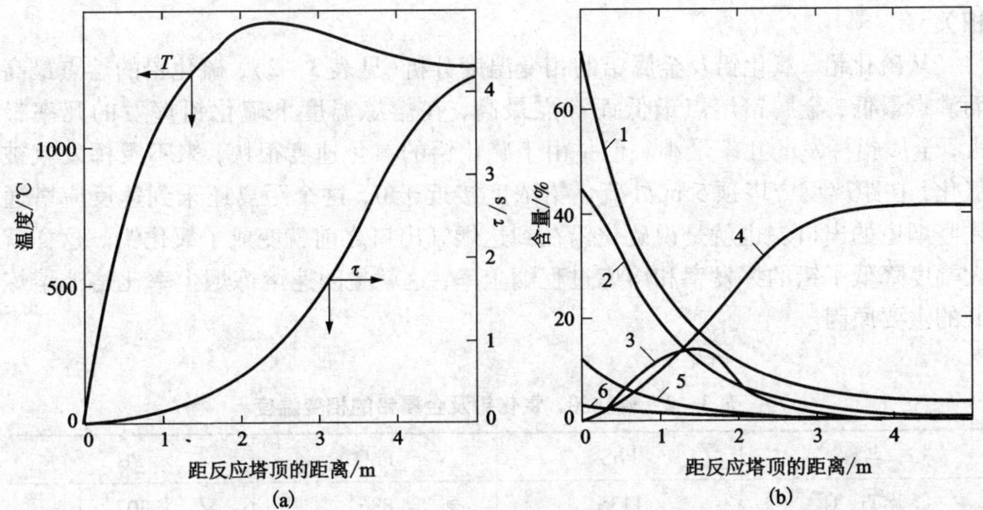

图3-8 反应塔内铅精矿中硫化物、氧气、氧化铅及金属铅随炉料下降距离的浓度变化曲线

1—O_2；2—PbS；3—Pb_{met}；4—PbO；5—ZnS；6—FeS_2

在闪速熔炼过程中，悬浮状态的炉料颗粒始终处于氧气气流的包围之中，传质传热速度快，硫化物的氧化反应速度也就很快，而且相当充分。因此硫化铅的氧化非常完全，在距离塔顶6 m的位置硫化铅浓度接近于0。

炉料在反应塔中不仅需要完成其化学反应，而且要完成其相变过程，所有的炉料必须为熔融状态。这就需要研究炉料在反应塔的脱硫率、平均粒径的增大、颗粒温度、颗粒的熔化速度、以及反应塔内温度分布及颗粒密度分布。

二粒子模型对闪速熔炼过程进行了研究和验证试验，结论如下：

①在反应塔中同时存在过氧化颗粒和未反应颗粒两种粒子；②炉料中易燃烧的颗粒快速发生氧化反应，氧化放出的热量将粒子加热熔化；③过氧化的颗粒在下落过程中，与未反应(反应慢)的颗粒碰撞并发生氧化还原反应，将热量传递给

未反应粒子使其熔化；④随着过氧化粒子与未反应粒子的反应不断进行，熔融粒子与熔剂粒子发生碰撞，过氧化熔融粒子中含有相当多的渣相成分，其中过氧化的 Fe_3O_4 被还原成 FeO，FeO 与熔剂中的 SiO_2 反应生成 $FeO \cdot SiO_2$，造渣反应开始进行；⑤在不加入烟尘等非自燃物料的情况下，造渣反应在反应塔内基本完成，有明显的渣相存在。

炉料颗粒在高度 4 m 的反应塔内下落过程中，颗粒之间大约发生 40 次碰撞，颗粒的最终平均粒径由初始 50 μm 增大为 250 μm，增大了 4 倍。粒径变大是由于反应塔的紊流造成的。

同时研究表明，反应塔内的温度分布与颗粒分布的一致性对炉料熔化具有重要意义。而反应塔内的温度分布与颗粒分布的一致性与炉料的喷嘴结构密切相关。

从硫化铅、氧化铅及金属铅的相变温度分析（见表 3－2），硫化铅的熔点最高而沸点最低，金属铅熔点最低而沸点最高，在熔炼温度下硫化铅挥发的几率最大，金属铅挥发的几率最小。但是由于硫化铅的氧化速度很快，来不及挥发就被氧化，在距离反应塔顶 5 m 处硫化铅浓度接近于 0，这个距离还未到达反应塔通往竖烟道的出口。也就是说硫化铅在到达烟气出口之前就变成了氧化铅。这样就大幅度降低了铅的挥发率和熔炼过程烟尘率，这就是闪速熔炼烟尘率比熔池熔炼低的主要原因。

表 3－2　硫化铅、氧化铅及金属铅的相变温度

名称	PbS	PbO	Pb
熔点/℃	1135	886	307
沸点/℃	1281	1472	1525

（2）硫酸铅的分解反应

硫酸铅主要来自：一是硫化铅氧化反应生成的硫酸铅或碱式硫酸铅，二是湿法炼锌的含铅渣料。在炉料中搭配大量锌浸出渣或氧化锌浸出渣（又称铅渣或铅银渣），就会带入较多的铅、锌硫酸盐，硫酸盐的物理化学变化将对熔炼过程产生直接影响。$PbSO_4$ 在高温下不稳定，800℃时开始发生离解，生成 PbO、SO_2 和 O_2，但是要到 950℃以上离解才进行很快。图 3－9 说明在 1000℃时 $PbSO_4$ 并没有完全离解，要到 1300℃时硫酸铅才会基本离解完全。因此硫化铅精矿的闪速熔炼温度一般控制在 1300℃以上。

硫酸铅和硫酸锌的分解反应均为吸热反应，在熔炼过程中硫酸盐的熔化过程和反应过程均需要消耗反应塔内的热量，增加反应塔的热支出。因此在大量搭配锌浸出渣的冶炼过程中需要配入适量煤补充热量。

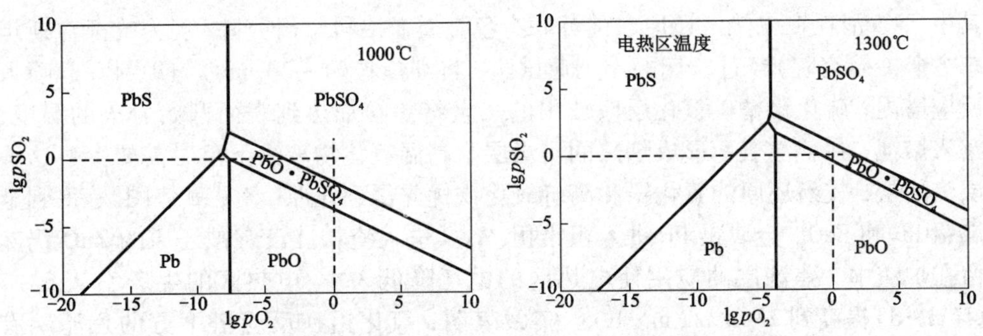

图3-9 Pb-S-O体系1000℃和1300℃氧势区域图

图3-9是Pb-S-O系分别在1000℃和1300℃下的氧势区域图，1000℃的相图与1300℃的相图相比，PbS和Pb的区域较小，而$PbSO_4$和PbO的区域较大。在1000℃相图中，当$\lg p_{O_2} = -7.5 \sim 0$及$\lg p_{SO_2} = -6 \sim 0$时Pb-S-O就处于$PbSO_4$或$PbO \cdot PbSO_4$区域，而在1300℃相图中，只要$\lg p_{O_2} < 0$及$\lg p_{SO_2} < 0$，Pb-S-O系就不会处于$PbSO_4$和$PbO \cdot PbSO_4$区域。在反应塔内$\lg p_{O_2}$及$\lg p_{SO_2}$始终小于0，在接近塔顶处$SO_2$浓度很低，随着氧化反应的进行，$SO_2$会随之升高，大概在距离塔顶5~6 m高时$SO_2$的分压最高，但不可能大于或等于1，所以$\lg p_{SO_2}$始终小于0；在塔顶位置$O_2$浓度最高，但氧气分压也不可能大于或等于1，因此$\lg p_{O_2}$也就小于0。随着氧化反应的进行，氧气急剧消耗，氧气浓度也会迅速降低，在焦滤层表面O_2浓度可能达到$10^{-6} \sim 10^{-5}$。事实上在熔炼过程中氧气浓度及二氧化硫浓度基本上处于$10^{-5} < \lg p_{O_2} < 0$及$10^{-5} < \lg p_{SO_2} < 0$的区域，在1300℃相图的氧化铅生成的区域。

由此说明基夫赛特炼铅的熔炼过程必须在1300℃以上的温度进行，才能避免铅的硫酸盐生成。为了使硫酸铅在反应塔内完全离解，反应塔的温度控制在1350~1400℃。

3.2.3 焦滤层及氧化铅还原

焦滤层是基夫赛特直接炼铅技术的重要特点之一，也是基夫赛特炼铅获得成功的关键技术。最初，基夫赛特炼铅没有设置焦滤层，靠电热区还原降低渣含铅锌。氧化铅的还原是吸热过程，又要求还原性气氛（$\varphi_{CO_2}/\varphi_{CO} < 0.1$）。在熔体中进行还原反应，其反应速率及完全程度除了温度、气氛等技术条件外，很大程度上取决于熔体中各组分的传质传热的动力学条件。而电热区相对静止，传质传热

速度相对缓慢，所以要使氧化物熔体的碳热还原达到很完全的程度，需要相当长的时间，这样导致电热区的生产效率低、电耗很大，产出1 t粗铅耗电970 kWh，其中75%消耗在电热区还原。前苏联有色金属矿冶科学研究院（现为哈萨克斯坦东方矿冶研究院）经过长期的半工业试验，将细焦粒（4～20 mm）与炉料一起喷入反应塔内，硫化铅精矿氧化反应放出的热量将焦粒加热到表面开始着火的温度，落入熔池，在熔池表面形成炽热的焦炭层。高温氧化物液滴下落时需要穿过这一层焦滤层，较易还原的氧化铅和高价氧化铁优先得到还原（参见氧势图），得到金属铅Pb和FeO，金属铅Pb进入粗铅相，FeO进入渣相。没有被还原的ZnO仍然留在炉渣中。焦滤层的应用使电热区的电耗降低3/4，电热区的生产率从5～7 t/(m^2·d)提高到23.5 t/(m^2·d)。实践表明，氧化铅在反应塔下方的焦滤层有80%～85%还原成金属铅。因此在反应塔包含氧化脱硫、造渣熔炼和还原熔炼3个熔炼过程。

反应塔的焦炭与炉料一起从喷嘴加入反应塔，焦炭粒度为5～15 mm，水分小于5%。由于焦炭粒度比炉料粒度（平均粒度约50 μm）大几百倍，比表面积相对很小，表面活化能很低，所以不会在反应塔上部着火燃烧，发生剧烈氧化反应。焦炭在通过反应塔上部的高温氧化区时，其表面可能发生氧化反应或加热熔化，但是焦炭下落速度比炉料快得多，在气相停留时间很短，很快落入熔池的熔体表面，形成炽热的焦炭过滤层（简称焦滤层）。焦炭过滤层厚度控制在100～150 mm，其温度为1150～1200℃。

炉料在反应塔上方进行氧化脱硫反应，形成的金属氧化物熔融液滴在下落过程中发生频繁的互相碰撞，液滴颗粒不断增大，然后落入下方炽热的焦滤层，由于金属氧化物液滴的密度远远大于焦炭密度，其将穿过焦滤层进入熔池下层，在穿过焦滤层的过程中，金属氧化物将进行选择性还原反应，氧化铅将优先在焦滤层进行还原，80%～85%的氧化铅还原成金属铅。氧化铅通过焦滤层发生还原反应生成金属铅和二氧化碳，二氧化碳又与焦炭反应生成一氧化碳。同时部分高价铁被还原成FeO。其化学反应式如下：

$$PbO + C \longrightarrow Pb + CO$$

$$CO_2 + C \longrightarrow CO$$

$$PbO + CO \longrightarrow Pb + CO_2$$

$$Fe_3O_4 + C \longrightarrow FeO + CO$$

在反应塔下部的焦滤层表面为还原性气氛，反应塔上方氧化反应产生的含有高浓度SO_2的烟气在经过反应塔下部和“牛鼻子”进入上升烟道时，也将焦滤层表面的CO_2和CO带入烟气。因此在上升烟道或余热锅炉上升段下部设有二次空气鼓入孔，鼓入二次空气对烟气中CO进行二次燃烧。二次空气的鼓入量可以根据烟气中CO含量进行调节。

还原熔炼产生的金属铅沉入熔池底部，形成铅相。没有还原的氧化铅留在炉渣中，炉渣及金属铅的混合熔体通过隔墙下方通道流入电热区。而焦炭过滤层由于焦炭密度较小，始终浮在熔体表面，被隔墙挡在反应塔一侧，不会流入电热区。由于还原过程是吸热过程，氧化物还原所需热量主要来自反应塔硫化物燃烧产生热量和电热区电极所产生的热量。

如前所述，氧化铅与硫化铅发生交互反应产生金属铅被再次氧化成氧化铅，不能像熔池熔炼一样得到一次粗铅。最终金属铅的获得全部依靠氧化铅与碳还原反应产生。在焦滤层没有还原完全的氧化铅，进入电热区后进行进一步还原。

3.2.4　电热区渣、铅分离及氧化物还原

3.2.4.1　渣、铅分离

电热区的作用是使炉渣中的氧化铅进一步还原，炉渣中的金属铅进行沉降分离，尽量降低炉渣中的铅含量，提高铅的回收率。炉渣及金属铅的熔体进入电热区后，由于渣相成分的密度比铅液小得多，就会开始分相分层，铅液进入熔池底层，炉渣浮在上层，在渣相与铅相之间出现明显的界面，沿着炉子长度方向推移，渣相中的铅液不断沉降，炉渣含铅率越来越低，两相的分层界面越来越明显。两相分离的好坏受许多因素的影响，如电热区温度及其分布、还原性气氛的程度、炉渣的黏度和流动性、炉渣的搅动程度、渣相与铅相之间的表面张力、是否形成冰铜相等。

电热区由电极产生的焦耳热加热熔体，保持熔体温度在1250～1300℃。炉顶电极插入孔采用氮气密封，保持电热区为还原性气氛。电热区需要加入少量焦炭作还原剂，焦炭加入量为每吨炉料1.5～3.8 kg。熔池相对静止，不产生强烈搅动，渣层依靠电极之间的电磁场使渣层产生运动，使焦炭与炉渣混合，并进行传质传热，力求使整个熔池温度均匀，但与熔池熔炼的气流搅动相比，电磁场的运动太弱，靠近电极的温度总比靠近炉墙的温度高。而且电极的插入深度距离铅液面200～300 mm，这种运动不会深入到渣层与铅层的界面，从而不会影响两相的分层。

当炉料含铜高时，通过氧料比控制炉料的脱硫程度，保留少量硫化物在渣相和铅相之间形成冰铜相。在基夫赛特炉内产出冰铜。对于虹吸放铅的生产工艺，在基夫赛特炉造冰铜是必要的，定期排放冰铜，可以保证虹吸放铅的顺利。

铅层的温度需要依靠渣层传递热量来维持，铅层厚度800～900 mm，沿高度方向呈现温度梯度，两相界面的铅液温度最高，靠近炉底温度最低。一般从炉底到铅液表面温度为600～900℃。

3.2.4.2　化学反应

在焦滤层没有还原的金属氧化物进入渣相，在焦炭的作用下继续发生还原反

应。加入电热区的焦炭落在渣层表面，吸收渣层的热量开始熔化，在电磁场运动下进入渣相，与渣相中的氧化铅、氧化锌发生还原反应，氧化铅还原成金属铅，金属铅沉降进入铅相。小部分氧化锌还原成金属锌，在电热区温度下(1250～1300℃)锌变成锌蒸气。还原反应还会放出 CO 和 CO_2气体，锌蒸气、CO 和 CO_2通过解析、扩散，从熔体中排出进入气相，这种气体鼓泡过程加速熔体的传质传热，将渣层内部的热量带到渣层表面，加速熔体表面焦炭的受热熔化，二氧化碳在上升过程中遇到焦炭还原成一氧化碳，一氧化碳和锌蒸气进入烟气。锌蒸气在上升烟道中被二次空气氧化成氧化锌，一氧化碳被完全燃烧。锌蒸气经过余热锅炉冷却发生相变，在余热锅炉灰斗和收尘系统得到氧化锌烟尘。

$$PbO + C \longrightarrow Pb + CO_2\uparrow$$

$$ZnO + C \longrightarrow Zn\uparrow + CO_2\uparrow$$

$$CO_2 + C \longrightarrow CO$$

渣相除了氧化物的还原反应之外，还会发生一系列造渣化学反应。

3.2.4.3 冰铜相形成

当采用虹吸放铅的生产工艺时，为了基夫赛特炉的操作方便，降低生产的操作难度，要求在基夫赛特炉内生成冰铜相并定期排放冰铜。

电热区是否形成冰铜相取决于炉料成分和放铅方式，炉料含铜低、含铅高，或基夫赛特炉采用开孔放铅，满足上述条件之一均不需在电热区形成冰铜相。只有炉料含铜高、含铅品位低，而且采用虹吸放铅，才需要在电热区形成冰铜相放出冰铜。其实在基夫赛特炉电热区放冰铜也会给操作带来难度和不利影响。

①需要通过调整氧料比来控制脱硫的完全程度。

②在炉渣与铅液之间形成一个隔层，影响金属铅的沉降分离。造冰铜虽然有利于降低粗铅中铜含量，有利于虹吸放铅，但不利于渣铅分离。由于冰铜在渣相和粗铅相之间形成隔层，而且冰铜熔点较高，黏度大，冰铜层容易阻碍渣相中金属铅液的沉降，导致渣含铅升高。同时也会导致冰铜含铅高，含铜品位低，这也许是意大利维斯麦港冶炼厂基夫赛特炉渣含铅偏高、冰铜铅高铜低的原因。

③影响熔体温度的传递。铅层的温度需要依靠渣层传递热量来维持，由于冰铜层的阻隔，影响渣层向铅层传递热量，导致铅液温度较低，可能导致虹吸放铅出现困难。

从表 3－3 可见，加拿大特雷尔冶炼厂采用开孔放铅，基夫赛特炉不产出冰铜，而是在连续脱铜炉(CDF)产出冰铜，其主要成分为铜 45.8%，铅 31.4%，硫 15.8%，铁 0.33%；意大利维斯麦港冶炼厂基夫赛特炉产出冰铜，其主要成分为铜 25%，铅 40%，硫 12%，铁 5%。

表 3-3　特雷尔厂(TC)及维斯麦港厂(PV)基夫赛特炉金属元素分布

金属元素		铅	锌	铜	硫	砷	锡	铁	二氧化硅	石灰石
炉料(100 t)/%	TC	20~25	8.5~10	0.65	8.25~10	0.2~0.35	0.1~0.25	9.5~11	9.3~10.7	5.5~6.5
	PV	43.7	4.87	0.258	16.6			6	7.5	6.7
粗铅/%/t	TC 20.3 t	94/19.1		1.96/0.40	0.40/0.08	1.23/0.25	0.49/0.14			
	PV 43.4 t	97.5/42.4		0.60/0.26	0.40/0.17					
冰铜/%/t	TC 0.72 t	31.4/0.23	0.21/	45.8/0.33	15.8/0.114	0.81/0.006		0.33/		
	PV 1.29 t	40.0/0.52		25/0.32	12/0.155	2.0/0.026		5/0.065		
炉渣/%/t	TC 50 t	4/2.02	17/8.5	0.38/0.19	1.06/0.53			21.7/10.9	21/10.5	12.7/6.35
	PV 29 t	4/1.16	9/2.61	0.17/0.05	1.4/0.41			20.2/5.9	25/7.25	22/6.38

当采用虹吸放铅方式时，是否在基夫赛特炉产出冰铜取决于原料中的铜铅比。如果原料含铜过高，含铅较低，铜铅比大于 0.015 时，就会超过在铅液温度下的铜在粗铅中的溶解度，铜及其化合物就会析出造成虹吸放铅口堵塞，必须形成冰铜相，定期排放冰铜。

虹吸放铅口位于基夫赛特炉电热区端头底部，是粗铅温度最低部位：一是因为端墙远离电极，电极产生的热量传递有限；二是端墙有铸钢水套冷却；三是炉底采用风道强制通风冷却，控制反拱内衬下方温度在 300℃以下。由此推算接近炉底最低处的粗铅温度大约为 600℃，虹吸口实际粗铅排放温度一般低于 600℃。

图 3-10 为 Cu、S 在铅液中的互溶图，分为 4 个区域：

a. 铅液 + Cu 区域，在这个区域中铜以金属铜溶解于铅液中；

b. 铅液 + Cu_2S 区域，在该区域铜以 Cu_2S 溶解于铅液中；

c. 铅液 + 冰铜区域，在该区域铜以冰铜溶解于铅液中；

d. 铅液 + PbS 区域，低铜区域，在该区域硫以 PbS 溶解于铅液中。

图 3-10 表明 Cu 在铅液中的溶解度随温度的升高而增大；同时 S 的存在影响 Cu 在铅液中的溶解度，随着 S 的增加 Cu 在铅液中的溶解度减小。炉内粗铅层为 900~600℃，从上至下温度逐渐降低。在 600~820℃ Cu 或 Cu_2S 在粗铅中具有一定的溶解度，硫含量很低时，Cu 在铅液中的溶解度为 0.8%~2.8%。铅液为 720℃时，Cu 的溶解度为 1.8%。如果铅液含硫，其溶解度更低。因此哈萨克斯坦东方研究院要求采用虹吸放铅时，铜铅比必须小于 0.02，否则必须在基夫赛特炉排放冰铜。

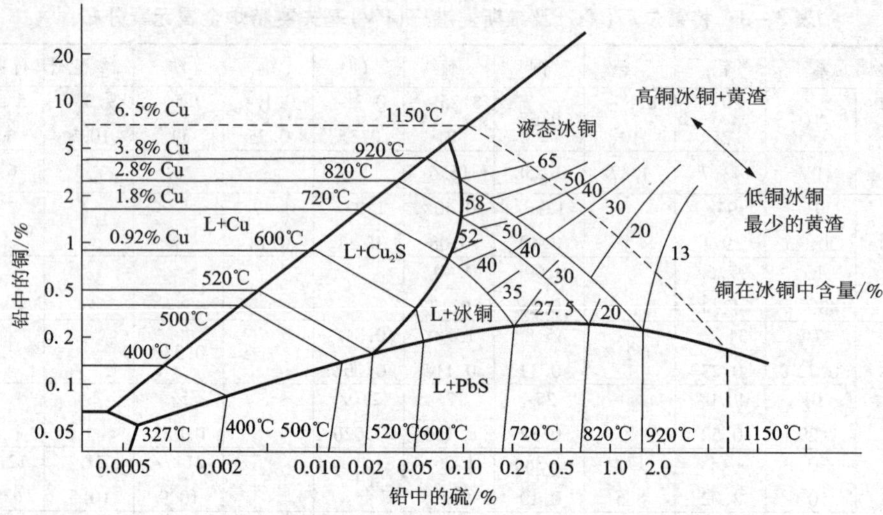

图 3－10　粗铅液相中 Cu－S 互溶图

由于虹吸放铅温度低，铜在铅液中的溶解度很小。所以采用虹吸放铅的维斯麦港冶炼厂和株冶基夫赛特炉的粗铅品位很高，一般在99%左右。

3.2.5　渣型选择与防止炉结生成

渣型选择对于火法冶炼的顺利进行以及对技术经济指标的影响均具有至关重要的意义，基夫赛特直接炼铅也是如此。良好的渣型能降低炉渣的熔点和黏度，使炉渣具有良好的流动性和渣铅分离效果，有利于降低炉渣含铅率，提高铅的回收率和降低能耗，同时也可以避免炉渣中产生难熔的高熔点物质，减少或抑制炉结的产生。

原料组成和渣型确定之后，要根据选定的渣型成分计算配入熔剂的种类和配入量，确定配料的配方。配料是根据配方将不同的原料组分及各种熔剂进行计量、混合的过程，配料的准确性直接影响炉渣渣型的稳定性。

哈萨克斯坦东方研究院根据国内某厂设计炉料的化学成分进行估算，基夫赛特炉炉渣电物理性能参数如表 3－4 所示。

从表 3－4 可以看出，随着炉渣温度升高，炉渣的电导率升高，黏度迅速降低。东方研究院推荐的渣型成分为 Fe 23.9%，SiO_2 24.39%，CaO 15.35%。$w_{Fe}/w_{SiO_2}=0.98$，$w_{CaO}/w_{SiO_2}=0.63$。这个渣型基本上类似于维斯麦港冶炼厂的渣型。这是高硅渣型，一是黏度较大，降低 SiO_2的比例，完全可以降低电热区炉渣温度，减少电能消耗；二是配入的石英石太多，导致渣量增大，由此带走的金属增加。对炉料含锌高的渣型应适当提高铁的比例，提高 FeO 的含量可以增加 ZnO

在炉渣中的溶解度，而且 FeO 愈多，ZnO 的溶解度愈大，但是要保证造成硅酸亚铁($2FeO \cdot SiO_2$)所需的 SiO_2，对于高锌炉渣应控制 SiO_2 不小于 17%，w_{Fe}/w_{SiO_2} 控制在 1.2 ~ 1.3，w_{CaO}/w_{SiO_2} 控制在 0.6 ~ 0.7。

表 3-4 炉渣电物理性能参数估计

参数	单位	温度/℃				
		1200	1250	1300	1350	1400
电导率	$\Omega^{-1} \cdot cm^{-1}$	0.34	0.41	0.49	0.58	0.67
动力黏度	Pa · s	4.19	1.62	0.67	0.30	0.14

采用基夫赛特炼铅工艺的一个重要理由是为了搭配处理锌浸出渣。然而采用基夫赛特炼铅搭配处理锌浸出渣使大量 Zn 和其他杂质进入炉内，使冶炼过程变得非常复杂，也给选择炉渣的合理配比带来很大难度。加拿大的基夫赛特炉由于搭配大量锌浸出渣，比意大利的难操作，投产后两年才达到 90% 以上的作业率。其中最主要的问题是在基夫赛特炉和余热锅炉形成严重的炉结。

炉结的种类包括炉渣炉结、粗铅炉结和余热锅炉内的烟尘炉结。

(1) 炉渣炉结：ZnO 在铁钙硅酸盐的炉渣中容易生成难熔化合物，如硅酸盐、铁酸盐，在 Al_2O_3 存在的条件下还可能生成难熔的锌尖晶石($ZnO \cdot Al_2O_3$)。炉墙和隔墙都采用铜水套冷却，而且距离电极较远，这些部位的温度较低，难熔化合物在这些部位很容易产生炉结。炉渣炉结是危害最大的炉结，主要在炉墙和隔墙的结合部位形成，影响熔体流动；在靠侧墙的渣层与铅层之间部位形成，影响铅液的澄清分离。严重时炉结使隔墙下方的通道变小甚至出现堵塞，反应塔的熔体无法流入电热区。

(2) 粗铅炉结：粗铅炉结产生的原因是电热区温度分布不均匀、粗铅中铜、砷、锑含量过高。基夫赛特炉熔池中粗铅高度为 700 ~ 800 mm，下部温度只有 600 ~ 700℃，靠近尾部的虹吸口温度可能更低，这时就会有冰铜析出，如图 3-11。粗铅炉结一般生长在靠炉墙部位的粗铅与炉渣界面的高度。粗铅炉

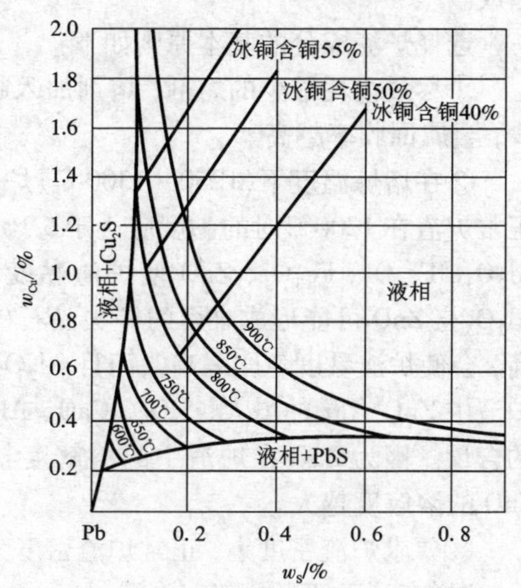

图 3-11 粗铅液相中 Cu-S 相图

结对虹吸放铅影响较大，严重时可能导致虹吸口阻塞。如果出现虹吸口阻塞，必须用氧气烧通，这样势必对虹吸口造成损坏。粗铅炉结对开孔放铅影响不大，可以通过提高电极功率，加热熔化炉结从放铅口放出。

(3)烟尘炉结：一般生长在反应塔余热锅炉上升段与下降段交接处，主要是烟尘中的硫酸盐粘接在余热锅炉的内壁。

炉渣炉结一旦形成，将严重影响熔炼过程的正常操作，有时需要停止加料进行处理，炉结消除非常困难，需要耗费大量时间，增加能耗，因此要注意抑制和防止炉结形成。

根据基夫赛特炉的操作经验，防止炉结形成和抑制炉结生长主要需要注意如下几个方面：

①合理选择渣型，保证炉渣的物理化学性质，适当控制炉渣的过热温度。炉渣成分对于熔炼过程的正常操作具有决定性的影响。炉渣重要的物理化学性质如熔点、黏度及密度均取决于炉渣的化学成分。

②控制炉料成分的稳定性，特别是配料的配比必须相对稳定，频繁变化炉料成分，容易导致炉况失控。

③控制炉料含锌比率，研究表明炉渣含锌不得超过17%，同时保证锌铁比小于0.9，由此计算炉料含锌的控制值，一般不得超过10%。

④保持熔池温度特别是渣层温度和焦滤层的均匀性，温度过低的部位和区域容易产生炉结。

⑤注意余热锅炉清灰，保证良好的烟气冷却效果，抑制余热锅炉内硫酸盐的生成。

选择炉渣成分的基本原则如下：

①尽量消耗最少的熔剂，熔剂加入越少，渣量就越少，炉渣带走的金属就越少，金属回收率越高。

②在熔炼温度下(1250～1300℃)炉渣黏度小，有利于渣铅分离和渣的流动。正常炉渣在1200℃时的黏度应小于5 Pa·s。一般来说，酸性渣比碱性渣黏度大：Al_2O_3、Fe_2O_3、Fe_3O_4、ZnO使炉渣黏度增高，而FeO、CaO则使炉渣黏度降低。Al_2O_3与ZnO可能形成难熔的锌尖晶石($ZnO \cdot Al_2O_3$)，因此炉料中Al_2O_3含量过高，会使炉渣黏度急剧增高。而且Al_2O_3的存在限制着炉渣中ZnO的含量，随着炉渣中ZnO含量的增大，SiO_2、CaO、Al_2O_3的含量应该相应降低，同时增大FeO的含量。因为ZnO在炉渣中的溶解度与铁的含量有关，FeO含量越高，炉渣中ZnO的溶解度越大。

③要求炉渣密度小，正常炉渣密度为3.3～3.6。炉渣与冰铜密度之差不小于1。这样有利于两者分离。

④控制炉渣含锌比率，炉渣的主要成分是FeO、SiO_2、CaO，三者之间的比例

在很大程度上需要根据炉料中锌的含量进行调整。

研究表明，在熔炼温度下，锌在炉渣中溶解度不超过17%，如果锌含量超过其溶解度，炉渣的黏度及熔化温度将急剧上升，产生炉结的几率大大增加。因此在搭配处理锌浸出渣时，注意控制炉渣含锌17%（$w_{ZnO}<21\%$）以内，尽量防止炉结的生成。

由图3－12和图3－13可见，当渣含铅4%，在w_{SiO_2}/w_{CaO}为1.6，w_{SiO_2}/w_{Fe}为0.9的条件下，液态铅和固态铅中ZnO的溶解度随着温度升高而增加，特别是液

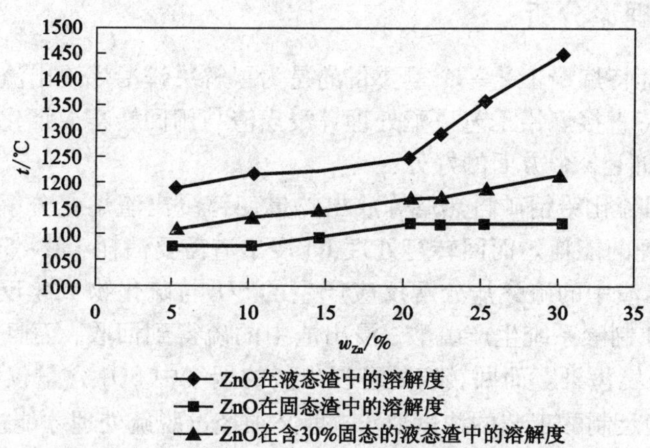

图3－12　炉渣中ZnO含量对炉渣熔点的影响

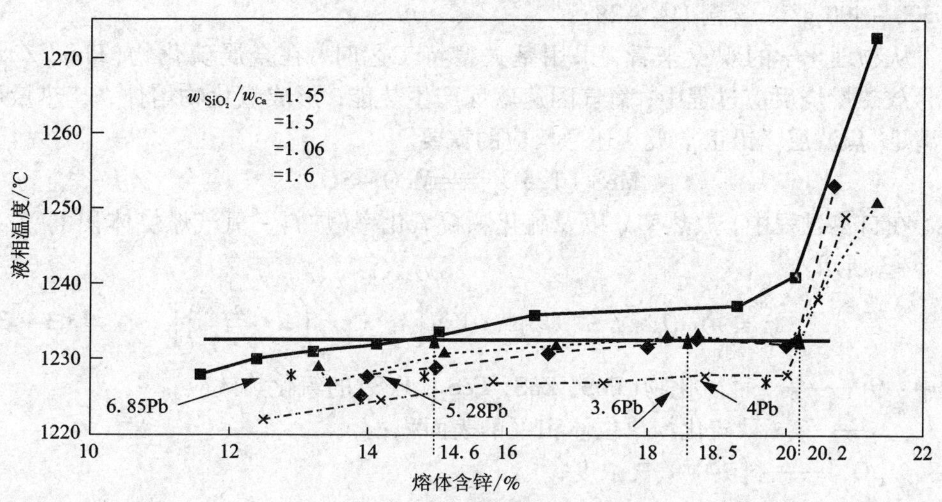

图3－13　基夫赛特炉炉渣液相线

态铅变化尤为明显。在熔炼过程中电热区的渣层温度在1250℃左右，Zn在渣中的溶解度为20%左右，如果渣含锌过高，ZnO就会从渣中析出，氧化锌熔点1900℃左右时，氧化锌在铁钙硅酸盐炉渣中形成难熔的化合物(如硅酸盐、铝酸盐或铁酸盐)，使炉渣的熔化温度大大提高。

3.3 基夫赛特炉处理含铅渣料的理论基础

3.3.1 初步理论分析

采用基夫赛特炼铅工艺一个重要目的是为了解决锌冶炼浸出渣的搭配处理问题。用基夫赛特直接炼铅工艺搭配处理锌浸出渣与用回转窑或烟化炉单独处理锌浸出渣相比有如下3个方面的好处：

(1)能利用硫化铅精矿自热熔炼放出热量使锌浸出渣熔化分解，大幅度降低了锌浸出渣处理的能耗。而回转窑处理1 t浸出渣需要消耗450~500 kg焦粉。

(2)锌浸出渣中的硫酸盐分解反应产生的SO_2与硫化物氧化反应的SO_2一起进入烟气，送往制酸系统生产硫酸，浸出渣中的硫得到回收，而且减少了低浓度SO_2烟气造成环境污染。而回转窑处理浸出渣的烟气中SO_2含量仅有6000~8000 mg/m^3，无法满足制酸工艺的浓度要求，但必须经过脱硫处理才能达标排放。

(3)锌浸出渣中的铜、金、银等有价金属进入粗铅或冰铜，可以得到有效回收。用回转窑处理浸出渣，铜、金、银几乎全部进入窑渣被丢弃，导致窑渣含银达300~400 g/t，含铜1%~2%。

从物理化学的观点来看，采用基夫塞特工艺时，在金属硫化物(PbS、ZnS、FeS)放热燃烧反应过程中，氧气闪速熔炼产生热能，形成氧化物熔体，其热量可以满足“焦滤层”铅正常吸热还原反应的需要。

$$MeS + 1.5O_2 = MeO + SO_2$$

在自热过程中，放热率q以及硫化颗粒氧化率(炉料-氧气燃烧体积V)关系式3-3所示：

$$q = \sum_i Q_i \cdot s_i \cdot [O_2]^{n_i} \cdot V \cdot \left[k_{oi} \cdot \exp\left(-\frac{E_i}{R \cdot T_i}\right)\right] \quad (3-3)$$

式中：Q_i——第i种硫化物(PbS, ZnS, FeS_2, FeS)的氧化热效应；

s_i——第i种硫化物单位体积V的表面积；

$[O_2]$——料流中氧气浓度；

n_i——第i种硫化物氧化反应顺序；

k_{oi}和E_i——第i种硫化物氧化反应的Arrhenius方程参数；

R——通用气体常数；

T_i——第 i 种硫化物的表面温度。

基夫塞特工艺采用自热原理，大大降低能量需求以及烟气污染。

该工艺在开发阶段，由于铜、铅、锌生产之间的原料伴生关系以及严格的环保要求，使其中试及工业试验的原料范围很广，之后逐步加入氧化物料——铜、铅生产过程中产生的硫化铅渣、以及蓄电池组处理和锌厂浸出渣，含铅原料的组成变化趋势如表3-5所示。表中所示的原料物相以及化学成分分析选用典型硫化铅锌矿炉料以及锌厂含铅氧化物渣料(以下简称含铅氧化物炉料)。

表3-5 某工业规模基夫塞特炼铅设备含铅炉料物相以及化学成分变化/%

物相成分	硫化物炉料 1986	氧化物炉料 1992	物相成分	硫化物炉料 1986	氧化物炉料 1992
PbS	51.95	17.28	$CuO·Fe_2O_3$	—	1.32
ZnS	8.54	3.22	$PbSO_4$	—	15.37
FeS	4.40	0.72	$ZnSO_4$	—	6.20
FeS_2	6.710	—	$CuSO_4$	—	0.20
$CuFeS_2$	4.20	—	$CaSO_4·2H_2O$	—	3.06
CuS	—	0.34	$Pb[Fe_3(OH)_6(SO_4)_2]_2$①	—	3.16
PbO	—	1.35	$K[Fe_3(OH)_6(SO_4)_2]$②	—	5.32
ZnO	—	0.66	SiO_2	6.10	8.05
CuO	—	0.04	Al_2O_3	0.40	1.73
FeO	—	2.77	CaO	0.67	1.27
Fe_2O_3	—	2.80	$CaCO_3$	4.54	3.17
$ZnO·Fe_2O_3$	—	5.60	$C_{固体}$	1.40	9.7
炉料化学成分					
铅	45	27.3	Fe^{3+}	—	7.89
锌	5.7	6.7	总铁	7.3	10.50
铜	1.4	0.69	总硫	16.4	7.86
			硫酸盐的硫	—	4.12

注：①$Pb[Fe_3(OH)_6(SO_4)_2]_2$—黄铅铁矾；②$K[Fe_3(OH)_6(SO_4)_2]$—黄钾铁矾。

从表3-5可以得知：含铅氧化物炉料含有硫化物、大量硫酸盐以及高价氧化铁和粉状含碳燃料。氧化炉料中的硫主要以硫酸铅形式存在，含少量的硫酸锌和硫酸钙以及各种黄钾铁矾，Fe(Ⅲ)以铁酸盐(主要为铁酸锌)以及黄钾铁矾、氧化物和氢氧化物形式存在。氧化炉料的特性大大改变了闪速熔炼过程中物料的物理化学结构。

在这种情况下，假定闪速熔炼阶段炉料颗粒高度分散，在硫化物放热氧化反应同时还应伴随有氢氧化物和硫酸盐以及黄钾铁矾离解反应。

$$Me[Fe_3(OH)_6(SO_4)_2]_n \longrightarrow MeSO_4 + FeO(OH) + H_2O + SO_3$$

$$FeO(OH) \longrightarrow Fe_2O_3 + H_2O$$

$$MeSO_4 \longrightarrow MeO + SO_3$$

部分硫化物料被氧化物料替代时，炉料发热量降低。为了解决这个问题，需要添加含碳物料，此时主要热源来自粉煤燃烧反应热：

$$C + O_2 = CO_2$$

通过燃料（或金属硫化物）燃烧颗粒以及炉料中氧化成分的解离颗粒之间的气相热交换来保证熔炼热平衡。由于温度随炉料－氧气燃烧带高度而变化，这些物料的反应速率规则各有不同。煤燃烧反应（以及金属硫化物氧化反应）和炉料中氧化物成分的解离反应产生的热效应不同，反应量纲也不同。因此，氧化原料闪速熔炼过程中热产生和燃烧速率不能自动调节。所以如果没有特殊的技术措施来保证炉料颗粒表面热能供需平衡，铅化合物的挥发率就会大大提高。

采用闪速熔炼工艺熔炼氧化物炉料时，由于无法满足自热要求，粉尘铅残留量比处理硫化炉料时有所增加。由于氧化物料分散度较高，粒度大多数都小于20 μm，铅化合物的挥发率进一步增大。为了说明原料从硫化物变为氧化物时燃烧挥发性铅化合物产生的烟气量可能发生变化，图3－14的计算曲线说明了各种粒径的颗粒熔炼时产生的PbS、PbO烟气与颗粒表面温度的关系。

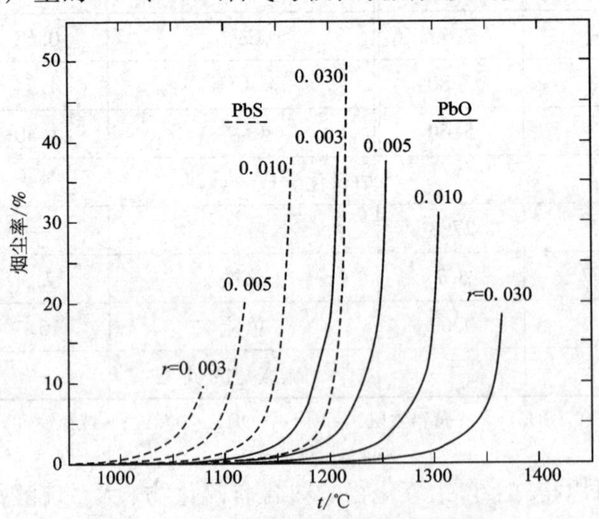

图3－14 烟尘率与颗粒表面温度和粒径的关系

随着颗粒粒径变小，硫化铅烟化量降低，而氧化铅烟化量却增加。根据已建立的易挥发的铅化合物的气化动力学特性，尽管 PbS 和 PbO 的挥发速率相差很大，但是采用基夫塞特工艺熔炼氧化物原料时残留在烟尘中的挥发组分都大大增加。

综合考虑到闪速熔炼阶段在反应过程中物料停留时间较短(约 4 s)，预计硫酸铅(t_{diss} = 1100℃)和硫酸钙(t_{diss} = 1450℃)无法完全离解。此时，焦滤层硫酸盐与氧化物熔体的碳热还原反应可能产生硫化物，当含铅原料熔炼成冰铜时将影响冰铜质量。燃烧时硫酸铅特性动力学分析结果表明：硫酸铅粉末(粒度≤30 μm)停留在反应塔时，大部分质量均应被离解。此外，部分硫酸钙应进入焦滤层(渣中石膏形式的硫酸钙含量为 5% ~10%)。所以，从物理化学观点来看，毫无疑问有的硫酸盐和燃烧后的熔体一起落入碳还原剂层。

燃烧时由于颗粒内部没发生反应，氧化物料富氧闪速熔炼出现了更加重要的问题，即三价铁的离解，反应式如下：

$$Fe_2O_3 \longrightarrow Fe_3O_4 + O_2$$

$$Fe_3O_4 \longrightarrow FeO + O_2$$

该反应只能在温度超过 1450℃的条件下方能快速进行。因此，当闪速熔炼温度为 1400℃，达到焦滤层的燃烧熔体氧化铁含量不会高于氧化物料中的氧化铁含量。实验用的基夫塞特装置的运行以及模型计算结果表明，熔融氧化物(三价氧化铁浓度增大)产生反应，焦滤层未达到热平衡。反应式如下：

$$PbO + \beta C \longrightarrow Pb + (2\beta - 1) \cdot CO + (1 - \beta) \cdot CO_2 + 172.5\beta - 65.3 \ (kJ/mol)$$

$$Fe_2O_3 + C \longrightarrow FeO + CO + 166.6 \ (kJ/mol)$$

此外，在熔炼硫化物炉料时三价氧化铁较高的熔体在离开焦滤层时熔点高于含锌渣的温度(约 1250℃)。

因此，采用近似法对基夫塞特熔炼工艺含铅氧化物熔体组分进行物理－化学特性分析，各种颗粒单独发生反应。分析结果表明：与硫化铅/硫化锌给料相比较，处理氧化物料具有下列特点：

(1)加大了未离解的硫酸铅和硫酸钙进入焦滤层的概率。在这种情况下，在焦滤层硫酸盐还原成硫化物，物料熔炼成冰铜时，冰铜质量降低。

(2)由于焦滤层的燃烧熔体氧化铁浓度增大，焦滤层还原工艺变得比较复杂，因为熔体黏度增大，还原三价铁需要补充热能。

(3)增加粉尘量，因为氧化物料挥发率较高，而且需通过新增燃料来保持热平衡。

最开始人们考虑通过增加反应塔高度(处理硫化原料时高度为 5 m，熔炼含铅氧化原料时高度改为 7 m)以及提高熔炼温度来提高基夫塞特熔炼工艺指标。增加反应塔高度后，装置改造则需增加投资；提高基夫塞特熔炼温度则将过度消费燃料，从而增大炉壁热负荷，而且会增大出口烟气和烟尘量。

3.3.2 基夫塞特熔炼含铅氧化物炉料实际处理效果

1990 年在 UKLZC 进行了验证试验，采用基夫塞特炉处理含铅给料。炉料铅尘、锌渣滤饼总含量达 40%，与铅锌精矿混合。原料锌渣含量≤15%。试验获得的技术性能参数表明铅锌原料中掺和氧化物料后，熔炼工艺不会产生大的变化。然而，精矿与粉尘比为 2.5∶1 时，粉尘携带量大大增加，占总给料的 11.8%（而处理硫化物料时，粉尘携带量只有 8%）。

进行了处理含铅物料大规模的试验（100% 铅精矿，20% 硫酸铅粉尘，15% 锌渣）。在湿料混合阶段，用工业废水净化产出的石灰泥浆中和浸出渣后，硫化锌的脱硫程度大大提高，锌更彻底进入渣内，提高了冰铜质量，同时也不会增加氧气耗量。试验获得的技术效果比较重要，因为在给料所含主要硫化物料——PbS、FeS 和 ZnS 中，硫化锌最难氧化。因此，硫化锌的氧化在火焰高温区进行，气态氧化剂浓度较低，由于本身具有的特点，物料的脱硫率较低。由于所见的硫化锌氧化特性，增加供氧不会对工艺产生影响，因为物料在反应塔停留时间与鼓风率成正比。增加供氧将使熔体过度氧化，增大熔炼烟气 SO_2 浓度。鉴于硫化锌的氧化特性，通过氧化物料中硫酸盐离解过程产生氧气来增加硫化锌的脱硫率是几乎不可能的。

中试和工业规模试验（1991—1992 年）结果表明：基夫赛特熔炼硫化铅锌原料试验以及理论研究获得的资料并不能成功应用于氧化含铅原料的熔炼。中试给料渣与精矿的比例从 0 变化到 1。在工业规模试验中，将氧化含铅物料预计成分与硫化铅锌物料进行了比较。试验中，相同加权的硫化/氧化原料比为 25∶75，试验结果表明：

（1）在中试期间，将物料（水分 8% ~10%）湿法混合、配料。富氧闪速熔炼温度在整个火焰长度 75% 的位置进行测量，温度保持在≥1380℃的水平。温度较低时，磁铁矿炉结迅速增加，电炉渣铅浓度不低于 2.3%。

（2）在工业规模试验期间，将循环水相浆料配料，氧气闪速熔炼温度在相同位置测量，温度≤1280℃，熔体内不含磁铁矿。电炉炉渣含铅平均为 1.6%。

研究结果表明：在富氧闪速熔炼阶段高价氧化铁具有初步还原可能性，燃烧物各物料组分在火焰中有密切接触的可能性。在实际中，这样可以减少焦滤层氧化熔体还原所需的热能。此外，氧气熔炼期间温度的降低也减少了熔炼粉尘产量。

这些试验主要不同之处在于采用了不同的富氧闪速熔炼备料方法。根据备料阶段物料内部构造，在中高温度条件下，可以采用基夫赛特有效处理任何含铅氧化物原料（包括高铁原料）。

微细给料聚合体组分的密切接触加剧了高温下给料 - 氧气燃烧物的反应，提高了工艺效果。

同时，为了优化含铅物料基夫赛特熔炼方法，必须总结燃烧条件下配合多组分体系 $MeSO_4$ - MeO - Me - MeS - C 的基本化学和动力学，总结配合体系强聚集颗粒的形成因素。伴随着不同粒级的氧化含铅物料的中试和工业规模验证试验，对各工艺阶段物料的理化性能进行了实验室研究。

主要进行了如下系统研究：

（1）在快速升温条件下含铅氧化物料组分反应的热力学和动力学研究，及燃烧条件下动力学分析。

（2）“渣 - 碳”体系的反应研究。

（3）含铅氧化物料生成微细强聚合体的热应力研究。

3.3.3　含铅渣料交互反应的热力学和动力学分析

在实验室条件下，炉子预热到约 1200℃，物料平均升温速率为 60 ~ 70 ℃/s。工业规模基夫塞特熔炼的反应塔中，物料不到 1 s 即可升温到 1200℃。由于升温速率大大增加，利用该方法可以鉴别试验物料组分之间产生的反应的热力学和动力学变化趋势。

沿基夫赛特熔炼竖炉高度方向的氧、硫化锌和硫化铅浓度分布情况如下：

（1）烧嘴氧气浓度约 70%，大大低于烧嘴供氧浓度（92% ~ 98% O_2），这是因为气态 SO_2 循环流动，冲淡了氧气浓度。

（2）在约 6% 硫化物停留在熔炼竖炉期间，氧气浓度降至约 23%。同时，燃烧温度达到 1200℃，PbS 和 ZnS 脱硫率分别约为 35% 和 45%。而且，金属硫化物和硫酸盐之间的反应程度随着系统氧势增大而减弱。因此，输入实验室反应装置的氧气浓度等于 23%，反映出通常条件下的氧势。

值得注意的是：$MeSO_4$ - MeO - Me - MeS - C 体系组分之间的反应（加氧气）性质在很大程度上取决于反应颗粒的接触。试验结果表明备料过程中产生的粉尘状颗粒聚合体进入了反应竖炉里。

由于物料快速升温方法的成功开发，可以连续记录许多反映各种物料的氧化和解离过程动力学变量，如时间、试样温度及质量变化等。同时还研究出质量发生变化时反应动力学参数计算方法（根据热重量曲线，物料采用非等温加热）。

通过 Excel 包完成热重量数据控制以及动力学参数 k_o 和 E 计算所用的计算机程序。采用该程序时，将原始热重量数据微分后根据原动力学方程取对数得到适当的回归公式，确定动力学参数直接计算方法：

$$\frac{\mathrm{d}}{\mathrm{d}t}\alpha(t) = \left\{k_o \cdot \exp\left(\frac{-E}{R \cdot T(t)}\right)\right\} \cdot f(\alpha)$$

式中：$\frac{d}{dt}\alpha(t)$——反应速率，s^{-1}；

k_o、E——未知的反应动力学参数；

$f(\alpha)$——浓度函数，通过选择动力学（浓度 α）近似值确定函数形式。

加热过程中试样的反应遵循各种原则。对程序中差别很大的浓度函数特别进行了对比分析。据有关资料描述该方法处理非线性、非等温加热（选用最佳浓度函数）热重量数据时非常繁琐。

程序中采用的基本浓度函数形式为：

$$f(\alpha) = (1 - \alpha)^n$$

根据多相反应的几何模型，该浓度函数表示了反应界面面积的增长。固体反应物 n 的阶次等于 2/3、1/2 和 0，分别反映了球体、平行六面体以及平板表面多相反应动力学规律。在程序中还提供了选择 n 时的变体（考虑试样的形状，如粉状、片状或粒状）。在 α 为 5% ~50% 时，计算了动力学常数。建议采用该转化率范围描述反应界面面积动能阶段。事实是：当 $\alpha < 5\%$ 时，测定值包含成核阶段，或固体反应物杂质以及所采用的推导方法产生的重大影响。转化率较低时，可能热重量分析曲线测定出现较大误差，特别是物料加热速率上升时尤其如此。转化率超过 50%，次级过程可能对主要过程动力学产生很大影响。此外，可以选用与固体反应物有关的第一级近似值（α 为 5% ~50%），误差较小。

升温系统的选用以及建立回归方程所需的适当的微分函数的选择取决于输入数据。因此，程序采用通用的数据采集方法。试样线性加热速率热重分析数据处理时，创建了一级近似值并行应用程序。

首先假定在氧气闪速熔炼阶段物料颗粒可能密切接触，$MeSO_4 - MeO - MeS - C - O_2$ 体系基本反应通常用下列反应表示：

（1）氧气氧化金属硫化物

$$MeS + O_2 \longrightarrow Me(MeO) + SO_2$$

（2）硫化物和硫酸盐交互反应

$$MeS + MeSO_4 \longrightarrow Me(MeO) + SO_2$$

（3）硫化物和氧化物交互反应

$$MeS + MeO \longrightarrow Me + SO_2$$

（4）硫酸盐和氧化物发生碳还原反应

$$MeSO_4 + C \longrightarrow MeS(Me, MeO) + CO$$

$$MeO + C \longrightarrow Me + CO$$

（5）硫酸盐离解反应

$$MeSO_4 \longrightarrow MeO + SO_2 + O_2$$

根据可能发生的各种反应，硫酸铅（含铅氧化物料的主要组分之一）可能与硫化物和碳发生反应，也可能发生离解反应。因此，在分析含铅氧化物料富氧闪速熔炼工艺的物理化学特性时，必须考虑硫酸铅分解产生的氧对金属硫化物（特别是较难氧化的硫化锌）氧化的影响。同时还要关注硫酸铅与碳（作为燃料加入氧化物料）接触的行为。

ZnS 和 $PbSO_4$的混合物在惰性介质中完全脱硫的化学方程式如下：

$$ZnS + 3PbSO_4 = ZnO + 3PbO + 4SO_2$$

混合物的物质的量相等以还原剂超过化学反应方程式理论量为特征的研究，在铅、锌氧化相中发现了反应物 ZnS 和反应产物 PbO 两者都存在。此时，化学相位分析确定的氧化相包括氧化物以及铅锌硫酸盐。由于没有测定反应产物中硫酸盐硫的含量，无法判断硫酸盐含量。

在物料热力学分析过程中产生的多相反应温度范围很大程度上取决于物料弥散性以及生成方式（天然或化学方法生成的产物）。因此，为了便于比较各种条件下获得的试验混合物热力学分析图（加热速度以及气相成分），在标准条件下，在氩气流中测定了克分子量相等的自然 ZnS 以及合成 $PbSO_4$（粒度约 3 μm）混合物热力分析图。得到的热重量分析和差热分析曲线见图 3－15（a）。从图 3－15（a）可知：标准条件下加热过程中 ZnS 和 $PbSO_4$发生反应（用氩气作介质），使质量减轻，产生吸热效应。用空气作介质加热同一混合物时，出现明显的 TGA 和 DTA 效应，表明 ZnS 氧化和 $PbSO_4$产生离解顺序反应［见图 3－15（b）］。

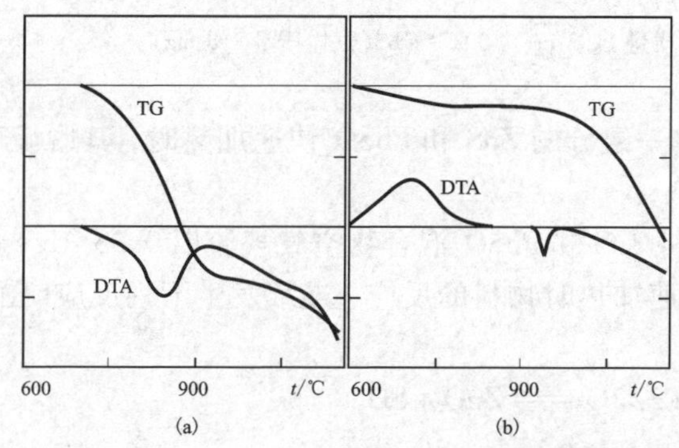

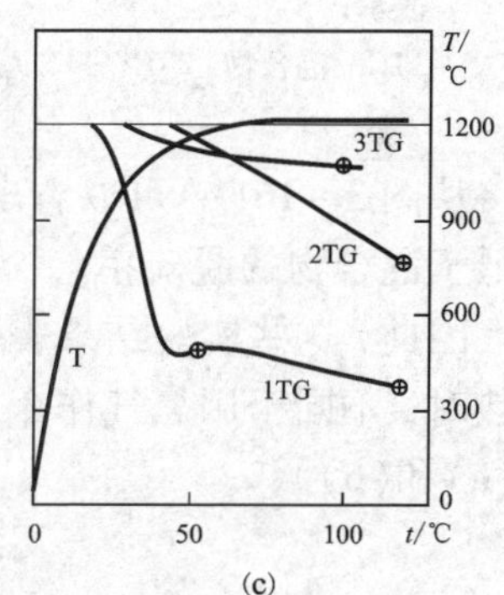

图 3－15　ZnS、$PbSO_4$混合物（物质的量相等）热分析图

（a）、（b）—线性升温，分别采用氩气和空气作介质，升温速率为 0.33 ℃/s

（b）、（c）—非线性升温，平均升温速率约 60 ℃/s，

试样显微镜分析试样，淬火点用横线表示

1TG—混合物，2TG—$PbSO_4$（试样质量 15.2 mg），3TG—ZnS（试样质量 4.2 mg）

硫酸铅和硫化铅在惰性气氛中发生剧烈的交互反应。此时，随着 $PbS/PbSO_4$物质的量比增加，产物成分从碱式硫酸铅、氧化铅和铅金属依次发生变化。在

$ZnS-PbSO_4$ 混合物研究过程中，特别考虑了加热速度(在氩气和空气气氛中速率为0.33 ℃/s，在空气气氛中快速加热平均速率为约60 ℃/s)，当量分子的 PbS 和 $PbSO_4$混合物在氩气条件下加热最终产物为金属铅，其反应为：

$$PbS + PbSO_4 = 2Pb + 2SO_2$$

测定 ZnS 和 $PbSO_4$、ZnS 以及 $PbSO_4$ 混合物(1∶1)在空气中快速加热[图3-16(c)]热分析图，以说明氧气中快速加热对 ZnS 与 $PbSO_4$反应的影响。

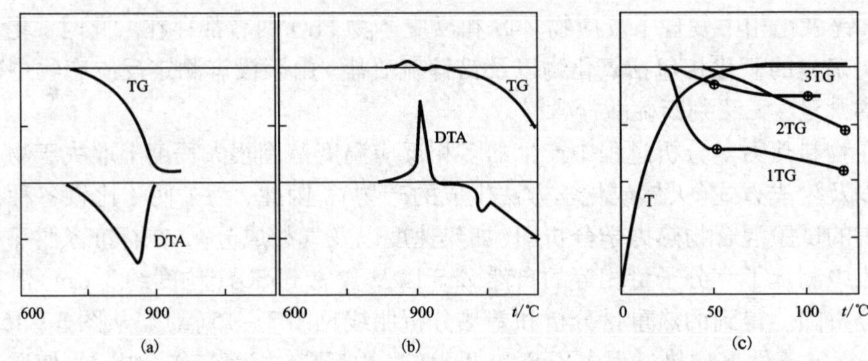

图3-16 ZnS、$PbSO_4$混合物(物质的量相等)热重分析曲线

(a)，(b)—线性升温，分别采用氩气和空气作介质，升温速率为0.33 ℃/s，试样质量15.8 mg；(c)—非线性升温，平均升温速率60 ℃/s；试样质量20 mg，淬火点用横线表示；

1TG—混合物，2TG—$PbSO_4$(试样质量11.2 mg)，3TG—PbS(试样质量8.8 mg)

从图3-16(c)可以看出：单一组分的 ZnS 和 $PbSO_4$快速加热时，其脱硫率大大低于混合物的脱硫率。

因此，这些实验结果表明：将 ZnS 和 $PbSO_4$混合物空气气流以0.33 ℃/s 慢速加热时，不同于用氩气作介质快速加热时物料的反应，连续发生下列反应[图3-16(a)和(b)]：

$$ZnS + 3/2O_2 = ZnO + SO_2$$

$$PbSO_4 = PbO + SO_3$$

然而，在空气气流中快速加热至1200℃时，硫化锌与硫酸铅产生剧烈反应[见图3-16(b)~(c)]。

ZnS 和 $PbSO_4$混合物在空气中快速加热产品显微镜分析结果说明：淬火试样(组分配比1∶1)主要含氧化锌和铅[见图3-16(c)热重分析曲线]。

通过分析不同加热条件下硫化锌特性，了解到硫化锌和硫酸铅混合物脱硫机理的变化原因。从图3-16(c)可以看出：含氧气相硫化锌快速加热时，脱硫率较低(曲线3)。为了推导上述条件下硫化锌氧化基本原理，淬火后，对试样进行显微镜分析。

检验结果表明：ZnS 快速蒸发，ZnS 蒸气氧化后得到高熔点 ZnO 产物（含一定量的 ZnS）。ZnO 渣壳中断了对反应物的供氧，从而停止 ZnS 的氧化反应（见试样重量变化图）。由于 ZnS 集中挥发的蒸气压较大，深入反应物表面附近发现 ZnO 渣壳，冷却后挥发的 ZnS 在其内层沉淀。

硫酸铅和硫化铅在惰性气氛中发生剧烈的交互反应。此时，随着 $PbS/PbSO_4$ 增加，产物成分从碱式硫酸铅、氧化铅和铅金属依次发生变化。在 $PbS-PbSO_4$ 混合物研究过程中，特别考虑了加热过程中，当量分子的 PbS 和 $PbSO_4$ 混合物的特性。在标准条件下，氩气加热最终产品为金属铅，总质量损耗体现了反应式：

$$PbS + PbSO_4 = 2Pb + 2SO_2$$

空气加热速率为 0.33 ℃/s 时，PbS 单独氧化，随后 $PbSO_4$ 离解。然而，物料在空气中快速加热至 1200℃后，硫化物和硫酸盐反应，速率大大超过单一物料脱硫速率。

应该注意的是：在低速线性加热部分氧化方铅矿（即初步试验设定的硫化铅/硫酸铅边界内）试验中，当氧气浓度较低（5%）时，氧气中这些组分未发生反应。假定在这些条件下，测定温度范围内硫化铅颗粒表面形成了一层氧，以避免产生特殊交换反应。试验结果再一次论证了在氧气中硫化物和硫酸盐快速加热时，硫化物表面氧气覆盖率大大减小。

硫酸盐和硫化物气相反应循环机理，包括下列基本阶段：

$$MeSO_4 = MeO + SO_3$$

$$SO_3 \rightleftharpoons SO_2 + 0.5O_2$$

$$MeS + 1.5O_2 = MeO + SO_2$$

$$2MeS + SO_2 = 2MeO + 1.5S_2$$

$$S_2 + 2O_2 = 2SO_2$$

$$MeS + SO_2 = Me + 2SO$$

$$MeO + SO = Me + SO_2$$

$$SO + 1/2O_2 = SO_2$$

$$Me + 1/2O_2 = MeO$$

维持反应平衡右移条件主要是将系统氧气分压降低。试验结果表明，当温度为 600℃，$\varphi_{O_2} = 1\%$ 时，$SO_3-SO_2-O_2$ 气相混合物中 SO_3 浓度为 30%；而当温度相同，$\varphi_{O_2} = 10\%$ 时，SO_3 浓度为 80%。

3.3.4 “渣－碳”体系组成及其化学反应的动力学研究

鉴于湿法炼锌渣料的化学成分及物相组成，湿法炼锌渣料碳热还原过程可用“渣－碳”体系中发生的一系列复杂连串/平行反应来描述。因此，当定义该多级非均相转换动力学研究时，在纯氧闪速熔炼阶段降低含铅氧化炉料中三价铁浓度是影响反应动力学的至关重要的问题。

在基夫赛特炉处理炼锌渣料过程中，假设加入炉料的碳量根据以下条件进行确定：

(1)用于炉料加热熔化的碳量约为 2510 kJ/kg；

(2)根据以下反应式计算将 Fe(Ⅲ)还原为 Fe(Ⅱ)所需的碳：

$$Fe_2O_3 + C \xlongequal{\quad} 2FeO + CO$$

但在实际情况下，当考虑处理炉料相组成，在闪速熔炼时可能发生其他平行反应。例如，主要成分硫酸铅还原反应：

$$PbSO_4 + 4C \xlongequal{\quad} PbS + 4CO$$

$$PbSO_4 + 2C \xlongequal{\quad} Pb + SO_2 + 2CO$$

$$PbSO_4 + C \xlongequal{\quad} PbO + SO_2 + CO$$

上述反应速度关系，把 Fe(Ⅲ)还原为 Fe(Ⅱ)的反应不详。因此，为 Fe(Ⅲ)还原为 Fe(Ⅱ)所加入的碳也可能被消耗在上述硫酸盐还原反应中，导致三价铁在熔炼过程中没有充分还原。

基于“渣－碳”体系相互反应的动力学实验室研究，对这些反应速度关系进行分析，这一组研究包括：

(1)采用非线性方式加热物料，对多成分“渣－碳”体系相互反应动力学进行实验性研究。

(2)在试验过程中，对“渣－碳”体系相互反应的主要特点进行微观研究。

(3)“渣－碳”体系各个反应的动力学分析和残渣主要碳热还原反应动力学评估计算适用于熔炼条件。

3.3.4.1 实验研究

可能发生在“渣－碳”体系的反应的动力学因素取决于如下条件：渣料和还原剂形式、组成、反应相表面积比、温度条件和物料加热速率。因此，设置动力学实验应基于以下事项：

(1)“渣－碳”体系相互反应的表面积由炼锌渣料及加入炉料粉煤粒度决定。进行了各种渣料和不同粉煤粒级实验。

(2)“渣－碳”体系反应物理化学图像只能根据多相体系在加热过程中主要成分变化构成。

(3)“渣－碳”体系成分变化定量控制可能只在渣料成分变化速度相对缓慢的区域。因此，为了使物料固态完成还原过程，实验在尽可能低的温度下进行。

(4)加热速率对各个阶段反应速度关系的显著影响是复杂多相转换特点。因此要求进行实验，估计含铅原料在闪速熔炼中加热速率对反应速度的重要影响。

原料在非等温加热条件下进行多组分“渣－碳”体系实验性动力学研究。

实验在高温炉中进行。初步实验确定带有惰性材料的容器的加热曲线。将炉子预先加热至给定温度。热电偶插入惰性材料，容器插入热炉，同时连续记录温度。该实验方法能界定研究试样达到相应温度的时间。在随后的一系列实验中，物料试样放入炉中，预热至1050℃，在惰性气体介质(氩)中保温不同时间。达到给定停留时间后，将物料试样从炉中取出，放入水中淬火。然后对铅、锌、铁和硫进行物相分析。在显微镜下进行还原过程试样淬火分析。

采用此方法制备炼锌渣样(物相组成上有显著的差异)用于研究。实验中所用铅锌渣滤饼的主要化学成分见表3-6。炼锌渣料加权平均成分根据参考数据一并列出作为比较。

表3-6 炼锌渣料化学成分/%

物料	Pb	Zn	Cu	Fe	S	SO_4	SiO_2	CaO
Zn渣(低酸浸出渣)	6±5	12~29	0.3~3.5	2~35	2.4~9.0	2.1~7.7	3.6~13.8	0.2~5.5
Pb渣(氧化锌烟尘浸出渣)	40±8	5~15	0.2~4.2	4.5~6.5	9.7~11.3	8.6~9.4	2~4.7	0.2~2.2
Pb渣(高温高酸浸出渣)①	18±6	2~16	0.4~0.7	3~26	4.0~11.6	3.0~11.4	3~40	0.4~3.5
锌渣②	4.11	21.47	2.14	16.74	6.91	6.78	9.8	3.39
含铅渣②	15.32	5.67	0.06	7.9	13.08	11.90	12.45	3.96

注：①来自黄钾铁矾、针铁矿、赤铁矿工艺和加压浸出工艺渣；②"渣-碳"体系中用于反应研究的物料。

根据表3-6所示锌厂残渣加权平均化学成分判断，流程中所得高铁渣研究物料采用低酸浸出或高酸浸出。用于研究的锌铅渣料物相分析见表3-7。

以下含碳物料被用做还原剂：石油焦(ϕ-80+63 μm，-40 μm粒级)和低质煤(ϕ-80+63 μm，-40 μm粒级)。实验中所用含碳物料物化特性见表3-8。

在实验过程中，渣碳比、碳形式和粒度根据每种物料而改变。在一系列初步试验中，渣料滤饼与含碳物料比率，根据还原三价铁成二价的理论配比进行变化，碳由1 mol加大到3 mol。一系列主要实验在含碳物等于12%时进行，将含碳物中的碳换算为固定碳。加入过量碳物料从而使碳的气化反应不会影响渣料成分的还原速度。这部分含碳物料采用-40 μm粒级。含碳物料除了用做还原剂外，还将按照预定的温度曲线对渣料进行加热。

表 3-7 研究渣料的物相分析

物料	物相分析/%						
	PbS	ZnS	FeS	PbO	ZnO	Fe_2O_3	FeO
锌渣	0.09	0.77	0.69	0.83	6.26	0.52	0.26
含铅渣	0.13	0.27	0.88	0.48	—	—	0.26
物料	物相分析/%						
	SiO_2	Al_2O_3	MgO	$PbSO_4$	$ZnSO_4$	$FeSO_4$	黄钾铁矾渣①
锌渣	9.80	—	—	4.33	15.20	—	—
含铅渣	10.9	0.85	0.58	20.02	13.06	4.46	3.25

物料	物相分析/%				
	黄铅铁矾渣②	水解铁矾渣③	$ZnO-Fe_2O_3$	$CaSO_4 \cdot 2H_2O$	$C_{固体}$
锌渣	—	—	33.49	10.4	—
含铅渣	6.5	6.47	1.55	12.28	0.85

注：①黄钾铁矾渣 $K[Fe_3(OH)_6(SO_4)_2]$；②黄铅铁矾渣 $Pb[Fe_3(OH)_6(SO_4)_2]_2$；③水解铁矾渣 $(H_3O)[Fe_3(OH)_6(SO_4)_2]$。

表 3-8 含碳物料物化特性

特性	单位	含碳物料形式	
		石油焦	褐煤
$C_{总}$	%	93.71	52.18
$C_{固体}$	%	88.64	43.76
H	%	2.85	4.5
$S_{总}$	%	1.24	6.69
灰分	%	3.26	17.78
挥发分	%	8.12	38.46
热值	kJ/kg	37×10^3	26×10^3
着火温度	℃	457	235
反应性	$cm^3/(g\cdot s)$	0.177	0.305

3.3.4.2 “渣－碳”体系反应分析

实验研究结果表明，碳还原含锌铅渣料时的动力学关系被确定为主要组分含量为时间和温度函数。这些关系建立于实验过程物料物相分析基础之上。

图3－17为“渣－碳”体系反应初步研究主要结果。

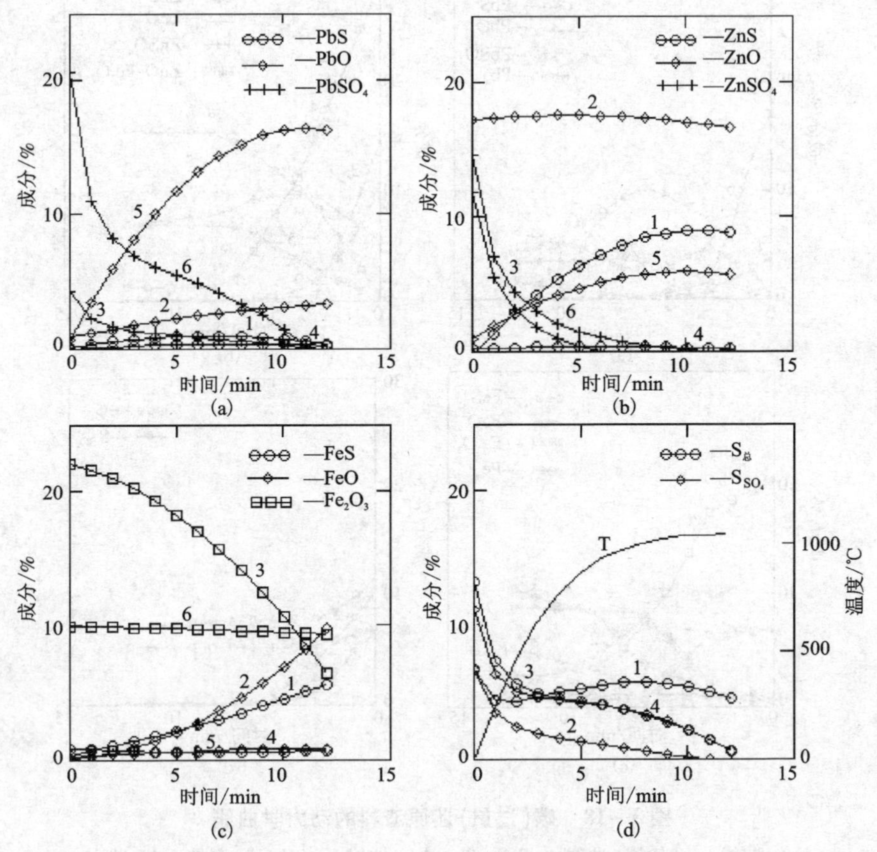

图3－17 碳(理论配比)还原渣料动力学曲线

(a)，(b)和(c)—曲线1～3为Zn渣，曲线4～6为Pb渣；(d)—曲线1，2为Zn渣，曲线3，4为Pb渣

还原剂：石油焦 $\phi-80+63$ μm，用量1.96%

由图3－17(c)可见，在含有大量硫酸铅和硫酸锌的铅渣中的三价铁实际上不发生还原反应(曲线6)。由此难以判断碳量不够对锌渣中铁还原动力学曲线特性会产生什么影响[图3－17(c)曲线3]。在这些条件下，几乎也不可能估计含碳物料及其粒度对渣中三价铁还原速度的影响。在实验条件下所观察到的行为是硫酸盐还原速度相对三价氧化铁还原更快。

所得结果显示在渣料中增加适量碳是必要的。因此，在碳气化反应对碳还原渣成分还原速度不产生影响条件下决定进行“渣－碳”体系反应特性研究。一系列实验结果见图 3－18。

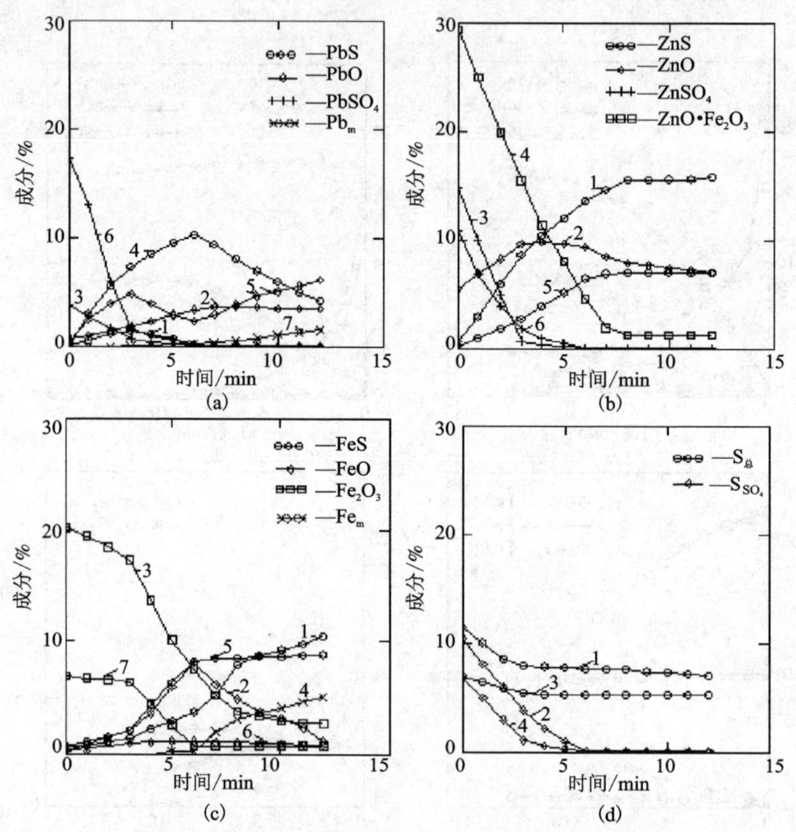

图 3－18　碳(过量)还原渣料的动力学曲线

(a)：曲线 1～3 锌渣；曲线 4～7 Pb 渣；(b)：曲线 1～4 Zn 渣；曲线 5～6 Pb 渣；(c)：曲线 1～4 Zn 渣；曲线 5～7 Pb 渣；(d)：曲线 1～2 Zn 渣；曲线 3～4 Pb 渣。还原剂：石油焦 ϕ +40 μm 粒级(12%)

图 3－18 没有铁酸锌 $ZnO·Fe_2O_3$ 动力学曲线，因为铁酸锌的含量不超过 2%。图 3－18 显示在含铅渣中金属铅的曲线，仅在炼锌渣料中检测发现了金属铅。然而，从显微分析结果判断，由化学物相分析法确定金属铅含量(图 3－19 和图 3－20)。这可通过以下事实解释：铅液滴被硫化铅壳所包裹，避免金属铅物相与选择性溶剂发生作用。

图 3－17 和图 3－18 比较可见，在其混合物中碳与渣比例增加对动力学曲线性质有显著影响。还原过程中加入大量过量碳加热渣时，金属硫化物的存在使总

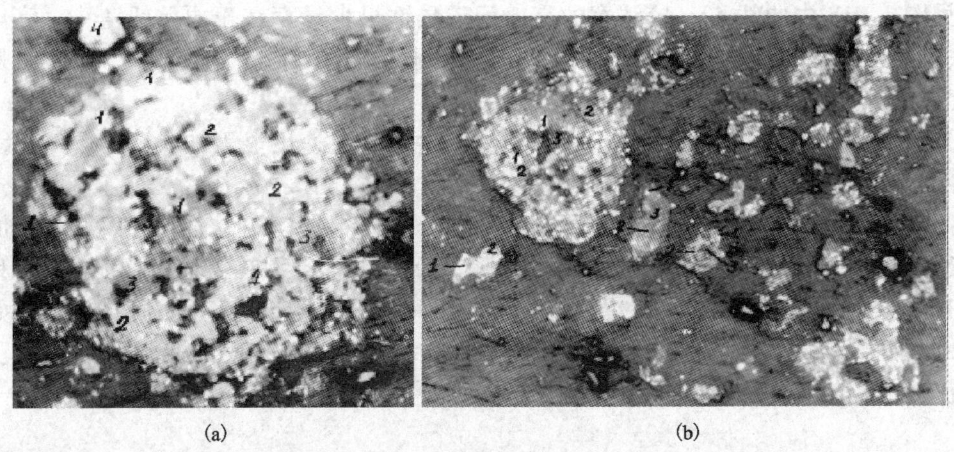

(a)　　　　(b)

图 3－19　石油焦(12%)还原锌渣微观结构

(a)淬火温度 937℃，粗粒(×200 放大)：1—FeS，Fe(白色)；2—ZnS，ZnO，FeO(以浅灰色为物相特征)；3—硅酸盐相(深灰色)；4—碳。(b)淬火温度 937℃，细粒(×200 放大)：1—FeS，Fe(白色)；2—ZnS，ZnO，FeO(以浅灰色调为物相特征)；3—硅酸盐相(深灰色)

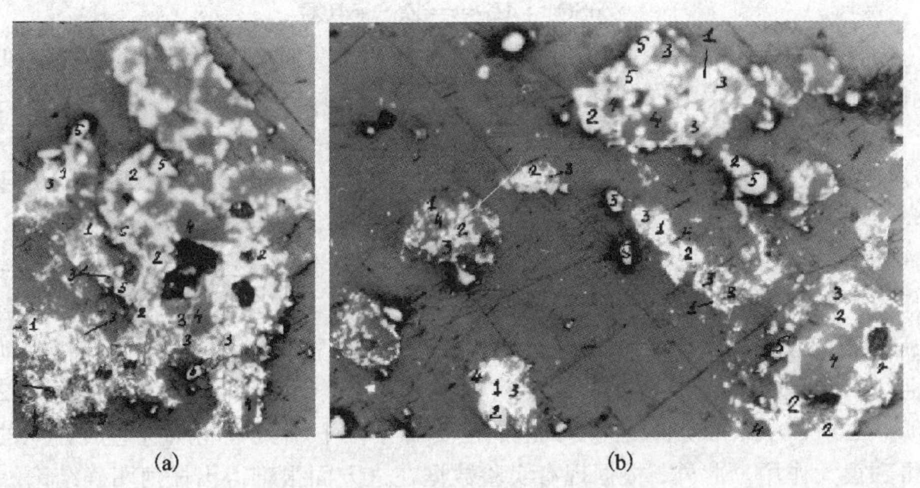

(a)　　　　(b)

图 3－20　石油焦(12%)还原铅渣微观结构

(a)淬火温度 937℃，粗粒(×200 放大)；(b)淬火温度 937℃；细粒(×200 放大)

1—FeS，PbS(白色)；2—ZnS(浅灰色)；

3—Pb(深灰色)；4—硅酸盐相(深灰色)；5—碳

硫含量稍微改变。实验中在炼锌渣料还原过程由于加入过量碳，还发现有金属铁（见图3－18 中曲线4）。应注意的是由于硫酸铁只少量存在于原始铅渣中，硫化铁主要可能以 FeO 与铅、锌、钙的硫化物之间反应的产物存在。然而，硫酸铁是黄钾铁矾分解中间产物。

实验中加入过量的碳，三价铁和硫酸铅含量变化速度显著加快，硫酸锌曲线特征变化不大。

根据对炼锌渣料粒度研究，物料主要部分(95%～97%)粒径小于 74 μm，加权平均直径等于 30 μm。实验特征为实际上反应所有产物在粗粒(约 300 μm)和细粒(约 30 μm)(图3－19 和图3－20)进行识别。从这些观察中可得出结论，如果炉料颗粒直径约为 30 μm，进入反应塔时会遇到很大的热气压阻力，氧化物及硫酸盐的碳还原反应将会在加热阶段发生。

3.3.4.3 碳还原硫酸盐动力学

根据实验条件下用碳还原渣非等温加热所得动力学曲线判断(图3－17，图3－18)，硫酸铅和硫酸锌主要依照以下反应分解：

$$PbSO_4 = PbO + SO_3$$

$$PbSO_4 + 4C = PbS + 4CO$$

$$ZnSO_4 = ZnO + SO_3$$

$$ZnSO_4 + 4C = ZnS + 4CO$$

为评估用碳还原硫酸铅和硫酸锌相互反应对其分解的整体效率的影响，对用碳和不用碳实验所得渣成分动力学曲线进行比较，其比较结果见图3－21。

从图3－21(a)可见，渣的性质对硫酸铅还原率的影响较小。渣碳热还原时碳反应的主要作用是 $PbSO_4$脱硫。对 $PbSO_4$解离没有重要作用。渣中 $PbSO_4$还原产物为 PbS、$PbSO_4$和 Pb(图3－17 至图3－20)。考虑试样显微实验结果得出，这些产物在硫酸铅和碳间反应形成。PbS 和 PbO 动力学曲线复杂特性表明其参与某些反应，特别是充分显示了含铅渣在其转换初期由于硫酸铅还原，PbS 量显著增加，增加到最大值后减少。硫化铅(含铁氧化物)明显开始反应，可由硫化铁动力学曲线清楚表明[图3－18(c)]，也可由该部分缩影照片(图3－19 和图3－20)说明。从 $PbSO_4$和 PbS 曲线性质判断，在实验条件下不大可能从这些成分间的反应得到很大作用。此外，根据现有实验数据在这方面很难得出任何明确结论。

硫酸锌动力学曲线形态[图3－21(b)]表明离解率与上述反应一致。

如上所述，用碳还原硫酸铅产生大量易挥发的硫化铅，不利于基夫赛特炉的烟尘输送。然而，该分析结果是物料在加热速率相对较低的情况下得到的[图3－17(d)]。众所周知，加热速率对反应产物物相组成有重要影响。为了评估硫酸铅碳热还原产物相组成变化趋势，实验期间采用热力学分析法，并将试样快

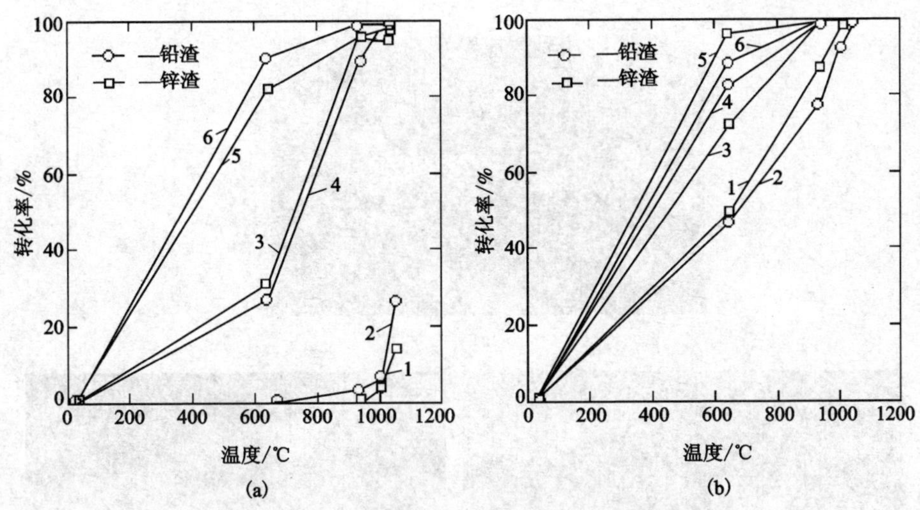

图3-21　硫酸铅和硫酸锌行为动力学特征

(a)硫酸铅；(b)硫酸锌

1，2—无碳实验；3，4—1.96%石油焦实验；5—6%~12%石油焦实验

速加热至1200℃，对硫酸铅粉尘与碳相互反应所得的中间产物进行显微分析。显微检验结果见图3-22。从图3-22可看出，加热速率的增加使反应产物金属铅量显著增加，投入C与$PbSO_4$的物质的量比为4:1，其浓度为50%~60%。在碳与硫酸铅物质的量比较低(2和1)时，氧化铅成为反应的主要产物。因此，在熔炼条件下，一般不希望有大量额外硫化铅形成。

3.3.4.4　碳还原高价铁氧化物动力学

炼锌渣料中的高价铁氧化物以各种化合物形式存在。在锌渣中，三价铁代表形式为铁酸锌、铁酸铅及磁铁矿。在铅渣及铁酸盐中，三价铁还以针铁矿——FeO(OH)、各种黄钾铁矾存在，黄钾铁矾的通式为$J[Fe_3(OH)_6(SO_4)_2]_n$，其中J可由简单和复杂的正离子表示：K，Na，Pb，H_3O，NH_4。研究认为在含锌和含铅滤饼中这些化合物大量存在(表3-7)。渣中含铁化合物特性相应地随加热有显著变化。众所周知，铁酸盐为三价铁中最难还原的。黄钾铁矾在约500℃时按照下面两个连续反应进行分解：

$$Me[Fe_3(OH)_6(SO_4)_2]_n \longrightarrow MeSO_4 + FeO(OH) + H_2O + SO_3$$

$$FeO(OH) \longrightarrow Fe_2O_3 + H_2O$$

研究指出$Fe(OH)_3$脱水，只释放出水，氧在Fe_2O_3晶格中形成一个稳定框架，其中铁离子在某种程度上自由迁移。但该研究并没有讨论三价铁化合物特性如针铁矿。综上所述，可推测出，当加热渣中含水三价铁氧化物时，其释放出水形成氧化铁，氧化程度低于Fe_2O_3，铁离子迁移率较高。当该含水三价铁氧化物分解形成非晶态产物(高度分散表面)，铅渣可表现出比锌渣(含三价铁、主要以铁酸

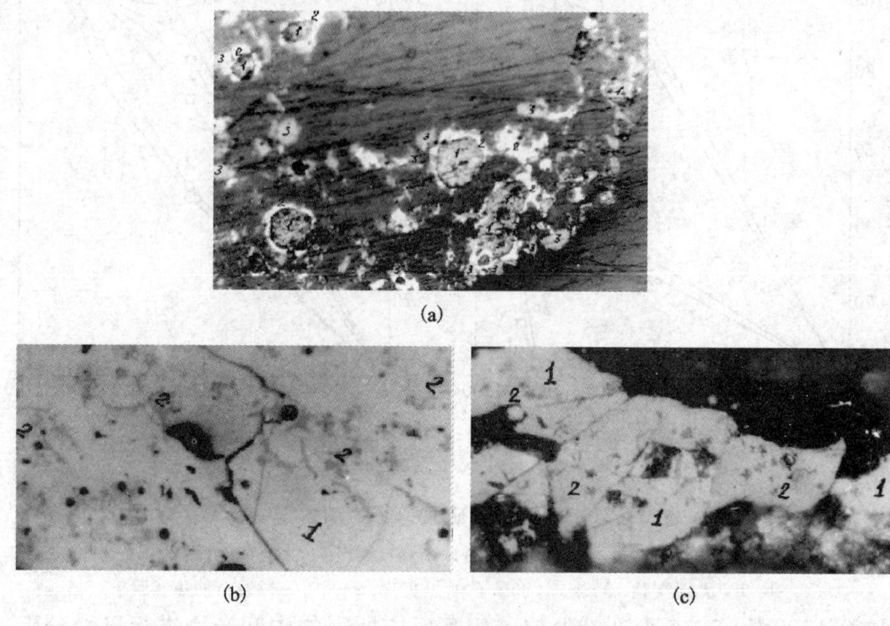

图 3-22　碳还原硫酸铅产物微观结构

(a) $m_{PbSO_4}:m_C$ = 1:4；淬火温度 1200℃（放大 ×200）；1—$Pb_{met.}$（灰色）；2—PbS（白色）；3—碳

(b) $m_{PbSO_4}:m_C$ = 1:2；淬火温度 1200℃（放大 ×500）；1—PbO（白色）；2—ZnO（浅灰色）

(c) $m_{PbSO_4}:m_C$ = 1:1；淬火温度 1200℃（放大 ×200）；1—PbO（白色）；2—ZnO（浅灰色）

锌形式）更高的还原率。

可根据 Fe_2O_3 全部动力学曲线评估渣料中三价铁还原程度，从三价铁类型的化学物相分析可以预计还原过程中的动力学曲线构成。这种评估可以用石油焦和褐炭还原铅渣和锌渣来进行，也可用石油焦还原反应物 Fe_2O_3 来进行，其结果见图 3-23。

图 3-23(a) 可清楚看出铅渣还原率明显超过锌渣。高反应性含碳物料的使用（作为还原剂）使研究的每种渣料中三价铁还原率均提高。同时，锌渣中铁还原率和反应物 Fe_2O_3 实际上相同。

渣料中三价铁还原动力学常数根据 Fe_2O_3 还原的动力学曲线确定。根据熔炼条件试验的动力学常数[图 3-23(b)]表明铅渣中高价氧化铁可在很大程度上还原，在锌渣中程度较小。但用褐煤还原渣料中的三价铁动力学常数未进行测定。由于还原率高，只在转化程度高时得到有关 Fe_2O_3 浓度的数据。图 3-24(a) 中动力学曲线达到 640℃ 的部分，转化程度与温度的关系才近似线性关系。

此外，还进行了用石油焦和褐煤高速加热（60℃/s）化学计量铁酸锌混合物的

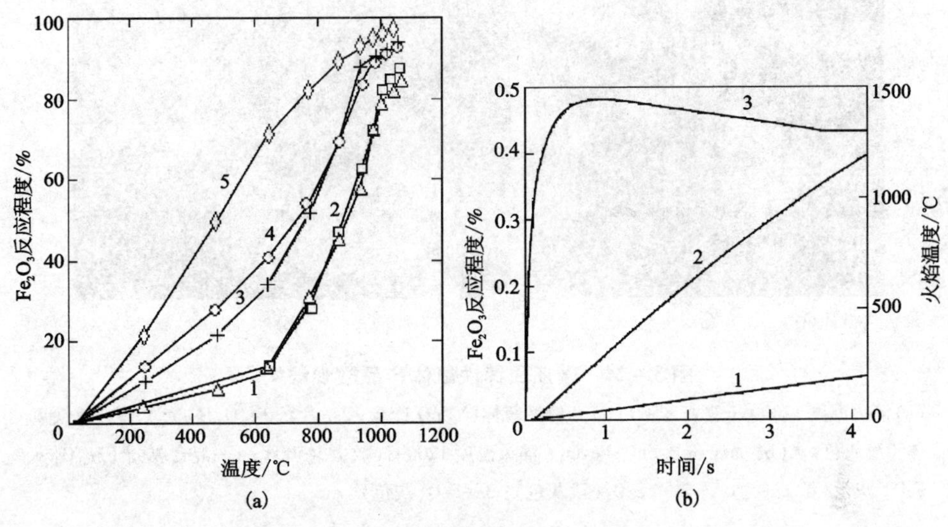

图 3－23　高铁氧化物还原动力学

(a) 1—Fe_2O_3(试剂)+石油焦; 2—锌渣+石油焦;
3—铅渣+石油焦; 4—锌渣+褐煤; 5—铅渣+褐煤
(b) 1—锌渣+石油焦;2—铅渣+石油焦; 3—温度

实验。在1200℃由淬火试样所得还原产物显微试验表明，起初观察到铁酸锌部分还原[图 3－24(a)]。当采用褐煤作为还原剂时，最初的铁酸锌和自由 Fe_2O_3 在试样中并未出现[图 3－24(b)]。这些实验可清楚表明选择有高反应性的含碳还原剂，高铁氧化物在燃烧中可很大程度还原，含锌渣也是如此，其中铁酸锌为高铁氧化物主要代表。

因此直接实验和计算结果表明，在炼锌渣料中添加还原剂，含铅原料火焰熔炼时，氧化物熔体中高铁氧化物浓度有降低的可能。

3.3.4.5　形成稳定含铅混合炉料可能性研究

用于纯氧闪速熔炼的含铅氧化物原料成分行为动力学曲线分析，连同氧化物熔体在焦滤层(CF)行为模拟结果，为基夫赛特熔炼含铅氧化物原料的可能性提供了理论基础。该可能性产生于熔炼条件下氧化物料成分间发生的交互反应定量评价，包括碳(硫化物)和高价氧化铁之间的反应。因此基夫赛特工艺相继的工序中，包括炉料制备—炉料闪速熔炼—氧化物熔体在焦滤层的还原，炉料制备是制约整个工艺的关键工序。因为在闪速熔炼温度下，成分稳定的氧化物料必须密切接触。

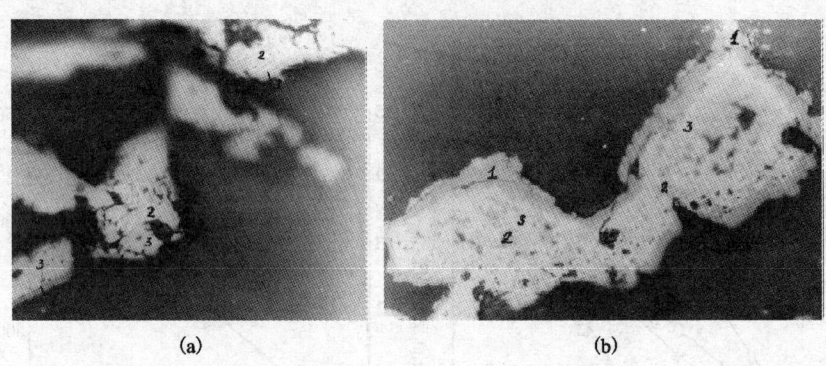

图 3-24 碳还原锌铁氧体产品微观结构

(a)淬火温度 1200℃(放大 ×500);1—锌铁氧体粒 ZnO 边缘;2—片状 Fe_2O_3(白色);3—锌铁氧体(浅灰色)。(b)褐煤还原 $ZnO \cdot Fe_2O_3$;淬火温度 1200℃(放大 ×500);1—混合成分(Fe_3O_4 + FeO,灰色)粒 ZnO 边缘;2—Fe_3O_4(浅灰色);3—FeO(灰色)

3.4 基夫赛特炼铅工艺

3.4.1 原料成分

基夫赛特炉炉料由铅精矿、各种含铅物料和熔剂组成。铅精矿平均含水 8% ~12%。基夫赛特直接炼铅原料除了铅精矿外,通常还有各种含铅物料,如湿法炼锌的浸出渣、铅银渣、炼铅的含铅烟尘、直接炼锌的硫精矿热滤渣和尾矿渣等,其铅精矿化学成分见表 3-9、其他含铅物料的主要化学成分见表 3-10。

表 3-9 铅精矿化学成分实例(干基)/%

成分	Pb	Zn	Cu	S	Fe	SiO_2	CaO	MgO
实例一	61.5	4.75	0.8	18.5	6.5	1.75	1.25	0.2
实例二	53.2	6.0	1.50	19.88	8.92	3.5	0.39	
成分	As	Sb	Bi	Cd	Ag	Au	F	Cl
实例一	0.25	0.25	0.15	0.046	900 g/t	1 g/t	0.023	0.103
实例二	0.25	0.5		0.07	1200 g/t	5.66 g/t		
成分	Hg	In	Ge					
实例一	0.00013	0.0024	0.0008					
实例二								

表3-10　含铅渣料主要化学成分实例/%

项　目	Pb	Zn	Cu	S	Fe	SiO_2	CaO	Ag
锌浸出渣	3.57	22.21	1.42	6.52	25.79	3.14	0.31	240 g/t
铅银渣	44.32	12.12	0.06	11.57	4.63	4.27	2.35	1200 g/t
硫酸铅饼	38.68	1.40	3.36	7.05	10.93	3.96	0.05	
硫尾矿渣	9.60	4.00	0.15	18.00	15.00	9.23	1.82	100 g/t
硫化物热滤渣	5.56	12.81	0.37	29.62	22.25	1.00	1.18	1500 g/t

3.4.2　辅助材料及燃料

基夫赛特熔炼需要的辅助材料及燃料主要有石英砂、石灰石、焦粉和氧气等，搭配处理锌浸出渣及含硫低的渣料时，由于锌浸出渣中的硫大都是以硫酸盐的形态存在，硫酸盐的离解反应是吸热反应，这一部分硫不仅不能产生热量，反而需要消耗热量，在这种情况下需要配入少量煤粉补充热量。在冶炼硫化铅精矿的情况下，一般不需加入燃料。烘炉升温或停炉保温时需要消耗少量液体燃料或气体燃料，通常是重油或天然气等。

(1)石英砂(河砂)

基夫赛特熔炼过程需配入石英砂(河砂)造渣，河砂粒度≤3 mm，其具体成分见表3-11。

表3-11　河砂成分实例(干基)/%

SiO_2	Fe	CaO	MgO	其他	合计
75.68	2.67	1.30	0.25	20.10	100.00

(2)石灰石

基夫赛特熔炼过程需配入石灰石造渣，粒度≤3 mm，从市场就近采购。其具体成分见表3-12。

表3-12　石灰石成分实例(干基)/%

CaO	MgO	SiO_2	Fe_2O_3	其他	合计
51.36	0.47	3.76	0.78	43.63	100.00

(3)焦粉

基夫赛特熔炼过程需加入小颗粒焦粉(粒度5~15 mm)作还原剂，分别加入反应炉和电热区。其具体成分见表3-13。

表3-13　焦粉成分实例/%

固定碳	挥发分	灰分	S	水分
≥75	4~6	≤20	1.1	≤12

灰分成分：SiO_2 52.56%、Fe 6.22%、CaO 5.35%、Al_2O_3 8.34%。

(4)煤粉

在搭配处理大量浸出渣的情况下，根据基夫赛特熔炼热平衡计算结果，需配入一定量的无烟煤补充热量。其具体成分见表3-14。

表3-14　无烟煤成分实例/%

固定碳	挥发分	灰分	S	水分
73.03	4.08	22.89	0.30	8.83

灰分成分：SiO_2 56%、Fe 3.8%、CaO 2.2%、Al_2O_3 7.4%。

炉料是进入基夫赛特炉的物料，其中包括硫化铅精矿、锌浸出渣等含铅物料、熔剂等，但不包括基夫赛特炉余热锅炉及收尘器的返尘及焦炭。国外基夫赛特炉炉料成分实例见表3-15。

表3-15　炉料成分实例/%

厂名	Pb	Zn	Cu	Fe	S	SiO_2	CaO
维斯姆港铅厂	43.7	4.87	0.258	7.7	16.6	7.5	6.7
	48.0	4.75	0.40	7.3	15.4	7.4	4.9
	44.0	5.80	0.50	8.50	19.1	7.5	4.0
乌斯季卡诺哥尔斯克铅厂	46.1	6.88	1.86	9.80	16.6	7.1	4.21
	38~42	6~8	1.8~3.5	7~10	17~22	8~9	5~7
特雷尔铅厂	24.8	9.38	0.89	10.17	7.21	9.34	5.87

3.4.3　工艺流程

基夫赛特熔炼的主要生产过程包括：原料库、锌浸出渣预干燥、上矿及配料、炉料干燥、球磨及筛分、炉料储存及输送、基夫赛特熔炼、炉渣烟化炉吹炼、熔炼区烟气余热回收及收尘、烟尘返回、电热区余热回收及收尘。

基夫赛特炼铅法工艺流程图见图 3－25。

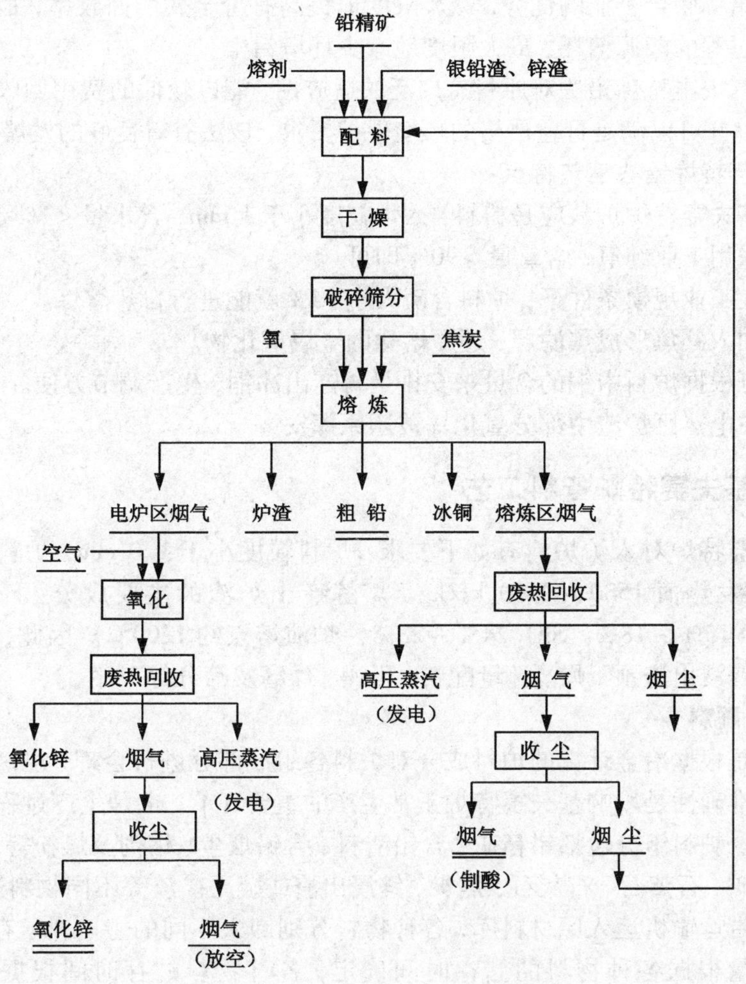

图 3－25　基夫赛特炼铅法流程图

基夫赛特炼铅法可处理各种不同品位的铅精矿、铅银精矿、铅锌精矿和鼓风炉难以处理的硫酸盐残渣。湿法炼锌厂产出的铅银渣、锌浸出渣，硫化锌精矿直接浸出产生的硫尾矿渣、硫精矿热滤后硫化物滤饼，废铅蓄电池糊、各类含铅烟尘等都可以作原料入炉冶炼。湿法炼锌厂威尔兹法生产氧化锌产出的窑渣中含有25%左右的碳，可以作为基夫赛特炉的还原剂，同时也可回收窑渣中的铜、金、银等有价金属。

对于铅锌联合冶炼企业，可以构成铅锌冶炼混合流程。锌冶炼系统产出的浸出渣、铅银渣加入铅冶炼系统(基夫赛特炉)作原料，回收其中的锌、铟、铅、金、银、硫等有价元素，然后将含锌、铟高的氧化锌烟尘送往锌冶炼系统回收锌、铟。由此发挥铅锌联合企业的优势，最大限度地提高有价金属的回收率，最大限度地降低冶炼过程的能源消耗，最大限度地减少环境污染。

由于基夫赛特炼铅法对原料有广泛的适应性，能以较低的费用回收原料中的有价金属，并可以满足日益严格的环境保护要求，该法有着良好的发展前景。

基夫赛特炼铅法工艺特点：

(1)基夫赛特炉炉料应是粉料，入炉粒度小于1 mm，含水量<1%。

(2)采用工业纯氧，含氧量>90%即可。

(3)在工业规模条件下，炉料含硫大于14%就能进行自热熔炼。

(4)加入碎焦形成焦滤层，还原熔融的金属氧化物。

(5)可根据炉料中铜的含量来安排是否产出冰铜，生产调节方便。

(6)在电热区炉渣中部分氧化锌被还原挥发。

3.4.4 基夫赛特炉备料工艺

基夫赛特炉对入炉炉料有如下要求：炉料粒度小于1.0 mm，炉料含水量<1%；炉料发热值1530~2450 kJ/kg。熔炼产出炉渣的主要成分：FeO 25%~30%、CaO 15%~18%、SiO_2 24%~28%。炉渣熔点约1200℃。因此，入炉炉料必须经过锌浸出渣预干燥、计量配料、干燥、球磨及筛分等工序。

3.4.4.1 配料

配料是根据冶金计算的炉料成分对炉料各组成部分进行合理、准确配料。配料好坏及准确性是影响基夫赛特炉正常生产的重要环节，也是生产过程自动化控制的关键。炉料组分包括铅精矿、含铅渣料、含铅烟尘、熔剂及煤粉等。

铅精矿、石英石、石灰石、焦炭、锌浸出渣或硫尾矿渣等不同物料通过火车、汽车或胶带运输机运入原材料库，各种物料分别卸入不同的主矿仓贮存，原材料库的贮存量根据各种物料的储存时间确定，各种物料贮存时间根据生产需要确定。

原料库设置了抓斗桥式起重机，用于倒料和上料作业。为了保证基夫赛特炉冶炼过程工艺参数稳定，采用集中连续定量配料。配料、焦炭干燥及筛分、浸出渣或硫尾矿渣干燥均在原料库中进行，各种含铅物料及熔剂等分别抓入各自配料仓。

（1）配料方法

常用的配料方法有仓式配料、堆式配料和抓斗配料。目前具有一定规模的有色冶炼企业的配料均采用仓式配料。仓式配料的特点是配料准确，便于采用计算机程序进行自动控制，便于修改配料配比。仓式配料的主要设备包括配料仓、下料皮带运输机、计量皮带运输机和混合皮带运输机。基夫赛特炉的炉料也是采用仓式配料。电子皮带秤采用计算机控制，操作人员将计算的炉料配比输入计算机程序，炉料的各组分就会按照配比要求下料，当下料量与设定值出现偏差时计量秤就会给出信号，对下料皮带进行自动调整。每台计量皮带的物料落入混合皮带混合，混合皮带的末端设有磁铁器，除去物料中的金属铁杂物。经配料后的混合炉料首先经振动筛筛分，筛下物即为成分稳定的合格炉料，通过胶带输送机送往炉料干燥及球磨。筛上物通过胶带输送机返回原料库的杂料贮仓，定期进行清理。

（2）配料仓

配料的准确性不仅取决于计量秤的准确性和精确度，而且配料仓下料是否畅通和均匀对配料的准确性也尤为重要。铅精矿及一些含铅渣料含水分较高，容易在料仓中粘接和搭桥，下料非常困难，导致配料无法进行，配料的准确性更是无法实现。因此，合理设计配料仓对基夫赛特炉正常生产极为重要。

我国的铅冶炼厂采用料仓一般为正方锥形或圆锥形，锥度与水平面夹角约为60°，下料口一般为 400 ~ 600 mm 的正方形，为了下料流畅和耐磨，料仓内壁衬有陶砖板或高分子材料板，但是这些料仓都存在下料不畅的问题。意大利维斯麦港基夫赛特炼铅厂采用的配料仓及其下料口为长方形，下料皮带与下料口的长度方向一致，靠物料送出的一面仓壁为垂直面，其余三面的斜面与水平面的夹角约为75°，出口有一排棒条阀，可以控制下料量，如图 3 - 26 所示。我们在该厂参观时，该厂厂长 Sanna 先生特别向我们介绍他们的配料仓，料仓不会堵料，下料非常流畅。其实铜闪速熔炼的炉顶干料仓也类似于这种料仓。

（3）炉料配比的确定

基夫赛特炉对炉料的适应性很强，炉料含铅品位可以在 20% ~ 70%。不仅能够冶炼硫化铅精矿，还能冶炼各种其他含铅物料。因此基夫赛特炼铅的炉料组成比较复杂，原料中除了铅精矿之外，还有多种其他含铅物料，如锌浸出渣、氧化锌浸出的铅银渣、硫尾矿渣、硫热滤渣、铜冶炼的含铅烟尘等，此外还需根据渣型配入石灰石、石英石等熔剂，如果炉料含硫过低（低于 14%），还需配入一定量的煤粉作为补充燃料。

炉料配比应根据许多因素进行综合考虑，主要根据铅精矿和其他含铅物料的种类、化学成分、物相组成及供应情况进行考虑，还要满足经济合理的渣型要求。一般需要按照以下要求确定：

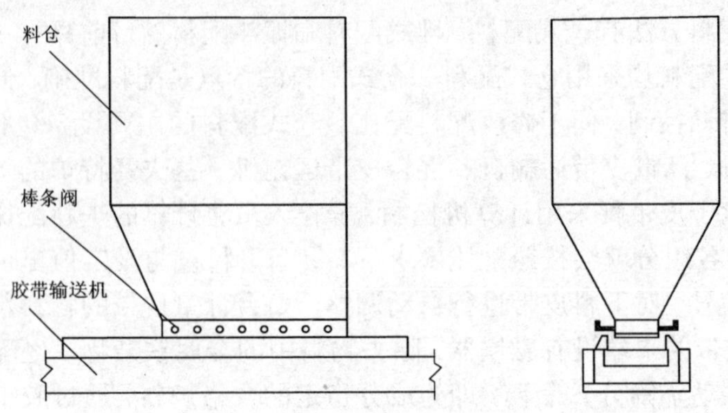

图 3-26　维斯麦港基夫赛特炼铅厂配料仓示意图

①根据不同铅精矿和不同渣料进行搭配，相对保持炉料成分的稳定性，炉料成分的波动将会增加操作难度，影响正常生产。

②选择合理经济的渣型，尽量减少熔剂配入量，熔剂过多，会使炉料含铅品位降低，能耗增加。

③控制杂质含量的平衡和稳定，特别要控制好 Zn 含量，炉料中含锌不应大于 10%，以保证炉渣含锌不超过 17%。还要注意控制铜铅比。

④注意控制铜铅比，一般控制 $w_{Cu}/w_{Pb} < 0.02$，如果铜铅比过高，在熔炼温度下，铜就会以冰铜或铅铜合金的形式析出，在铅层与渣层之间形成冰铜相，必须从基夫赛特炉放出冰铜。

⑤尽量保证炉料可燃硫的含量，炉料中可燃硫太低，化学反应热就不能维持熔炼温度，需要加入适量燃料补充部分热量。

3.4.4.2　渣料干燥

如果炉料中含有湿法炼锌产出的各种渣料，如湿法炼锌产出的锌浸出渣、氧化锌浸出的铅银渣、直接浸出的硫尾矿渣等，一般含水 25% ~30%，就需要对这些渣料进行预干燥，将渣料水分干燥至 10% ~12%，然后与铅精矿、熔剂、烟尘等物料进行配料混合，混合炉料再进行深度干燥，将炉料水分干燥至 1% 以下。如果与铅精矿和熔剂直接混合，就可能出现成团现象，影响炉料的下料、计量、配料、输送和干燥效果。

常用的干燥方法有回转窑干燥法、气流干燥法、喷雾干燥法、蒸汽干燥法。

(1)渣料预干燥

锌焙砂浸出渣及氧化锌浸出的铅银渣的干燥方式可以选择蒸汽间接干燥，也可以选择回转干燥窑直接加热干燥。因为锌焙砂浸出渣中的硫基本上以硫酸盐的形态存在，在回转窑干燥温度下硫酸盐不会发生剧烈的离解反应，从而不会释放

出大量 SO_2 气体。如果选择回转窑干燥，由于渣料含水分很高，为了防止渣料在窑内粘接，一般采用逆流干燥。窑内设有扬料板或链条，防止渣料粘接和结团。回转窑的干燥能力取决于回转窑的大小、窑体结构、烟气温度及烟气量。但是锌精矿直接浸出产出的硫尾矿渣，由于含有较高的元素硫，如果采用回转窑直接加热进行干燥，烟气温度达到700～800℃，会使元素硫燃烧，导致烟气 SO_2 浓度难以达到国家排放标准的要求。因此，选择蒸汽间接干燥方式更好。蒸汽干燥机的种类很多，常见的有双桨叶干燥机、盘式干燥机和管束式蒸汽干燥机等。硫尾矿渣是经过硫浮选之后的尾矿渣，选矿药剂大部分进入尾矿渣，而且单质硫在120℃左右开始软化，使其粘接性比一般锌浸出渣更强，在下料和干燥过程中粘接非常严重，不宜选用管束式干燥机，可以选用双桨叶干燥机或盘式干燥机。即使采用双桨叶干燥机，在下料和干燥过程中都遇到许多困难。双桨叶干燥机是将余热锅炉产出的饱和蒸汽或发电机抽出的蒸汽通入桨叶、中心轴和下半部壳体，蒸气压力一般为0.5～0.6 MPa，桨叶及中心轴占传热面积的60%，壳体占40%。物料在干燥机内做螺旋线运动，不断与传热面接触，其中的水分不断蒸发，产生的水蒸气从顶部烟罩排出，经过净化处理后达标排放。双桨叶蒸汽干燥机的干燥强度取决于蒸汽温度、传热面积、物料在干燥机内的停留时间和传热效率等因素。由于渣料在干燥机内运动过程中，对干燥机桨叶、中心轴及壳体粘接非常严重，在其表面形成一层隔热层，导致传热效率严重下降，为此干燥机作了许多改进，在干燥机的桨叶上增加了挡料板和刮料片，延长物料的停留时间，并将传热面的隔热层不断进行清理。将其含水干燥至10%～12%。预干燥后的物料通过抓斗上料、进入配料仓及电子皮带秤计量配料系统。

(2)焦炭干燥、筛分及输送

焦炭一般采用带式蒸汽干燥机进行干燥，干燥至含水≤5%，然后经胶带输送机送往振动筛进行筛分，产出粒级5～15 mm的合格焦粉。基夫赛特炉炉顶设有3个焦炭仓，2个用于反应塔，1个用于电热区。合格焦粉经胶带输送机直接送往基夫赛特炉炉顶焦炭仓。其中大部分焦炭与干燥后的合格炉料经计量后与炉料及返尘混合均匀，一起送往炉料－氧气喷嘴，加入基夫赛特炉反应塔内；而另有部分焦炭经计量后送入炉子电热区。筛分产出的不合格焦粉通过胶带输送机返回不合格焦粉贮仓，再通过汽车运往铜浮渣处理配料或其他需要的车间。干燥尾气送收尘系统处理。

炉顶焦炭仓设有料位检测，检测信号对焦炭输送线的开启及停止进行自动控制。当其中一个或一个以上焦炭仓处于低料位时，输送线就会自动开启，当三个焦炭仓均处于高料位时，焦炭输送线就会自动停止。

(3)混合炉料干燥

配料混合后的合格炉料，平均含水大约10%，可以选择管束式蒸汽干燥机间接加热干燥或回转窑干燥。蒸汽干燥机由一个固定壳体和一个转子组成，转子由电机和减速机驱动。转子由许多盘管或管束及连箱组成，其材质为耐磨耐腐蚀的不锈钢，盘管或管束的管子之间留有一定间隔，以便物料能够从间隔中通过。蒸汽通入中心轴，经过辐射状连箱再进入盘管或管束，与物料进行热交换，蒸气压为0.8~1.0 MPa，干燥能力取决于干燥机的大小、蒸汽温度、转子转速、盘管或管束结构及传热效率等因素。干燥机的参数控制和干燥效果可以采用计算机程序进行自动控制，通过检测排气温度自动调整干燥机的转速，保证干燥后排出物料含水量≤1%，干燥尾气采用保温布袋收尘器进行收尘，收下的粉料通过螺旋炉料机返回。收尘后的尾气经烟囱集中排空。

3.4.4.3 磨矿

基夫赛特炼铅属于闪速熔炼，要求炉料粒度≤1 mm，铅精矿粒度很细，小于200目。但是其他物料有些可能大于1 mm，熔剂的粒度一般在3 mm以下，特别是一些渣料可能在干燥过程中结块，因此炉料在入炉前需要磨矿和筛分。磨矿的方法很多，有球磨机、立磨机和砂磨机磨矿等。加拿大的特雷尔冶炼厂的基夫赛特炉炉料配入了50%以上的锌浸出渣，采用球磨机磨矿，而意大利的维斯麦港冶炼厂炉料中没有搭配锌浸出渣，采用鼠龙破碎机破碎。我国的两台基夫赛特炉的炉料都配入大量锌浸出渣或硫尾矿渣，都是采用球磨机磨矿。干燥后的炉料和收下的烟尘通过埋刮板输送机送往球磨机，经球磨混合后的炉料再经埋刮板输送机送往筛分机进行筛分，得到粒度≤1 mm的筛下细料即为能满足熔炼要求的合格炉料，不合格的筛上炉料经过埋刮板机返回球磨机再次球磨。

3.4.4.4 炉料储存及输送

为了保证在炉料制备系统出现故障或临时检修时基夫赛特炉能够连续正常运行，设有1个贮存量为1000~2000 t的大贮仓，其作用是用以保证临时检修期间生产的连续性。大贮仓底下设有浓相气流输送装置，可将仓内物料送往基夫赛特炉的炉顶料仓。为了防止大贮仓中的物料板结，必须定期对其存料进行清空，更换新的炉料。根据维斯麦港冶炼厂的经验，基夫赛特炉炉顶设有2个容积80 t的炉料仓(称为炉顶料仓)。

炉料输送的方式也有很多，如皮带运输机输送、埋刮板机输送、斗式提升机输送和气流输送。意大利的维斯麦港冶炼厂的干燥和磨矿距离炉顶料仓很近，采用斗式提升机输送炉料，其余的几台基夫赛特炉的距离相对较远，均采用气流输送。气流输送又分为浓相气流输送和稀相气流输送。加入石灰石熔剂的炉料磨损性很强，浓相输送具有降低磨损的优势。浓相输送可以在不产生流态化的条件下以低速输送物料，浓相输送的空气量只有稀相输送的1/10，浓相输送气固比为10:1，而稀相输送的气固比为100:1。研究表明，管道的磨损速度与输送的三次方成正比。基夫赛特炉料粒度细、水分低，不宜采用皮带输送机或埋刮板机输送，如果输送距离较远，我国的基夫赛特炉炉料均采用浓相气流输送方式。合格炉料经中间炉料仓下的两套浓相气流输送装置分别送往基夫赛特熔炼车间炉顶料仓(主线)和炉料大贮仓储存(副线)，输送炉顶料仓或大储仓可以由计算机控制进行自动切换，同时是从生产线直接输送炉料还是从大储仓进行倒运也可以由计算机程序进行自动切换。炉料气流输送控制系统如图 3－27 所示。炉顶料仓既是炉顶炉料储仓，又是气流输送的接收仓。生产实际表明，容积为 80 t 炉料接收仓太小，输送炉料的气流对接收仓有一定的冲击，容易使仓内出现正压，导致粉尘外逸或仓体变形，严重影响炉料计量的准确性和炉顶加料系统的稳定运行。解决方法一是加大炉顶料仓的容积，或将两个料仓连通，扩大缓冲空间；二是改变进料方向，避免气流对料面产生直接冲击；最好将炉料储仓与接收仓分开，无论接收仓料位的高低，输送炉料的气流压力都不会对计量准确性造成影响。

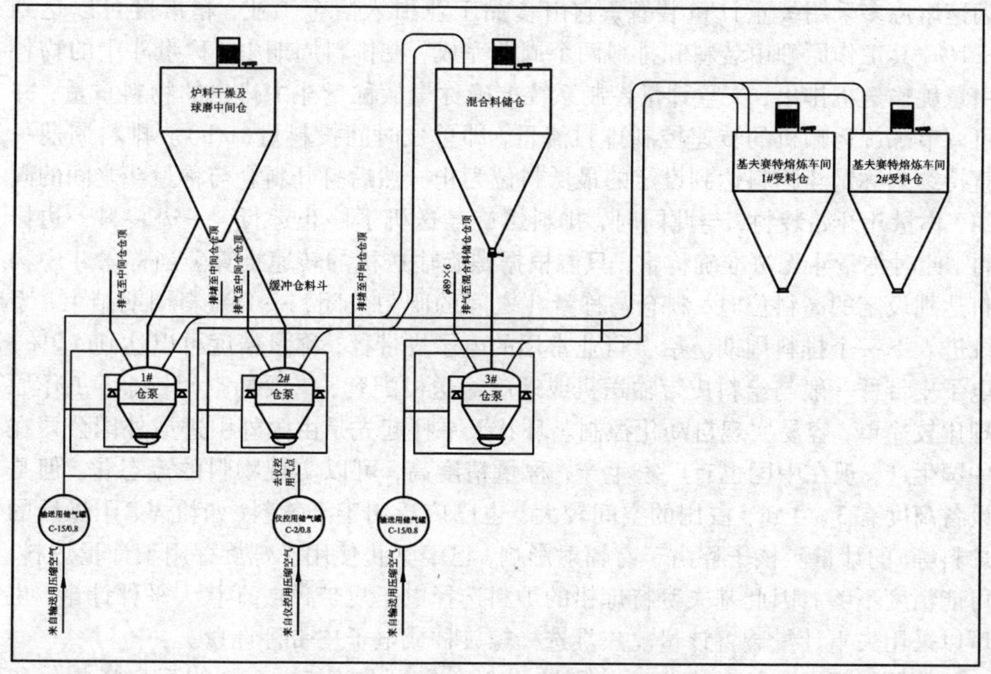

图 3－27　炉料气流输送控制系统图

3.4.5　基夫赛特熔炼工艺

3.4.5.1　基夫赛特炉加料系统

从炉料干燥及球磨工序送来的合格炉料送入 2 个炉顶料仓，炉料仓设有料位检测，当料位处于低料位时输送线自动开启，当料位达到高料位时输送线自动停止。炉顶设有2条平行的炉料加入线，每条线供应2个炉料喷嘴。炉料及焦炭分别通过计量后，与反应塔烟气收尘返回的烟尘送入埋刮板输送机，再送至双轴螺旋混料机。双轴螺旋混料机将炉料、焦粉和返回烟尘混合均匀后，每条线的炉料经过分料器分配给2个喷嘴，送往基夫赛特炉反应塔顶的4个炉料－氧气喷嘴，喷入炉内进行熔炼。电热区焦炭则经电子皮带秤计量后通过电热区顶部的两个加料管加入炉子电热区。

炉料量及焦炭量是基夫赛特炉稳定运行的重要工艺参数，因此，炉料及焦炭的准确计量是基夫赛特炉稳定操作的重要环节。计量方式及计量设备的选择对计量的准确性至关重要。对于干物料计量要求选择比较准确的计量方式，一般分为两种：一种是直接称重计量，另一种是将体积换算为质量。常用计量方式有电子皮带秤计量、螺旋秤计量、核子秤计量、失重仓计量和环状天平秤计量等。铜的闪速熔炼多采用失重计量装置，它由食品工业引入冶金工业，精准度可以达到±1%。其工作原理由装料和排料两个周期完成，在排料周期中，称量斗中的物料由螺旋输送机排出，失重计量控制系统准确称量从称量斗中排出的物料重量，并可调节螺旋运输机的转速控制排料流量，即单位时间投料量(t/h)。排料周期一直持续到称量斗物料达到设定的最低料位为止。然后打开料仓与称量斗之间的阀门，称量斗开始装料，与此同时，排料螺旋输送机不停止运行，一边装料一边排料，此时称量斗无法准确称重，只能根据螺旋输送机的转速推算。当称量斗中物料达到设定的高料位时，料仓与称量斗之间的阀门关闭，一个装料周期结束，系统进入下一个排料周期。冶金行业常用的电子皮带秤，称量精度可以达到±2%。电子皮带秤一般与给料皮带输送机或螺旋输送机配套，需要的空间较小，工作原理比较简单，容易实现自动化控制。环状天平秤起先是由国外引进或外国公司在中国生产，现在中国也有厂家生产，称量精度高，可以实现物料的流态化，但是设备高度有3~4 m，占用的空间较大，也已广泛用于干物料(如粉煤、干燥后的炉料等)的计量。核子秤由于有辐射影响，已经禁止使用。螺旋秤用于计量炉料，可能精度不够。因此基夫赛特炼铅的炉料选择电子皮带秤或环状天平秤计量，也可以采用失重计量装置计量。焦炭选择螺旋秤或电子皮带秤计量。

从原料库送来的合格焦炭分别卸入3个焦炭仓，其中2个为反应塔提供焦炭，1个为电热区提供焦炭。焦炭胶带输送机设有犁头卸料机，3个仓均设有料位计，根据料位计信号控制犁头卸料机，当3个焦炭仓处于高料位时，焦炭胶带输送机停止运行，当其中1个仓处于低料位时，胶带输送机自动启动运行。

反应塔烟气经过余热锅炉、沉降室和电收尘器，余热锅炉上升段的烟尘直接落入熔池，下降段烟尘及对流段烟尘落入收尘斗，用埋刮板机排出，为了烟尘结块不影响埋刮板输送机正常运行，在下降段埋刮板机处设有锤式破碎机和开路系统。破碎后的余热锅炉烟尘与沉降室、电收尘烟尘汇合在一起，经过埋刮板输送机送到基夫赛特炉顶的烟尘仓，再经过仓下螺旋计量秤和埋刮板机送入两条炉顶加料线，与炉料一起加入基夫赛特炉。当烟尘含镉、砷等杂质元素较高不宜返回基夫赛特炉熔炼时，在电收尘器的最后一个电场将部分烟尘开路。

3.4.5.2　基夫赛特炉熔炼

基夫赛特炉分为三个主要部分：反应塔、电热区和竖烟道，设置在同一固定的炉床上。反应塔和电热区由隔墙分开。炉顶设有 4 个炉料喷嘴，炉料由反应塔顶的炉料 - 氧气喷嘴喷入炉内，以工业纯氧作为氧化剂进行熔炼。炉料在反应塔内上部的气相中迅速完成硫化物的氧化反应并使炉料颗粒熔化，形成金属氧化物液滴。液滴在通过熔池表面的焦炭过滤层时，其中大部分氧化铅被还原成金属铅而沉降到熔池底部，熔体流经水冷隔墙下通道进入电热区；在电热区，部分氧化锌被加入电热区的焦炭还原挥发，并使没有完全还原的 PbO 进一步还原，同时渣、铅进一步沉降分离，然后分别通过渣口和放铅口放出。放铅可以采用开孔放铅也可以采用虹吸放铅，当原料含铜、砷、锑较高时，采用开孔放铅更好。若采用虹吸放铅，由于底部铅液温度较低，可能出现冰铜或黄渣将虹吸口堵塞，给放铅操作带来困难。炉渣通过打孔间断放出，直接流入烟化炉进行吹炼。基夫赛特炉设有 2 个烟气处理系统：反应塔产生的含二氧化硫的烟气，经竖烟道和废热锅炉回收余热以及电收尘器收尘后送往硫酸系统制酸。废热锅炉和电收尘器所收集的烟尘与炉料、焦炭一起进入双螺旋混料器前的埋刮板运输机，经过双螺旋混料器混匀后一道直接加入反应塔熔炼。电热区产出烟气不含 SO_2 气体，但含有大量的锌蒸气和一氧化碳，经过复燃室通入空气使锌蒸气氧化成氧化锌，一氧化碳也得以充分燃烧呈二氧化碳形式进入电热区余热锅炉和省煤器冷却，然后进入布袋收尘器收尘，烟气进尾气处理系统处理后排放。所得烟尘即为次氧化锌，可作为锌冶炼的原料。

3.4.5.3　炉料主要组成在冶炼过程中的行为

(1)铅。大部分铅变成金属铅；1.5% ~2.0% 铅进入炉渣以 PbO 形态进入电热区烟气中；0.8% ~1.2% 铅进入炉渣。反应塔产出的熔体 - 初渣中 PbO 含量严重影响焦炭过滤层的热平衡，含量过高时离开焦炭过滤层的炉渣温度会过低，造成炉况恶化。图 3 - 28 为炉渣离开焦滤层的温度与氧化铅还原程度的关系曲线。

(2)锌。以氧化锌形态进入渣中，在电热区得到还原挥发，挥发率一般约 60%，进一步提高锌的挥发率会造成电耗过高，电热区工作负荷过大。生产实践也表明当电热区渣含锌低于 3% 时，铁的氧化物被还原，炉底会有积铁。如果炉渣不直接丢弃而用烟化炉吹炼回收其中的锌时，则在电热区应尽量减少锌的还原挥发，这样电热区负荷会降低很多，锌回收率会大幅度地提高，弃渣含铅也会降低。

(3)铜。熔炼过程中铜进入粗铅。当炉料含铜大于 1.5% 时，容易造成放铅

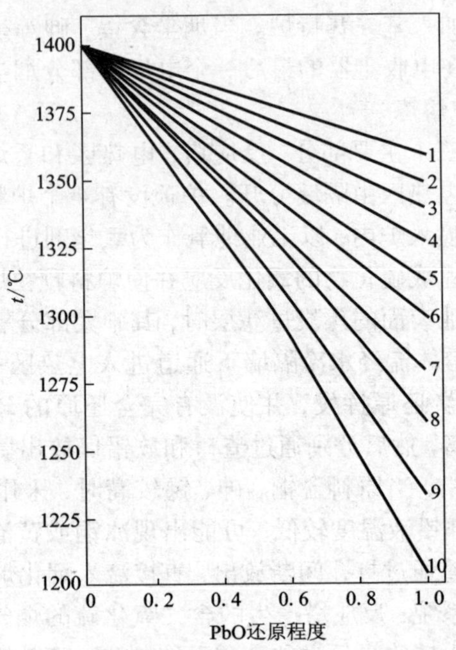

图 3-28　离开焦滤层的熔体温度与氧化铅还原程度的关系曲线

初渣中氧化铅的含量/%

1—30；2—35；3—30；4—45；5—50；6—55；7—60；8—65；9—70；10—75

虹吸道堵塞，致使操作困难，所以须控制脱硫率，以便在炉内造冰铜，使粗铅含铜不大于3.0%，保证虹吸放铅能顺利进行。

(4)硫。硫含量应大于14%，方能满足自热熔炼需要。通常炉料含硫16%～20%。生产中不产冰铜时，脱硫率大于95%；产冰铜率为80%～90%。脱除的硫以 SO_2形态进入熔炼区烟气。

(5)银。基夫赛特炼铅具有很高的银捕集率，约99.5%的银进入粗铅。

(6)FeO、SiO_2、CaO 等造渣成分，熔炼过程中进入炉渣。

3.4.5.4　稀散元素在冶炼过程中的大致分布

有资料表明，冶炼过程中是否产出冰铜，对某些稀散金属有较大的影响，如铟元素当含铜低熔炼时不产出冰铜时，约57%铟进入粗铅，当精矿含铜高需产出冰铜时，约50%铟进入冰铜。总之对稀散元素在基夫赛特炼铅过程中的行为和走向还需要进一步研究，各类稀散元素在冶炼过程中大致分布如下：

(1)铟。以奇姆肯特厂铅原料(含铜低)为例，铟55%分布在粗铅中，33%分布在炉渣中，6%分布在电热区升华物中。

(2)碲。碲在精矿中通常为硫化物，在反应塔内形成氧化物，通过焦滤层后，被还原的碲约70%进入粗铅中。

(3)铊和硒。大约60%的铊和硒进入熔炼区的烟尘和烟气中。

(4)锗。78%～88%的锗进入炉渣和电热区烟尘中。

3.4.6　炉渣烟化炉吹炼工艺

由于意大利维斯麦港冶炼厂基夫赛特炉原料中没有搭配锌浸出渣，炉渣含锌较低，未经处理直接水淬。加拿大特雷尔厂、江铜和株冶的基夫赛特炉原料中均搭配有大量锌浸出渣，炉渣含锌高，均采用烟化炉吹炼回收渣中的铅锌。

基夫赛特炉放出的热渣通过铜制水冷溜槽直接流入烟化炉。设置1台16～18 m^2大型烟化炉、4个粉煤仓和4套螺旋给煤机装置。

烟化炉每天操作8～9炉，每个炉期为160～180 min，其中加料30～50 min，吹炼90～100 min，放渣25～30 min。烟化炉吹炼用的空气由设在风机房的离心鼓风机供给。

烟化炉吹炼用粉煤从粉煤制备车间用气力输送至粉煤仓，加煤时粉煤仓中的粉煤由螺旋给煤机装置与一次空气送入喷嘴，在喷嘴内再与二次空气混合后鼓入烟化炉内。

采用烟化炉与余热锅炉一体化装置，能有效回收吹炼产出的高温烟气余热，该装置所产生的烟气送往沉降斗和布袋收尘器收尘后与电热区收尘后烟气合并，送往尾气吸收系统处理后排放。电热区和烟化炉收尘既可采用干式收尘，如布袋收尘，也可以采用湿式收尘，干法收得的氧化锌烟尘采用气力输送至锌冶炼氧化锌浸出系统，湿法收得的氧化锌烟尘采用溶液输送至氧化锌浸出系统。

3.5　基夫赛特炼铅开炉与操作

基夫赛特炼铅工艺发展到现在，自动化控制水平达到很高的程度，整个生产系统全部采用计算机程序控制。炉顶加料系统与炉料制备系统、炉体冷却系统、余热锅炉给水及水循环系统、烟气制酸系统、炉底冷却系统等进行联锁控制，这些系统一旦出现故障，就会发出报警信号，加料系统就会自动停止运行。

3.5.1　开炉及停炉保温

3.5.1.1　开炉准备

炉料制备系统能够产出满足正常生产的合格炉料量，含水<1%，粒度<1 mm，通过气流输送装置输送至炉顶料仓和大储仓。

熔炼区烟气处理系统保证烟气的余热锅炉冷却、电收尘器收尘、动力波净化系统及制酸系统运行正常，同时要保证烘炉期间烟气旁路系统的畅通和切换阀门操作灵敏。

水处理及水循环系统能够提供设备冷却水及余热锅炉所需的水质、水量和水压，铜水套冷却水、余热锅炉循环水的水量、水压及温度检测灵敏、准确。

氧气站能够提供生产所需的流量、浓度和压力稳定的氧气，检测仪表灵敏、准确。

天然气系统提供烘炉所需流量和压力稳定的天然气，检测仪表灵敏、准确。

压缩空气系统能够提供足够的合格的压缩空气。

供电系统能够提供生产所需的电压稳定的电力，电热区电极系统的升降装置、冷却装置及电力控制系统运行正常。

烘炉期间增加若干个烘炉用的临时热电偶，分别从竖烟道的二次风口、反应塔取样孔、电热区的放铅口和冰铜放出口插入炉内，随时监测炉内气相的温度变化。

自动化控制系统对一次仪表进行校验，能够保证整个生产系统的信息和数据准确。

3.5.1.2　**烘炉及升温**

(1)烘炉期间以天然气为燃料，烟气不含二氧化硫，开始升温时温度较低，含水分很高，不能进入余热锅炉、收尘系统和制酸系统。将基夫赛特炉熔炼区余热锅炉水冷插板插上，密封人孔门，接上活动烟道，水冷闸板接通冷却水。关闭电收尘器入口阀门，关闭进入制酸系统的烟气阀门，打开进入烟气脱硫系统的烟气阀门，让烤炉前期烟气经旁路烟道直接进入脱硫系统。在熔池完全形成之前，电热区烟气通过隔墙下方通道与熔炼区烟气一起排出。为了减少热损失，关闭电热区布袋收尘器前阀门，并用隔热材料将电热区余热锅炉入口遮盖，使电热区烟气从反应塔的竖烟道排出。关闭电热区的 2 个焦炭溜子阀门，为减少散热损失，要求虹吸口及进风口密封，可在双层阀门的管道内装入少量焦炭。

(2)安装好碳极，并将电极下放到炉内 100 mm 左右，以能密封电极孔为宜，电极插入过深，容易被移动烧嘴的火焰烧损。点火烘炉开始时，通入适量氮气对电极孔进行密封保护。

(3)启动软化水循环供水系统给铜水套供水，在烤炉期间调节冷却水流量，以保证铜水套出水温度在 50 ~60℃。

(4)点火烤炉前检测基夫赛特炉所有弹簧尺寸，并根据弹簧调整操作说明书进行调整，并详细记录。在烤炉过程随着温度的升高，弹簧要受到压缩，当实际测量长度接近极限压缩状态时，适当松开螺栓进行调节，并详细记录(升温期间每隔 1 h 测量 1 次弹簧位置)。松开虹吸道与烟罩之间的螺栓，以便虹吸道自由膨胀。

(5)将天然气输送至移动烧嘴及辅助烧嘴前，先将移动烧嘴就位，辅助烧嘴提起，并将烧嘴孔盖上。开始烘炉时开启部分移动烧嘴，然后根据升温曲线增加移动烧嘴的开启数量，并定期轮换使用移动烧嘴。开炉前制定详细的烧嘴使用表格。

(6)升温曲线。根据基夫赛特炉内衬采用的耐火材料材质不同，一般由耐火材料供应商制定升温曲线，然后根据投料情况和余热锅炉煮炉情况作适当调整。一般情况，控制升温速度约 5℃/h，72 h 后升温到 400℃，进入第 1 个保温阶段。但是铝铬砖要求在低温时有一个保温阶段，在 400℃保温时投入 6 个烧嘴运行，保温 72 h，然后进行下一步升温操作。此时打开电热区余热锅炉的烟气通道，让部分炉内烟气从电热区进入余热锅炉，抽出水冷插板(砌好密封砖)和电热区隔板(密封好人孔门)，让烟气进入余热锅炉，进行煮炉。同时，关闭锅炉出口沉降斗电收尘旁路烟道阀门，让烟气经余热锅炉进入电收尘器再到脱硫系统。

余热锅炉进入烘炉煮炉阶段。升温期间逐步增加烧嘴数量，直至全部移动烧嘴均投入运行。控制升温速度约 5℃/h，升温到 850℃，进入第 2 个保温阶段。虹吸道烧嘴此时投入运行，对虹吸道砖进行烘烤。辅助烧嘴投入运行，开启最低流量。前 2 天对基夫赛特炉进行缓慢升温，最高温度达到 1000℃。

当温度在 600℃保温 2 天后，开始顺序进行如下工作：

①启动化水站供水泵和锅炉循环水泵，开始给锅炉供水并进行循环。

②通过预先安装的临时铅液输送管道及铅泵开始向炉内输送铅(应设置临时天然气管用来加热液态铅管道，避免铅液在管道内冻结)。铅泵设计能力 60 t/h，底铅总量计算以铅液面不超过拱脚高度为准。此前将准备好的粗铅加入熔铅锅熔化，并将液铅的温度控制在 600℃左右。采用虹吸口放铅炉子，铅液可从虹吸口加入，采用开孔放铅的炉子铅液则从移动烧嘴孔加入。输入液铅后，注意检查炉底及熔池铜水套，避免漏铅。

③底铅加入完成后，从电热区焦炭口加入焦炭并将炉内铅液上的焦炭耙平，使焦炭层厚度在 30～50 mm；同时，提升碳极，从电极孔加入焦炭，使 3 根电极下方焦炭堆高约 300 mm，再下放电极，送电，送电量 1～2 MWh。电炉送电后，停止电热区移动烧嘴，以免将电极烧损。

④启动电热区复燃室点火装置；启动竖烟道 CO 燃烧风机。启动电热区收尘风机；打开电热区烟气通道和布袋前阀门，烟气经过布袋收尘器进入脱硫装置。

⑤注意炉底砖的温度变化，当达到 320℃左右，开启炉底冷却风机。

(7)开启电热区外的全部移动烧嘴，同时开启炉顶辅助烧嘴，炉子继续升温，锅炉开始高温段煮炉并逐步转入正常生产状态。煮炉时，严格按照锅炉操作规程执行。当温度升高到 1000℃，开始投料。

启动制酸系统，关闭进入脱硫系统的烟气阀门，打开进入制酸的烟气阀门；电收尘器电场开始送电，并调整到工作状态；首先开启一条炉料进料线，运行正常后再开第二条进料线。

3.5.2 余热锅炉煮炉

基夫赛特炉烘炉前，余热锅炉利用外供蒸汽进行清洗，当烘炉温度达到600℃，熔炼区余热锅炉的水冷闸板移去，电热区余热锅炉中的隔热板移走，烟气全部进入余热锅炉。锅炉内水开始升温，锅炉煮炉也随之开始。

具体煮炉程序应结合基夫赛特炉烘炉升温过程同时进行，具体程序如下：

(1)将氢氧化钠和磷酸三钠配成20%溶液注入锅筒内，加药量为每立方米加入氢氧化钠和磷酸三钠各3～5 kg，并保持锅筒内最高水位。

(2)打开电热区余热锅炉的烟气通道，让部分炉内烟气从电热区进入余热锅炉，使锅炉炉水缓慢升温，维持一定压力。

(3)缓慢升压，4 h左右升至0.4 MPa。进行热紧螺栓、检查锅炉密封状态。

(4)将压力缓慢升至1.0 MPa，煮炉12 h，观察受热面各部分膨胀情况。

(5)全面定期排污1次。

(6)将压力缓慢升至2.0 MPa，对各仪表进行冲洗操作。

(7)在2.0 MPa煮炉12 h后全面定期排污1次。

(8)将压力缓慢升至3.0 MPa，煮炉24 h。期间进行如下操作：

①打开连续排污，控制水位在正常范围内。

②再冲洗一次水位表，校验压力表。

③进行暖管操作。其操作如下：暖管前先开启蒸汽管道上的疏水阀，排出凝结水，直至正式供汽时关闭；暖管时将主汽阀开启半圈，待管道得到充分预热后再全开。预热时间：完全冷却的管道不小于10 min，未完全冷却的管道不小于5 min。暖管时，应注意检查管道支架与膨胀情况，如发现不正常情况应查明原因并处理好后再继续进行。

(9)煮炉后期磷酸根含量不大而趋于稳定时，煮炉工作方可结束，将压力缓慢升至4.0 MPa，余热锅炉进入正常生产运行。

3.5.3 加料

炉顶加料系统包括炉顶料仓、螺旋给料器、炉料计量电子皮带秤、焦炭仓、焦炭计量电子皮带秤、返尘仓、返尘螺旋计量秤、返尘埋刮板运输机、炉料埋刮板运输机、星形炉料阀、双螺旋混料器、静态分料器、炉料插板阀和炉料喷嘴。这些设备全部由计算机程序控制，按逆流程启动，顺流程停止。炉料插板阀与多种因素进行联锁控制，这些因素之一出现故障，炉料插板阀会自动关闭，加料系统停止运行。必须满足下列因素，炉料插板阀才能开启：硫酸系统风机正常运行；余热锅炉汽包水位正常；余热锅炉循环水泵运行正常；铜水套冷却水循环水泵运行正常；炉底冷却风机运行正常；氧气供应的流量及压力正常；熔炼区及电热区烟气中 CO、H_2没有高于报警值。

炉料加入量由电子皮带秤进行计量，螺旋炉料器采用变频器调速，控制炉料加入量。炉料与氧气按照一定比例进入炉料喷嘴。先开启炉料加料系统，氧气阀门将根据加料线上是否带料的延时启动程序自动开启。焦炭作为还原剂，需要根据炉料加入量按一定比例加入，当炉料加入量变化时，焦炭加入量就会相应变化。

炉料应连续均匀地加入炉料－氧气喷嘴的加料管内，炉料进入炉内在 1350～1400℃温度下进行熔炼，喷嘴出口出现炉料粘接，需要定期进行清理。炉料－氧气喷嘴寿命为 6～12 个月，当氧气喷出口发生变形，从而破坏了氧、炉料的均匀混合，应及时更换喷嘴。

3.5.4　供氧

炉料喷嘴所用的氧气为工业纯氧，由制氧站供给，氧气中含氧浓度宜大于 95%，最低不应小于 90%，喷嘴前氧气压力不小于 0.1 MPa。当氧气压力及流量过低，加料系统就会自动停止加料。严格控制炉料氧气比，开始按照 200 m^3氧气 1 t 炉料进行供氧，正常生产时可根据生产实际情况进行适当调整。

3.5.5　温度

基夫赛特炉炉温主要控制点有两处。一是熔炼反应塔下部焦滤层温度，二是余热锅炉出口 SO_2烟气温度。

3.5.5.1　焦滤层温度

由于焦炭过滤层内化学反应是吸热反应，反应塔出来的熔体通过焦炭过滤层时温度下降，为确保 PbO 还原后产出温度较高、黏度较低的炉渣，反应塔下部温度应控制在 1200～1250℃。

单位炉料碳还原剂的消耗，是设定“焦滤层”的厚度为 100～150 mm。这个参数对于氧化物熔体在炽热的多孔的焦滤层中有效还原是很重要的，因为由此决定了还原过程的温度。有如此厚的还原剂层，温度应保持在 1100～1250℃，以此保证熔体中的铅氧化物和高价氧化铁的快速还原，并防止其在多孔焦滤层表面和内部冻结。在技术上，测量焦滤层的温度比测量其厚度容易，因此，推荐定期测量“焦滤层”的温度，不定期地用检测棒检查其高度。

如果“焦滤层”的温度降到低于 1100℃，则意味着焦滤层太厚，这时熔体的还原速率大大降低，冻结和产生炉结的风险增加。在这种情况下必须减少加入到炉料中的焦炭的配比。

如果“焦滤层”的温度升到高于 1250℃，则意味着焦滤层太薄，这时熔体通过焦滤层的还原时间缩短，氧化物发生还原反应的几率也会降低。这种情况下有必要增加炉料中的焦炭配比。

如果“焦滤层”的温度及其厚度超出了指定的极限范围，铅还原成粗铅的强度降低。由于还原层的温度是几个独立参数的作用(效果)，包括炽热的熔融体温度和其中的几个参与反应成分的浓度(PbO，Fe_3O_4，Fe_2O_3，ZnO)，调节进入到炉料中的还原剂的量应根据经验，参数变化程度不应过大。

3.5.5.2 余热锅炉出口 SO_2 烟气温度

经竖烟道形式的废热锅炉冷却后，其温度应控制在 350 ~ 400℃，以保证高温电收尘器正常工作。在维斯姆港铅厂，电收尘器前设有旁路管道，用风机鼓入空气来调节进入电收尘的烟气温度，取得良好的效果。

3.5.5.3 基夫赛特炉炉内各点温度

反应塔：1350 ~ 1400℃；竖烟道入口：1250 ~ 1280℃；炉渣温度：1200 ~ 1250℃；粗铅温度：开孔放铅 800 ~ 900℃，虹吸放铅 600 ~ 700℃，电热区温度 1250℃。

3.5.6 压力

由于基夫赛特炼铅的烟气 SO_2 浓度高达 20% ~ 40%，一旦泄露，将会造成重大的环保和人身安全事故，控制炉内负压操作非常重要。为了防止铅蒸气和 SO_2 烟气的逸出，全系统都控制为负压，各处的压力实测值为：

反应塔顶部	-80 Pa
炉料喷嘴	-50 Pa
反应塔下部	-150 Pa
竖烟道下部	-130 Pa
高温电收尘器入口	-20 Pa
电热区烟气出口	-50 Pa

3.5.7 熔池中各层厚度

基夫赛特炉内物料或熔体层厚度控制范围如下：

反应区焦炭过滤层	150 ~ 200 mm
电热区焦炭层	30 ~ 50 mm
炉渣层	950 ~ 1000 mm
冰铜层	100 ~ 120 mm
粗铅层	650 ~ 900 mm

3.5.8　炉体冷却水

为延长砌体寿命，反应塔与熔池炉壁都设有铜水套，铜水套可以采用软化水也可以用净化水冷却，冷却水循环使用，冷却水用量为 1200～2000 m^3/h，冷却水套进水温度 46～50℃，出水温度 50～55℃。为了保证铜水套冷却水压力和流量稳定，并能在紧急停电时保持一定时间冷却水供应，一般设有高位水塔，正常生产时，冷却水由泵打入高位水塔，然后流入铜水套。高位水塔始终保持一定水位，当遇到突然停电等事故时，水塔中的水仍可维持对铜水套一定的冷却时间。铜水套冷却水是确保炉子正常运行的至关重要的条件，水循环系统采用计算机程序控制，一般采用 3 台冷却水泵，两用一备，当其中 1 台出现故障，备用泵自动投入运行。

3.5.9　炉底冷却风

由于铅液熔点低，流动性好，密度大，容易渗入炉子的耐火材料内衬发生泄漏。为防止炉底耐火砌体被铅液渗透导致损坏，炉底设计了冷却风道，配备 3 台冷却风机，两用一备，采用计算机程序控制，当其中 1 台出现故障可以进行自动切换。采用强制鼓风冷却，用改变鼓风量的方法使炉底冷却风出口温度保持为50～55℃。

3.5.10　电极系统

基夫赛特炉炉渣温度控制的基本方法是通过电炉电极插入渣层熔体来调节加热功率，通过调整电极的电压和电极插入熔融渣中的深度调节加热功率。粗铅温度(及产冰铜熔炼的冰铜温度)的调节是与渣温调节相连的，因为铅池(及有冰铜时冰铜层)的加热是通过渣池传输热量执行的。炉子中渣层温度越高，铅(和冰铜)的温度就越高。在正常情况下，熔融渣的温度保持在 1250～1350℃，渣温降低到 1200℃将导致铅还原恶化，在炉子的关键区域(“焦滤层”、隔墙下部、竖烟道)就会形成积瘤(炉结)，影响正常操作，减少渣烟化率等。在正常熔炼工况下，炉渣加热到 1400℃和更高也是不符合要求的，因为会导致铅还原恶化，增加电动力消耗，增加炉子结构元件的损耗。但是，由于出现炉结时，加大了电极功率，渣过热被用来消除炉结。

基夫赛特炉电热区设有三根石墨电极，电极系统包括供电变压器、短网、铜瓦、石墨电极、把持装置、升降装置、液压系统和水冷系统。电极的供电和升降均由计算机程序控制。炉顶电极孔采用氮气密封，维持炉内微负压和还原性气氛，电极插入渣层使电能转化为焦耳热为炉渣提供维持 1250℃左右温度所需的热量，促进渣中氧化铅的进一步还原和氧化锌的还原挥发，同时通过熔体传递热量给熔炼区的焦滤层，维持焦滤层温度在1150～1200℃。以维斯姆港铅厂为例，操作电压30～45 V，电流20000～25000 A，电炉额定功率4500 kVA。炉料处理量1200 t/d的基夫赛特炉配备变压器功率12000 kVA，正常使用功率为4500～6000 kVA。电炉变压器低压侧的相电压控制范围为75～175 V，控制步幅不超过10 V。

3.5.11 放渣和放铅

基夫赛特炉炉渣经放渣口放出再水碎后弃去。当炉渣含锌较高时，可考虑用烟化炉吹炼回收其中的锌。对于搭配处理锌浸出渣的基夫赛特炉，由于锌浸出渣含锌高，必须配备烟化炉对炉渣进行吹炼，回收其中的锌铟等有价金属。

基夫赛特炉可以采用虹吸放铅，也可以采用开孔放铅。粗铅通过虹吸放出，当原料 $w_{Cu}/w_{Pb} \leqslant 0.015$ 时，可完成不产冰铜的冶炼。在炉料含铜较高时，控制脱硫率并产出冰铜，冰铜经放出口放出冷却后送往铜冶炼厂。

原料中 w_{Cu}/w_{Pb} 高时，有必要进行产冰铜的冶炼以防止铜渣堵塞虹吸口。按照经验，在基夫赛特炉中冶炼 $w_{Cu}/w_{Pb} \geqslant 0.025$ 的铅物料用虹吸放铅，如果不产冰铜将会发生困难，因为虹吸通道可能会被铜渣堵塞。

粗铅采用虹吸放出，可直接注入熔铅锅进行除铜处理，除铜铅铸成锭送往铅精炼系统。

采用虹吸口放铅时，控制虹吸口铅液面高于炉内铅液面50～100 mm，一般来说，炉内铅液面控制在700 mm左右，虹吸口铅液面控制在800 mm左右。

加拿大特雷尔冶炼厂和江铜均采用开孔放铅，粗铅采用连续脱铜炉进行脱铜，在连续脱铜炉内产出冰铜。

3.6 冶炼产物

3.6.1 粗铅

基夫赛特炉产出的粗铅含铅95%～98%，在不产冰铜的情况下，约80%的铜、98.5%～99.5%的银、92%的锑进入粗铅；粗铅化学成分实例见表3－16。

3.6.2 冰铜

当炉料中含铜大于1.5%时，如果设计是采用的虹吸口放铅方式，为了避免铅虹吸口操作困难，需要采用产出冰铜操作法，控制氧料比，使熔体中残留一定量的硫造冰铜，炉料中80%～85%的铜进入冰铜。冰铜成分实例见表3－17。

表 3－16　粗铅化学成分实例/%

厂　名	Pb	Cu	S	Ag/(g·t^{-1})
维斯姆港铅厂	97.5	0.48	1370	—
乌斯季卡缅诺哥尔斯克铅厂	97	0.9	0.05	—
特雷尔铅厂	94	1.96	—	4224

表 3－17　冰铜成分实例/%

厂　名	Pb	Zn	Cu	Fe	S
乌斯季卡缅诺哥尔斯克铅厂	10.6～20.5		14.8～24.9		20.0～22.9
某工程设计成分	12	4	25.7	30	21
特雷尔铅厂①	31.4	0.21	45.8	0.33	15.8

注：①为脱铜炉冰铜成分。

3.6.3　炉渣

经电热区，渣中的锌还原挥发进入电炉烟气，渣铅进一步澄清分离，维斯姆港铅厂炉渣含 Zn 7% 左右，水碎后弃去。乌斯季卡缅诺哥尔斯克铅厂炉渣含 Zn 13%～14%，特雷尔冶炼厂含 Zn 17%～19%，送入烟化炉吹炼。根据经济技术条件计算，炉渣含锌在 7% 以上，采用烟化炉吹炼回收锌是合算的。我国设计的 2 座基夫赛特炼铅厂都搭配处理锌浸出渣，炉渣含锌均在 10% 以上，均设有烟化炉吹炼。炉渣成分实例见表 3－18。

表 3－18　炉渣成分实例/%

厂　名	Pb	Zn	Cu	FeO	SiO_2	CaO	S	Ag/(g·t^{-1})
维斯姆港铅厂	2	7	0.1	27	27.4	18.1	1.48	2～5
	1.8	7.7	0.17	26	25.1	22.7	1.4	—
乌斯季卡缅诺哥尔斯克铅厂	1.5	13～14	0.5	24	26	17	—	—
特雷尔铅厂	5.0	17.8	—	28	20.9	12.7	—	—

3.6.4 电炉烟尘(氧化锌)

电炉烟气收集的烟尘主要是锌、铅的氧化物，由于对锌电解影响较大的杂质氟化物、氯化物等在高温熔炼时分解，绝大部分进入熔炼区烟气，然后在电收尘器冷凝进入烟尘，因而进入电热区熔体中氟、氯很少，所以从电炉烟气收尘氧化锌含氟、氯极少，有利于电锌厂的生产。电炉烟尘成分实例见表3－19。

表3－19 电炉烟尘成分实例/%

Pb	Zn	Cu	FeO	SiO_2	CaO	S
18～20	55～60	0.2	0.1	1.5～2.5	0.1	0.4

3.6.5 熔炼烟尘

熔炼烟尘系熔炼区烟气经废热锅炉和电收尘器捕集的烟尘，为了防止氟、氯在烟尘返回熔炼时聚积，当氟、氯达到一定浓度时要求在电收尘器的最后一个电场将部分烟尘开路。除了氟、氯含量过高时有部分烟尘开路，几乎全部返回熔炼；烟尘量占炉料的5%～7%，其主要成分为：Pb 55%，Zn 5%，S 10%。

3.6.6 熔炼区烟气

熔炼区产出SO_2烟气经高温电收尘后送往酸厂净化制酸，烟气中SO_2浓度为20%～50%，电收尘出口含尘约200 mg/m^3，炉料的氟、氯大部分进入该烟气中，炉料中的As约3%进入烟气。烟气成分：SO_2为25%，CO_2为30%，O_2为5%，N_2余量。

3.6.7 各种产物的产率

视炉料的成分不同，各种产物的产率会有所波动，维斯姆港铅厂各产物的产率为：

粗铅　　40%～45%
炉渣　　27%～29%
氧化锌　　4%～6%
熔炼烟尘　　5%
含SO_2烟气　　500 m^3/t

3.7　主要技术经济指标

基夫赛特炼铅法主要技术经济指标实例见表3-20。

表3-20　主要技术经济指标实例

指标名称		单位	维斯姆港铅厂	乌斯季卡缅诺哥尔斯克铅厂	特雷尔铅厂
处理量(炉料)		t/d	720	500	1344
铅直收率		%	97	89.0~91.1	89
脱硫率		%	96.7	82.4~88.0	89.65
渣含铅		%	1.5~2	0.4~0.25	5.0
熔炼烟尘率		%	5~7	4~8	14.2
炉料单耗	氧气(100% O_2)	m^3/t	175	170~200	156
	焦炭(100% C)	kg/t	46	—	3
	煤	kg	—	60~110	80.3
	窑渣(25% C)	kg/t	175	120~150	—
	电热区电能	kWh/t	1	1.4~2.0	—
	电极	kg/t	330	330	325
年工作日		d	2	2	4
炉寿命		a	—	—	—

表3-20中铅直收率与脱硫率相差较大的原因是乌斯季卡缅诺哥尔斯克铅厂和特雷尔铅厂原料中含铜较高，熔炼时需产出冰铜。除上述主要技术经济指标外，维斯姆港铅厂其余辅助材料的消耗量及指标如下(按吨炉料计)：

耗电量(不包括电热区耗电量)　60 kWh/t

干燥用石油气　5.2 kg/t

蒸汽过热用燃料油　4.5 kg/t

压缩空气(用于仪表和滤袋清洗)　35 m^3/t

烟气洗涤用冷却水　13 t/t

软化水(补充用)　0.11 t/t

我国某厂设计的主要技术经济指标见表3-21。

表 3-21　基夫赛特直接炼铅主要技术经济指标

项　目	单位	指标	备注
年工作日	d	330	
日处理铅精矿	t	1200	干基量
年处理锌浸出渣	t	120000	干基量
入炉炉料含铅	%	30～35	干基量
工业氧气消耗	m^3/t	160～180	对炉料
反应塔焦粉单耗	kg/t	25～30	对炉料
电热区电能单耗	kWh/t	100～130	对炉料
电极单耗	kg/t	1.5～3.0	对炉料
干燥后物料含水	%	≤1	
粉碎后物料粒度	mm	≤1	
烟尘率	%	5～8	对炉料
基夫赛特炉硫进入烟气率	%	97～98	
竖烟道区炉烟气 SO_2 浓度	%	16～21	
粗铅含 Pb	%	≥97	
次氧化锌含锌品位	t	56.9%	
冰铜含铜品位	t	35.0%	
基夫赛特炉渣含 Pb	%	≤3.50	
基夫赛特炉作业率	%	≥95	
基夫赛特炉金属进入粗铅率 Pb	%	95	
基夫赛特炉金属进入粗铅率 Au	%	98.5	
基夫赛特炉金属进入粗铅率 Ag	%	99	
铅熔炼回收率	%	97.9	
烟化炉弃渣含 Pb	%	0.39	
烟化炉弃渣含 Zn	%	1.705	

3.8　基夫赛特炉

3.8.1　炉子结构

基夫赛特炉由四部分组成(见图 3-29)。①带炉料喷嘴的反应塔。②带有焦炭过滤层的熔池。③氧化铅还原及渣铅分离的电热区。④冷却烟气并捕集高温烟尘的余热锅炉。

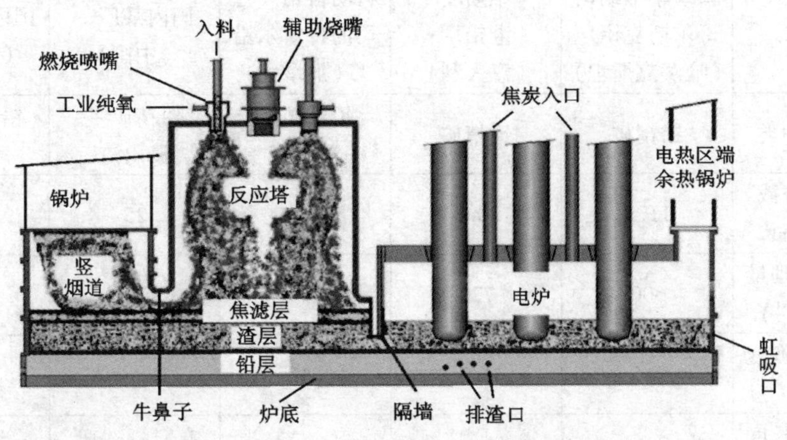

图 3－29　基夫赛特炉结构示意图

3.8.1.1　反应塔

(1)反应塔结构

基夫赛特炉反应塔一般是矩形断面塔，由于是用工业纯氧或富氧熔炼，反应塔的容积热强度高，为保证塔体耐火材料寿命，需要采用强化砌体冷却的水冷构件。目前应用的反应塔结构有三种：第一种是采用铬镁质耐火砖砌筑，每 2～3 层砖体间砌入水冷铜水套，俗称"三明治"结构，与闪速炉反应塔结构雷同，特雷尔冶炼厂和维斯麦港冶炼厂采用这种形式；第二种是采用膜式水冷壁结构，管壁上焊接渣钉，捣筑一层较薄的耐高温、耐冲刷的耐火混凝土，并利用挂渣保护炉墙，这种形式已经不再使用；第三种是全部采用水冷铜水套，铜水套燕尾槽内镶嵌铬镁砖或铝铬砖的结构，这种结构是目前普遍采用的结构形式。反应塔顶部设有 4 个炉料喷嘴孔和 1 个辅助烧嘴孔，整个反应塔炉顶由铜水套构成。反应塔的主要尺寸及技术参数见表 3－22。

(2)炉料喷嘴及燃料烧嘴

①炉料喷嘴。炉料喷嘴安装在反应塔顶，是基夫赛特炉重要部件之一，炉料喷嘴(图 3－30)采用不锈钢制造，分为上下两件，改进前的喷嘴上部件为炉料和氧气进口，下部件为炉料和氧气喷出口。炉料喷嘴规格按处理炉料的能力有 10～12 t/h、15～18 t/h、16～24 t/h 多种，设计时根据炉料处理决定喷嘴数量，通常日处理 300～500 t 炉料时选用一个喷嘴，日处理大于 500 t 时选用多个喷嘴。喷嘴在反应塔顶的布置应保证炉料在反应塔内散布均匀，不造成对炉墙的偏析冲刷。

表 3-22 反应塔主要结构尺寸及技术参数

项目	乌斯季卡缅诺哥尔斯克铅厂（哈萨克斯坦）	维斯麦港铅厂（意大利）	科明科铅厂公司的特雷尔铅厂（加拿大）	国内某厂一（中国）	国内某厂二（中国）
炉料种类	铅精矿	铅精矿	铅精矿 + 浸出渣	铅精矿 + 浸出渣	铅精矿 + 浸出渣
反应塔截面积/m^2	11.9	20.3	30	25	25
炉料处理量/$(t \cdot d^{-1})$	500	720	1340	1150	1070
反应塔宽度/m	4.5	4.5	5	5	5
反应塔长度/m	2.65	4.5	6	5	5
反应塔高度/m	5	5	7	7	7
喷嘴数量/个	2	2	4	4	4

改进后的炉料喷嘴在炉料管道中心增加了一根氧气分散管，分散管下端为蘑菇形喷头，喷头开有若干小孔，孔径 3.5 ~ 4 mm。炉料从喷嘴中心管加入，管径 200 mm 左右。氧气分两条通道加入，其中一条是氧气分散管，10% 的氧气由此喷入炉内，氧气喷射出去时使炉料呈现出良好的分散状态，扩大了炉料喷射的扩散角。另一条氧气通道是炉料管外层环管，90% 的氧气由环管喷入炉内。炉料管道与蘑菇形喷头之间的环缝 20 mm，高速喷出的氧气和炉料表面充分接触，分散气流与垂直方向成一定夹角，高速喷射的分散气流强化了炉料颗粒与气流混合，增加了炉料颗粒相互碰撞的几率，加速了反应塔内炉料的熔炼反应。

基夫赛特炉采用多个炉料喷嘴，这与炼铜闪速炉有所不同，虽然炼铜闪速炉起初曾经采用过多个喷嘴，但是现在普遍采用一个喷嘴。这是因为基夫赛特炉反应塔所需还原剂——焦炭，与炉料一起混合经过炉料喷嘴进入炉内。焦炭作为还原剂需要在反应塔下部形成焦滤层，而不是在反应塔上部被烧掉，因此焦炭粒度比炉料粗得多，一般为 5 ~ 15 mm。如此粗颗粒的焦炭从喷嘴喷出时不可能像炉料一样分散均匀，而是依靠重力直接落入喷嘴下方的熔体表面，虽然下落距离有 8 m 多，但是其分散角仍然很小。如果采用 1 个喷嘴，焦炭可能会堆积在反应塔的中央，焦滤层不能均匀覆盖反应塔的表面，一部分金属液滴就会直接落到熔体

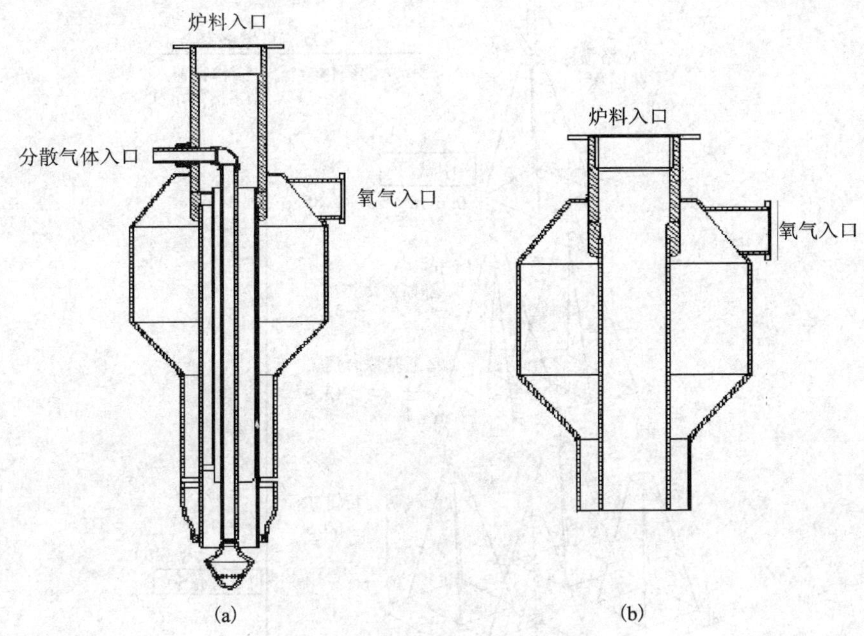

图 3-30　炉料喷嘴结构示意图

(a)改进后的喷嘴结构，(b)改进前的喷嘴结构

表面，不能穿过焦滤层，其中的氧化铅不能在焦滤层发生还原反应。维斯麦港冶炼厂采用两个喷嘴，特雷尔冶炼厂采用了 4 个喷嘴，我国设计的基夫赛特炉都是采用 4 个喷嘴，几家基夫赛特炉烧嘴数量示意图见图 3-31。但是多个喷嘴给加料系统的工艺布置、自动化控制和生产操作带来许多麻烦。笔者认为，减少喷嘴数量和改进喷嘴结构是一个值得研究的课题。合理的解决办法是焦炭加入与炉料喷嘴分开，采用单个炉料喷嘴和多个焦炭加入通道，这样既可以简化炉料加入系统及其控制操作系统，又不会影响焦炭入炉的分布和焦滤层的均匀性。

②燃料烧嘴。燃料烧嘴包括 1 个辅助烧嘴、若干个移动烧嘴、虹吸口烧嘴和反应塔及电热区烟气复燃烧嘴。辅助烧嘴位于反应塔塔顶中央，用于开炉烘炉升温及停炉保温，用天然气作为燃料。正常生产时，通过提升装置提起，用盖板将烧嘴孔盖上。当炉内温度过低时，可以将辅助烧嘴开启，临时补充热量，提高炉内温度。

3.8.1.2　熔池

(1)熔池结构

基夫赛特炉熔池由两部分组成：一部分熔池在反应塔和竖烟道下方，承接反应塔产生的熔体，反应塔产生的高浓度 SO_2 烟气则通过熔池空间经由竖烟道排

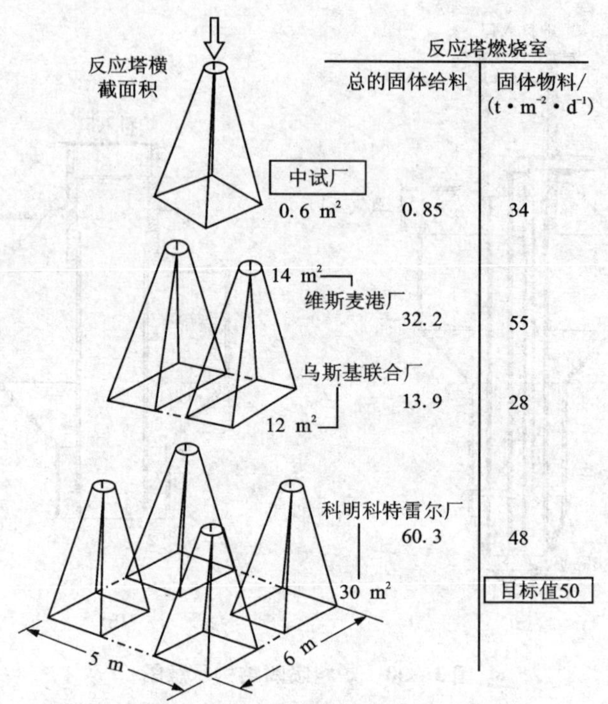

图 3-31　几家基夫赛特炉烧嘴数量示意图

出，反应塔上部为强氧化气氛，下部焦滤层表面为还原性气氛，高浓度 SO_2 烟气排出时可能有部分 CO 进入烟气，为了安全考虑，在竖烟道设有二次燃烧风机鼓入空气将其中的 CO 完全燃烧；另一部分熔池插入电极构成电热区，与反应塔及竖烟道熔池构成一个整体熔池，整个熔池气相由铜水套组成的隔墙分开，铜水套隔墙插入熔体深度 200~250 mm，熔体则互相流通进行热量和质量的传递。电热区设有单独的烟道和烟气处理系统。

基夫赛特炉熔池由炉底、炉墙、炉顶、冷却件、钢结构框架构成，基夫赛特炉截面图见图 3-32。

①炉底。基夫赛特炉采用强制风冷炉底，底部为型钢焊接而成的反拱弧形框架，用来支撑冷却炉底的风冷夹套。风冷夹套由钢板制成反拱弧面，上面砌筑一层厚为 150 mm 的石墨砖，再覆盖一层厚度 1 mm 的不锈钢板，钢板上面铺有 10 mm厚的耐火材料(铝铬质或镁铬质的)捣打料，捣打料中埋设 8 支热电偶，用来检测炉底温度，当炉底温度超过 300℃时，加大炉底冷却风量，防止炉底漏铅。然后在捣打料上面再砌筑厚度为 425 mm 镁铬砖或铝铬砖，由于基夫赛特炉采用大量铜水套，存在渗水的可能性，因此炉底采用铝铬砖更为安全。如果采用镁铬

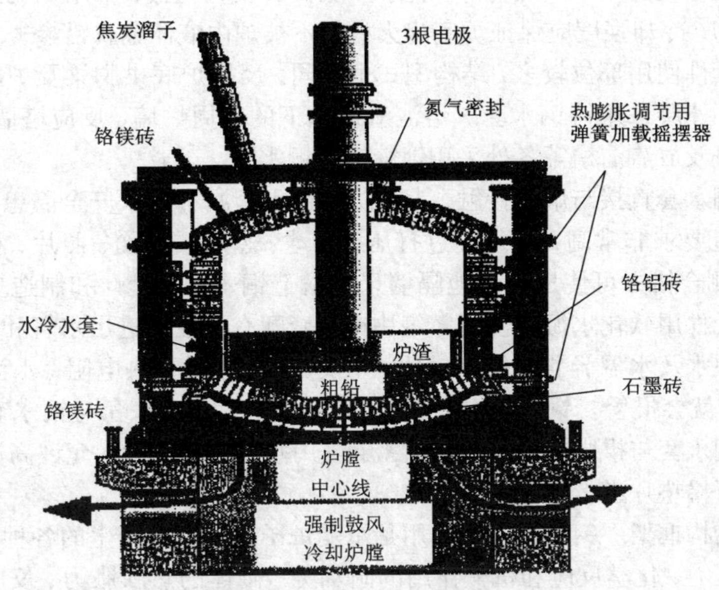

图 3－32 基夫赛特炉截面图

砖砌筑反拱炉底，为了尽可能减少水套渗水造成铬镁砖水化的风险，最外面 4 圈采用了铝铬砖。整个炉底两侧设置水冷钢水套拱脚梁，用以加强炉底结构。两端为水冷钢水套，内衬耐火材料。

②炉墙。炉墙分为两部分，渣线以下采用镶嵌砖衬的铸造铜水套，每块铜水套均有单独进出水管。在铜水套上开有放渣口、放冰铜口及放铅口(如果采用开孔放铅)。渣线以上采用以铬镁砖为主体的耐火砖墙。反应塔熔池与电热区熔池间采用锻造铜水套作隔墙，铜水套上方砌筑 3 层耐火砖，留有 14 个移动烧嘴孔，供开炉时烘炉升温使用。熔池铜水套同样镶嵌耐火材料以保证使用寿命，耐火材料炉墙厚度 460～690 mm。

③炉顶。电热区炉顶有拱顶结构和吊顶结构两种。跨度大于 4 mm 的拱建议采用吊顶结构。电热区炉顶用支撑挂型炉顶代替拱顶后，寿命从 6 个月延长到 18 个月。吊顶采用厚度 300 mm 的铬镁砖，吊挂砖长 460 mm。为保证炉顶的气密性，炉顶外表面涂刷用水玻璃调制铬镁砖粉的耐火砂浆。电热区炉顶开有 3 个电极孔和 2 个焦炭加入孔，电极孔采用氮气密封，氮气除了起密封作用，还能保证炉内的还原性气氛。靠近端部设有烟气排出口，电热区烟气由此进入电热区余热锅炉。炉顶还设有温度检测和压力检测元件。

④冷却元件。为确保炉子砌体安全可靠和提高炉寿命，在炉体各重要部位设置了风冷元件和水冷元件。水冷元件包括铜水套和铸钢水套。

风冷元件主要用于炉底冷却，整个炉底钢板设有风套，采用风机强制鼓风进行炉底冷却，冷却强度应保证炉底耐火材料不被炉内液体金属铅渗透。

水冷元件使用部位较多，结构型式也不同，反拱炉底拱脚梁及炉底两端内衬耐火材料，外层采用铸钢水套。熔池渣线以下的四周炉墙、反应塔墙体及塔顶、熔体放出口及放渣溜槽等各处采用埋管铸造铜水套。

由于铜水套直接与熔体接触，为了防止铜水套漏水带来安全隐患，铜水套的设计和铸造要求非常高，必须经过打压、通球、超声波探伤、照片、材质化验等10余项检测合格方可使用。熔池隔墙采用锻造铜水套，设计和制造要求更为严格。水冷元件用软化水循环使用。每块铜水套配有单独的进出水管和阀门，为了防止水套缺水及水温异常，每块铜水套出水管配有测温热电阻，水温异常升高时，控制室就会报警。铜水套之间用石墨垫片密封，铜水套与铜水套用螺栓连接。熔池铜水套与拱脚梁用石墨垫片密封，用垂直弹簧压紧，允许高温膨胀时铜水套通过石墨垫片进行滑动。

⑤钢结构框架。钢结构框架作用是承受炉子在工况下产生的各种力，其中包括熔体静压力、化学反应和机械作用的附加力、砌体的热膨胀力、反应塔和竖烟道重力等。框架是用型钢焊接而成的立柱和横梁组成，并设置弹簧组件控制炉体的膨胀和变形，保证炉体的气密性和稳定性，如图3－33所示。

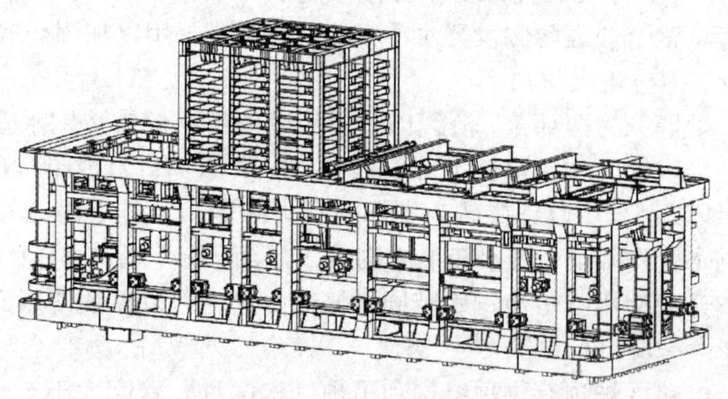

图3－33　基夫赛特炉钢结构

⑥压紧弹簧。炉底采用反拱结构，两侧为钢水套拱脚梁，两端为钢水套和耐火材料内衬。炉顶两侧为钢制拱脚梁。因此熔池反拱炉底四周及电热区拱顶两侧均设有蝶形弹簧进行压紧。开炉前将每组弹簧预紧，预紧力根据不同部位有所不同，升温时炉底和炉顶耐火材料会因温度变化引起耐火材料膨胀量的变化，必须根据每组弹簧的受力情况按照操作手册调节，生产过程中要经常注意弹簧变化情况及时调节。

弹簧组件包括炉床侧墙水平弹簧、炉床端墙水平弹簧、熔池水套垂直压紧弹簧、电热区炉顶弹簧等部分。弹簧组件在设计中应考虑因素较多，其中水套垂直压紧弹簧应重点考虑熔体静压力；电热区炉顶弹簧重点考虑电热区炉顶砌体的重力和变形；炉床侧墙水平弹簧应考虑炉底砌体的膨胀量、膨胀应力以及熔体静压力，还要保证炉底砌体的严密性，保证不发生浮底和漏铅；炉床端墙水平弹簧应重点考虑炉底砌体的变形，同时考虑熔体静压力。

3.8.1.3　电热区

(1)电热区结构

基夫赛特炉电热区主要功能如下：

①在焦滤层没有还原的氧化铅进行进一步还原。

②将流入电热区熔体中还原的金属铅沉淀，实现渣铅分离，形成渣相和粗铅相。

③炉渣中的金属氧化物的烟化挥发。

④维持炉缸熔体的作业温度。

⑤贮存熔体，满足下一工序周期作业的需要。

基夫赛特炉电热区类似贫化电炉或电热前床，在炉顶部分设有 3 根电极，呈直线排列。一般来说，冰铜放出口设在熔池的侧面，停炉时用的底部放出口设在熔池两端。根据不同的放铅方式，放铅口和放渣口的位置有所不同。采用虹吸放铅方式，放铅口设在熔池的尾部端墙，放渣口设在熔池侧面(见图 3－34)。如果采用开孔放铅，开孔位置与之相反(见图 3－35)。其熔池部分结构前面已叙述，其余部位结构与矿热电炉相同。电热区端墙上部靠近余热锅炉入口处开有 1 个吸风口，用来吸入燃烧烟气中的 CO 气体，可以根据需要调节开启度控制风量。

(2)电极装置

电极装置包括供电系统、电极升降装置及其液压系统、电极把持装置及电极。

①供电系统。供电系统包括变压器、短网、软母线、导电铜瓦及水冷系统。

变压器功率计算：

$$P_f = 3I^2 R_E$$

其中：P_f——变压器输送功率，kVA；

I——二次电流，A；

R_E——电阻，Ω。$R_E = R_B + R_S + R_T$，其中，R_B渣层电阻，R_S二次母线、软母线及接线端子电阻，R_T变压器电阻。

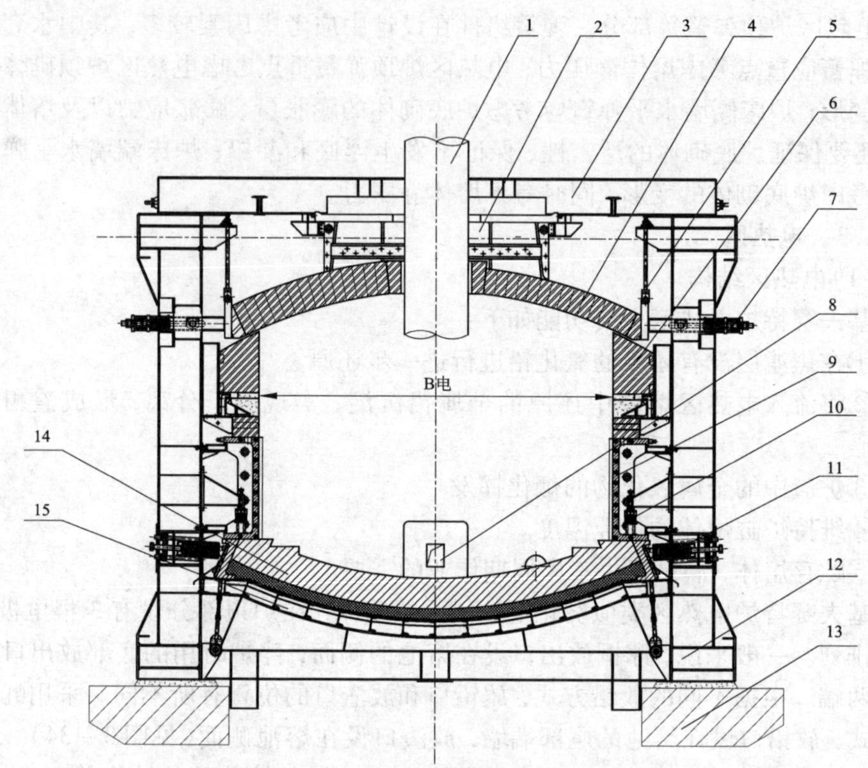

图 3－34　电热区（虹吸放铅）截面图

1—电极；2—电热区烟气出口；3—电热区炉顶钢结构；4—电热区炉顶砌体；5—炉顶拱脚梁；6—炉墙砌体；7—炉顶压紧弹簧；8—粗铅虹吸放出口；9—熔池水套；10—水套压紧弹簧；11—炉底压紧弹簧；12—炉身钢结构；13—基础；14—炉底耐火砖；15—风冷炉底

渣层电阻计算：

$$R_b = (0.46\rho/\pi D)\left[\left(\frac{s}{H}\right)(H-X)/X\right]$$

其中：R_b——每根电极电阻，Ω；

ρ——渣层电阻率，Ω·cm；

D——电极直径，cm；

X——插入深度，cm；

S——电极中心距，cm；

H——渣层厚度，cm。

渣层电阻率与炉渣化学成分及渣层温度有密切关系，一般来说，低电阻率 $w_{SiO_2}/w_{Fe}<1$，CaO 含量增加使炉渣电阻率升高，Zn 含量增加使炉渣电阻率降低，

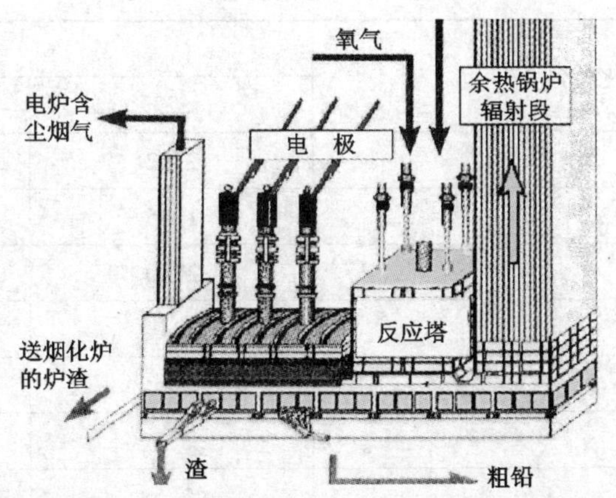

图3-35 基夫赛特炉(开孔放铅)整体示意图

低电阻率还会导致功率因数降低。炉渣电导率随着温度升高而升高，反之电阻率随着温度升高而降低。

②电极。基夫赛特炉电极采用半石墨化的电极，其价格比石墨电极便宜而质量优于碳素电极，如表3-23所示，其质量标准见表3-24。

表3-23 电极的主要特性

性质	单位	半石墨电极	石墨电极
密度	g/cm^3	2.1	2
堆积密度	g/cm^3	1.5~1.6	1.5~1.7
载流量	A/cm^2	12	10~12
电阻率	$10^{-6}\Omega\cdot m$	24	7~10
抗压强度	kg/cm^2	200~300	200~300
超声波速度	km/s	2.0~2.5	2.0~2.5
灰分	%	1	1~3
接头形状		圆柱形	圆柱形

表3-24 电极质量标准

物化特性	牌号	
	S23	S30
真密度/$(g \cdot cm^{-3})$	2.12	1.96
假密度/$(g \cdot cm^{-3})$	1.55	1.51
空隙率/%	27.0	23.0
电阻率/$(\Omega \cdot \mu m)$	24	42
抗压强度/MPa	20.0	20.0
抗弯强度/MPa	6.5	6.0
抗拉强度/MPa	2.5	2.5
热膨胀系数(20+200℃)/$(10^{-6} \cdot K^{-1})$	2.5	2.3
热导率(20+40℃)/$(W \cdot m^{-1} \cdot K^{-1})$	25.0	11.0
灰分含量/%	1.0	3.0

③电极压放装置。电极压放装置安装在电极升降横梁上，用来夹住电极并实现电极的压放(根据电极的消耗)和倒拨。每个电极压放装置由上、下抱闸和连接上下抱闸的压放油缸组成。工作时，上下两个抱闸交替抱紧电极。每个抱闸由四块闸瓦、径向布置的蝶簧-油缸组成。抱紧电极靠弹簧力，松开电极靠液压力。抱闸闸瓦内挂氯丁橡胶板，以增加对电极的摩檫力和实现电气绝缘。电极的准确压放量通过压放油缸执行，并通过电极导向装置保证，如图3-36所示。

④电极升降装置。电极升降装置由升降油缸、升降横梁和上把持器组成。升降横梁上安装电极压放装置，通过螺栓与压放装置连为一体，随电极升降而升降。升降油缸采用单油口柱塞式液压缸，支撑在工艺平台上。升降油缸内置位移传感器，用于检测计量电极位移情况，间接反馈电极在炉内的插入深度，如图3-37所示。

⑤电极把持装置。电极把持装置的作用是将导电铜瓦通过压力环紧紧压在电极上，以保证电能通过电极导入炉内。电极把持器由压力环、导电铜瓦、导电铜管和下把持筒组成。压力环内径向布置波纹膨胀管，膨胀管数与铜瓦数对应。电极正常工作时，波纹膨胀管内充压力油，压紧铜瓦时靠压力油，松开铜瓦时靠波纹管自身的弹簧力。为了避免磁涡流的形成，下把持筒、压力环均采用1Cr18Ni9Ti不锈钢制造。压力环、导电铜管和铜瓦均通水冷却。

⑥电极导向装置。电极导向装置的作用是保证电极垂直升降。电极导向装置布置在工艺平台上，上面支撑电极升降装置。它由导向架和导向轮组成。

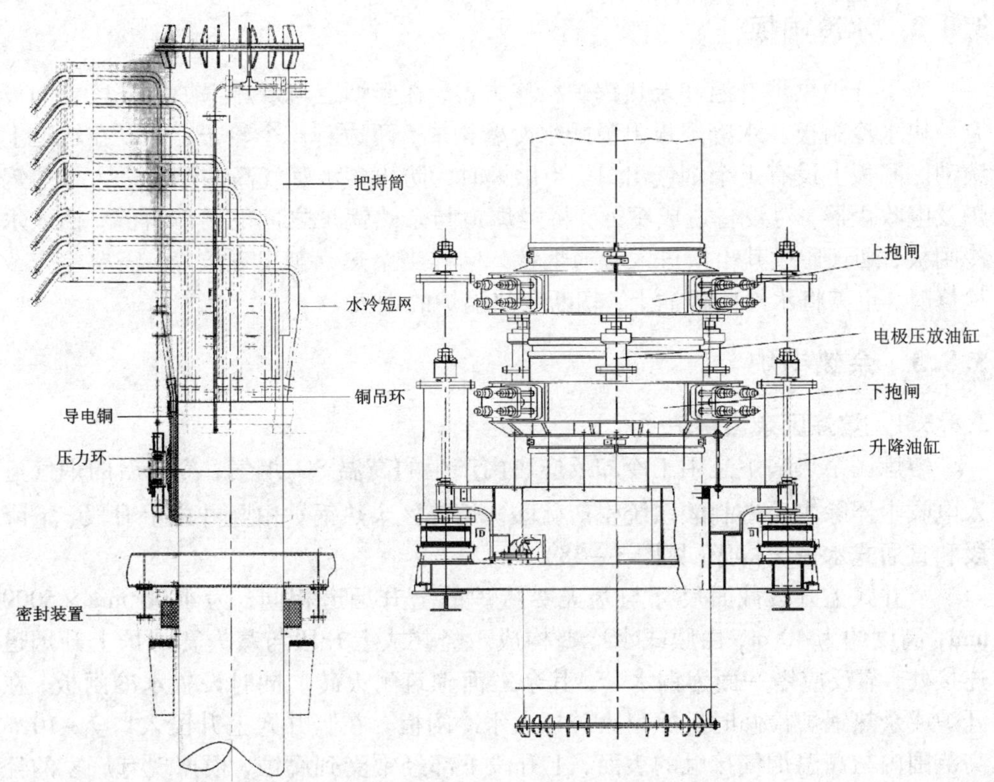

图 3－36　电极把持装置示意图　　　　图 3－37　电极液压升降装置示意图

⑦电极密封。每个电极配备一套炉气密封环，使炉顶密封，在此处，电极进入炉内。密封环由导向耐火砖、耐火纤维毡和气体分配环组成。气体分配环用来将氮气吹进电极和炉顶耐火砖的间隙里，以防止炉气外溢，并保护电极。炉顶和密封环之间的空隙通过密封环密封，密封环由悬挂在炉顶支撑结构上的连接件支撑。气体密封环采用 1Cr18Ni9Ti 不锈钢制造。

3.8.1.4　竖烟道

基夫赛特炉竖烟道由上下二段组成，下段高度为 3 ~ 5 m，过去是由夹有铜水套冷却的砖砌体组成，现在改为铜水套，靠反应塔一侧的铜水套比其他三面高出 300 mm，其他三面留有水冷闸板插入口，闸板抽出时用耐火材料砌筑成砖墙。竖烟道下部直接与熔池连接，上部与余热锅炉的上升段连接，余热锅炉上升段高度为 30 ~ 40 m，为膜式水冷壁构成的竖井型余热锅炉。

3.8.2 水冷闸板

为了开炉烘炉升温和余热锅炉检修方便，在竖烟道与余热锅炉上升段之间设有一块水冷闸板。水冷闸板由膜式水冷壁构成，两边有4个轮子，可以在轨道上滚动。闸板上设有1个烟气出口，当烘炉时为防止含水蒸气高的烟气进入余热锅炉及电收尘器，对设备造成腐蚀，将竖烟道与余热锅炉之间的砖墙拆除，插入水冷闸板，烟气通过其出口进入旁通烟管。同样当余热锅炉出现故障，需要检查或检修时，也需将水冷闸板插上，切断余热锅炉的烟气。

3.8.3 余热锅炉

3.8.3.1 熔炼区余热锅炉

熔炼区余热锅炉是用于冷却反应塔内产生的高温SO_2烟气，冷却后的烟气进入电收尘器除尘后送制酸系统生产硫酸。熔炼区余热锅炉由竖井式上升段、下降段和直通式水平段构成(见图3-38)。

竖井式上升段截面尺寸与基夫赛特炉的上升烟道相同，为4000 mm×5000 mm，高度约为40 m，由膜式水冷壁构成。竖井式上升段与基夫赛特炉上升烟道连接处，靠反应塔一面为铜水套，其余三面砌筑耐火砖。同时设置水冷闸板，在开炉或余热锅炉检修时拆除耐火砖插入水冷闸板。在竖井式上升段入口7~10 m高范围内与高温烟气接触的表面，上升段下部经常受到腐蚀，根据现有厂家的经验，在下部一段堆焊一层厚度为2~3 mm的耐腐蚀合金保护层，高度一般为7~10 m，防止烟气中铊及氟氯的腐蚀。在竖井式上升段中，烟尘中PbO、ZnO尘与烟气中SO_2发生反应生成硫酸盐。采用高竖井式上升烟道，可将烟气温度由1300℃降至700℃左右，同时使熔融的氧化物及硫酸盐落入熔池，降低烟气烟尘率，改善锅炉后部换热段的工况。在竖井式上升烟道中，采用高效弹性振打机清除膜式水冷壁内表面的积灰，积灰直接掉入基夫赛特炉的熔炼区熔池中。在上升烟道的顶部，不能安装对流管束，因为此处最容易积尘，安装对流管束可能导致余热锅炉堵塞。

哈萨克斯坦东方研究院强调，必须在余热锅炉下部或基夫赛特炉上升烟道上部留有二次风口，用风机鼓入空气，将烟气中的CO、H_2等可燃气体燃烧完全，鼓入空气量为2000~4000 m^3/h。事实证明，二次空气非常必要，如果烟气中的可燃气体含量较高，没有在余热锅炉上升段及时燃烧，就会进入余热锅炉下降段或水平段，当锅炉灰斗及埋刮板运输机出现漏风进入锅炉内部时，可燃气体就会燃烧，使锅炉内温度升高，烟尘熔化后结块，将余热锅炉内的烟气通道堵死，整个基夫赛特炉无法正常运行。

下降烟道是上升烟道和水平烟道的中间连接段，全膜式壁结构。将烟气温度

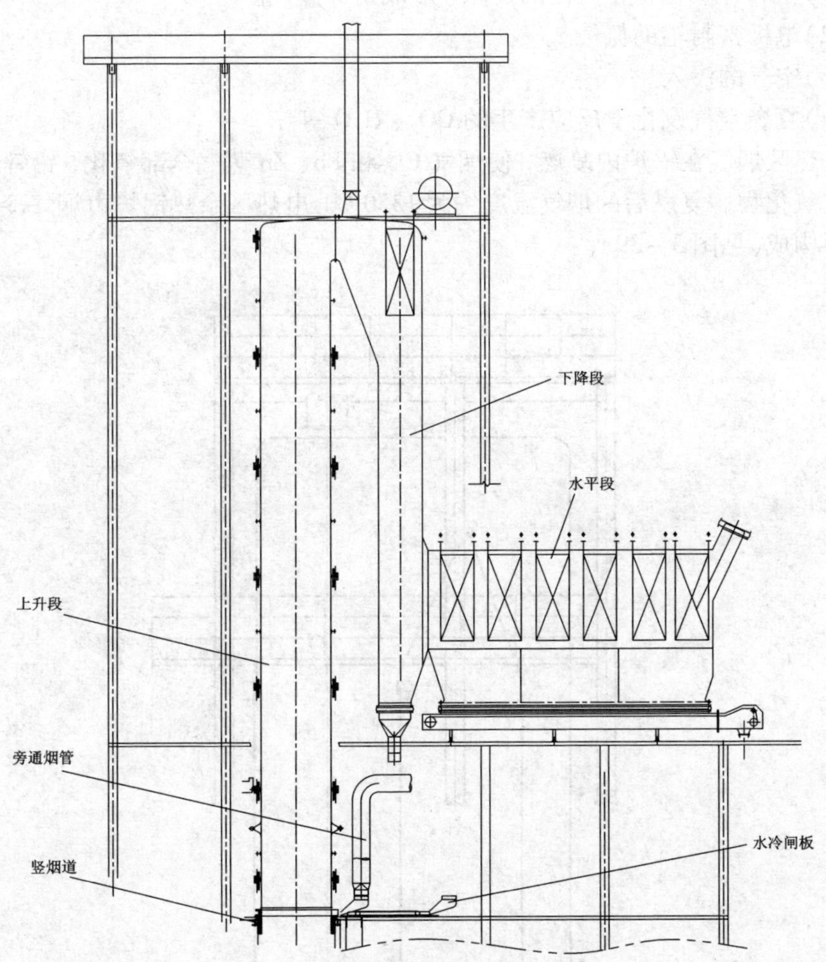

图 3-38　熔炼区余热锅炉示意图

降至 500～550℃，用高效弹性振打机清除膜式水冷壁表面的积灰。

水平烟道外壁采用全膜式壁结构，烟道内部依次布置了 4 组对流管束，并预留 2 组对流管束位置。高温烟气横向冲刷管束，温度降至 360～380℃，经锅炉尾部排出进入收尘系统。对膜式水冷壁表面和对流管束均采用弹性振打清灰。

余热锅炉出口烟气温度：360～380℃。

蒸气基本参数：蒸气压力（表压）4.0 MPa；饱和蒸气温度 251.8℃。

3.8.3.2　电热区余热锅炉

电热区不需要鼓入空气或氧气，只需在余热锅炉下部鼓入适量空气进行复燃，烟气来自于以下几个方面：

(1)铅和锌氧化物在熔池的还原，形成铅锌蒸气。

(2)电极密封辅助氮气。

(3)空气的渗入。

(4)复燃空气及化学反应产生的 CO_2、H_2O 等。

电热区烟气在锅炉内复燃，使烟气 CO 和 Pb、Zn 蒸气全部氧化，铅锌氧化生成铅锌氧化物。复燃后的烟气温度约为1350℃，电热区余热锅炉由烟气冷却室及省煤器构成(见图 3－39)。

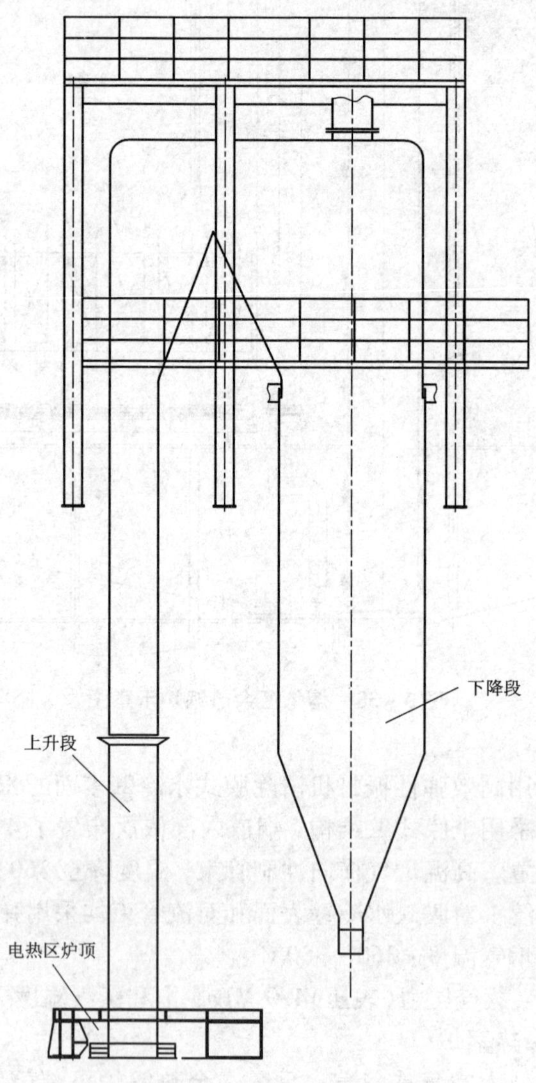

图 3－39　电热区余热锅炉示意图

烟气冷却室外壁为全膜式壁结构。根据电热区烟气和烟尘的特点，前部为多烟道空腔，烟气温度由 1350℃降至 550℃；后部设省煤器，省煤器换热面采用蛇形管，将锅炉给水温度提高到 140℃左右进入汽包，同时烟气温度降到 200～250℃后送收尘系统。在布袋收尘器前面设有稀释风机，如果烟气温度过高，可以启动稀释风机鼓入稀释空气进行冷却。烟气冷却室和省煤器均采用高效弹性振打机清除换热面表面的积灰。

电热区余热锅炉出口烟气主要成分实例如下(体积分数)：

CO_2	O_2	N_2	H_2O	SO_2
4.8～4.9	9.9～10.1	84～85	1.0～1.1	0.015

余热锅炉出口烟气温度：200～250℃。

蒸汽基本参数：蒸气压力(表压)4.0 MPa；饱和蒸汽温度 251.8℃。

3.8.3.3　余热锅炉配置

根据工艺专业配置要求及锅炉设计特点，基夫赛特炉的两台余热锅炉共用一个汽包，设置一座余热锅炉房，余热锅炉房辅助间并入基夫赛特炉熔炼车间。

该余热锅炉的锅炉给水泵设置于烟化炉余热利用车间内，由该车间统一供水。余热锅炉所需反渗透级软水供水量为 30.5 t/h。

余热锅炉房设置定期排污膨胀器 1 台，电动锅炉循环泵 1 台，蒸汽驱动锅炉循环泵 1 台，其中定期排污膨胀器设置 ±0.000 平面，主控仪表室与工艺专业共用。

竖烟道区余热锅炉收集下的烟尘由水平埋刮板机送至工艺专业集中收集，返回基夫赛特炉冶炼。电热区收集下的烟尘由水平埋刮板机送至收尘专业集中，送电锌系统。

3.8.4　主要结构尺寸实例

基夫赛特炉主要结构尺寸实例见表 3－25。

3.8.5　基夫赛特炼铅的主要设备连接图

基夫赛特炼铅的主要设备包括基夫赛特炉、熔炼区余热锅炉、高温电收尘器、高温风机、电热区余热锅炉、布袋收尘器以及冷却水循环系统，其设备连接图见图 3－40。

表 3-25 主要结构尺寸实例

项目名称	卡拉奇帕姆铅厂	乌斯季卡缅诺哥尔斯克铅厂	维斯姆港铅厂	科明科铅厂
炉料性质	铅银精矿	铅精矿	铅精矿	浸出渣+铅精矿
炉料处理量/$(t \cdot d^{-1})$	165	500	720	1340
反应塔结构	膜式水冷壁	膜式水冷壁	“三明治”结构	铜水套内衬耐火砖
反应塔内部长×宽×高/m×m×m		2.65×4.5×5	3×4.5×5	6×5×8.726
喷嘴数量		2	2	4
一个喷嘴的生产能力/$(t \cdot h^{-1})$		10~12	15~18	15~18
熔炼区面积/m^2		22	36	
熔池内部长×宽/m×m	7.5×4	13×4.5	20×4.5	24×5
竖烟道内部长×宽/m×m		2.2×4.5	3×4.5	
竖烟道高度/m		30	40	
电热区面积/m^2	25	36	45	55
电热区变压器额定功率/kVA		4500	4500	9000
电极直径/mm	550	555	800	900
电极数量/根	3	3	3	3

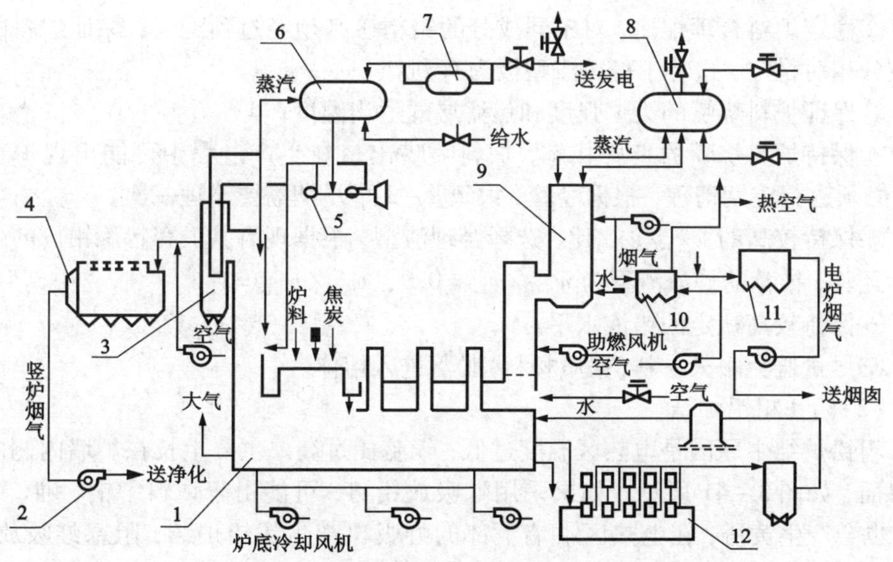

图3-40　基夫赛特炼铅法设备连接图

1—基夫赛特炉；2—风机；3—熔炼区余热锅炉；4—高温电收尘器；
5—熔炼区余热锅炉循环水泵；6—电热区余热锅炉汽包；7—过热器；8—汽包；
9—电热区余热锅炉；10—热交换器；11—滤袋收尘器；12—冷却水系统

3.9　基夫赛特炼铅炉结抑制与消除

基夫赛特炉搭配锌浸出渣，炉料中带入锌大量增加，产生炉结的可能性也随之增加。因此如何抑制炉结产生和消除炉结成为重要的研究课题。因为炉结一旦生成，就会给生产操作带来很大影响，甚至无法正常操作，必须停产处理，而且炉结消除非常困难，需要大量时间，增加能耗。因此在操作过程中主要是如何防止和抑制炉结的生成，总结防止和抑制炉结生成的工艺技术条件。

3.9.1　防止和抑制炉结生成

炉结的种类：炉渣炉结、粗铅炉结和余热锅炉内的烟尘炉结。

(1)防止炉渣炉结

炉渣炉结是危害最大的炉结，主要产生在炉墙和隔墙的结合部位，影响熔体流动；靠侧墙的渣层与铅层之间部位，影响铅液的澄清分离。

防止炉渣炉结形成主要通过控制炉料配比和炉内各部位温度来实现，具体措施如下：

①控制炉料中 Zn 不超过 17%，$w_{Zn}/w_{Fe}<0.9$。

②稳定炉料合理配比，对不同成分的铅精矿必须经过预配料，保证炉料的化学成分相对稳定，这对于稳定渣型极为有利。

③保证炉料烧嘴的火焰强度和焦滤层的适当温度。

④保持炉料烧嘴的良好状态，炉料喷嘴出口在生产过程中可能出现炉料粘接，必须进行定期清理，根据经验，大致 2～3 个星期需要清理一次。

⑤保持较高的 w_{SiO_2}/w_{CaO} 比，选择合理渣型，根据现有基夫赛特炼铅厂的生产实际经验，推荐的炉渣渣型为 $w_{SiO_2}/w_{Fe}=0.9$，$w_{SiO_2}/w_{CaO}=1.6$。

⑥保持较高稳定的铅液水平。

⑦尽量避免耐火材料（铬质材料）脱落进入熔体。

（2）防止粗铅炉结

粗铅炉结主原因是电热区温度过低；铜硫比过高。主要生长在炉墙内侧的渣铅界面，如图 3－41 所示。如果采用虹吸放铅口，可能由于炉料中铜、砷、锑过高，也会产生黄渣，在电热区端墙下部的虹吸口产生粗铅炉结，阻塞虹吸放铅。粗铅炉结在特雷尔冶炼厂经常发生，在维斯麦港冶炼厂很少出现，这是因为维斯麦港冶炼厂采用在基夫赛特炉内造冰铜的操作方式，粗铅含铜很低，粗铅含铅达到 98.8%～99.1%。

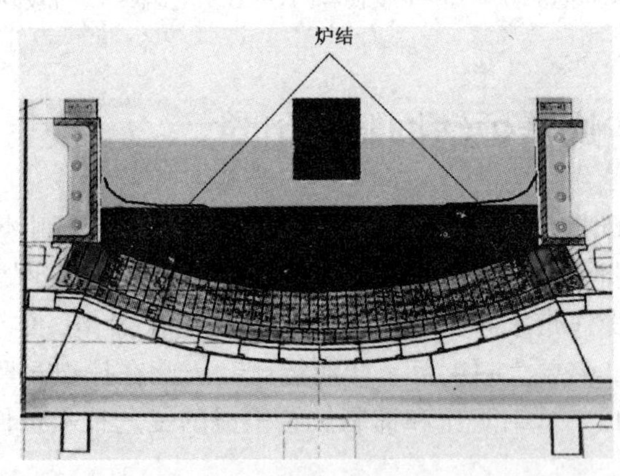

图 3－41　粗铅炉结示意图

防止粗铅炉结的措施如下：

①若原料含铜过高，则采用造冰铜的方式操作，定期从基夫赛特炉排出冰铜，降低粗铅中的含铜量。

②控制和适当提高放铅温度。在虹吸道设有粗铅保温烧嘴，当虹吸道粗铅温度过低时，开启保温烧嘴，提高粗铅温度。

(3)防止烟尘炉结

烟尘炉结主要生长在余热锅炉上升段与下降段结合处的顶部，粘接到一定厚度，会自动脱落掉下，掉下容易砸坏灰斗，并将埋刮板运输机卡死。为此，在灰斗上方设计有格栅，减小炉结下落的冲击力，还可以将大块砸碎，对于没有砸碎的大块就在炉门扒出，避免将埋刮板机卡死。烟尘炉结实际上就是烟尘结块，形成原因主要是硫酸盐的生成。为此，需要将烟气进入下降段的温度降至750℃以下，防止硫酸盐的生成。为了防止锅炉管壁上烟尘厚度增加，应及时振打，将烟尘清除。

3.9.2　消除炉结

如果发现炉内有炉结生成，必须及时消除，避免炉结进一步长大。根据国外基夫赛特炉的操作经验，炉结消除主要是指炉渣炉结的消除，其主要措施是:

(1)提高氧料比，增加炉料中煤或硫的含量，提高反应塔温度，适当减少反应塔焦炭加入量，降低焦滤层的厚度，以提高焦滤层温度;

(2)增加电极插入深度，提高电极功率，从而提高电热区焦滤层温度;

(3)加入铁球，增加炉渣中铁的含量，提高 ZnO 在炉渣中的溶解度;

(4)适当增加电热区焦炭加入量，提高电热区的还原性气氛，减少 Fe_2O_3 和 Fe_3O_4 的生成，降低炉渣黏度。

3.10　基夫赛特炼铅自动化控制

3.10.1　概述

基夫赛特炼铅是连续的闪速熔炼过程，反应塔内的化学反应非常迅速、剧烈。由于炉料成分复杂，各种化学反应同时进行。炉内温度、压力、气氛生成物的化学成分和物相组成随时变化。在生产条件下需要考虑许多因素和变量，并作出迅速判断和响应，人为控制难以对各种工艺参数进行稳定和准确控制。采用计算机控制能够快速、准确地检测生产过程的各工艺参数，用收集的数据作为输入条件，及时、准确调整控制变量，减少人为因素的影响和参数波动，为生产过程稳定运行提供条件。

基夫赛特炼铅的重要控制参数包括重要输入参数和输出参数，重要输入参数有炉料量、炉料化学成分及物相组成、氧料比。重要输出参数有炉内气氛及压力、炉渣成分和炉渣温度。需要建立重要参数在线控制的数学模型，由计算机对输出参数实施实时监控，根据监控数据对输入参数进行实时调整。只有保持上述3个输入参数稳定，并根据输出参数的变化作出及时调整，熔炼和烟气制酸的生产才能稳定运行。

3.10.2 计算机系统控制

基夫赛特炼铅采用计算机控制，配置实时数据库系统，对全厂所有设备、仪表及工艺过程进行控制，对生产数据进行记录和分析，进行实时和历史的查询，提供与企业 ERP 的接口和生产信息，对全厂各生产过程进行监控及生产管理。

计算机控制系统采用电仪一体化。

3.10.2.1 系统基本功能

(1)采集工艺过程参数、电气设备参数、生产设备的运行状态信息。

(2)计算机以"人－机"对话方式指导操作。全厂的控制方式分为三种：自动控制、远程控制、机旁就地控制。控制室的控制方式转换操作由计算机实现，不用另设按钮集中控制台。自动控制由计算机按软件程序完成；远程控制是由控制室操作人员通过操作鼠标、键盘进行控制；机旁就地控制即在设备现场手动按钮控制。

(3)液晶显示器(LCD)上可显示全厂平面及整个工艺流程中的数十幅工艺流程图，实时动态显示工艺参数，设备运行状态及事故报警显示等信息。

(4)控制系统的自诊断功能，包括系统内的所有设备，并将故障位置在系统状态图中显示出来。

(5)控制软件可以对生产工艺过程参数进行实时控制，并能确保控制性能的优良。

(6)工艺流程监控功能。将所有监控范围的工艺流程参数以操作要求的方式进行实时显示，并便于参数设定与修改。

(7)设备状态指示。对 MCC 供电的设备能够指示其电路与设备状态，实现对设备故障的智能诊断。

(8)报警画面。包括工艺数据报警、设备故障报警、系统故障报警，能够根据不同的报警信息提供语音报警功能，在故障确认后可实现报警解除。

(9)历史趋势。记录生产所要求的所有参数的历史数据，记录时间可根据生产要求任意设置。

(10)操作记录。记录生产过程中操作员进行的所有操作，记录时间不小于一个月，并可根据要求任意设置。

(11)能源管理。对工艺中所涉及压缩风、生产水、生活水、软化水、净化水、二回水、天然气、蒸汽、电等所有能源计量数据进行监视。可以进行班能量管理、日能量管理、月能量管理以及年能量管理。这些数据可以更精确地考核每个班的生产成本，为生产操作提供参考依据，并为今后的细化管理打下基础。

(12)生产物流质量计量。在本项目内需要转移且需检斤的物料及产品，同步考虑检斤设备及设施的配置、安装。即检斤的数据须纳入业主的物流计量系统网络中，使之成为一个整体，实现数据的联网、共享。

(13)设备管理。计算机系统可在线诊断各类故障，查找故障部位并报警。所有受控设备工作情况的细化管理，包括运行时间、停止时间、故障时间、设备运行时间的累积，为设备预防性维护与计划性维护提供时间依据。

(14)报表打印。自动生成生产报表(班/日/月)供生产管理用。生产报表的内容包括：运行参数、工艺分析；在线进行各种性能计算和经济分析等。

(15)统计分析、历史记录。根据生产数据，建立生产数据库系统，对这些数据进行有目的的分析，可以作出不同应用场合的数据分析和历史记录。

(16)生产管理。根据对数据库数据的分析，并根据生产工艺的要求，建立数学模型，进行定量、准确、有效及数字化的生产管理。

(17)信息集成。系统具有接口(标准 OPC Server 2.0)与全厂 MES 系统进行实时通信，实现生产过程的实时和网络调度。具有 Web Sever 功能，可在厂区局域网上浏览本系统的操作画面及生产数据。

3.10.2.2　系统结构

通过现场仪表系统和电气系统采集生产过程中各工艺参数，包括：温度、压力、流量、料位、液体及气体成分等，设备开、停、故障、电流和电压等，经处理后进入控制系统，控制系统根据应用程序运算处理，对生产过程监视和控制。

从安全角度考虑，原则上大中型设备的启动操作在现场机旁进行，而在控制系统上只进行紧急停车或联锁停车。

在遵循开放的现场总线标准下，供电系统以及随工艺设备成套带的控制系统或装置，通过现场总线或通信的方式，与集散系统构成监控系统，作为集散系统的结点运行。对于有联锁或操作要求的信号采用硬接线方式与集散型控制系统相联。

要求供电系统和随工艺成套来的控制系统所带通信接口应符合国际/中国标准的通信协议，例如：MODBUS、ProfiBUS。

控制系统分为系统操作层、控制层和现场信号处理层。

在系统操作层实现集中操作，同时也可将各自的操作功能放在各自的分系统上保持相对独立和实时性。

系统控制层主要完成各种信号的综合处理，回路的计算和处理，逻辑回路的处理，先进控制算法的执行。

控制系统的所有 I/O 处理都是通过用现场总线连接的现场处理模块实现。各个处理模块集中安装。

配置数据库系统，对所有生产数据进行记录，可进行实时和历史的查询。

3.10.2.3 计算机系统控制站的设置

根据工艺流程本工程共设置两个中心控制站：铅熔炼系统中心控制站、铅电解及成品库中心控制站。

(1)基夫赛特熔炼系统中心控制站：在基夫赛特熔炼中央控制室设置铅系统中心控制站，在铅系统(铅电解除外)其他车间设置现场I/O站，计有：原料库及配料、炉料干燥及球磨、烟化炉吹炼、铜浮渣处理、循环水、化水处理站、空压机站等现场I/O控制站，并根据工艺需要在炉料干燥及球磨和化水处理站设置监控操作员站。

(2)铅电解中心控制站：在铅电解及成品库控制室设置中心控制站。

3.10.2.4 计算机控制系统可靠性措施

(1)计算机控制系统采用进口品牌，可靠性指标为：MTBF > 100000 h，MTTR < 2 min。其他智能设备也具有自诊断功能，使其具有高度的可靠性。

(2)系统重要部件(控制器、电源及网络通信设备和部件)冗余率为100%，即：DCS系统应具有完备的冗余技术，其控制器、电源及网络通信设备和部件均采用1∶1冗余配置。

(3)控制器的最高负载率低于60%。即每个控制器的Free memory和Free time最低瞬时值不少于40%。

(4)计算机控制系统具有诊断至模板级的自诊断功能，使其具有高度的可靠性。系统内任一组件发生故障，均不影响整个系统的正常运行。

(5)计算机控制系统具有数据备份与恢复，数据导出与导入等功能。系统具有防毒、防非法入侵和数据密码管理功能；系统具有3级密码设置功能。

(6)计算机控制系统UPS采用进口著名品牌，其最高负载率低于50%，在线式两小时以上；中心控制室的输入输出电源为双路设计，可实现无扰动切换。

(7)控制系统具备与业主现有控制系统(如PLC和MES系统)通信的功能，业主要求的所有数据和功能在项目建设完成后同时具备可视化生产与设备管理的能力。通信速率不低于10 Mbps，通信方式为以太网方式。

计算机控制系统网络拓扑图见图3-42。

3.10.3 工艺过程控制

基夫赛特炼铅的工艺过程主要控制3个参数：炉料量、炉料化学成分及物相组成、氧料比。都依据炉内气氛及压力、炉渣成分和炉渣温度进行控制。可以采用计算机在线控制和离线控制。

(1)氧料比

氧料比对于基夫赛特炉炉况是否正常非常重要，氧料比过高将会过氧化，铁被氧化成Fe_2O_3和Fe_3O_4，使炉渣黏度增大，容易产生炉结。如果氧料比过低，硫

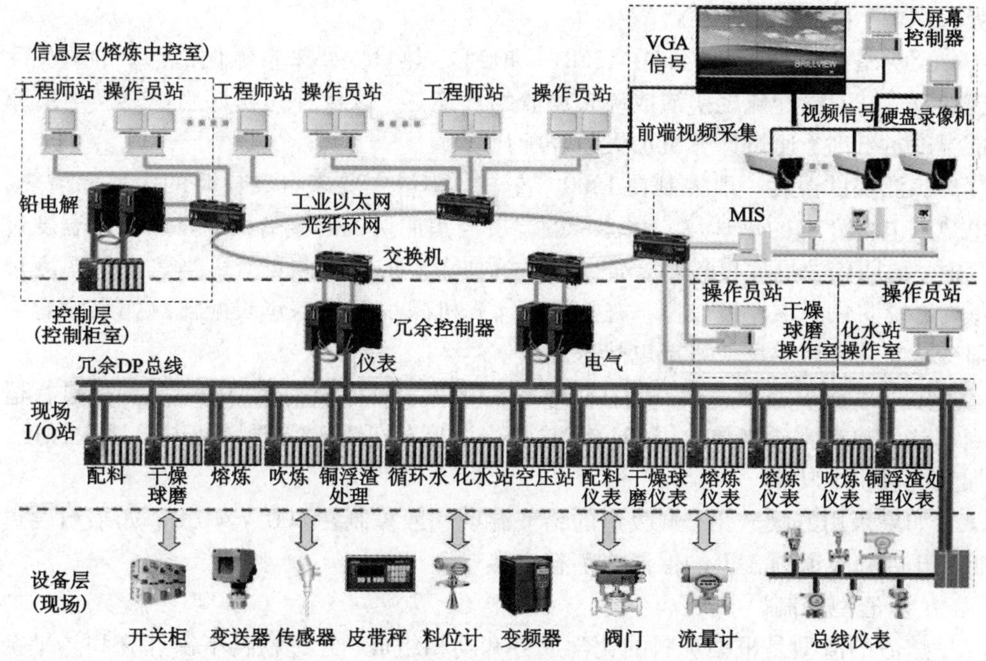

图 3－42　计算机控制系统网络拓扑图

化物不能充分氧化，出现生料，使炉内工况恶化。因此需要对炉内氧位进行检测。根据物料的化学成分和物相成分的变化、是否生产冰铜进行调整和控制。

检测炉内氧位一般炉窑通过检测烟气 w_{CO}/w_{CO_2} 判断，由于基夫塞特炉反应塔温度很高，难以直接从反应塔进行烟气取样，必须从冷却后烟管取样。但是烟气经过熔池表面焦炭过滤层进入烟气冷却系统，焦滤层形成的 CO、CO_2 也一起进入烟气，因此烟气中的 CO、CO_2 并不代表反应塔的真实情况。而且反应塔燃烧的主要是硫化物，而不是碳，检测 CO、CO_2 没有实际意义。特雷尔冶炼厂曾经通过反应塔硫的分布来分析反应塔的氧位，后来采用检测 NO_x 浓度来判断炉内氧位，认为检测电收尘出口 NO_x 更加准确。

设定氧料比为 α，α 小于 1 为还原气氛，大于 1 为氧化气氛，目标值 0.95，经过长时间试验分析，最后采用检测 NO_x 浓度来判断炉内氧位，当 $NO_x = 350$ μL/L 时，$\alpha = 0.95$。

在电收尘器出口烟管上设有烟气成分在线分析，对烟气中的 CO、NO_x、SO_2、H_2 等气体进行检测，其中 NO_x 的浓度是判断炉内氧位的。数据输入计算机后，比照预先设定的目标值调节氧气流量。

(2) 炉内温度

炉内温度主要有4个部位温度需要重点控制：反应塔、焦滤层、电热区和虹吸口（如果采用虹吸放铅）。

反应塔的温度一般控制在1350～1400℃，热量主要来自硫化铅精矿的氧化反应的反应热，搭配硫尾矿渣或硫热滤渣的反应热，以及补充粉煤燃烧热。当反应塔温度过低时，通过计算机加大粉煤配比。

焦滤层的温度一般控制在1200℃左右，热量主要来自反应塔的火焰辐射热，电热区电极发出的焦耳热。焦滤层的温度与焦滤层的厚度有关，当焦滤层温度过高时，说明焦滤层厚度较薄，通过计算机加大反应塔焦炭配比；当焦滤层温度过低时，说明焦滤层厚度较厚，需要通过计算机减少反应塔焦炭配比。如果没有明显变化，需要提供反应塔或电热区温度。

电热区渣层温度一般控制在1250～1300℃，可以根据渣型的熔化温度进行适当调整。热量主要来自电极的焦耳热。当温度过低时，需要增加电极插入深度，加大电极供电功率。

如果采用虹吸放铅，虹吸道的铅液温度一般控制在600～700℃，如果温度过低，开启虹吸道顶盖上的保温烧嘴补充热量。

（3）渣型控制

炉渣的渣型是根据炉料的化学成分和物相组成，经过物料平衡计算和热平衡计算确定的。控制渣型的目的是控制炉渣的黏度、密度和熔化温度等物理特性。炉渣的主要成分是FeO、SiO_2和CaO，控制三者之间的比例关系，同时考虑Cu、Zn、As、Sb等其他元素的影响，当原料成分发生变化时，通过计算机调整石灰石及石英石加入量。这个过程可以通过计算机软件实现在线控制。

3.10.4 计算机联锁控制

为了保证生产过程安全可靠运行，生产过程的许多工艺参数、机器设备及生产线通过计算机进行联锁控制或自动切换。

（1）炉顶加料线联锁

炉顶加料线必须满足下列全部条件，才能投入运行。在运行过程中，当下列条件之一不能满足时，加料线自动停止运行，并发出相应的光声报警信号。

①硫酸生产系统风机开启并运行正常；

②高温烟气风机、洗涤塔及制酸系统开启并运行正常；

③电收尘器出口烟气没有出现CO、H_2过高报警；

④电热区布袋收尘器出口烟气没有出现CO、H_2过高报警；

⑤电热区布袋收尘器运行正常；

⑥余热锅炉汽包没有出现过低水位报警；

⑦余热锅炉给水泵及循环系统开启并运行正常；

⑧铜水套冷却水流量、温度正常；

⑨氧气压力、流量正常。

(2)炉顶料仓料位联锁

物料输送方式主要有气力输送、胶带输送及埋刮板机输送。输送设备的开启和停止均由计算机联锁控制，设定料仓料位的低限值和高限值输入计算机控制程序，当料仓处于料位低限值时，输送设备自动开启，达到料位高限值时，自动停止。

(3)应急电源自动切换

对于特别重要的涉及安全环保的用电负荷，如高温风机、铜水套冷却水循环泵、脱硫塔碱液循环泵、余热锅炉给水泵及炉底冷却风机等，除了采用双回路供电外，还设计了柴油机发电作为应急电源。一旦遇到突然停电的情况，应急电源由计算机程序自动启动，并自动切换到相关设备。

3.11　基夫赛特炼铅烟气处理

3.11.1　反应塔烟气处理

3.11.1.1　反应塔烟气冷却

反应塔烟气温度高达 1250 ~ 1300℃，烟气及烟尘带走的热量约占总热量支出的 35%，大量的热能可利用。烟气冷却采用余热锅炉，余热锅炉为膜式水冷壁大空腔结构，分为上升段、下降段和水平段 3 部分。上升段和下降段主要是辐射传热，水平段为对流传热。

为了防止烟尘在余热锅炉内壁粘接而降低冷却效率，余热锅炉的上升段高度设计为 35 ~ 40 m，设有若干台弹性振打机。这样使附着在内壁的低熔点物质流入熔池，粘接在内壁的高熔点物质通过振打落入熔池。上升段与下降段交接处是最容易粘接烟尘的部位，交接处的坡度尽可能大，防止积灰，并在此处设置吹灰清扫装置和清理门，定期进行吹扫和清理。根据国外经验，为了防止高温烟气冲刷及铊的腐蚀，在烟气入口处的余热锅炉内壁堆焊一层 2 ~ 3 mm 厚的耐磨耐腐蚀合金。

下降段底部灰斗设有钢轨制作的条筛，防止烟尘结块脱落时砸坏灰斗，卡死埋刮板输送机。条筛处设有清理门，如果出现大块烟尘，可由人工捣碎或将大块扒出来。

对流段与下降段之间采用膨胀节连接，设计时既要考虑对流段的膨胀产生的水平位移，又要考虑下降段向下膨胀产生的垂直位移。对流段设有若干组对流管束，对流管束的数量以保证出口烟气温度在 350 ~ 400℃而定。

余热锅炉的温度分别为：上升段1250℃冷却至750℃，下降段750℃冷却至550℃，对流段550℃冷却至350~400℃。

3.11.1.2 反应塔烟气收尘

反应塔排出的高温烟气经余热锅炉，从1250~1300℃冷却至350~400℃后进入收尘系统。进入收尘系统的烟气中SO_2含量高、含尘浓度高，根据烟气和烟尘特性、及其他炼铅厂生产实践，采用电收尘器除尘，收尘后的烟气通过高温风机送制酸系统制酸。

基夫赛特炉反应塔余热锅炉出口烟气参数：烟气温度360~380℃，含尘浓度约120 g/m^3，烟气压力-600 Pa。

烟尘成分及烟气SO_2浓度与原料成分有关，表3-26、表3-27是由60%硫化铅精矿和40%锌浸出渣构成的原料计算出来烟气成分和烟尘成分。

表3-26 反应塔烟气成分估算实例

成分	SO_2	SO_3	CO_2	N_2	O_2	H_2O
体积分数/%	23.173	0.046	34.973	20.62	7.095	14.095

表3-27 反应塔烟尘成分估算实例

成分	Pb	Zn	Cu	S	Fe
质量分数/%	25~55	5~10	0.8~1.2	8~10	2~5
成分	CaO	SiO_2	As	Cl	F
质量分数/%	0.1~0.2	1~4	1~2	3	2

其他含有微量As、F、Cl、Hg。

收尘工艺流程是基夫赛特竖炉余热锅炉出口烟气经过沉降室和电收尘器除尘，收尘后的烟气由高温风机送制酸系统。

电收尘器收下的烟尘通过埋刮板集中输送至基夫赛特炉炉顶返尘仓，与炉料一起直接返回熔炼。为了防止烟尘中As、F、Cl等有害元素在冶炼过程中积累，在电收尘器的最后一个电场设置开路烟尘系统，当这些有害元素过高时，从开路系统排出部分烟尘另行处理。

反应塔竖烟道出口的烟气温度1300℃左右，经过余热锅炉冷却至400℃以下。为了防止烟气结露对电收尘器产生腐蚀，要求进入电收尘器的温度高于露点20~30℃。设计要求电收尘器进口烟气温度360~380℃，出口310~330℃，漏风率≤10%，收尘效率≥99.6%。

高温风机烟气温度310～330℃，风机前烟气管道漏风5%，风机富余系数1.3，工作温度280～350℃。送制酸的烟气含尘浓度≤500 mg/m^3。

3.11.1.3　反应塔烟气净化与制酸

(1)烟气净化

烟气净化的目的是除去烟气中所含的固体和气体有害杂质，固体杂质如氧化锌、氧化铅、氧化铁及其他硫酸盐、硅酸盐、铁酸盐等，气体杂质如三氧化二砷、氮化物、三氧化硫、水蒸气、一氧化碳、二氧化碳等。通过净化使烟气质量满足制酸工艺的要求。

烟气净化的酸洗流程有标准酸洗流程、“两塔两电”酸洗流程、“文泡间电”酸洗流程和动力波洗涤器等多种流程。目前的烟气净化工艺一般采用动力波三级洗涤器净化流程。

(2)烟气制酸及尾气吸收

基夫赛特直接炼铅工艺产出的烟气SO_2浓度达到20%～40%，在搭配处理40%锌浸出渣的条件下，烟气SO_2仍达到20%以上，仍然需要加入空气进行稀释，才能达到制酸工艺的经济要求。在净化前加入空气或除尘后将电热区烟气稀释，使烟气SO_2浓度为9%～10%。采用两转两吸制酸工艺，SO_2转化率达到99.5%以上。

为了满足日益严格的环保要求，制酸尾气采用氧化锌溶液吸收，产生的亚硫酸锌溶液经过氧化得到硫酸锌溶液，输送至湿法炼锌系统净化、电解。吸收后的尾气SO_2浓度在100 mg/m^3以下，远低于排放浓度400 mg/m^3的国家环保标准。

3.11.2　电热区烟气处理

3.11.2.1　烟气冷却

基夫赛特炉反应塔产生的熔体流经水冷隔墙下通道进入电热区，为了保证氧化铅进一步还原，铅沉降实现渣铅分离，渣层温度在1250℃左右。出口烟气温度约1200℃。必须采用余热锅炉及省煤器冷却，回收余热。由于电热区烟气量小，余热锅炉较小，通常与反应塔余热锅炉共一个汽包。

渣中一部分氧化锌在还原性气氛下还原成金属锌，并形成锌蒸气进入烟气。因此电热区产出的烟气含有大量的锌蒸气和一氧化碳，在余热锅炉入口鼓入空气，使锌蒸气和一氧化碳再次燃烧和氧化，经过电热区余热锅炉冷却得到氧化锌烟尘。氧化反应产生热量再度使烟气温度升高。余热锅炉将烟气冷却至550℃左右，送入省煤器冷却至250℃，然后送入布袋收尘器除尘。

余热锅炉及省煤器收下烟尘含有45%～55%的氧化锌，称为次氧化锌烟尘。与布袋收尘器的烟尘一起送往炼锌系统作原料。

3.11.2.2 烟气收尘

由于原料中的F、Cl绝大部分进入反应塔烟气，电热区烟气收集的氧化锌烟尘中含F、Cl很低。因此烟气收尘既可以采用干法收尘，也可以采用湿式收尘。

干法收尘一般采用布袋收尘，由于烟气经过余热锅炉冷却后，温度仍然在500℃左右，不能直接进入布袋收尘器，必须再经省煤器降温后才能进入袋式除尘器收尘。余热锅炉、省煤器及布袋收尘器收集的氧化锌烟尘需经过气力输送至炼锌系统进行氧化锌浸出。

基夫赛特炉电热区余热锅炉出口烟气参数：烟气温度，200～250℃；含尘浓度，约135 g/m³。电热区烟气成分实例见表3－28，烟尘成分实例见表3－29。

表3－28　电热区烟气成分实例

成分	CO_2	N_2	O_2	SO_2
体积分数/%	5.217～7.017	83.783～84.793	8.696～9.261	0.012

表3－29　电热区烟尘成分实例

成分	Pb	Zn	Cu	S	Fe	CaO	SiO_2
质量分数/%	36.474	45	0.17	1.95	0.279	0.301	0.251

收尘工艺流程为：电热区烟气—余热锅炉—省煤器出口烟气—袋式除尘器除尘—引风机—尾气处理。

如果采用湿式收尘，可以采用喷淋洗涤除尘器、水膜除尘器和文丘里除尘器，根据电热区烟气和烟尘特性，建议采用文丘里除尘器。余热锅炉的出口烟气直接进入文丘里除尘器，在洗涤过程中氧化锌烟尘进入溶液，并将余热锅炉收集的氧化锌烟尘加入其中，经过浆化、碱洗脱除F、Cl后，用泵输送至炼锌系统的氧化锌浸出工序。

3.12 基夫赛特炼铅的能源消耗

3.12.1 基夫赛特炼铅的热化学

基夫赛特炼铅过程，经过计算，硫化铅精矿中硫化物的氧化反应及造渣反应能放出热量，炉料中含发热元素硫（硫化物形态）14%以上时能够实现自热熔炼。但是反应产生的热量多少取决于原料中发热元素硫和铁的含量，以及原料的物相组成。单纯以铅精矿为原料，炉料发热值约为2500 kJ/kg。如果在炉料中配入

30%～40%锌浸出渣，其炉料发热值为1200～1500 kJ/kg。这是因为锌浸出渣中硫酸盐的分解反应为吸热反应。在炉料中配入大量含铅渣料，将导致炉料中发热元素硫的比例降低，渣料中硫的物相改变，由发热元素变为吸热元素。需要在炉料中配入部分煤粉作为燃料。

基夫赛特炼铅采用工业纯氧，大幅度减少了炉料进行化学反应所需的工艺风量，同时也大幅度减少了氮气带走的热量。在熔炼所需的风量中，使用工业纯氧，每1 m^3氧气比使用空气少带入3.76 m^3的氮气。1300℃时N_2的热含量为1795.8 kJ/m^3，由此计算，使用1 m^3氧气可以减少氮气带走的热损失6752 kJ。炼铜闪速炉的经验表明，1 L重油直接用于熔炼，只获得相当于23 MJ的热量，如果1 L重油用于发电，可以生产7.7 m^3氧气，熔炼过程可以减少氮气带走的热损失相当于53 MJ。

3.12.2　熔炼过程热平衡

熔炼过程的热量来源为炉料化学反应热和燃料燃烧热、炉料及氧气带入的显热。热支出为粗铅、炉渣、烟气、冷却水带走热以及炉子的散热损失。可以用下列形式表达：

$$Q_{化}+Q_{燃}+Q_{氧}+Q_{料}=Q_{铅}+Q_{渣}+Q_{烟}+Q_{水}+Q_{损}$$

式中：$Q_{化}$——炉料化学反应热；

$Q_{燃}$——燃料燃烧热；

$Q_{氧}$——氧气带入显热；

$Q_{料}$——炉料带入显热；

$Q_{铅}$——粗铅带走热；

$Q_{渣}$——炉渣带走热；

$Q_{烟}$——烟气带走热；

$Q_{水}$——水套冷却水带走热；

$Q_{损}$——炉子散热损失。

烟气带走热包括反应塔烟气和电热区烟气带走热，同时也包括已出烟气带走热。如果采用造冰铜操作方式，在热支出项目中还需增加冰铜带走热。

以炉料中配入40%锌浸出渣，炉料含铅32%，含硫13.6%（其中硫化物的可燃硫11.2%，硫酸盐的不可燃硫2.6%），年产粗铅120 kt为条件，进行热平衡计算，见表3－30、表3－31。

表 3-30 日物料平衡表

收入/($t\cdot d^{-1}$)		产出/($t\cdot d^{-1}$)	
项目	数值	项目	数值
铅精矿	554	粗铅	372.9
锌浸出渣	351.5	炉渣	410.2
石灰石	90.5	冰铜	9.2
石英	67.1	烟气	901.1
氧气	333	损失	5.2
漏风	258		
燃料煤	39.6		
焦炭	29.8		
密封氮气	89		
合计	1812.5	合计	1812.5

表 3-31 基夫赛特炉热平衡表

项目	热收入		项目	热支出	
	$\times10^6$ kJ/h	%		$\times10^6$ kJ/h	%
炉料显热	616.1	0.4	冰铜带走热	12247.6	8.1
焦炭显热	27.8	0.0	粗铅带走热	1814.4	1.2
一次风显热	553.6	0.4	炉渣带走热	23969.4	15.8
锅炉返尘	3472.2	2.3	电炉尘带走热	236.9	0.2
炉料化学反应热	68897.7	45.3	上升烟道烟尘	9996.5	6.6
煤燃烧热	41993.9	27.6	上升烟道烟气	44191.6	29.0
焦滤层燃烧放热	11722.2	7.7	电炉烟气	5193.0	3.4
电炉复燃室放热	888.6	0.6	炉墙表面散热	3471.2	2.3
电极	23970.9	15.8	冷却水带走热	51022.5	33.5
合　计	152143.0	100	合　计	152143.0	100

从表3-31可以看出，在原料中配入40%锌浸出渣的条件下，基夫赛特炼铅的主要热量来源于化学反应热和燃料燃烧热，主要热支出是烟气带走热、冷却水带走热和炉渣带走热。

3.12.3　基夫赛特炼铅的能耗指标

如前所述，基夫赛特炼铅的能耗指标与原料成分密切相关。国外按照单位炉料处理量计算能耗，而我国则按照单位产品计算能耗，冶炼高品位炉料，单位产品消耗的原料量少，消耗能源就少。如果在原料中配入大量锌浸出渣，不仅增大了物料处理量，同时也降低了可燃硫的比率，不能实现自热熔炼，能耗自然增加。

下面分别以含铅60%的铅精矿为原料和以60%铅精矿(含铅60%)及40%锌浸出渣为原料进行计算，如表3-32所示，配入锌浸出渣需要增加燃料煤；浸出渣干燥消耗的蒸汽量增加；电热区电极功率加大，氧气消耗量增加，导致电耗明显增加。单位产品增加能耗为219.1 kg标煤。但是增加量比用回转窑单独处理锌浸出渣还是要低许多，回转窑处理浸出渣，每吨浸出渣需要消耗0.5 t焦粉，折合标煤485 kg。单位产品消耗锌浸出渣约1.1 t，配入基夫赛特炉处理每吨浸出渣能耗为164.8/1.1=149.8 kg标煤，为回转窑处理工艺能耗的31%，而且可以解决低浓度SO_2的环境污染问题，增加浸出渣中金、银、铜、硫等有价元素的回收。

表3-32　主要能耗指标实例

序号	能源	搭配浸出渣的指标		折标煤/($kg\cdot t^{-1}$)	不配浸出渣的指标	
		数量	折标系数		数量	折标煤/($kg\cdot t^{-1}$)
1	水/($m^3\cdot t^{-1}$)	18	0.2571	4.6	10.6	2.7
2	循环水/($m^3\cdot t^{-1}$)	368	0.1	36.8	267.7	26.7
3	电/($kWh\cdot t^{-1}$)	647	0.1229(0.404)	104(261)	420	51.6(170)
4	焦炭/($kg\cdot t^{-1}$)	105	0.9714	102	95	92
5	粉煤/($kg\cdot t^{-1}$)	120	0.7143	85	0	0
6	天然气/($m^3\cdot t^{-1}$)	40	1.213	48.5	26.8	32.5
7	蒸汽/($kg\cdot t^{-1}$)	1680	0.129	216.7	1000	129
8	余热产蒸汽/($kg\cdot t^{-1}$)	2320	0.129	-299	1260	-162.1
9	综合能耗/($kgce\cdot t^{-1}$)			298.6(455.6)		172.4(290.8)

注：实例中生产1 t铅配入锌浸出渣约1.1 t，基夫赛特炉搭配处理1 t锌浸出渣增加(455.6-290.8)/1.1=164.8 kg标准煤，相当于回转窑能耗的31%。

3.13 基夫赛特炼铅的清洁生产及环境保护

3.13.1 清洁生产

基夫赛特直接炼铅工艺是真正意义上的“一步炼铅”，所有的氧化熔炼、还原熔炼和造渣熔炼过程均在一座炉内完成。从炉顶加入炉料，从熔池放铅口排出全部粗铅。液态粗铅直接流入精炼系统精炼，液态炉渣直接流入烟化炉吹炼。所有化学反应过程都在密闭的基夫赛特炉内进行，液态熔体（包括粗铅和炉渣）都是在封闭溜槽中流动。严格控制铅蒸气和烟气外逸。

从配料开始，所有物料的制备都在密闭的设备中进行。除了焦炭，炉料采用密闭管道或封闭输送设备输送，所有下料点及放出口都设有通风烟罩，没有烟气、粉尘和铅蒸气外逸，操作环境十分清洁。

基夫赛特炉采用铜水套冷却，炉体外表温度低于50℃。烟气采用余热锅炉冷却，外表采用保温材料保温，消除高温辐射对操作环境的影响。

基夫赛特炉及其烟气处理系统采用负压操作，防止炉内有害气体外逸。操作场所设有 CO、SO_2等有害气体检测装置，检测信号输入中心控制室计算机，一旦出现有害气体超标，中心控制室就会发出报警信号。

铅是对人体十分有害的金属，国内铅冶炼的工人需要定期地进行排铅，国内目前建设较多的富氧底吹炼铅也存在着含铅初渣的铸块和鼓风炉熔炼，铅蒸气的逸出对环境质量仍有不利的影响。

基夫赛特炼铅保障工厂内有健康的工作条件的同时又不造成严重的环境污染，整个生产工艺经实际检测，完全达到了允许的排放标准，表3－33、表3－34列出了维斯姆港铅厂的数据，表3－33列出了各工序烟气排放的烟尘量，表3－34列出了熔炼区环境空气里的粉尘和铅含量。

表3－33 各点排放量

气　流	流量/($m^3 \cdot h^{-1}$)(标)	温度/℃	烟尘量/($mg \cdot m^{-3}$)(标)
工艺烟气(a+b)	47000	80	3.5
a. 干燥车间	25000	60	4.5
b. 电炉	22000	100	2.4
c. 炉渣水碎	20000	60	4.5(单独烟囱)
通风烟气(d+e+f)	121000	36	1.54
d. 配料	26500	30	0.45
e. 干燥与加料	22500	34	0.75
f. 出铅、除铜、浇铸	72000	40	2.20

表 3-34　生产区空气中铅的含量

操作地点	粉尘/($mg \cdot m^{-3}$)	铅/($10^{-6} g \cdot m^{-3}$)	铅/%
地面铸锭机旁	0.43	31.5	7.3
除铜精炼铅区	0.4	44.4	11.1
出渣口附近区域	0.52	50.2	9.7
装炉料斗	0.37	55.4	15.0

注：环境空气中铅的含量低于 $10^{-6} g/m^3$，是职业卫生部门认定的安全指标。

3.13.2　环境保护

反应塔含 SO_2 烟气经过余热回收冷却、除尘、净化、制酸和尾气脱硫，尾气 SO_2 浓度低于 100 mg/m^3。电热区烟气及烟化炉烟气经过余热回收冷却、布袋收尘器除尘、烟气脱硫，排放烟气 SO_2 浓度低于 300 mg/m^3，含尘浓度低于 10 mg/m^3，均低于国家环境保护标准的允许排放浓度。炉料干燥采用蒸汽干燥，其烟气和通风废气均不含 SO_2，经过除尘净化，粉尘低于 10 mg/m^3。排放浓度低于国家环境保护标准的允许浓度。

基夫赛特炼铅的炉渣进入烟化炉吹炼，最终废渣为烟化炉炉渣，其渣为玻璃体水碎渣，经固废的毒性浸出实验结果表明，该渣为 I 类一般固废。正常情况下，水碎渣即产即运，可外售给水泥厂作原料或作为铺路等建筑材料。

基夫赛特炼铅为火法冶炼工艺，产生废水很少。生产废水主要来自硫酸净化和脱硫产生的少量废水，需经污水处理后回用。其他废水如余热锅炉排污水及化水站产生浓水，直接用于烟化炉渣粒化。全部废水循环利用，只有生活废水及雨水经过处理后外排。

基夫赛特炼铅工艺不仅很好地解决了自身环境影响问题，而且可以搭配处理锌浸出渣，解决了回转窑处理浸出渣带来的锌冶炼的环境影响问题，有效回收了锌浸出渣中的锌、铅、铜、金、银等有价金属以及硫，减少了重金属对地表土壤及水体的污染，减少了 SO_2 对大气环境的影响。

3.14　设备及材料的国产化

基夫赛特炼铅工艺的设备国产化，既有利于降低工程建设投资，也有利于零配件的采购、设备的维修及维护。实践证明，基夫赛特炼铅工艺的设备可以完全实现国产化，包括基夫赛特炉内衬耐火材料、铜水套、弹簧装置、余热锅炉、电极系统、炉料干燥机及自动化控制系统等。

(1)耐火材料

国外的基夫赛特炉的炉底、炉顶、炉墙耐火材料及铜水套镶嵌砖均采用奥地利奥镁公司的镁铬质耐火砖。为了防止铜水套万一渗水造成镁质耐火砖粉化，反拱炉底在靠近铜水套位置砌筑几排铝铬砖。然而，采用国产的铝铬砖比进口镁铬砖性能更好。国产铝铬砖的强度高、密度好、抗腐蚀性强。烘炉时炉体的膨胀量比镁铬砖小得多，烟气的含水量也小得多。这说明国产铝铬砖的致密度更高，且高温变形量更小，吸水性更小。

(2)铜水套

基夫赛特炉采用大量铜水套冷却，国外采用德国产品。近年来我国铜水套制造水平迅速提高，特别对铜水套铸造工艺和检测水平明显提高。我们要求国内厂家采用国外产品的检测标准对铜水套进行检测。实践证明，国产铜水套完全满足质量要求。

(3)弹簧

在基夫赛特炉设计过程中，国外专家要求采用德国进口弹簧装置。经过调查，动车及高铁列车均采用国产弹簧。国产弹簧的机械性能完全达到国外产品的水平。

(4)余热锅炉

几十年来，国内的余热锅炉的设计和制造水平提高很快。为了节能减排，冶金、有色冶金行业的烟气普遍采用余热锅炉冷却，进行余热回收。据加拿大特雷尔冶炼厂的专家介绍，该厂基夫赛特炉的余热锅炉也是由中国制造的。因此国内基夫赛特炉余热锅炉不仅锅炉由国内设计、制造，而且耐腐蚀的镍合金堆焊也由国内专业厂家实施。

(5)电极系统

电极系统包括供电的短网、铜瓦及其水冷装置、机械把持装置、液压升降装置及其控制系统等。设计时外国专家要求采用德国产品，经过调查，在钢铁冶金行业广泛采用同类电极系统，而且功率更大。实际应用发现国产产品基本上满足生产要求，只是由于供应商对铅冶炼工艺不够了解，设备成套及自动化控制程序作了一些修改。

(6)炉料干燥机

炉料干燥采用的蒸汽干燥机，国产产品完全能够替代进口产品，机械性能及干燥效果均能满足生产要求。

(7)自动化控制系统

检测及控制用的一次仪表基本实现国产化，控制程序全部由国内技术人员编制，只有少量控制元件采用进口产品。

第 4 章　富氧底吹炼铅工艺

4.1　富氧底吹炼铅工艺的开发与应用

4.1.1　富氧底吹炼铅工艺的开发

富氧底吹炼铅工艺是我国在 QSL 法基础上开发的一种直接炼铅方法，20 世纪 90 年代初，在水口山矿务局进行富氧底吹炼铅法的半工业试验，所以又称水口山炼铅法或 SKS 法。将硫化铅精矿加入富氧底吹炉（又称水口山炉或 SKS 炉）直接熔炼产出一次粗铅和高铅渣（又称富铅渣或初渣），高铅渣流入电炉贫化，产出二次粗铅和炉渣，其工艺流程如图 4－1 所示。

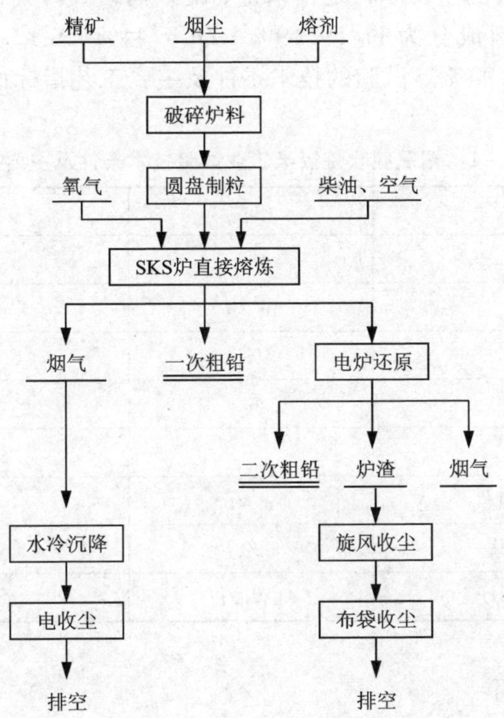

图 4－1　富氧底吹炼铅半工业试验工艺流程图

富氧底吹法半工业试验的反应器如图4－2所示，它是一个卧式圆筒炉，内衬耐火材料，上方有2个加料口，1个烟气出口，还有一个烧嘴口，底部有3支氧气喷枪，同一端有1个排渣口和1个烧嘴口，另一端的侧面有一放铅口，其基本结构类似于QSL反应器的氧化段。

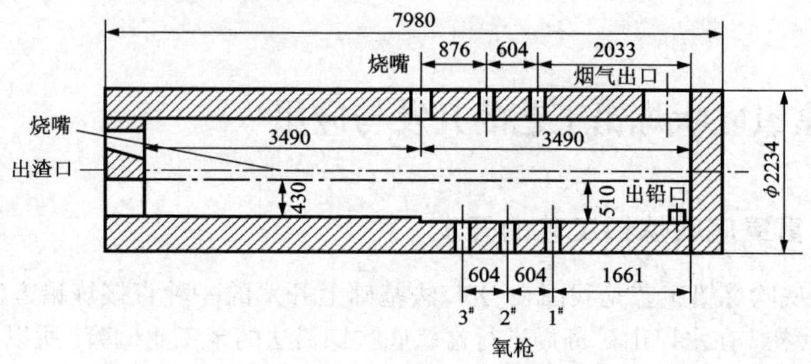

图4－2　富氧底吹炼铅半工业试验反应器

富氧底吹法试验的主要原料是铅精矿，配入河沙、石英石和烧渣作熔剂，返料主要是烟尘，炉料成分为Pb 59.69%，Zn 3.44%，S 12.02%，FeO 4.94%，SiO_2 6.61%，CaO 2.93%。试验的技术条件及主要工艺指标见表4－1。

表4－1　富氧底吹炼铅半工业试验技术条件及主要指标

名　称		单位	数量
加料速度		t/h	1.613
供氧量		m^3/h	994～1095
初渣含Pb		%	40～50
一次产铅率		%	44.6
烟尘率		%	20.07
粗铅消耗	氧气	m^3/t	365
	煤	t/t	0.145
	电力	kWh/t	500～700

半工业试验表明：

(1)采用氧气直接熔炼，可得到高浓度SO_2的烟气，便于硫的回收利用。

(2)与传统炼铅工艺相比，流程缩短，返料减少。

(3)铅尘、烟气逸散量少，劳动卫生条件明显改善。

但是还存在较多问题，主要的问题是：

①氧枪使用寿命短，使用最长时间为 6.5 天，最短的仅几小时。

②高铅渣在电炉还原不完全，电炉渣含铅 22.6%，还需进一步处理回收其中的铅。

③能耗相对较高，经测算粗铅能耗约 0.45 t 标准煤。

④烟尘率高，经测算烟尘率达 27%。

1998 年在半工业试验的基础上进行工业性试验，其工艺流程与工业化生产的流程基本相同，氧化熔炼的反应器仍是原有反应器，与半工业试验不同的是将富铅渣冷却破碎后加入 0.9 m^2 鼓风炉还原。其结果是可以接受的。

(1)富氧底吹熔炼 – 鼓风炉还原炼铅方法流程畅通，试验工厂全流程作业率达到了 81.5%，如不考虑试验工厂辅助设备的故障因素，则其作业率可达到 90% 以上。

(2)工艺过程的主要技术指标可作为工业生产的依据，富氧底吹熔炼炉熔炼强度高，脱硫率高达 98%，出炉烟气二氧化硫浓度达 15%，为双接触法制酸提供了较好的稳定烟气条件。流程短、设备密闭、操作区环境好，可以较彻底解决传统铅厂的环保问题，该工艺是一项可靠先进的实用技术。

(3)高铅渣经鼓风炉还原试验，渣含铅为 3% ~ 8%，主要原因是受现有鼓风炉结构及供风系统限制，无条件对鼓风炉结构修改，有待工业化生产装置的改进以适应富铅渣还原熔炼的特殊性。

(4)富氧底吹熔炼氧枪寿命为 5 ~ 10 天，并未达到 3 周寿命的目标值，其原因是氧枪系工厂自制产品，加工精度差，结构简单，无法实现冷却保护措施，尤其是验证试验阶段底吹炉已闲置了 4 年时间，炉衬未更换，氧枪套砖在仓库已存放 10 年，套砖的烧损直接影响了氧枪的寿命，工业化生产装置将根据冷态模拟试验作较大的改进。

(5)富氧底吹炉一次产铅率为 20% ~ 50%，除操作原因外，主要取决于原料的组成、原料特性、氧料比。在富氧底吹 – 鼓风炉还原熔炼法中，产铅率不是追求的指标，工业化生产将根据物料组成、合理的熔炼温度和热平衡确定。

以上结果通过了中国有色金属工业协会组织的专家鉴定，专家一致认为该工艺技术先进、过程顺利、环保效果明显，主要指标可作为工厂设计依据，并要求设计和建设单位注重工业化生产装置的研究和完善工作。

4.1.2　富氧底吹炼铅工艺的工业化应用

河南豫光金铅集团和池州有色金属公司是我国第一批采用富氧底吹 – 鼓风炉还原炼铅新工艺取代烧结 – 鼓风炉熔炼的工厂，工厂设计的重点在于如何解决工业化生产装置的连续稳定运行，以保证生产指标的实现。主要针对该工艺的特殊性，对如下装置进行了工业化的研究和设计：

(1)富氧底吹熔炼选择合适的氧枪距、冷却介质、送氧强度以及氧枪套砖材质，并在结构上便于氧枪的更换。

(2)工业化生产的氧枪结构与工业化试验装置截然不同，在结构上充分考虑了冷却措施、保护气体的运用和枪头的可更换性。

(3)富氧底吹炉烟气采用余热锅炉冷却方式，锅炉在设计中充分考虑了烟尘率高且易黏结的特性，垂直烟道即为余热锅炉辐射段，水平段为余热锅炉对流段并配套有机械振打清灰系统。

(4)高铅渣的铸块采用带式铸渣机，其结构、冷凝速度、铸模形式充分考虑了富铅渣特性及鼓风炉熔炼的要求。

(5)高铅渣和烧结块相比，由于气孔率很低且熔点低，还原性能较差，为此，鼓风炉的结构、料柱高度和供风方式均有别于常规炼铅鼓风炉。

两厂于2002年7月和8月相继投产，经1个月的调试达到设计能力，至今已稳定生产运行。两厂的生产技术经济指标均达到或超过设计值。

继两座炼铅厂成功改造后，2005年3月河南豫光金铅集团又新建的一条年产粗铅8万t的生产线成功投产；2005年9月池州有色金属有限责任公司铅冶炼烟气治理工程采用富氧底吹法炼铅工艺建设规模为年产粗铅8万t的生产线建成投产。随后水口山有色金属有限公司建设规模为年产粗铅10万t的富氧底吹炉炼铅厂，从此富氧底吹炉炼铅工艺在中国得到迅速推广应用。由于国家政策导向和环境保护的要求，许多采用烧结－鼓风炉熔炼工艺的炼铅厂，相继进行了技术改造，用富氧底吹炉氧化熔炼取代烧结机或烧结锅烧结，底吹炉产出的高铅渣利用原有的鼓风炉生产系统进行还原熔炼。底吹炉产出的烟气经过制酸，回收SO_2，解决了烧结烟气SO_2浓度低，制酸困难的问题。

随着富氧底吹熔炼技术的广泛应用，其技术不断完善，生产操作水平不断提高。其处理量、烟尘率、成铅率、氧枪寿命、烟气SO_2浓度均达到了设计值。这说明富氧底吹炼铅法在工艺技术上不断趋于成熟，但鼓风炉还原熔炼指标床能力、弃渣含铅、焦耗与还原熔炼烧结块有一定差距，这与富氧底吹的试验是吻合的。与此同时，与富氧底吹熔炼技术配套的余热锅炉、电收尘器、铸渣系统等辅助设备也在不断地改进和完善。在我国富氧底吹炼铅技术已经逐步取代烧结－鼓风炉熔炼工艺，成为主要的铅冶炼工艺。为了克服高铅渣块鼓风炉还原熔炼工艺存在的一些缺陷，近年来开发了液态高铅渣直接还原熔炼工艺，这对富氧底吹炼铅工艺的完善起了极大的推动作用。其积极意义主要体现在：

(1)能耗降低，减少了高铅渣二次熔化所消耗的能源，用煤取代焦炭作为燃料和还原剂，降低了能源价格和生产成本。

(2)减少了高铅渣铸块工序，从而减少了环境污染。

(3)降低了渣含铅，液态高铅渣采用底吹炉还原，渣含铅可以降低到 3%，采用侧吹炉还原可以降低到 2% 的水平，提高了铅的回收率。

(4)降低了操作难度，改变了高铅渣块鼓风炉还原熔炼操作困难的局面。

(5)提高了自动化控制水平，工艺过程采用 DCS 控制，实现了过程控制的自动化，从而大大提高了劳动生产率。

4.1.3　富氧底吹法的技术特点

(1)环境影响降低

由于熔炼过程在密闭的熔炼炉中进行，避免了烟气外逸，SO_2 烟气经二转二吸制酸后，尾气排放达到了环保要求。铅精矿或其他铅原料配料制粒后直接入炉，没有烧结返粉作业，生产过程中产出的铅烟尘均密封输送并返回配料，防止了铅尘的弥散；同时在虹吸放铅口和放渣口设通风装置，防止铅蒸气的扩散，较好地解决了铅冶炼烟气、烟尘污染问题。河南豫光金铅集团经环保部门实测，生产岗位含尘量为 7 mg/m^3，其中铅尘含量 0.03 mg/m^3，硫酸尾气 SO_2 含量 <300 mg/m^3，均远低于国家排放标准。实际生产证明，富氧底吹熔炼炉前噪音较低，岗位操作环境优于氧气顶吹熔炼法。

液态高铅渣直接还原熔炼的开发应用，消除了铸渣冷却过程中大量铅蒸气逸散造成的环境污染，减少了渣块在破碎、筛分和运输过程中的粉尘逸散，使铅蒸气对环境的影响程度进一步降低。

(2)能耗比传统工艺有所下降

与传统流程相比，富氧底吹实现了自热熔炼并回收了高温烟气中的余热；熔炼炉已产出一次粗铅，鼓风炉物料处理量减少，虽然焦率高达 18%，焦炭消耗还是有所减少，与氧气顶吹熔炼相比，由于采用工业纯氧熔炼，动力消耗较少。

液态高铅渣直接还原熔炼的开发应用，使液态热渣直接进入还原炉，减少了固态渣重新熔化消耗的能源，而且用煤取代焦炭用做还原剂和燃料，节约了能源，能耗由每吨粗铅 300 kg 标准煤降低至 230 kg，从而降低了生产成本。

(3)建设投资较低

每吨铅基建投资为 3000 ~ 3500 元，与国外较先进的炼铅工艺相比，相同生产规模可节省技术引进费用；由于工艺流程短，相同生产规模较传统烧结机 - 鼓风炉流程投资仅高出 20% 左右；新工艺尤其适合烧结 - 鼓风炉流程的技改，除烧结设施外，其余设施均可通过适当改造加以利用，从而可进一步节省技改费用。

(4)生产成本低

与国外较先进的炼铅工艺相比，投资省，折旧费用低，生产成本低；和传统流程相比，生产过程简单，动力和焦炭消耗量少，生产效率高，人工费用低，同时有价金属和硫回收率高，生产成本相对亦较低，据实际生产测算，和烧结机－鼓风炉流程相比，每吨粗铅生产成本降低约10%。

(5)自动化水平较高

富氧底吹熔炼过程采用DCS控制系统，实现了配料、制粒、供氧、熔炼、余热锅炉、锅炉循环水、电收尘、高温风机等全流程、全部设备的集中控制。

4.2 富氧底吹炉炼铅的基本原理

4.2.1 氧化熔炼的基本原理

本书第2章对硫化铅精矿直接熔炼的基本原理进行过讨论，其中有一条结论是在一个反应器的同一区域不可能得到含铅低炉渣和含硫低的粗铅。其理由是要得到含铅低炉渣和含硫低的粗铅，必须经过氧化和还原两个阶段，而在一个反应器的同一区域不可能同时控制两种相反的气氛条件。当氧势控制过高时，可以得到含硫低的粗铅，但会使一部分铅氧化成氧化铅进入渣相，导致渣含铅过高；相反，如果控制氧势过低，氧化脱硫不完全，可能出现生料，不仅不能得到含硫的粗铅，也可能使熔炼过程无法进行。因此富氧底吹炼铅法是氧化和还原两个阶段分别在不同的熔炼炉中进行反应的。

将氧化和还原阶段分别在不同反应器进行，不仅有利于不同气氛和不同温度的控制，而且有利于控制不同阶段的不同产物的走向。两个阶段产生的烟气和烟尘成分不同，氧化熔炼烟气SO_2含量较高，可以经过冷却除尘后直接送往制酸系统制酸，氧化熔炼产生烟尘含Pb高，可直接返回原料仓配料。而还原熔炼烟气SO_2含量很低，除尘后可以直接排放，还原产生的烟尘含Zn较高，如果含锌量高可作为次氧化锌烟尘开路，若含Zn低则可返回配料。

炉料在富氧底吹炉内进行氧化熔炼，硫化铅精矿基本可以实现自热熔炼，控制过氧化气氛，目的是氧化脱硫和造渣，硫化铅精矿在富氧底吹炉内发生氧化反应、交互反应、离解反应和造渣反应，其主要化学反应如下：

(1)氧化反应

$$PbS + 2O_2 = PbSO_4$$

$$PbS + 3/2O_2 = PbO + SO_2$$

$$ZnS + 3/2O_2 = ZnO + SO_2$$

$$FeS + O_2 \longrightarrow Fe_2O_3 + SO_2$$

$$Pb + 1/2O_2 = PbO$$

$$PbS + O_2 = Pb + SO_2$$

$$Cu_2S + O_2 = 2Cu + SO_2$$

（2）交互反应

$$PbS + 2PbO = 3Pb + SO_2$$

$$PbSO_4 + PbS = 2Pb + 2SO_2$$

$$Fe_2O_3 + 2PbS = 2Pb + 2FeS + 3/2O_2$$

（3）离解反应

$$2PbS = 2Pb + S_2$$

$$PbSO_4 = PbO + SO_2 + 1/2O_2$$

$$CaCO_3 = CaO + CO_2$$

（4）造渣反应

$$nPbO + SiO_2 = nPbO \cdot SiO_2$$

$$FeO + SiO_2 = FeO \cdot SiO_2$$

$$xCaO + ySiO_2 = xCaO \cdot ySiO_2$$

上述反应在底吹炉中同时进行，反应的结果是得到含硫低的一次粗铅、含铅很高的炉渣含 SO_2 10% ~15% 的烟气。富氧底吹熔炼炉产出的富铅渣块正常含铅在 40% ~45%，熔点较低，在鼓风炉还原熔炼时，配入少量熔剂调整渣型，反应过程类似于常规鼓风炉炼铅。

4.2.2　高铅渣块鼓风炉还原熔炼的基本原理

由于高铅渣块与烧结块的物理化学性质有非常明显的差别，因此高铅渣块的鼓风炉还原与烧结块的还原机理也会不同。与高铅渣块相比，烧结块孔隙率高达 50% 以上，密度小，硅酸铅含量相对较低，所以烧结块主要是在炉气上升过程中，CO 与料柱氧化铅发生还原反应。虽然也有人认为气固反应是高铅渣块还原熔炼的主要途径，但是作者不同意这种观点。

因为高铅渣块为结构致密的熔铸块，CO 无法渗透其中，气固反应难以进行，充其量可能在固体高铅渣表面发生一些气固反应。另外高铅渣的铅主要以硅酸铅的形态存在，有人对高铅渣进行过物相分析，结果表明高铅渣中的铅 50% 以上以硅酸铅的形态存在，硅酸铅比氧化铅难还原得多。因此高铅渣的还原熔炼过程主要依靠高铅渣块熔化之后，发生液固还原反应。这种液固反应是通过两条途径实现的，一是高铅渣的熔点较低，900 ~1000℃就可完全熔化，鼓风炉风口区上方的熔化区的温度达到 1200℃左右，熔融的高铅渣在通过风口区时与风口区的炽热的焦炭层（温度达到 1300 ~1400℃）发生还原反应；二是在风口区未被还原的硅酸铅进入熔池后，在 FeO、SiO_2存在的条件下，继续与焦炭进行还原反应。

鼓风炉还原高铅渣的熔炼过程除了发生铅的化合物的还原反应外，还会使高价铁还原成二价铁，与二次配入的熔剂发生造渣反应，进行二次造渣。其主要化学反应如下：

$$PbO \cdot SiO_2 + C = Pb + SiO_2 + CO$$

$$PbO \cdot SiO_2 + FeO + C = Pb + FeO \cdot SiO_2 + CO$$

$$PbO \cdot SiO_2 + CaO + C = Pb + CaO \cdot SiO_2 + CO$$

$$PbO + C = Pb + CO$$

$$Fe_2O_3 + C \longrightarrow FeO + CO$$

$$CaCO_3 = CaO + CO_2$$

$$FeO + SiO_2 = FeO \cdot SiO_2$$

$$xCaO + ySiO_2 = xCaO \cdot ySiO_2$$

4.2.3 液态高铅渣直接还原的基本原理

液态高铅渣直接还原发生的主要化学反应与鼓风炉还原基本相同，反应的过程可能会有所不同。在液固反应同时，还会发生气液反应和液液反应。因为液态高铅渣直接还原熔炼是熔池中进行的，鼓入富氧空气使熔体搅动，熔融高铅渣与还原剂碳接触反应，然后释放 CO 气体，CO 在气流扩散的过程中不断与熔体接触，也会与熔体中的化合物发生还原反应。熔体的剧烈搅动，还会发生液液反应。

4.2.4 底吹炉的动力学原理

蔡志鹏等人曾经对底吹炉气流喷射做过冷态模拟研究，气流喷射流场如图4－3所示。由氧枪喷射出的气流股，在液体中分散成无数的小气泡并与液体混合，造成液体内均匀分布气泡并呈搅拌或沸腾状态，形成均匀的气泡扩散区。扩散区的形状及混合流体的运动轨迹与炉体的几何形状相吻合，搅拌能量是根据扩散均匀、无旋流、无喷溅、无死角的要求来决定的。必须使气流的动能逐渐消失在液态内部，不对炉体内衬产生强烈的冲刷和磨损。

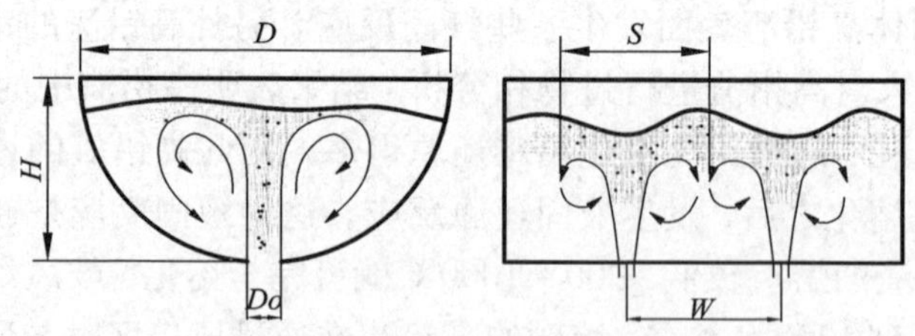

图4－3 底吹炉气流喷射流场冷态模拟示意图

冷态模拟实验数据用计算机多元逐次回归，得出气流喷射各参数之间的半经验关系式：

$$S/W = 26.224(W/D_0)^{-0.619}(F_r')^{0.122}(H/D)^{0.523}$$

式中：S——氧枪对熔体有效搅拌直径，m；

W——两个氧枪之间的间距，m；

D_0——氧枪出口内径，m；

F_r'——修正的 Froude 准数，与气体出口速度、气体密度、黏度，液体密度、黏度、表面张力有关，实践中求得的准确数值为 2.61。

富氧空气流在熔体中的扩散直径与氧枪分布的间距的比值是底吹炉设计的一个重要参数。通常用 S/W 表示，其中 S 代表气流在熔体中的扩散直径(或称为搅拌直径)，W 代表两个氧枪之间的间距。比值过小，说明间距太大，气流在熔体中的扩散不充分，就会留下氧气不能到达的死角。如果比值过大，说明扩散直径互相重叠，就会使熔体喷溅，熔体喷溅会使加料口和排烟口发生粘接，影响下料及烟气排出的畅通。一般来说，设计时比值略小于 1。关键问题是扩散直径 S 的确定，扩散直径与气流速度、气流压力、熔体黏度及熔体密度等诸多因素有关，无论通过理论计算还是实际测定都难以得到一个准确数据，目前大多是依靠经验数据进行设计的。

4.3　富氧底吹氧化熔炼工艺

4.3.1　工艺流程

图 4-4 为硫化铅精矿富氧底吹直接熔炼-鼓风炉还原炼铅工艺流程图。

铅精矿的氧化熔炼是在一个卧式圆筒形熔炼炉中进行的。铅精矿、铅烟尘、熔剂及少量粉煤经计量、配料、制粒后，由炉子上方的加料口加入炉内，工业氧气从炉底的氧枪喷入熔池，氧气进入熔池后，首先和铅液接触反应，生成氧化铅(PbO)，其中一部分氧化铅在激烈的搅动状态下和位于熔池上部的硫化铅(PbS)进行交互反应生成一次粗铅、氧化铅和二氧化硫，所生成的一次粗铅和铅氧化渣沉淀分离后，粗铅虹吸或直接放出，铅氧化渣则由铸锭机铸块后，送往鼓风炉工序还原熔炼，产出二次粗铅。氧化熔炼产生的 SO_2 烟气经余热锅炉和电收尘器后送硫酸车间制酸。熔炼炉采用负压操作，整个烟气排放系统处于密封状态，从而有效防止了烟气外逸。同时，由于混合物料是以润湿、粒状形式输送入炉的，加上在出铅口、出渣口采取有效的集烟通风措施，从而避免了铅烟尘的飞扬。

富氧底吹炼铅工艺的还原熔炼先后经历液态渣电炉贫化、固态渣鼓风炉还原熔炼和液态渣底吹炉或侧吹炉还原熔炼三个阶段，目前液态渣直接还原取得成功，但是仍然以固态渣鼓风炉还原居多。

富氧底吹熔炼主要包括原料制备、氧化熔炼、高铅渣铸块、烟气处理及氧气制备等 5 个系统。

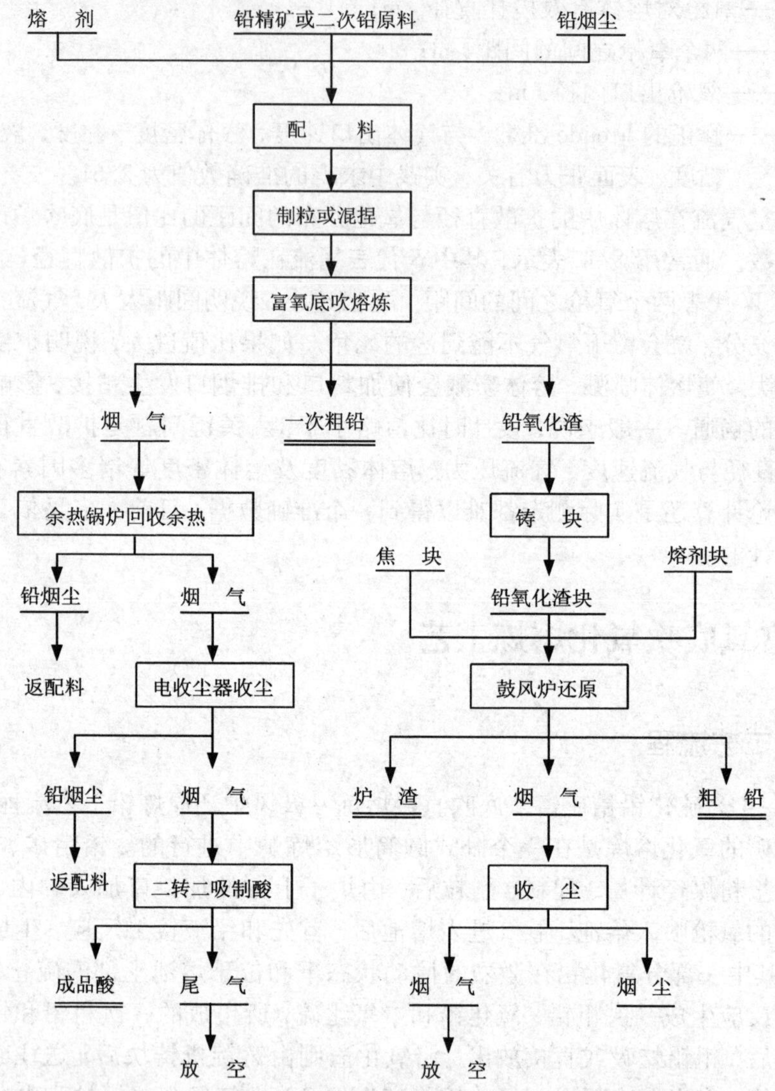

图 4 - 4 富氧底吹熔炼 - 鼓风炉还原炼铅工艺流程图

4.3.2 原料制备

原料制备主要包括预配料、计量配料、炉料制粒和炉顶上料。

铅精矿来自世界各地的不同矿山，化学成分及物相组成相差很大。预配料是用抓斗吊车将不同化学成分铅精矿进行混合，配制为成分比较均匀的混合铅精矿。

计量配料对于富氧底吹炼铅至关重要，因为直接熔炼反应速度快，要求炉料化学成分稳定、均匀和准确。根据物料平衡及热平衡进行配料计算，混合铅精矿、石灰石、石英石和煤采用电子皮带秤计量，按设定比例进行配料。为了保证炉料成分的稳定，定期对炉料各组成取样，进行快速分析，必要时根据取样分析结果对配料进行适当调整。

炉料制粒一方面是为了降低熔炼过程的烟尘率，改善生产操作环境，另一方面是为了使炉料混合更均匀。因此不需对炉料的粒度及其强度作过高要求。炉料制粒一般采用圆筒或圆盘制粒机，不加添加剂，只需将配好的炉料与烟尘混合，加入少量水分润湿即可进行制粒。将粒料用皮带运输机连续加入底吹炉。

原料准备的工艺参数及操作要求控制如下：

炉料化学成分稳定，配料计量准确，正负偏差≤2%，一般要求 w_{Pb}≥40%，球料粒度 6～15 mm，含水 8%左右；

石英石：化学成分 w_{SiO_2}≥85%，粒度≤3 mm，含水≤4%；

石灰石：化学成分 w_{CaO}≥40%，粒度≤3 mm，含水≤4%；

粉煤：w_C≥75%，灰分小于 15%。

4.3.3　氧化熔炼

富氧底吹炉氧化熔炼需要精心控制氧料比，保证熔炼所需风量、分压及氧气浓度，使硫化铅精矿在炉内的氧化反应、造渣反应能够顺利进行，产出一次粗铅和高铅渣。

一次粗铅采用虹吸口连续放出，虹吸口一般设置在炉子的端部，也可以设置在炉子一侧，两种布置方式各有利弊，设在端部有利于车间布置，但是距离烟气出口较近，烟道口处经常出现烟尘粘接，烟尘脱落掉入熔池，容易将虹吸口堵塞。炉子经常需要转动 90°更换喷枪，转动时也可能使高铅渣进入虹吸口将其堵塞。具体设计可以根据工艺布置确定。

虹吸口的截面尺寸一般为 200 mm×(200～300)mm。为了操作安全，虹吸口与炉子轴线成 30°～35°夹角。

高铅渣从设在炉子另一端放渣口间断放出，当渣面高度达到 1100 mm，人工用大锤和钢钎打开放渣口，遇到困难用氧气烧开放渣口，高铅渣流入渣包，控制流量，当渣包液面接近吊耳位置时及时更换渣包，当炉内渣面下降 200 mm 左右时，停止放渣，人工用黄泥将放渣口堵住。然后将高铅渣倒入炉渣浇铸机，利用炉渣铸锭机铸成渣块，采用自然冷却或水冷却，凝固成固体渣块，破碎筛分后送往鼓风炉还原熔炼。

硫化铅精矿富氧底吹炉熔炼产出的烟气 SO_2 浓度达到 10% 以上，经过余热锅炉冷却，电收尘器除尘后送往制酸系统。

氧料比对炉子稳定运行至关重要，氧气量是根据炉料化学成分及准确计量进行控制的，因此炉料成分稳定及计量准确也是至关重要的。生产过程中控制的氧气量远远大于炉料完全脱硫所需的理论计算的氧气量，底吹炉熔炼过程实际上是一个过氧化过程，在本书第 2 章曾经论述过，直接炼铅只有在过氧化条件下才能得到含硫低的粗铅。氧气量过剩，一方面有利于强化熔炼过程，另一方面熔炼温度也会升高，加速铅的氧化和高价氧化铁的增加，生成的氧化铅的挥发性强，导致燃料过程烟尘率升高。高价铁的增加容易产生炉结，影响炉子正常运行。因此氧料比必须根据炉料化学成分、物相组成以及高铅渣的渣型进行控制，当炉料变化时，必须进行及时调整。生产实践中氧料比一般控制在 100 ~ 140。

富氧底吹熔炼要求入炉炉料含铅在 40% 以上，如果炉料含铅较低，难以产出一次粗铅，容易导致炉况恶化。因此，硫化铅精矿含铅品位较低时，配入一定量的含铅高的物料如废蓄电池铅膏等，对一次沉铅有所帮助。

4.3.4 主要元素分布

在富氧底吹氧化熔炼过程中，其产物有一次粗铅、高铅渣、烟尘和烟气。炉料中的主要元素分布与炉料成分特别是含铅品位密切相关，大致分布情况见表 4 – 2。

表 4 – 2 富氧底吹氧化熔炼过程主要元素分布/%

元素	一次粗铅	高铅渣	烟尘	烟气
Pb	30 ~ 48	36 ~ 52	12 ~ 16	
Zn		68.5 ~ 90	10 ~ 31.5	
Cu	60 ~ 77	23 ~ 40		
S	1.0	0.5	9.5	89
Fe	0.006	98.5	0.4	
SiO_2		97.5	2.0	
CaO		98.5	1.2	
Au	80	20		
Ag	75	24.7	0.3	
Bi	60	30	5.0	
Sb	约 10	约 60	约 30	
As	约 10	约 60	约 30	
Cd	约 10		约 90	

注：①富氧底吹氧化熔炼的烟尘是返回熔炼过程的，进入烟尘的元素最终分配在其他 3 个产物之中。例如，进入烟气的 S 并不是 89%，而是 97%；②富氧底吹氧化熔炼也会形成冰铜相，10% ~ 15% 进入冰铜。但是底吹炉未设单独的冰铜放出口、冰铜与粗铅一起放出，粗铅中铜的分布量也包括冰铜含铜。

4.4　高铅渣鼓风炉还原熔炼

4.4.1　高铅渣鼓风炉还原及其特点

高铅渣鼓风炉还原熔炼的目的是利用焦炭将高铅渣中氧化铅、硅酸铅等铅的化合物还原成为金属铅，形成粗铅相，将金银富集其中。利用造渣反应产生以硅、铁、钙为主要成分的炉渣，形成渣相，并将锌富集其中。炉渣采用电热前床进一步保温和渣铅分离。得到的炉渣送往烟化炉回收锌。

在富氧底吹熔炼过程中，为减少 PbS 的挥发，控制炉内的过氧化气氛，产出含 S、As 低的粗铅，需要控制铅氧化渣的熔点不高于 1000℃。控制较低的钙硅比，w_{CaO}/w_{SiO_2}一般为 0.5 ~ 0.6，w_{Fe}/w_{SiO_2}为 1.5 ~ 1.6。但在铅鼓风炉还原过程中需要控制较高的钙硅比，w_{CaO}/w_{SiO_2}一般为 0.7 ~ 0.8，有利于降低鼓风炉渣含铅；考虑以上两个因素，铅氧化渣中 w_{CaO}/w_{SiO_2}控制在 0.6 ~ 0.7 为宜。

由于硫化铅、氧化铅和金属铅在高温下容易挥发，为了防止铅及其化合物的挥发，降低烟尘率，在富氧底吹熔炼过程中采用的是低钙渣型，旨在较低温度下进行氧化熔炼，高铅渣的熔点一般为 1050℃。但是高铅渣的铁硅比和钙硅比不能满足鼓风炉还原熔炼的渣型要求，因此高铅渣鼓风炉还原熔炼需要再次配料，根据渣型比例计算配入适量熔剂（主要是石灰石，必要时加入少量铁屑），将铁硅比配到 1.5 左右，钙硅比 0.8 ~ 1.2，以满足鼓风炉还原熔炼的渣型要求，渣的熔点在 1150 ~ 1250℃。同时加入 16% ~ 18% 的焦炭。

高铅渣与烧结块相比具有密度大、孔隙度低、硅酸铅高、含氧化钙低的特点。因此与鼓风炉还原烧结块相比，鼓风炉还原高铅渣有如下特点：

（1）焦炭率较高

高铅渣块为致密熔铸固态块，气体渗入渣块的速度很慢，渣块很难在料柱下降过程中与 CO 气体进行还原反应，其还原反应主要是在熔化后通过风口区焦炭层时与焦炭发生液固反应，这样使其还原剂发挥的效率降低。二次配入熔剂的熔化需要消耗更多热量。一般而言，高铅渣还原比烧结块还原的焦炭率高出 3 ~ 5 个百分点。

（2）床能力较低

由于在富氧底吹熔炼过程中，为了降低粗铅含硫，采用的是低温过氧化熔炼，高铅渣中的铁 80% ~ 90% 为 Fe_3O_4的形态。而且炉料中的锌富集于高铅渣，形成高熔点的铁酸锌。高铅渣结构致密，气孔率低，容易破碎。在运输线、料仓下料过程中经常发生碰撞，导致出现许多粉料。在鼓风炉还原熔炼过程中，容易出现鼓风气流分配不均匀，造成悬料、跑风、炉顶或局部温度过高，严重时炉子无法进行正常操作。同时由于 Fe_3O_4 及含锌、含砷杂质形成高熔点化合物，当炉温降低时，容易在炉缸上部冻结形成隔膜，影响渣铅分离，砷冰铜及锌冰铜在虹吸口析出，形成炉结将虹吸道堵塞，严重时造成死炉。

这就决定了高铅渣还原不仅焦炭率高，而且黏度很高，熔化速度慢，渣含铅高，床能力为 40 ~45 t/(h·d)，仅为还原烧结块床能力的 2/3 左右。

(3)渣含铅偏高

由于高铅渣的还原主要依靠液固反应，不像鼓风炉还原烧结块那样，气固反应和液固反应同时进行，因此反应程度不如烧结块还原那样彻底。另外渣的黏度较大，澄清分离的效果也相对较差。高铅渣还原的渣含铅一般在 3.5% ~5%，比还原烧结块高出 1 ~2 百分点。

(4)焦炭质量要求高

高铅渣鼓风炉还原熔炼焦炭率为 16% ~18%。由于高铅渣熔化速度较快，需要优质冶金焦作为还原剂，要求焦炭含碳量高、灰分低、块度适中、孔隙度高。固定碳大于 80%，灰分小于 13%，块度 40 ~120 mm。如果焦炭质量不稳定，就会在鼓风炉的上部燃烧，造成风口区没有焦炭燃烧，熔炼区温度下降，炉料不能熔化，熔体流动性差，导致炉况恶化。

4.4.2 鼓风炉还原熔炼技术的改进

根据高铅渣的物理化学特性，在生产实践中不断探索，对工艺过程进行了许多调整和改进：

(1)选择合理渣型

根据渣型的物理特性，选择高铅渣鼓风炉还原熔炼的渣型成分为 FeO 30% ~32%，CaO 18% ~20%，SiO_2 20% ~22%，ZnO 10% ~15%。将此渣型成分作为配料依据，在底吹炉配料阶段，充分利用硫化铅精矿的脉石成分来平衡底吹炉与鼓风炉的渣型关系，尽量少搭配石英石、石灰石及铁矿粉等熔剂，减少渣量，使之既能满足底吹炉氧化熔炼及高铅渣的造渣要求，又能满足鼓风炉还原熔炼的造渣要求。正常生产只需在鼓风炉还原熔炼过程中配入少量块状白石。

(2)增加鼓风量，控制合理风焦比

根据焦炭在燃烧及还原过程中所需的氧气量，经过计算，将鼓风量由 24 $m^3/(m^2\cdot min)$ 提高到 30 $m^3/(m^2\cdot min)$。增加风量必须根据焦炭加入量进行计算，风量过大，会造成焦点区上移，炉气中 CO 浓度下降，还原气氛减弱，炉料还原效率降低，还可能使硅酸铅没有完全还原就进入炉缸，形成炉结，导致鼓风炉还原的床能力下降。如果风量过小，焦炭不能燃烧放热，提供炉料熔化所需热量，就会导致炉内温度过低，炉料的熔化速度及熔体的过热速度缓慢，也会引起鼓风炉还原的床能力下降。经过长期生产实践，结合理论计算，认为风焦比控制在 50 ~

60 m^3/kg 比较合理。

(3)采用富氧空气

在增加鼓风量的同时，采用了富氧空气。设定鼓入空气的富氧浓度不超过25%。某厂采用富氧空气熔炼，强化了熔炼过程，鼓风炉还原熔炼的床能力明显提高(见表4－3)。

表4－3 某厂富氧空气对鼓风炉床能力的影响

	日处理高铅渣/t	空气含氧浓度/%	增加氧气量 /($m^3 \cdot h^{-1}$)	床能力 /($t \cdot d^{-1} \cdot m^{-2}$)
空气	360.9	21	0	40.55
富氧空气	469.2	23	296	52.71

(4)控制合理的风压、料柱高度及炉顶温度

鼓风压力、料柱高度及炉顶温度等操作参数对鼓风炉的稳定运行至关重要。长期生产经验表明，鼓风炉还原熔炼控制中等压力操作，风压一般为14～17 kPa；料柱高度有两种不同操作方式，分为高料柱操作和低料柱操作，低料柱操作的料柱高度一般为3～3.2 m，低料柱作业的特点是生产能力高，焦炭消耗低，炉顶温度高，渣含铅高，铅的回收率较低。高料柱操作的料柱高度一般为4～6 m，其特点是生产能力较低，烟尘率低，焦炭消耗较大，炉顶温度低，渣含铅低，铅的回收率高。炉顶温度根据不同料柱操作方式控制不同的温度，低料柱一般控制在550℃以下，高料柱一般控制在100～200℃。根据各个企业不同操作习惯采用不同料柱操作制度，高铅渣块鼓风炉还原熔炼多数采用高料柱作业，也有采用低料柱作业的企业，运行非常正常。

4.4.3 高铅渣鼓风炉还原的元素分布

在鼓风炉还原高铅渣的过程中，产物有二次粗铅、炉渣、烟尘及烟气。炉料中主要元素的分布见表4－4。

表4－4 鼓风炉还原高铅渣主要元素分布/%

元素	二次粗铅	炉渣	烟尘	烟气
Pb	80～85	3～4	11～17	
Zn		70	30	
Cu	62	24	12	

续表 4 - 4

元素	二次粗铅	炉渣	烟尘	烟气
S		50	30	20
Fe		95	5	
SiO_2		98	2	
CuO		98	2	
Au	>99			
Ag	>98	0.3		
Bi	79	3	15	
Sb	30	65	5	
As	9	86	5	

4.5 液态高铅渣直接还原

由于高铅渣采用鼓风炉还原存在一些问题，我国炼铅行业开发成功了高铅渣液态直接还原工艺。底吹炉还原高铅渣是将液态高铅渣直接加入到卧式底吹还原炉，按照渣型计算配入熔剂，用煤粒作还原剂，天然气为燃料，维持还原温度在1150 ~ 1200℃，反应 30 ~ 70 min，用少量的煤粒替代昂贵的焦炭，即可达到较好的还原效果，终渣含铅可降到 3% 左右，每吨粗铅综合能耗降到 230 kg 标准煤。其工艺流程如图 4 - 5 所示。

目前进行液态渣还原的设备有两种，分别是底吹炉和侧吹炉。由于富氧底吹炉氧化熔炼过程采用间断放渣，目前两种还原炉都是采用间断操作。液态渣直接还原与鼓风炉还原相比存在许多优点：

(1)简化了工艺流程，减少了铸渣冷却的环节。

(2)减少了环境污染，特别是避免了铸渣冷却过程中大量铅蒸气逸散带来的低空污染，消除了固体渣块在破碎、筛分、运输及加料过程中的粉尘污染。

(3)液态热渣直接进还原炉，减少了固态渣重新熔化所消耗的能源，而且用煤取代焦炭用做还原剂和燃料，节约了能源，能耗由每吨粗铅 300 kg 标准煤降低至 230 kg，从而降低了生产成本。

(4)减小了占地面积，节省了庞大的铸造机所占面积。

(5)渣含铅低，可以控制在 2% ~ 3%，比鼓风炉还原高铅渣低 2 ~ 3 个百分点，可以达到鼓风炉还原烧结块的渣含铅的水平。

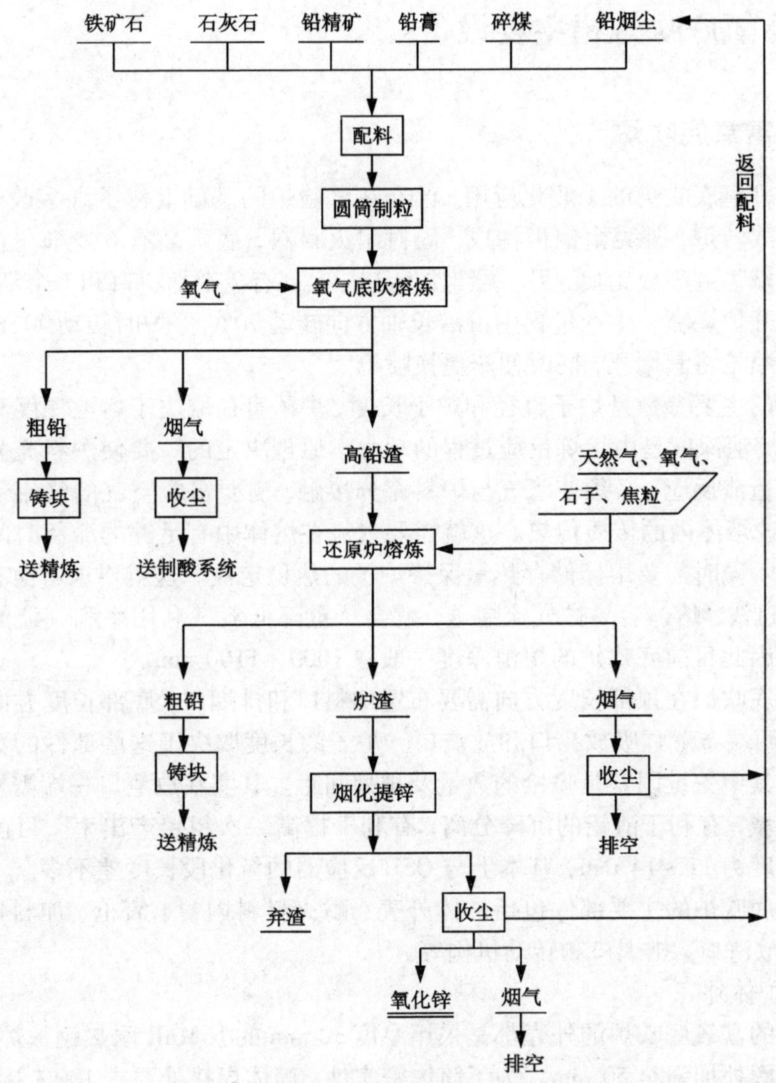

图 4-5　液态高铅渣底吹炉直接还原工艺流程图

其缺点是液态渣直接还原的烟尘率较高，底吹炉还原一般为 12% ~13%，比鼓风炉还原高铅渣高出 6 ~7 个百分点。侧吹炉为 8% ~10%，比鼓风炉还原高铅渣高出 2 ~ 3 个百分点，由此导致冶炼过程的收尘负荷增加，根据工艺流程图 4-4，这部分烟尘又返回原料仓进行配料，这样也会使返料增加。

4.6 富氧底吹炼铅主要设备

4.6.1 富氧底吹炉

随着富氧底吹炉的工业化应用，已经在试验炉的基础上作了许多改进，炉子为圆形卧式转炉，外壳由钢板构成，内衬耐火材料，底部装有6支氧气喷枪，反应器的一端为虹吸放铅口，另一端为放渣口，上部有2个加料口和1个烟气出口。还有1个开炉烧嘴。生产过程中可沿长轴方向转动90°，停炉时转动90°以便防止熔体进入喷枪将其堵死，同时便于更换喷枪。

炉子的主要参数是炉子直径和炉子长度。炉子直径取决于熔池深度和耐火材料厚度，熔池深度是由熔炼反应过程的动力学原理决定的。要使炉料充分进行氧化反应和造渣反应，必须使氧气与炉料充分接触，需要富氧空气的气流带动熔体运动，加速熔体内的传质传热。这就需要气流在熔体中有足够的滞留时间和气流分散时间。同时需要熔体储存热量保持炉子的热稳定性。这就要求熔池有一定深度，熔池过浅，熔体容易被气流穿透，就会严重降低氧气利用率和气流的传质传热效果。因此目前底吹炉的熔池深度一般在1000～1100 mm。

富氧底吹炉在顶部长度方向需要布置加料口和排烟口，底部长度方向需要布置氧枪，两端布置虹吸放铅口和放渣口。炉子的长度取决于这些部件的数量及排列方式。其中关键因素是喷枪的数量及排列间距。其实在放渣口一端需要一段相对静止区域，有利于渣铅的沉降分离，有利于提高一次粗铅产出率。目前富氧底吹炉的长度为11～14 mm，基本上与QSL反应器的氧化段长度差不多。

富氧底吹炉的主要部件包括炉体外壳、耐火材料内衬、氧枪、加料口、虹吸放铅口、放渣口、排烟口和转动机构等。

(1)炉体外壳

目前的富氧底吹炉的外壳都是采用厚度30 mm的16MnR耐热钢板焊接而成，滚圈及齿圈处加强至50 mm。为了筒体密实性，筒体焊接处要求100%探伤检测。

(2)耐火材料内衬

富氧底吹炉需要经受气流冲刷和渣铅腐蚀，为了内衬的使用寿命，富氧底吹炉内衬一般采用镁铬砖或铝铬砖砌筑而成，筒体内衬厚度为350～460 mm，由于喷枪出口对耐火材料内衬烧损比较严重，因此喷枪的套砖厚度为400～650 mm，材质也比其他部位更好，过去一般采用进口耐火材料。现在有的国产耐火材料可以替代进口材料。

(3)氧枪

氧枪的数量及其分布、氧枪结构、气流速度、富氧浓度、富氧空气量及气体压力对炉内气流分布、传质传热及熔炼、造渣反应有直接影响。目的是使气流在熔体内均匀分布扩散，能够与熔体充分接触，提供足够动能使熔体形成羽状卷流。

氧枪结构采用双层套管，内管为氧气通道，内管与外管之间夹缝为冷却通道，冷却介质一般为氮气和水，为了使冷却介质分布均匀，冷却通道制作成槽形，一般分为 8 ~ 14 个槽。QSL 炉氧化段喷枪和富氧底吹炉的氧枪都采用水冷，冷却效果十分明显，氧枪的平均烧损率为 0.5 ~ 0.9 mm/h，氧枪的使用寿命为 30 ~ 40 天。

经过一些生产厂家对氧枪结构、操作参数、冷却介质、送氧强度以及氧枪套砖材质不断摸索和改进，新研制的氧枪寿命有所延长，生产中更换氧枪的时间缩短。

(4)加料口

加料口设在炉子顶部，一般设有两个加料口，为了减少熔体喷溅对加料口的影响，加料口均位于相邻两个氧枪中间的位置。两个加料口可以同时加料，也可以互为备用。加料口的大小根据炉子大小而定，一般为直径 200 ~ 400 mm 的圆形口。为了延长其使用寿命，采用通水冷却。为了便于更换，与炉体外壳采用法兰连接。

(5)排烟口

排烟口也设在炉子上方，靠近虹吸放铅口一端。烟罩设计需要保证炉子转动时不受影响，并且保证炉子转动 90°后烟气仍然能够进入烟罩，所以烟罩的中心线必须偏向转动方向一侧。烟道上方与余热锅炉上升烟道连接。烟罩采用铜水套冷却，但是出现漏水，有的厂家已改为内衬耐火材料，使用效果很好。

(6)放渣口

放渣口设在炉子的另一端，设计铜水套冷却，但是冷却效果不明显，而且影响操作，也有厂家取消了铜水套。

(7)虹吸放铅口

富氧底吹炉与德国及韩国的 QSL 炉一样，虹吸放铅口设在炉子的端部。虹吸口的截面尺寸一般为 200 mm × (200 ~ 300) mm。为了操作安全，虹吸口与炉子轴线成一定夹角。虹吸道内衬耐火材料，入口底部与炉底最低处平齐。

4.6.2　余热锅炉

富氧底吹炉的烟气温度高，二氧化硫浓度高，含尘浓度高，烟尘粘接性强。余热锅炉设计需要采取防止粘接和腐蚀的结构和措施。一般采用大空腔模式水冷壁结构，上升烟道(即锅炉辐射室)较高，离开辐射室出口的烟气温度可以降到 650℃左右。为了防止烟气中酸雾对锅炉管壁产生腐蚀，保证管壁温度高于硫酸露点温度，锅炉蒸气压力为4.0 MPa左右。

4.6.3 电收尘器

由于富氧底吹熔炼烟气含高浓度SO_2(10%以上)，必须经过制酸回收SO_2。为了满足烟气制酸工艺要求，富氧底吹熔炼烟气经过余热锅炉冷却后，采用电收尘器除尘，如果电收尘效果不好，就会影响烟气制酸的正常运行，从而导致底吹炉被迫停炉。

底吹炉炼铅烟气烟尘率较高(20%左右)，电收尘器入口烟气含尘浓度高达200 g/m^3，烟气温度高达400℃。而且铅烟尘主要是PbS、$PbSO_4$等挥发性物质，其粒度小、黏性大、比电阻高，给电收尘造成很大困难。由于炼铅烟气和烟尘的特性，过去一般认为不宜采用电收尘器除尘，近些年来由于电收尘器技术的进步，才应用于铅冶炼烟气除尘。但是这些特性仍然对电收尘器造成许多不利影响：

(1)高温影响

烟气温度越高，钢材的弹性模量越小，强度和刚度越差。电收尘器的钢结构在高温下容易产生变形或歪斜，导致局部极距变小，二次电压升不高或出现跳闸，除尘效率下降。钢结构变形还会引起承重石英管破裂或旋转瓷瓶断裂。

(2)高比电阻影响

烟尘比电阻高，容易产生反电晕，灰尘不容易荷电被收集，使其在电收尘器内部集结，造成电晕极线肥大，影响收尘效率，导致电收尘器出口含尘过高。

(3)烟气含尘浓度过高的影响

烟气含尘浓度过高，荷电烟尘颗粒抑制电晕电流的产生，当含尘浓度达到极限时，电晕现象就会消失，电晕电流几乎减少到零，出现电晕闭塞，电收尘器就失去收尘作用。

经过长期生产实践，针对氧化熔炼烟尘的上述特性，在通用电收尘器的基础上作了许多改进，以满足烟气制酸工艺要求。主要的改进措施如下：

(1)改进进出口、增加振打器

电收尘器进口扩大段容易积尘造成堵塞，在此增设振打器和灰斗，避免了进口积尘，减少了人工清理工作，同时也减轻了第一电场的工作负荷。为了防止在电收尘器出口的槽形板排上积灰，出口也需增设振打器。

(2)改进灰斗设计

为了克服烟尘的粘接性，使烟尘在灰斗中流动更加顺畅，加大了灰斗的角度，将每个电场一个灰斗改为每个电场两个灰斗，加大第一、二电场灰斗的出口尺寸，并在其内壁衬上不锈钢板。

(3)改进阴极框架及阴极振打设计

为了减少阴极框架积灰，每个电场的阴极框架由一个整体框架改为每个电场由 4 个独立的小框架组合而成，阴极吊梁上增加人字形钢结构，减少烟尘堆积。阴极框架振打由侧面振打改为顶部电磁锤振打，解决了阴极框架积尘和阴极线闭晕的问题。

(4)改进极间距和阴极线设计

为了解决阴极线积灰影响荷电效率的问题，加大了阴极间距，并将阴极线改为针刺线，解决了烟尘不容易荷电的问题。

另外，为了减轻电收尘器的工作负荷，并降低电收尘器入口烟气温度，在电收尘器前面增加了漩涡收尘器，将部分大颗粒的烟尘在漩涡收尘器中除去。

改进后进入电收尘器的烟气温度降低了 20℃，电收尘器出口含尘浓度小于 200 mg/m^3，满足制酸工艺要求。

4.6.4　渣块浇铸机

渣块浇铸机由传动机构(电机、减速机组成)、轨道、链轮、链条及渣模组成，长度80 m 左右。液态炉渣倒入渣模后，传动机构带动渣模缓慢行走，靠自然冷却或淋水冷却，使炉渣凝固。

4.6.5　鼓风炉及电热前床

还原高铅渣的鼓风炉及电热前床与传统的铅鼓风炉及电热前床没有区别，只是因为还原高铅渣的床能力较低，必须按较低的床能力计算炉膛面积。

4.6.6　氧气站

国内制造的制氧设备生产的工业纯氧完全能满足工艺的要求，且技术可靠、经济指标亦不错。

4.7　富氧底吹炼铅的渣型选择与控制

富氧底吹炉炼铅需要经历两次造渣过程，第一次是底吹炉氧化熔炼过程的高铅渣造渣，第二次是还原熔炼过程的造渣，两次造渣的渣型选择及条件控制均不相同。

在富氧底吹熔炼过程中，为减少 PbS 的挥发，控制炉内的过氧化气氛，产出含 S、As 低的粗铅，需要控制高铅渣的熔点不高于 1000℃。要求高铅渣熔点低，流动性好，需要控制较低的钙硅比，w_{CaO}/w_{SiO_2}一般为 0.4 ~ 0.6，w_{Fe}/w_{SiO_2}为 1.0 ~ 1.3(高铅渣主要成分见表 4 - 5)。但在铅鼓风炉还原过程中炉渣熔点为 1150 ~ 1250℃，需要控制较高的钙硅比，w_{CaO}/w_{SiO_2}一般为 0.6 ~ 0.8，w_{Fe}/w_{SiO_2}为 1.0 ~

1.6，有利于降低鼓风炉渣含铅。为了满足鼓风炉还原熔炼的渣型要求，需进行二次配料，一般按照具体渣型进行理论计算，配入一定量石灰石和铁矿石。

为了减少二次配料的种类和配入量，综合平衡底吹炉高铅渣和鼓风炉炉渣的渣型，在底吹炉配料时，高铅渣中 w_{CaO}/w_{SiO_2} 可以选择为0.5~0.7。

表4-5 典型高铅渣主要化学成分/%

序号	Pb	ZnO	Cu	FeO	SiO_2	CaO	S
1	45.77	8.52	0.28	14.07	8.29	4.59	0.41
2	43.54	8.70	0.28	15.36	9.12	4.82	0.27

4.8 富氧底吹炼铅的主要技术经济指标

4.8.1 主要经济技术指标

富氧底吹法炼铅的主要技术经济指标见表4-6。

表4-6 富氧底吹法炼铅主要技术经济指标

序号	实例1			实例2		
	指　标	单位	数值	指标	单位	数值
1	日处理物料量	t/d	600	日处理物料量	t/t	650
2	炉料含铅品位	%	45~52	炉料含铅品位	%	37.74
3	粒料含水	%	8			
4	底吹炉熔炼烟尘率	%	11~16	底吹炉熔炼烟尘率	%	15
5	氧料比	m^3/t 炉料	90~110	氧料比	m^3/t 炉料	136
6	喷枪压力	MPa	0.8~1.1			
7	电耗	kWh/t 粗铅				
8	底吹炉出炉烟气 SO_2 浓度	%	≥9			
9	高铅渣钙硅比		0.4~0.7			
10	高铅渣铁硅比		1.3~1.6			

续表 4－6

序号	实例 1			实例 2		
	指　标	单位	数值	指标	单位	数值
11	富氧底吹熔炼炉一次粗铅产出率	%	40～60	富氧底吹熔炼炉一次粗铅产出率	%	15
12	底吹炉煤耗	%	2			
13	高铅渣含 Pb	%	40～50	高铅渣含 Pb	%	40
14	铅氧化渣含硫	%	<0.5			
15	粗铅含铅	%	>97	粗铅含铅	%	94.5
16	富氧底吹熔炼炉有效作业率	%	>95	作业天数	d	330
17	鼓风炉床能力	$t/(m^2 \cdot d)$	45～55	侧吹炉还原		
18	鼓风炉焦率	%	15	处理量	t/a	199664
19	Pb 回收率	%	96.5	粗铅产量	t/a	70855
20	S 回收率	%	>95	粗铅品位	%	96
21	Au 回收率	%	>98	还原炉煤率	%	4
22	Ag 回收率	%	>98	工业氧气	m^3/t 高铅渣	47
23	鼓风炉渣含 Pb	%	3	熔剂率	%	6
24	氧枪寿命	d	30～40	烟尘率	%	8
25	余热锅炉蒸汽产出量(4.0 MPa)	t/t 粗铅	0.5～0.8	渣含铅	%	2
26				还原炉电耗	kWh/t 高铅渣	50
27				年工作日	d	330

注：为了比较全面介绍底吹炉炼铅的生产情况，表 4－4 中实例 1 为某公司采用了鼓风炉还原时的数据，目前该公司已经开发液态高铅渣直接还原工艺，许多指标均有明显改善；实例 2 为另一家公司采用液态渣产出率还原的数据。

4.8.2　主要经济技术指标分析

(1)一次粗铅产出率

富氧底吹熔炼一次粗铅产出率与铅精矿品位有关，品位越高，一次粗铅产出率越高。炉料含铅品位降低时，一次粗铅产出率急剧下降。

(2)还原熔炼渣含铅

在底吹炉氧化熔炼阶段，为了使高铅渣满足下一步鼓风炉还原熔炼的要求，高铅渣含铅品位一般控制在40%左右，略低于烧结块含铅，相应地，一次粗铅产出率一般为35%～40%，粗铅含 S<0.2%。和烧结块相比，高铅渣块孔隙率较低，由于是熟料，其熔化速度较烧结块要快些，从而增加了鼓风炉还原工艺的难度。但是，长期的生产实践证明，采用鼓风炉处理铅氧化渣在工艺上是可行的，鼓风炉渣含 Pb 可控制在4%以内。通过炉型的改进、渣型调整、适当控制单位时间物料处理量等措施，渣含铅量可望进一步降低。另外，尽管现有指标较传统工艺渣含铅1.5%～2%的指标高，但由于该工艺中鼓风炉渣量仅为传统工艺的50%～60%，鼓风炉工序铅的损失不会增加很多。鼓风炉采用高料柱、低熔解量的方式作业，主要目的是降低鼓风炉弃渣含铅，可取得良好的效果。针对铅氧化渣熔点较低等特点，为降低渣含铅，除需调整渣型和适当提高焦率外，应严格控制较高的料柱和适当的床能力。

液态高铅渣还原无论采用底吹炉还是侧吹炉，与鼓风炉还原相比具有两个明显特点，一是能耗降低，而且可以用煤替代优质的冶金焦炭；二是渣含铅降低，底吹炉还原可以达到3%以下，侧吹炉还原可以控制在2%，从而使铅的回收率增加。

(3)氧枪寿命

影响氧枪寿命的因素有氧枪结构、材质、制造工艺、操作参数和冷却介质，控制合理的氧气流量对提高氧枪寿命有显著效果。

(4)熔炼烟尘率高

由于 PbS 在高温下有较大挥发性，铅熔池熔炼过程烟尘率较高。生产中降低烟尘率的关键因素是控制较低的熔炼温度和较高的 PbO 活度。

第 5 章　富氧侧吹炼铅工艺

5.1　概述

富氧侧吹炼铅法也是一种直接炼铅法，与 QSL 法、奥斯麦特法、ISA 法同属自热熔池熔炼，与其不同的是，侧吹法氧气或富氧空气是从设于炉墙上的风口鼓入熔池的渣层中实现铅物料的熔炼过程。该法是借鉴苏联开发的用于处理铜精矿的自热熔炼技术——瓦纽科夫法经验的基础上，由我国自行开发的新的炼铅技术。目前已完成工业试验，正在进行工业化生产准备工作。

2000 年 10 月，我国某公司与俄罗斯专家合作，签订了建设一台工业试验规模的熔炼铅精矿的瓦纽科夫炉的合作协议，由俄专家负责 1.5 m^2炉子设计，中方负责全部配套工程设计。2001 年 11 月工程建成并投入试验，至 2002 年 10 月 29 日，共进行 11 次开炉试验，其中由俄专家指导开炉试验 6 次，没有达到预期的目标；俄专家撤离后，中方人员针对开炉试验中出现的一系列难以克服的问题，从理论上对其进行分析，并对炉子结构做了重大改造，从而实现了炉子的连续顺利炼铅。2004 年 2 月炉子转入长时间连续生产运行。至 2004 年 10 月，开炉试验 26 次，处理铅精矿万余吨，证明该炉能够长期稳定生产，各项技术指标达到了预期的目标。该公司根据修改后炉子的结构特点将其命名为“富氧侧吹直接炼铅炉”。

近年来，富氧侧吹炉被用于底吹炉产出的液态高铅渣直接还原熔炼，取代高铅渣块鼓风炉还原熔炼工艺，取得了非常理想的效果。目前，正在将富氧侧吹炉应用于硫化铅精矿和脆硫铅锑矿的氧化熔炼的工业化生产，采用侧吹炉铅精矿氧化—侧吹炉高铅渣还原—侧吹炉炉渣烟化的工艺流程。

5.2　富氧侧吹炼铅工艺

5.2.1　基本原理

富氧侧吹熔池熔炼实质上是乳状火法冶炼过程，富氧空气从侧墙上位于静置熔体平面以下约 0.5 m 处的风口，以约 100 kPa 的表压送入炉内，使熔体产生强烈鼓泡与激烈搅动，固体炉料加入到温度为 1100 ~ 1300℃搅动的熔融炉渣的熔池中，炉料的颗粒或其聚合体被炉渣湿润，靠炉渣与炉料颗粒之间的温度差加热。易熔的组分(硫化物)熔化，在炉渣中形成冰铜或金属的液滴。石英石和其他高熔点成分、煤等，靠强烈的搅动熔于炉渣，与炉渣中的氧发生氧化反应。往炉渣熔体吹入的氧气，在相界面与炉渣作用，相应地改变液相和气相的成分，直至在两相之间建立化学平衡。因为相界面的面积大，且气体给予熔池很高的搅拌能，加快炉内的传热和传质过程，各相的组成均趋向于平衡，相的分离过程也大为加快。由于富氧空气是从炉体两侧的风口鼓入熔池，气流在炉料中上升速度较慢(小于1 m/s)，并且经充满在风口上方的大液珠洗涤，烟气中二氧化硫浓度高，烟气带走的尘粒可以有效地降低。

富氧侧吹法炼铅的原料为硫化铅精矿，过程的主要反应为：

$$PbS + O_2 = Pb + SO_2$$

$$PbS + 3/2O_2 = PbO + SO_2$$

$$PbS + 2PbO = 3Pb + SO_2$$

$$PbS + PbSO_4 = 2Pb + 2SO_2$$

$$nPbO + SiO_2 \longrightarrow nPbO \cdot SiO_2$$

$$FeS + O_2 \longrightarrow Fe_2O_3 + SO_2$$

$$Fe_2O_3 + C \longrightarrow FeO + CO$$

$$CaCO_3 \longrightarrow CaO + CO_2$$

$$FeO + SiO_2 \longrightarrow FeO \cdot SiO_2$$

$$xCaO + ySiO_2 = xCaO \cdot ySiO_2$$

为了建立进行交互反应的有利条件，应该保证渣中 PbO 的高活度，为此，就必须提高 PbO 在熔体中浓度，但这与要求得到含铅低的弃渣相矛盾。因此，直接炼铅包含两个阶段。第一阶段为氧化熔炼阶段，在这个阶段硫化铅精矿进行一系列氧化反应和造渣反应。各种硫化物进行氧化脱硫，硫化铅的氧化反应、氧化铅与硫化铅及硫酸铅的交互反应都可以得到粗铅，因此在氧化熔炼阶段的产物为一次粗铅和含 PbO 高的高铅渣。

第二阶段是高铅渣的还原熔炼阶段，加入碳质还原剂(煤)，控制炉内气氛为还原性气氛，氧化铅被还原为金属铅，大部分的三价铁还原为 FeO，得到二次粗铅和弃渣。还原段主要反应是：

$$PbO + C = Pb + CO$$

$$PbO + CO = Pb + CO_2$$

$$Fe_2O_3 + C \longrightarrow FeO + CO$$

当铅还原到一定程度时，渣中 ZnO 也会被还原。

在1100～1300℃的熔炼温度，PbS 挥发性大，蒸气压在 13.3～101.3 kPa，导致挥发物产出增加，相当部分的烟尘必须返回与精矿一起熔炼，返尘含硫酸铅，硫酸铅与硫化铅进行交互反应产出金属铅。

氧化熔炼时形成的粗铅中溶解的 PbS 与 PbO 处于平衡状态，渣中 PbO 的含量取决于渣成分、气相中氧势(p_{O_2})和过程的温度。为得到含硫低的粗铅，高铅渣中铅的含量应大于 20%，常在 20% ~50% 内选取。

硫化铅矿直接炼铅所遇到的困难在于铅的化合物和金属铅本身挥发性都很强，PbS 的挥发性最大，PbO 次之，金属铅的挥发相对少一些。为了减少进入气相的铅量，必须选择适当的熔炼条件，如氧势、温度、鼓风氧浓度等。否则，进入烟尘中的铅量及其在熔炼过程中的循环量将是很大的。

氧化区得到的高铅渣熔点低，因此，氧化熔炼有可能在 1050 ~ 1150℃ 下进行，而还原熔炼则在较高温度 1200 ~ 1250℃ 下进行。

上述基本原理表明，硫化铅矿直接熔炼的技术条件和工艺过程应当满足以下基本要求：

(1) 熔炼过程必须包括两段气氛明显不同的熔炼区域，在高氧化气氛下得到含铅高的高铅渣和含硫低的粗铅，高铅渣流到还原气氛区进行还原熔炼，使渣中 PbO 尽可能被还原成金属铅。

(2) 除在高氧势下熔炼以减少铅挥发外，适当降低熔炼温度，采用氧气或富氧空气，合理的炉子结构均能起到降低烟尘率的作用。

5.2.2 工艺流程

富氧侧吹法直接炼铅与其他熔池熔炼直接炼铅方法一样，根据直接炼铅的基本原理，不可能在一个反应区域内同时得到含硫低的粗铅和含铅高的炉渣。一方面要求深度氧化，最大限度地脱硫，氧化熔炼过程实际上是一个过氧化过程，势必使大部分铅被氧化成氧化铅进入渣相；另一方面又要求炉渣中大量氧化铅还原成金属铅，使炉渣含铅降到最低，这就要求炉内控制还原性气氛，从而无法完全脱硫，大部分铅仍然以硫化铅形态进入粗铅，导致粗铅含硫很高。所以需要采用氧化熔炼和还原熔炼两段工艺。

5.2.2.1 两段工艺流程

以处理硫化铅精矿生产粗铅为例。两段工艺的富氧侧吹法工艺流程又有两种情形，如图 5 - 1 和图 5 - 2 所示，一种情形是双炉作业，即氧化和还原是在两座独立的侧吹炉内完成，氧化炉产生的富铅渣通过溜槽流入还原炉；另一种情形是采用双区炉，即氧化和还原是在一座炉的两段气氛不同的熔炼区间完成。

一般来说，无论氧化熔炼和还原熔炼是分别在两台侧吹炉完成，还是在一台双区炉内完成，其工艺过程基本相同，均需包括炉料准备、配料、熔炼、烟气的余热利用及收尘、烟气中 SO_2 回收、富氧空气的供应等工艺过程。

富氧侧吹熔炼的炉料准备比较简单。炉料由精矿、返尘和熔剂及少量煤组

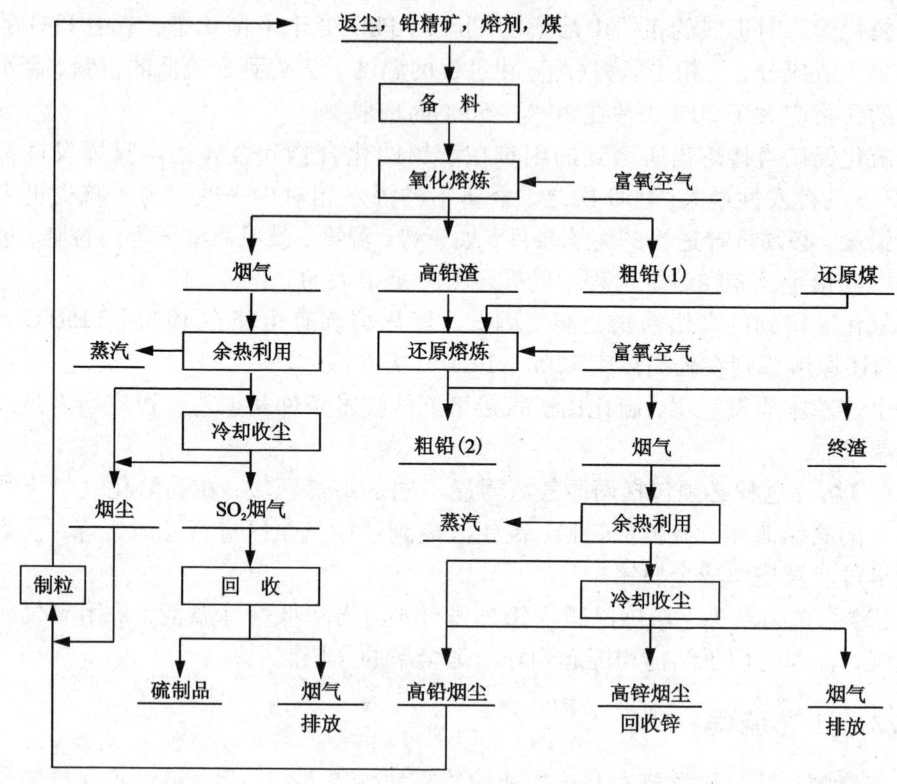

图 5-1 硫化铅精矿双炉氧气侧吹法炼铅工艺流程

成。入炉料通常都不需要进行干燥，水分控制在8%以下，过于干燥的精矿和返尘应预先润湿，返尘最好经过制粒，以减少气相损失和保持良好的作业环境。炉料的粒度无严格要求，一般小于20 mm。熔剂最好在氧化熔炼时一次配够，这样在还原熔炼时只需加煤作为还原剂，从而简化配料系统，有利于车间布置。但是生产实践表明，在还原熔炼阶段均需进行二次配料。这是因为在氧化熔炼阶段为了减少铅的挥发，降低烟尘率，需要采用低熔点渣型，w_{CaO}/w_{SiO_2}一般在0.5左右。而在还原熔炼阶段，为了降低渣含铅，需要适当提高钙的比例，w_{CaO}/w_{SiO_2}一般在0.6~0.8，因此在二次配料中至少需要配入适量的石灰石熔剂。

虽然铅精矿的自热熔炼与铜精矿自热熔炼类似，但铅精矿中伴生元素多，成分复杂，而且含硫较低，其化学反应热难以完全满足熔炼所需的热量，有的时候不能实现完全自热熔炼。因此氧化熔炼过程有时需要配入少量的煤作为燃料。用做燃料的煤，烟煤和无烟煤均可，粒度不大于20 mm。

纯氧或富氧空气的使用是直接法炼铅的必备条件。从理论上讲，氧化熔炼阶

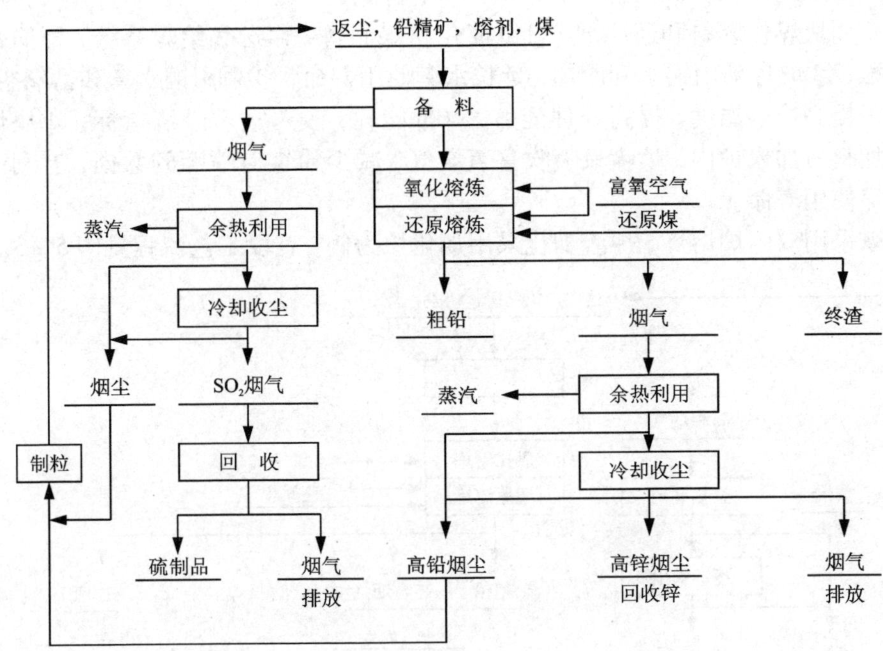

图5-2　双区炉氧气侧吹法炼铅工艺流程

段，可以是纯氧或者是富氧，含氧浓度应尽可能高，以最大限度地节省燃料(接近自热)和提高床能力为限度；但是氧气浓度越高，富氧空气量越小，空气量过小，难以提供熔体搅动所需要的动能，从而会降低熔体内传质传热的效果，因此富氧浓度必须控制在合理范围。还原段熔炼熔池鼓入含氧50%左右的富氧空气。

氧化熔炼时，脱硫率大于97%，离炉烟气含 SO_2 15%～25%，有利于硫的回收。

5.2.2.2　三段工艺流程

该工艺流程包括氧化熔炼、高铅渣还原熔炼和炉渣烟化三个阶段，其工艺流程如图5-3所示，它是在二段工艺的基础上增加一段炉渣烟化，更有利于从炉渣中回收锌、铟、锗等金属。在炉渣两段贫化处理时，高铅渣还原熔炼的烟尘返回氧化段处理，而炉渣烟化所得的次氧化锌烟尘，可以送湿法流程处理提锌、铟、锗等金属。在设备的选择上，氧化熔炼和高铅渣还原熔炼可以采用两台富氧侧吹炉配套，从氧化熔炼炉排出的液态高铅渣通过溜槽直接流入还原炉，两台炉子之间需要有一定的高度差，氧化熔炼炉的基础必须抬高，导致厂房必须加高，而且占地面积较大。如果采用双区炉，就可以降低厂房高度，减小占地面积。炉渣烟化可以用传统烟化炉或侧吹炉，从还原炉排出的炉渣也可以直接流入烟化炉。

如果采用侧吹炉做为烟化炉，具有如下特点：

①用块煤作燃料和还原剂，可以简化粉煤制备、输送和给煤系统，即简化工艺流程；②炉身采用铜水套冷却，延长水套使用寿命；③采用铜水套和富氧空气，有利于提高炉内温度，提高处理能力，降低能耗，改善技术经济指标；④块煤从炉顶加料口加入炉内，喷嘴只喷吹富氧空气，减少粉煤对喷嘴的磨损，有利于延长喷嘴使用寿命。

以采用双区炉熔炼、炉渣烟化采用烟化炉为例，三段工艺流程见图5-3。

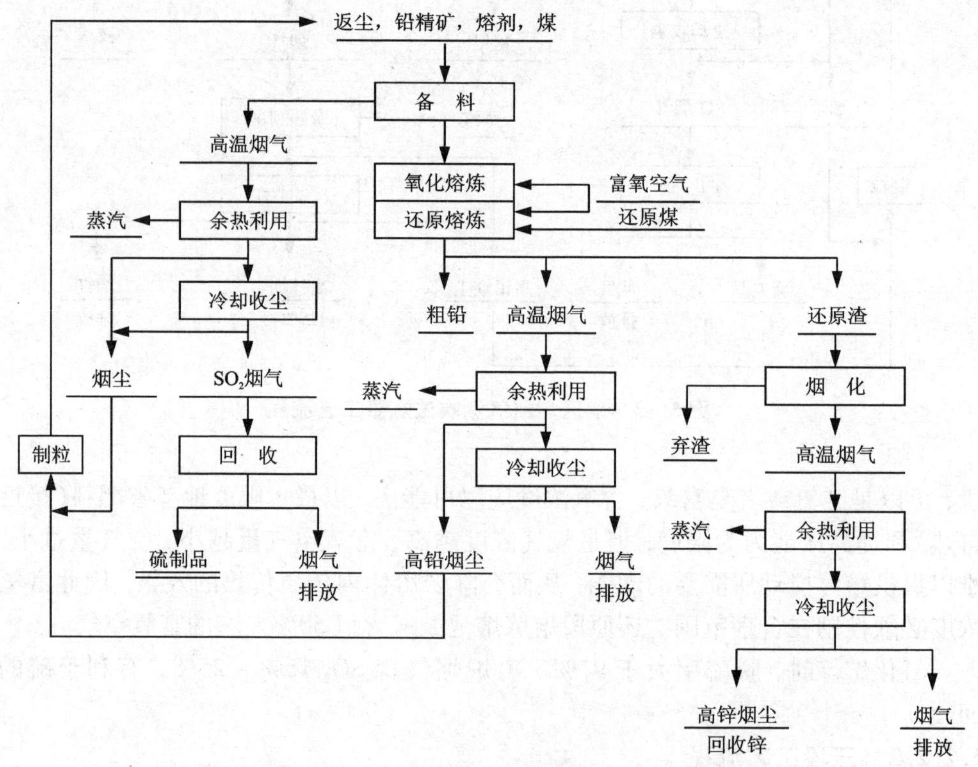

图5-3 三段工艺氧气侧吹法炼铅工艺流程图

5.3 富氧侧吹炼铅的主要设备

5.3.1 富氧侧吹试验炉

富氧侧吹熔池熔炼技术的核心装置是富氧侧吹炉，类似于瓦纽科夫炼铜炉的炉型和结构。目前我国第一台1.5 m²富氧侧吹工业试验炉(见图5-4)，主要用于硫化铅精矿的氧化脱硫熔炼，后来也用于水淬高铅渣的还原熔炼。在实际的试验和生产中经过了一些创造性的改造，使炉子的结构更趋合理。下面以 1.5 m^2 工业试验炉(单区炉)为例介绍富氧侧吹炉的结构。

富氧侧吹炉是由独立而又相连的两个区域(氧化区、还原区)构成的双区炉，精矿在氧化区内氧化脱硫产出部分粗铅及富铅渣，富铅渣为熔融状态。为节省投资，所建的富氧侧吹炼铅试验炉是单区炉见图 5-4。操作制度为先进行氧化熔炼，待氧化熔炼产出的富铅渣积累到一定数量后，用同一台炉进行还原熔炼。

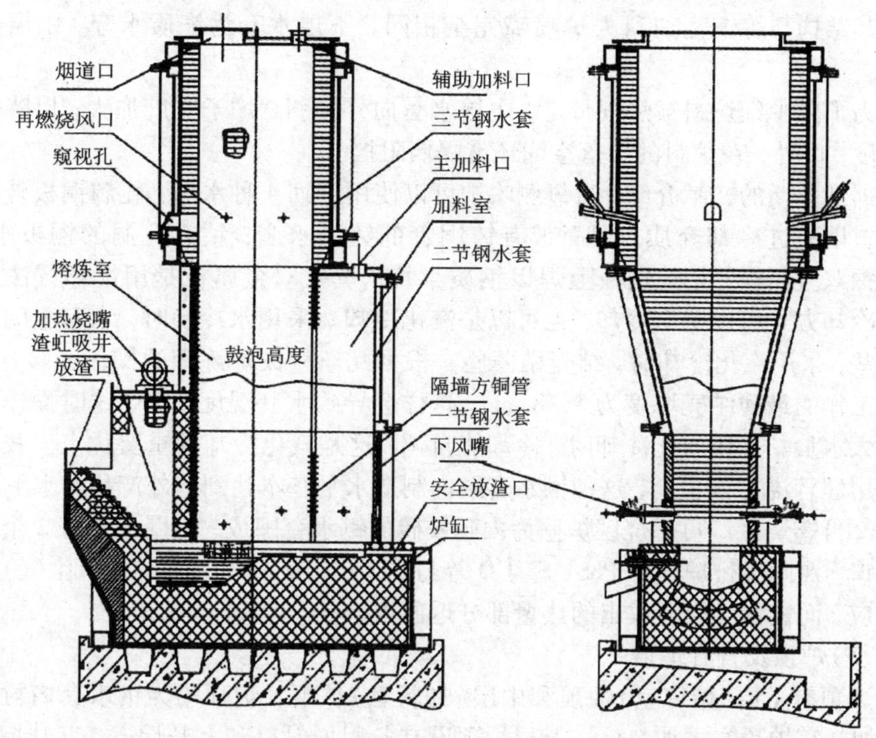

图 5-4　1.5 m^2 富氧侧吹炼铅工业试验炉

侧吹炉是由三层铸铜水冷水套构成的横断面呈矩型的炉子。由炉缸、炉身、炉顶三部分组成。炉身又分为熔池区和再燃烧区，其两侧装有熔池风口和再燃烧风口，炉一端为加料室，另一端为渣虹吸井，有放渣口和虹吸放铅口，整个炉子与鼓风炉相似，不同之处在于渣虹吸井高度高于风口水平约 480 mm，以形成熔池，熔池的深度由放渣口高度决定。

(1)炉缸

炉缸用镁砖或镁铬砖砌筑于钢板焊接而成的钢槽内，炉底呈反拱形。炉缸上沿铺以水平铜水套，支承炉身下层水套。炉缸的作用是使渣、铅分层，并通过咽喉进入虹吸道，而后分别排出。

(2)炉身

①熔池区。熔池区包括下、中层水套，为了避免物料下落过程中被烟气带走，实验炉设置了加料室，加料室高度比炉顶低，在熔炼区和加料室之间设有铜水套隔墙，隔墙上、下均有通道。工业氧气(或富氧空气)从安装在下层铜水套的喷嘴鼓入熔池，使熔体鼓泡、膨胀，从熔炼区通过上通道进入加料室，并裹带加入的炉料经下通道返回熔炼区进行熔炼反应。熔池喷嘴共 4 个，生产时使用 2 个。其结构与炼铜瓦纽科夫炉喷嘴完全相同。下层水套为铜质水套，中层为钢水套。

为了减少细炉料被炉气带走，中层水套向外倾斜，炉子宽度加大，以降低气流速度，此外，在炉料的下落空间还有隔墙阻挡。

据俄罗斯的文献介绍，富氧侧吹炉可以使用下列 4 种水套：轧制铜板外焊有铜型材以通过冷却介质；里面带有铸铜管的铸铜水套；钻有孔洞的铜板水套；铜—钢双金属板，在外钢板上焊以钢质半管水套。双金属板是用爆炸方法制成的。冷却方式可以是水冷却，也可以是汽化冷却。采用水冷却时，水套上的结壳稍厚些，采用汽化冷却时，结壳稍薄些。根据瓦纽科夫炉炼铜的操作经验，水套能够工作的最薄结壳厚度为 5 ~ 8 mm，这样会导致水套温度上升，这时操作人员会加大水量。采用汽化冷却时，冷却能自调，这是汽化冷却的重要优点。我国一般采用埋管浇铸铜水套，这种铜水套国内制造水平基本达到国外产品的水平。

②再燃烧区。再燃烧区炉壁为内砌镁砖的钢水套围成，侧壁各装有 2 个再燃烧风口，在此进行炉气中 PbS、S、CO 等与鼓入(或吸入)空气(或富氧空气)的氧化反应，而氧化反应所放出的热量部分返回熔池。

(3)炉顶及直升烟道

炉顶有上层(熔炼室)炉顶和中层(加料室)炉顶。炉顶均为钢水套内衬耐火泥，加料室炉顶有主加料口。上层炉顶设有备用加料口和直升烟道，直升烟道也由钢水套围成。

(4)实验过程中富氧侧吹炉的改进

前述的富氧侧吹炉在试验中，暴露出不少问题，其中最主要的问题是氧化熔炼时渣流不畅，氧化渣水淬时“放炮”。经过分析认为，“放炮”的原因是渣—铅之间形成了中间层——铅锍层。为解决上述问题，参与试验的中方专家经过深入细致的分析研究，决定对炉缸和风口进行改造，见图 5 -5。

①将加料端炉底提高，排渣端炉底维持不变，这样炉底由平炉底改成高、低不同的两个区段，两个区段之间有 1 个斜坡过渡区。

②将低炉底所对应的下部风口位置降低。

③加料室侧水套增开风口。

通过上述的改进措施，炉缸温度提高了，铅液温度相应提高，有效地解决了渣流不畅以及因为“中间层”的存在造成的“放炮”等问题。

5.3.2 富氧侧吹液态高铅渣还原炉

5.3.2.1 炉型

富氧侧吹炉已广泛用于液态高铅渣的还原熔炼和硫化铅精矿的氧化熔炼，在液态高铅渣还原熔炼的生产实践中所采用的炉型均为单区炉。而且在生产实践中开发出两种结构不同的侧吹炉，其主要区别如下：

第一种炉型是与炼铅工业试验炉基本相同，但是炉内没有隔墙将加料区与熔炼区分开。矩形炉膛的炉墙由 2 ~ 3 层（高度方向）铜水套构成，铜水套内侧不衬耐火砖，铜水套直接与熔体接触；炉膛不设单独的澄清区，炉膛面积较小，炉膛两侧的铜水套均设有风口；每块下层铜水套设有氧气喷嘴，生产时只轮换开启部分喷嘴，喷嘴结构与炼铜瓦纽科夫炉喷嘴基本相同，不能通入天然气或煤气等可燃气体，喷嘴内径较大，停止鼓风时可以插入钢钎阻止熔体流入喷嘴，喷嘴使用寿命较长。

第二种炉型是炉身用耐火砖砌筑，外面贴钢水套或铜水套用于冷却耐火砖，耐火砖容易被熔体腐蚀出现掉落；炉膛设有澄清区，炉膛面积较大，澄清区两侧炉墙没有风口；喷嘴类似于 QSL 炉的喷嘴，喷嘴结构相对复杂，分为多层套管，可以喷入气体燃料，内层管径较小，停止鼓风时不能插入钢钎阻止熔体流入喷嘴，必须将熔体排出至喷嘴以下的高度，喷嘴使用寿命较短。

5.3.2.2 炉体结构

这里只讨论第一种炉型的炉体结构，而且主要讨论单区富氧侧吹炉，因为双区富氧侧吹炉并未用于生产实践。

富氧侧吹炉主要由炉缸、炉身、炉顶、隔墙、虹吸室、喷嘴、加料口、上升烟道、钢结构等部件组成。单区富氧侧吹炉如图 5 - 5 所示，双区富氧侧吹炉如图 5 - 6所示。

5.3.2.3 主要参数的确定

（1）单位炉床面积熔炼强度

炉子的单位炉床面积熔炼强度与物料种类、炉子大小、作业方式、富氧浓度、燃料种类等因素有关，设计时按照工厂实践数据选定。目前用于还原液态高铅渣的床能率为 70 ~ 120 $t/(m^2 \cdot d)$，氧气浓度为约 60%，间断作业。对于处理其他物料时，可根据工艺要求进行冶炼计算、热平衡计算和炉子结构设计中主要参数推荐的范围来确定。

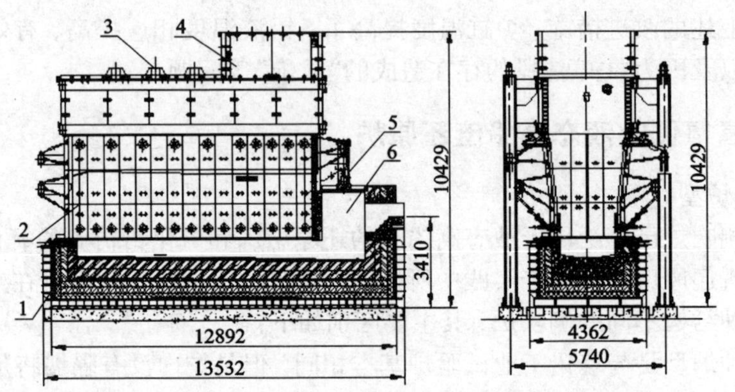

图 5-5 单区富氧侧吹熔池熔炼炉

1—炉缸；2—炉身；3—加料口；4—烟道；5—补热烧嘴；6—虹吸室

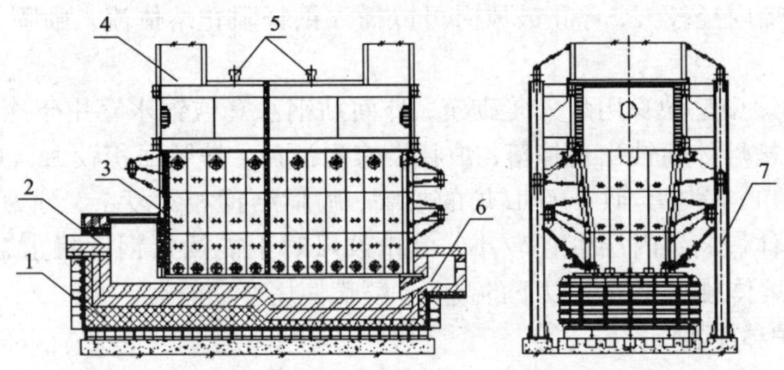

图 5-6 双区富氧侧吹熔池熔炼炉

1—炉缸；2—放渣口；3—炉身；4—烟道；5—加料口；6—虹吸道；7—钢架

(2)风口区炉床横断面积($F_{床}$)

$$F_{床} = \frac{A}{330a} \quad (\text{m}^2)$$

式中：$F_{床}$——炉床面积，m^2；

A——年处理炉料量(包括高铅渣、熔剂和煤粒)，t/d；

a——侧吹炉单位生产率(床能率)，t/($\text{m}^2 \cdot \text{d}$)。

侧吹炉的作业天数为 330 天/年，单位生产率 a 与物料种类、炉子大小、作业方式、富氧浓度、燃料种类等因素有关，设计时按照工厂实践数据选定。

(3)风口区宽度 $B_{床}$ 与长度 $L_{床}$

风口区宽度受到风口气流向中心穿透能力的限制，富氧侧吹炉风口区宽度一般控制在 1.6 ~2.5 m，炉子面积大取上限，炉子面子小取下限，增加炉床面积主要是调整风口区长度。

风口区宽度确定后，根据风口区炉床面积确定炉子长度 $L_{床}$：

$$L_{床}=\frac{F_{床}}{B_{床}}\quad(\mathrm{m})$$

在确定风口区炉子长度时还要根据风口水套的宽度与数量进行综合考虑。

(4) 炉子(内部)高度

富氧侧吹炉炉膛高度由炉缸、炉身和炉顶三部分组成。炉缸为储存熔体用，深度按熔体的数量和品种确定，$H_{缸}=0.6\sim1.0$ m；炉身通常由三层铜水套组成，其高度 $H_{身}=3.9\sim4.2$ m；炉顶上部空间高度应考虑避免熔体喷溅、二次风的燃烧和金属氧化，通常为 2 ~2.5 m。

(5) 风口总面积 $F_{风口}$

$$F_{风口}=\frac{AV_T}{1440v_0}\ (\mathrm{cm}^2)$$

式中：A——每天处理的物料量，t/d；

V_{T}——处理 1 t 物料的富氧单耗，$\mathrm{m}^3/\mathrm{t}_{料}$，$V_{\mathrm{T}}$取决于每 t 物料熔炼氧气单耗以及所采用的富氧浓度；

v_0——风口鼓风强度，$\mathrm{cm}^3/(\mathrm{cm}^2\cdot\mathrm{min})$。

(6) 风口直径及数量 N

富氧侧吹炉风口直径和风口数是两个相关联的参数，风口直径根据风口操作需要一般为 30 ~40 mm，风口数量则按下式计算：

$$N=\frac{F_{风口}}{f_{风口}}$$

式中：$f_{风口}$——每个风口的面积，cm^2。

风口沿着炉子长度布置在两侧的侧水套上，每块水套通常设置一个喷嘴。设计时可调整风口直径和风口数量至合理范围。

5.3.2.4　主要部件的结构设计

(1) 炉缸

富氧侧吹炉炉缸主要指炉台水套以下区域，炉缸主要是冰铜或金属的储存区域。炉缸深度主要取决于处理物料的种类以及物料品位，处理铜精矿或铜镍精矿，炉缸深度为 800 ~1200 mm，处理铅精矿或是液态高铅渣还原，炉缸深度为 600 ~800 mm。炉缸结构如图 5 -7 所示。

①炉缸外壳。为防止冰铜或金属渗漏，炉缸外壳采用 10 ~20 mm 厚的钢板焊成箱式外壳，壳体外用 10 ~40 号工字钢或 H 钢加强，炉缸壳板为 10 ~20 mm 厚的钢板，整个炉缸落在耐热混凝土的基础上或是落在由工字钢焊接而成的框

架上。

②炉缸砌体。富氧侧吹炉炉缸底为反拱形，中心角为25°～45°，炉底反拱主要由以下各耐火砖层组成：镁铬砖345 mm两层，镁铬质捣固层30～60 mm，高铝砖层172 mm，粘土耐火砖层268 mm，黏土质隔热耐火砖层201 mm，石棉板20 mm。设计时根据处理的物料可以适当增减各耐火砖层的厚度，炉底厚度一般为600～1200 mm。

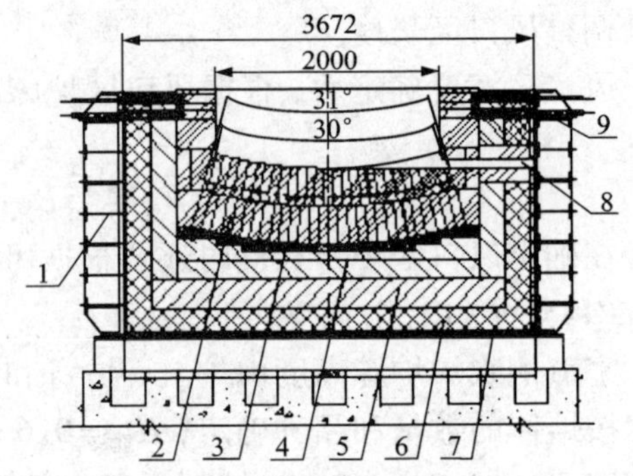

图5－7　富氧侧吹炉炉缸

1—炉壳；2—镁铬砖砌体；3—捣固料；4—高铝砖砌体；5—黏土砖砌体；6—黏土质隔热砖砌体；7—石棉板；8—安全口；9—冷却铜管

炉缸内层砌筑镁铬砖345 mm，中间层砌筑高铝砖层230 mm，外层砌筑黏土质隔热砖层230 mm，炉壳与砌体之间留20～40 mm的空隙，空隙常用硅藻土、硅酸铝纤维、珍珠岩等填塞，使砌体有膨胀余地并借此保温。

③虹吸室。炉缸一端设虹吸室，主要用于冰铜或金属与炉渣进一步澄清分离以及冰铜或金属的虹吸放出。虹吸道可以设于端头或是虹吸室两侧，设计时可以根据实际操作方便而定。虹吸道断面尺寸，一般下口为100 mm×200 mm，上口为300 mm×350 mm，下口距炉底100～200 mm，防止炉结堵塞虹吸口，虹吸道断面积大小视处理量大小以及物料品位而定，如果处理量大且品位高，虹吸道断面积取大些。虹吸道中心线与水平面倾斜，倾斜角度与炉缸深度有关，一般为40°～60°，便于操作，虹吸道如图5－8所示。

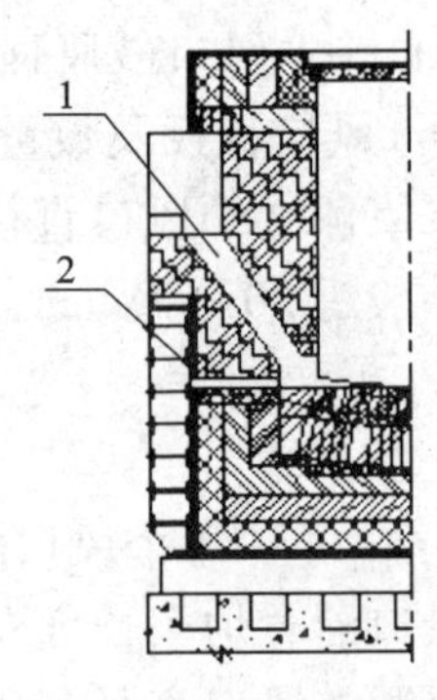

图5－8　虹吸道

1—冰铜虹吸道；2—安全放出口

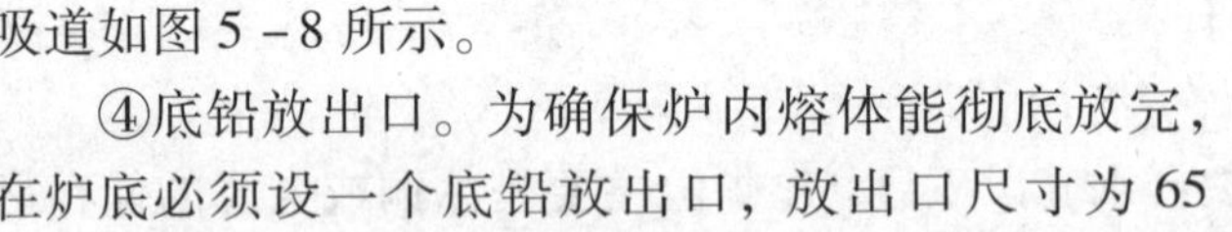

④底铅放出口。为确保炉内熔体能彻底放完，在炉底必须设一个底铅放出口，放出口尺寸为65 mm×65 mm，放出口设于虹吸室侧面或端面，视工艺布置而定，安全放出口周围确保便于用氧气烧开。

(2)炉台铜水套

炉台铜水套位于炉缸侧墙上表面，置于风口水套下部。设置炉台铜水套主要是强制冷却炉缸侧墙上表面，延长侧墙寿命，同时防止炉内熔体向外渗漏。炉台铜水套采用纯铜浇铸而成，铜管内通水强制冷却。铜水套必须经过通球及水压试验。炉台水套尺寸为1196 mm×715 mm×80 mm，浇铸铜管为ϕ32 mm×6 mm，铜水套上设有数个预制螺栓孔，用于装配连接件。炉台水套外形结构，如图5-9所示。检验标准与炉墙铜水套相同。

(3)炉墙铜水套

风口铜水套位于炉身两侧下部的一层铜水套，铜水套上设有装配一次喷嘴的连接装置，因此称为风口铜水套。风口铜水套由纯铜浇铸而成，内部预埋铜管，管内通水强制冷却，铜水套内侧开有一定宽度和深度的燕尾槽，用于挂渣保护水套。铜水套外表面设有数个预制螺栓孔，用于装配连接件。铜水套尺寸为1296 mm×596 mm×130 mm，铜水套质量的关键是铜管与铜块的紧密结合，不能由于铜块冷却收缩时与铜管之间产生缝隙，也不能在浇铸时高温铜水使铜管产生变形而影响铜管的通水量。铜水套表面必须光滑平整，不得有裂纹、气孔、缩孔、夹砂等缺陷。因此，铜水套制作好必须检验，包括通球和水压试验（水压不低于1.2 MPa，通球半径为ϕ23~25 mm）；内窥镜检测、超声波探伤检测和抽样拍片检测等。

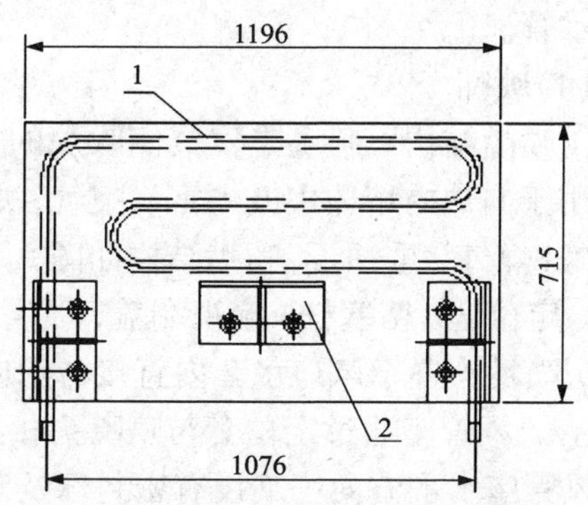

图5-9 富氧侧吹炉炉台水套

1—冷却水管；2—装配件

铜水套在安装之前，燕尾槽内浇注耐火浇注料。

炉身其他水套与风口水套结构相似，均为纯铜浇铸而成，内部通水强制冷却。风口水套结构如图5-10所示。

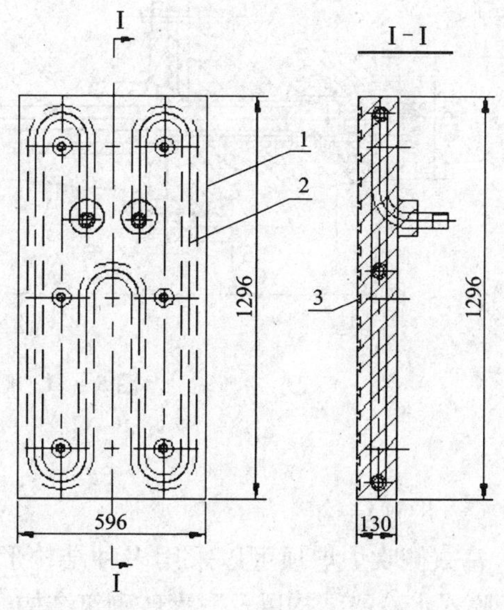

图5-10 铜水套

1—铜水套；2—铜管；3—燕尾槽

隔墙铜水套位于反应区与虹吸室之间，用于隔开反应区与虹吸室之间熔体，隔墙下部设有熔体通道，隔墙距炉底600~800 mm。反应区熔体在富氧空气强烈搅动下运动激烈，通过隔墙可以使虹吸室熔体相对静止，有利于金属与渣的分离，同时防止未反应完全的物料进入虹吸室。隔墙由纯铜浇铸而成，水套表面开有燕尾槽，用于挂渣保护，内部预埋铜管，铜管直径 $\phi48 \sim 60$ mm，冷却铜管间距为 120 ~ 160 mm。为了安装方便，隔墙水套一般预埋 2 ~ 3 根冷却水管。

(4)喷嘴

①喷嘴结构。喷嘴是富氧侧吹炉的重要部件，安装于炉身两侧一层水套上，主要用于向炉内熔体中鼓入富氧空气，如果冶炼过程需要也可以同时向炉内鼓入天然气(煤气、重油)。喷嘴结构如图 5 - 11 所示，主要包括喷嘴头、风管座、密封球、定位套、堵塞杆、窥视端盖，喷嘴头采用纯铜整体浇铸而成，内部通水强制冷却，喷嘴头置于风口水套内直接与炉内熔体接触，喷嘴头通过螺栓固定于风口水套上。风管座通过定位套与喷嘴头相连，风管座上的送风管与水平轴线成 45°角，风管座水平方向一端设有密封球及观察端盖，生产过程中将观察端盖从风管座端头插入，即可观察到炉内状况，生产过程中一旦要停风，将堵塞杆插入风管座内便可以防止熔体倒灌喷嘴。

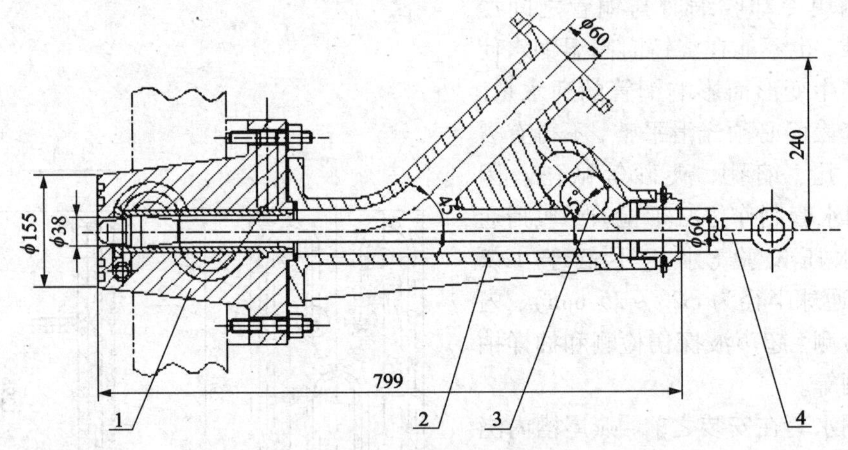

图 5 - 11　喷嘴结构图

1—喷嘴头；2—风管座；3—密封球；4—堵塞管

(5)炉顶结构

富氧侧吹炉炉顶可以采用多种结构形式，主要有以下几种：钢质水冷元件结构、膜式水冷壁结构以及耐火砖砌筑结构，目前应用较多的是钢质水冷元件结构。

钢质水冷元件主要包括冷却内壁、冷却外壁、筋板或拉筋、钩钉、耐火浇注料。冷却内壁和冷却外壁连续焊接在一起，形成水套箱体。冷却内壁常用锅炉钢板 245R，厚度为 12 ~ 20 mm，内壁采用整块钢板制作，最好采用压制成型，或采用翻边结构，尽量避免高温接触面的焊缝。外壁常用普通钢板，厚度为 12 ~ 16 mm。水套内壁和外壁之间装配有若干筋板、拉钉。水套内壁焊接 V 字形钩钉，主要用于固定耐火浇注料。

炉顶采用钢质水冷元件具有结构简单、热损失小、使用寿命长、安装拆卸容易等优点。

(6)烟道

富氧侧吹炉排烟道设于炉顶，一般是竖直方向设置，排烟道大多采用矩形结构。根据炉顶结构形式，排烟道有耐火材料砌筑与水套拼接两种结构形式，排烟口与余热锅炉竖直烟道通过膨胀节连接。烟道的大小决定于烟气速度，烟道烟气速度一般为 6 ~ 10 m/s，入口温度为 1100 ~ 1300℃。

①排烟口断面积计算。排烟口断面积根据烟气量和入口的流速按下式计算：

$$F = \frac{V(1+\beta)}{\omega}(\mathrm{m}^2)$$

$$\beta = t/273$$

式中：V——进入烟道的烟气量，m^3/s；

t——烟道入口温度，℃；

ω——烟道入口(或出口)烟气流速，m/s(工况)，一般按 6 ~ 10 m/s 计算。

②烟道高度确定。富氧侧吹炉炉顶烟道高度主要满足炉体结构要求，同时考虑与余热锅炉竖直烟道的连接与密封，一般炉顶排烟烟道高度为 1.0 ~ 1.5 m。

5.3.3　余热锅炉

无论是硫化铅精矿氧化熔炼烟气还是液态高铅渣还原熔炼烟气均采用余热锅炉进行冷却，其余热锅炉都有一个共同特点，上升段高度一般 20 m 以上。这是因为铅的硫化物、硫酸盐及氧化物熔点较低，且易于挥发，烟尘熔结在烟道中会造成通道堵塞。余热锅炉设有若干弹性振打清灰器，上升段熔结的烟尘在弹性振打的作用下落入熔池，从而有效地降低烟尘率，并保持余热锅炉内烟气畅通。为了防止硫酸盐对锅炉管壁产生腐蚀，蒸汽压力一般为 4 MPa 左右，可以用于发电，达到节能的目的。

5.4　富氧侧吹炼铅的技术特点

5.4.1　侧吹熔炼的特点

(1)侧向向熔池内鼓入富氧空气，熔体激烈搅动

纯氧或富氧空气从侧墙上的风口(一般位于静置熔体平面以下约 0.5 m 处)

以约 100 kPa 的压力送入炉内，使熔体强烈鼓泡与激烈搅动，加速了质和热的交换，加快炉渣中难熔组分的熔化速度，因而炉子的生产率很高。以 1.5 m^2 工业试验炉为例，氧化熔炼床能力达到 110 ~ 125 t/(m^2·d)，还原熔炼床能力达到 90 ~ 110 t/(m^2·d)。

(2)硫化物和燃料在熔池内氧化和燃烧

熔体与高温燃烧气体直接接触，燃料的燃烧热和硫、铁的氧化热都能够充分利用。因此，富氧侧吹炉的热效率高而燃料消耗则较低。

(3)熔池熔体上层翻动，下层平静

富氧侧吹熔池熔炼炉的熔池深，炉内熔体按垂直方向分区，这与基夫赛特炉用挡墙将炉床分为熔炼区和沉淀区不同。富氧侧吹炉侧面鼓风作用范围内形成一个湍动区，湍动紊流区以下，即风口以下则维持一个有利于粗铅和炉渣澄清分离的相对平静区。

(4)炉内用隔墙分为两个相连的熔池

如采用双区炉，则第一熔池熔炼炉料，第二熔池还原贫化炉渣，在有固体还原剂存在下，保持炉内还原性气氛，使锌与其他易挥发物挥发，使炉渣贫化，可在一个熔炼炉中直接产出弃渣(含 Pb≤1%)，并提高伴生元素的综合利用程度。

5.4.2 富氧侧吹炼铅工艺的优点

(1)原料的适应性强，备料简单。与悬浮熔炼不同，熔池熔炼不必深度干燥，炉料的准备比较简单。侧吹炉能够处理含水 6% ~8% 的精矿或其他含铅物粗粒(≤100 mm)物料，不需要像闪速熔炼那样，为得到含水低于 0.5% 的粉状物料，而建设复杂备料干燥系统和密封性能较好的埋刮板运输机。

(2)采用高浓度富氧(O_2含量 80% ~95%)鼓风熔炼。尽管炉壁、炉墙铜水套损失热量较多，但只需在炉料中补充少量燃料即可正常熔炼。以煤而不是焦炭作燃料。

(3)熔炼炉炉体简单、合理，运行稳定可靠。根据铜冶炼工业采用富氧侧吹炉的生产实践证明，由于采用铜水套结构，炉子的大修周期达 1.5 ~2 年。

(4)氧化熔炼炉烟气含 SO_2浓度高(20% ~25%)，有利于从烟气中回收硫，解决了环保问题。

(5)金属回收率高：铅≥97%，金≥97%，银≥96%。工业试验表明，炼铅炉还原连续排出的弃渣铅含量≥2%，甚至好于普通鼓风炉弃渣含铅 1% ~3% 的指标。

由于以上这些优点，与侧吹炉配套的设备较简单，投资少。另外，富氧侧吹炉可用低质煤作燃料，符合我国国情，出炉烟气二氧化硫浓度高，燃料消耗低，操作简便等。

5.5　富氧侧吹炼铅的主要技术经济指标

现以我国第一台1.5 m^2富氧侧吹工业试验炉的近30次试验和生产指标为例，列出侧吹法炼铅的主要技术经济指标，这些指标对大规模工业生产具有指导和参考意义。

富氧侧吹工业试验炉是单区炉。操作制度为先进行氧化熔炼，产出的富铅渣水淬堆存，待积累到一定数量后，用同一台炉进行还原熔炼。

5.5.1　氧化熔炼技术经济指标

(1)熔炼温度	1100～1150℃
(2)风口压力	0.085～0.095 MPa
(3)床能力	110～125 t/(m^2·d)
(4)有效作业时率	>96%
(5)氧气(100%计)耗	210～250 m^3/t·精矿
	130～160 m^3/t·炉料
(6)煤率(以精矿计)	7.26%
煤率(以炉料计)	4.79%
(7)一次粗铅产率	
从精矿中	65%～70%
从炉料中	42%～50%
(8)粗铅含 Pb	≥98%
S	≤0.3%
(9)烟尘率(以炉料计)	20%～25%
(10)初渣(富铅渣)Pb	28%～35%
Zn	7%～9%
S	0.1%～0.5%
(11)离炉烟气 SO_2浓度(V/V)	20%～24%
(12)脱硫率	>97%

5.5.2　还原熔炼技术经济指标

(1)温度	1150～1200℃
(2)风口压力	0.08～0.09 MPa
(3)床能力	90～110 t/(m^2·d)
(4)有效作业时率	>98%

(5)氧气(100%)耗　　275 ~ 320 m^3/t·初渣
　　170 ~ 200 m^3/t·炉料
(6)煤率(以初渣计)　　35% ~ 44%
煤率(以炉料计)　　20% ~ 25%
(7)二次粗铅产率
从初渣中　　91% ~ 95%
从炉料中　　42% ~ 50%
(8)二次粗铅 Pb 品位　　≥96%
(9)终渣含 Pb　　1% ~ 3%
Zn　　4% ~ 6%
Ag　　≤20 g/t
(10)烟尘率(以炉料计)　　22% ~ 29%
(11)冶炼回收率(入粗铅)
Pb　　>96%
Ag　　>98.5%
Au　　≥99%

5.5.3 试验指标评价

试验证明富氧侧吹直接炼铅是完全可行的，主要技术经济指标大部分优于传统的烧结－鼓风炉熔炼法。

5.5.3.1 优点

(1)床能力高。试验证明此炉型既能进行氧化熔炼，又能进行还原熔炼。无论是氧化熔炼还是还原熔炼，都具有很高的床能力。

(2)可用廉价煤替代焦炭作还原剂，节省生产成本。

(3)一次产铅率高。

(4)作业率高。

5.5.3.2 存在问题及原因分析

(1)能耗偏高。

导致能耗偏高的原因主要有三个：

①入炉的渣是经水淬后的冷渣，导致还原熔炼时所需的煤量和氧量增加，耗氧也多。②炉膛面积小，散热损失大，水套带走热占比例大。一般来说，当炉料含 S 大于 12%，直接氧化熔炼时可不需加煤作为燃料。但由于试验炉小，还需加入部分煤作燃料。③还原熔炼时，由于富铅渣量小，有时要加入一定量的烟尘补充铅量，以维持炉缸的热平衡；还需要补加部分熔剂，从而导致耗煤、耗氧量增加。

还原熔炼加返尘在工艺上并不合理，一是增加了一个烟尘循环圈，加大了烟尘的循环量；二是 Zn 难以富集成高 ZnO 烟尘开路。

由于工业试验条件所限，还原熔炼加烟尘是不得已而为之，在大规模生产条件下，氧化段产出的富铅渣呈高温熔体进入还原段，并有足够的氧气供应，还原段炉缸的热平衡应当不成为问题，因此完全不需要在还原段加烟尘。

(2)烟尘率偏高

从上述指标看，不管是氧化熔炼还是还原熔炼，烟尘率偏高。原因是多方面的，主要有下列几方面：

①加料量小，为防加料管堵塞，只有将加料管直径加大，炉料在下落行程中不能形成密实的料柱，而是松散地抛撒，炉料颗粒在炉膛空间快速升温，PbS 挥发。另一方面，配入的烟尘制粒效果差，造成粉料被炉气机械带走。

②炉子小，主加料口靠水套炉壁太近，炉壁上易生成炉结妨碍加料。为消除炉结，生产中周期性地改从炉顶辅加料口加料，辅加料口距排烟口近，距熔池液面高，炉料下落距离长。

③由于炉子规格小，单位熔体热损失大，还原段加冷渣，配煤量多；另一方面氧气供应量不足，富氧浓度低，相应地处理每吨料产生的炉气量大，带走的尘量多。

④单位时间产铅量和产渣量少，虹吸井温度低，为保证渣流、铅流畅通，不凝结，只得提高操作温度 100 ~ 150℃，使 PbS 的蒸气压成倍增高，见表 5 - 1。

表 5 - 1　Pb、PbO、PbS 的平衡蒸气压

温度 /℃	Pb 蒸气压 /kPa	温度 /℃	PbO 蒸气压 /kPa	温度 /℃	PbS 蒸气压 /kPa
960	0.13	950	0.24	950	0.8
1130	1.3	1050	1	1000	2.27
1290	6.7	1100	2	1048	5.3
1360	13.3	1200	6.9	1108	13.3
1415	38.5	1300	20	1221	53.3
1525	101.3	1425	60	1281	101.3
		1472	101.3		

⑤炉顶直升烟道短，不能像大型工业炉那样，建造足够高度的竖烟道，使得烟尘可以回落到炉内。

(3)ZnO 回收困难

富氧侧吹直接炼铅试验中，氧化熔炼阶段精矿中的锌富集在富铅渣中，而在还原阶段60%的锌进入烟尘，同时烟尘中含铅很高，这种烟尘无法作为氧化锌处理，只能返回熔炼系统继续炼铅，造成锌在系统中的循环和富集。还原熔炼阶段的渣含 Pb 1% ~3%、Zn 4% ~6%，如果采用烟化炉处理，经济上不合算。

以上指出的能耗偏高、烟尘率高、锌的回收问题在大型工业化生产中，随着工艺的改进、炉子加大、配套设施的完善都可以得到解决。

5.6 富氧侧吹炼铅工艺的工业化应用

5.6.1 侧吹炉还原液态高铅渣

近年来富氧侧吹炼铅工艺的工业化应用得到迅速发展。起初河南济源市金利冶炼有限责任公司(下称金利公司)和济源市万洋冶炼集团公司(下称万洋公司)将富氧侧吹炉用于底吹炉产出的液态高铅渣还原熔炼。最近湖南郴州有几家铅冶炼厂采用富氧侧吹炉进行氧化熔炼和还原熔炼。

金利公司原采用富氧底吹炉氧化熔炼-高铅渣块鼓风炉还原熔炼工艺。2007年改用富氧侧吹炉进行液态高铅渣直接还原熔炼，富氧底吹炉产出高铅渣通过溜槽直接流入侧吹炉，并在侧吹炉内配入适量石灰石粉作熔剂，配入适量块煤作为还原剂，通入煤气和富氧空气，为熔炼过程提供热量。还原熔炼产出二次粗铅和炉渣，炉渣通过溜槽流入电热前床保温，分批放入渣包，用吊车输送至烟化炉进行吹炼，回收其中的锌，得到次氧化锌烟尘。其工艺流程如图5-7所示。

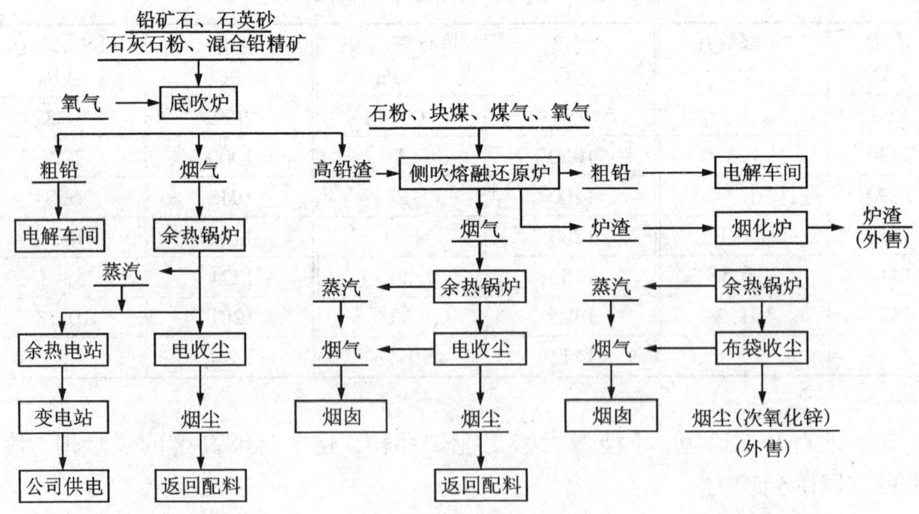

图5-7 金利公司富氧底吹-侧吹直接还原炼铅工艺流程图

液体高铅渣侧吹炉还原熔炼与鼓风炉还原熔炼相比，具有如下特点：一是对原料适应性增强，炉料含铅品位可以降低到35%；二是操作环境及环境影响明显改善，还原熔炼过程均在密闭的侧吹炉内进行，消除了高铅渣浇铸过程带来的铅蒸气和烟尘污染，操作岗位的含尘量为6~7 mg/m^3。烟气排放量大幅度减少；三是能耗降低，由于侧吹炉还原的烟气量减少，带走热量也就减少，并且采用液态高铅渣还原，减少了高铅渣块二次熔化所消耗的热能，因此能耗明显降低；四是冶炼回收率提高，富氧底吹炉氧化熔炼－富氧侧吹炉还原熔炼工艺有价元素的回收率为：Pb >98%，S >96%，Au >98%，Ag >98%；五是生产成本降低，由于能耗降低，回收率提高，并且用价格较低块煤替代价格昂贵的冶金焦炭，单位产品的加工成本降低约30%。富氧底吹炉氧化熔炼－富氧侧吹炉还原熔炼工艺主要技术经济指标如表5－2所示。

表5－2 主要技术经济指标

项目	单位	指标	说明
混合原料含铅平均品位	%	37.74	
一次粗铅产出率	%	15.04	按铅量计算
一次粗铅品位	%	94.5	
底吹炉氧气消耗	m^3/t	136	按干混合原料计
底吹炉熔剂率	%	3.98	占混合原料比例
底吹炉烟尘率	%	15	按干混合原料计
底吹炉脱硫率	%	98.37	
高铅渣含铅	%	40	
侧吹炉粗铅品位	%	96	
侧吹炉煤率	%	4	
侧吹炉氧气消耗	m^3/t	47	按高铅渣计
侧吹炉熔剂率	%	6	
侧吹炉烟尘率	%	8	
侧吹炉煤气消耗	m^3/t	83	按每吨粗铅计
弃渣含铅	%	2	
侧吹炉电耗	kWh/t	50	按每吨高铅渣计
年工作天数	d	330	

万洋公司原来也是富氧底吹—高铅渣鼓风炉还原工艺，2009 年改为液态高铅渣还原采用富氧底吹炉 - 富氧侧吹炉 - 烟化炉的“三连炉”工艺流程，两台炉子之间用溜槽连接。底吹炉放出液态高铅渣直接流入侧吹炉，侧吹炉放出的炉渣直接流入烟化炉。减少了电热前床保温和渣包吊渣的设备及工序。三台炉子均为间断放渣，操作制度互相匹配。其工艺流程见图 5 - 8，设备连接图见图 5 - 9。

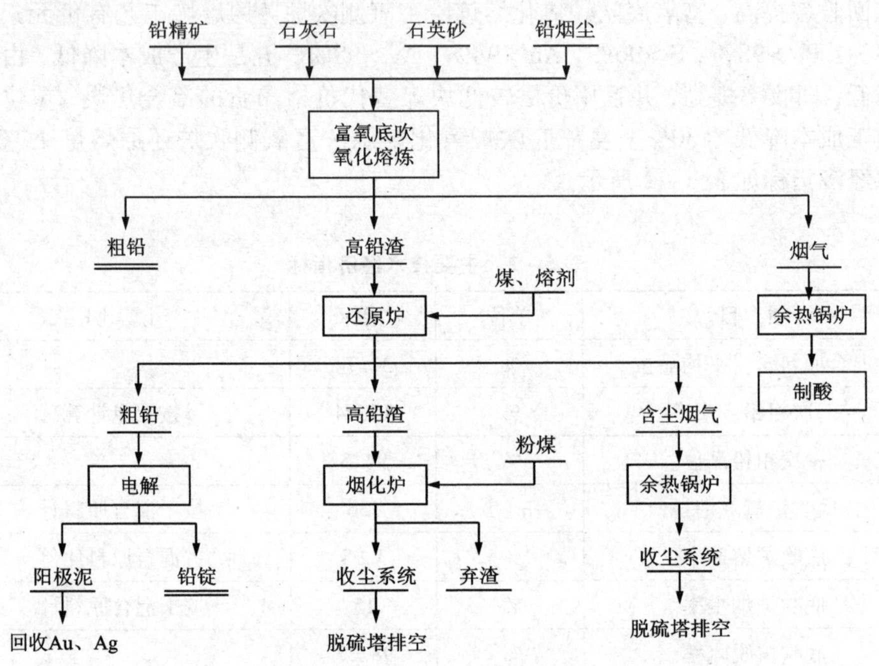

图 5 - 8　富氧底吹熔炼 - 侧吹炉还原炼铅工艺流程图

2011 年 3 月 10 日一次性开炉成功，生产稳定连续，各项技术经济指标达到了预期目标值。氧化熔炼采用的富氧底吹炉为 ϕ3.8 m × 11.5m，110 ~ 120 min 放一次渣，产出液态高铅渣量为 28 ~ 35 t/炉，渣含铅 43% ~ 50%，直接进入侧吹炉进行还原熔炼。富氧侧吹炉为 8.4 m^2，高铅渣的还原周期与富氧底吹炉的放渣周期相匹配，为 110 ~ 120 min，在一个还原周期内渣含铅完全可以降至 1% 以下，但还原气氛过强，会使锌还原挥发，不利于后面烟化炉的生产。为了使熔池内的锌尽可能地保留在渣中，生产中控制渣含铅不大于 2%。表 5 - 3 列出了高铅渣采用不同工艺的技术经济指标。

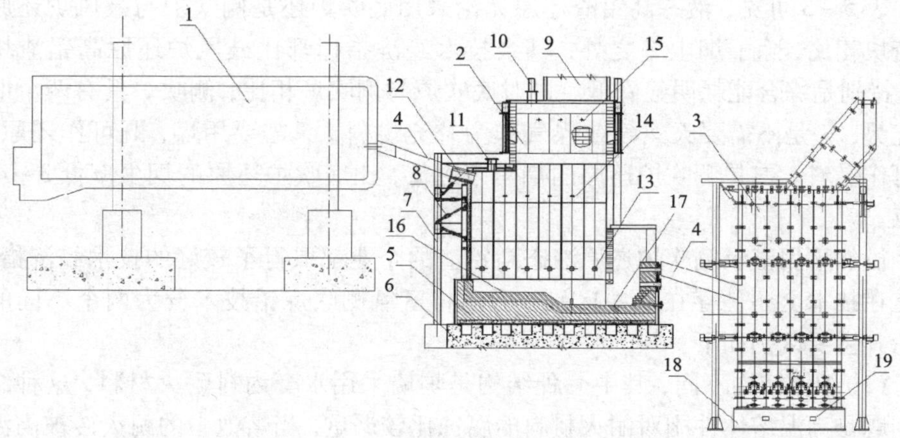

图5-9 万洋液态渣高铅渣侧吹炉还原及三连炉配置示意图

1—富氧底吹熔炼炉；2—液态高铅渣还原侧吹炉；3—炉渣吹炼烟化炉；4—高铅渣及还原渣溜槽；5—侧吹炉炉底；6—侧吹炉基础；7—侧吹炉立柱；8—侧吹炉顶杆；9—侧吹炉烟道；10—侧吹炉备用下料管；11—侧吹炉二次配料下料口；12—液态高铅渣下料口；13—侧吹炉一次风口；14—侧吹炉二次风口；15—侧吹炉三次风口；16—侧吹炉浅炉缸；17—侧吹炉深炉缸；18—烟化炉基础

表5-3 高铅渣还原工艺技术经济指标

项目	万洋氧气底吹-鼓风炉还原工艺	某厂富氧底吹-液态渣还原工艺	万洋“三连炉”工艺
烟尘率	氧化段：12%~14%，还原段：6%~7%	氧化段：12%~14%，还原段：12%~13%	氧化段：12%~14%，还原段：8%~10%
熔剂率	氧化段：3%，还原段：7%~8%	氧化段：3%，还原段：2%~3%	氧化段：3%，还原段：2%~3%
氧气单耗	270~280 m^3/t	360 m^3/t	320~330 m^3/t
电耗	115~125 kWh/t	80~96 kWh/t	68~80 kWh/t
焦耗	170~190 kg/t	69 kg/t(无烟煤耗)	131 kg/t(煤耗)
天然气耗	—	37.4 m^3(标)/t	—
混合矿含铅	45%~55%	45%~65%	45%~65%
混合矿含硫	14%~18%	16%~18%	16%~18%
鼓风炉床能力	50~65 t/(m^2·d)	—	—
还原炉床能力	—	—	50~80 t/(m^2·d)
鼓风炉焦率	14%~18%	—	—
终渣含铅	2%~3%	2.5%~3%	≤2%
综合能耗	300 kgce/t	230 kgce/t	230 kgce/t

表5－3可见，液态高铅渣还原无论采用底吹炉还是侧吹炉与鼓风炉还原高铅渣块相比，除了烟尘率之外，其余技术经济指标都比鼓风炉还原高铅渣块要好，特别是综合能耗明显降低。同时底吹炉与侧吹炉相比，侧吹炉具有两个明显的优势：一是不需要天然气或煤气作为补充燃料，只需要用煤，既可作还原剂，也可作燃料。二是侧吹炉还原的烟尘率更低，比底吹炉还原的烟尘率低3～4百分点。

虽然采用富氧侧吹炉还原液态高铅渣的企业都取得了较好的技术经济指标，但是在技术上还是存在一些区别，可以将富氧侧吹炼铅技术分为两个不同的流派。其主要区别如下：

(1)炉体结构不同，其中一种结构是炉墙采用水套内衬耐火材料，这种结构的问题是高温熔体冲刷对耐火材料的腐蚀比较严重，当熔池中的耐火砖被高温熔体浸蚀掉时，上层的耐火砖将失去支承，就会掉入熔池；另一种结构是炉墙采用铜水套，不衬耐火砖。

(2)炉膛面积不同，其中一种是面积较大，设有渣－铅澄清分离区域；另一种面积较小，没有渣－铅澄清分离区域。

(3)采用燃料和还原剂不同，其中一种在用煤作还原剂的同时，需要补充天然气或煤气等气体燃料；另一种则只需加入煤，既作还原剂，又作燃料，不需补充气体燃料。

(4)喷嘴结构不同，其中一种是氧气和空气通过喷嘴的不同通道进入炉内，还可以喷入气体燃料，喷嘴管径较小，气流速度较高；另一种是将氧气和空气在炉外按一定比例混合成富氧空气，然后通过喷嘴喷入炉内，气流速度相对较低，喷嘴管径较大，停风时可插入钢钎，防止熔体灌入喷嘴。

有的观点认为液态高铅渣还原过程降低渣含铅的关键是保持较高的w_{CaO}/w_{SiO_2}，一般为0.6～0.8。但是有的企业的侧吹炉还原阶段不加熔剂，炉渣的主要成分为Pb 1%～2%，Zn 21%，Cu 0.25%，FeO 36.8%，SiO_2 20%～21%，CaO 7.6%～8.5%。每次投料约为40 t，还原周期为120 min，包括液态高铅渣加入、还原熔炼、排渣和放铅的时间，其中还原熔炼为60～70 min，高铅渣加入时间30 min。鼓入氧气1000 m^3/h，空气600 m^3/h，天然气400 m^3/h，加煤1500 kg/h。炉内温度控制在1250℃左右。

5.6.2 硫化铅精矿富氧侧吹炉氧化熔炼

富氧侧吹炉工业化试验就是从硫化铅精矿的氧化熔炼开始的，但是很长一段时间没有应用于工业化生产。相反在还原熔炼领域得到广泛应用。这是因为高铅渣鼓风炉还原需要进行技术改造，富氧侧吹技术成为了液态高铅渣还原的主要工艺。由此也推动了富氧侧吹技术在氧化熔炼方面的工业化应用。2012年以来，硫化铅精矿用富氧侧吹炉进行氧化脱硫熔炼氧化熔炼的工业化生产，已有两座冶炼厂建成投产。在试生产过程中，由于一些设备问题，开炉不是十分顺利。有人对侧吹炉进行氧化熔炼提出质疑，认为侧吹炉进行氧化熔炼存在许多问题，比如可能出现泡沫渣、比底吹炉的操作难度大、能耗高等。其实开炉不顺利的主要原因是项目没有进行正规设计，自动化检测和控制水平低，配套设施设计和工艺布置不太合理；设备质量检测和验收把关不严；无负荷试车时间不够；操作人员缺乏应有的技术培训，操作经验不足。

熔炼过程基本原理与底吹炉或顶吹炉相同。其工艺流程是硫化铅精矿、熔剂、烟尘等配料混合，连续加入熔炼炉进行氧化脱硫，连续产生高浓度的 SO_2 烟气，SO_2 烟气送入制酸系统制酸。周期性排出一次粗铅、高铅渣，一次粗铅流入火法精炼系统进行脱铜除杂，高铅渣流入还原炉进行还原熔炼，周期性排出二次粗铅和炉渣。二次粗铅送入精炼系统，炉渣送入烟化炉吹炼产出次氧化锌烟尘。其操作制度和工艺流程与底吹炉熔炼 - 液态高铅渣还原基本相同。工艺流程如图 5 - 1。

富氧侧吹炉氧化熔炼的特点：

(1) 富氧侧吹炉炉墙采用铜水套，不需要内衬耐火砖，炉体使用寿命长。但水套带走的热量也有所增加，当炉料中含硫低于 14% 时，需加入 2% ~5% 的煤补充热量。

(2) 原料适应性较强，能搭配处理含铅渣，即使炉料含铅较低，也不会影响一次粗铅的产出率。

(3) 侧吹炉加料口和排烟口设在炉顶，距离熔体位置较远，不容易因为熔体喷溅，将加料口和排烟口堵塞，也有利于喷溅渣落入熔池，降低烟尘率。

(4) 侧吹炉为固定的立式结构炉体，占地面积较小，有利于工艺配置。可以设置冰铜放出口，当冶炼含铜较高的原料时，可以定期从炉内放出冰铜。

(5) 富氧侧吹炉两侧的每块铜水套设置风口（喷嘴），气流分散均匀，搅拌强度高，有利于传质传热，冶炼强度高，反应迅速，有望实现高铅渣的连续排放，从而使液态渣的还原实现连续作用。

目前我国正在研究开发富氧侧吹炉连续冶炼工艺流程，即用富氧侧吹炉将硫化铅精矿氧化脱硫，连续排出液态高铅渣进入还原炉，还原炉连续排出炉渣进入烟化炉，烟化炉进行连续吹炼。

5.6.3 泡沫渣的分析与控制

富氧侧吹炉进行氧化熔炼可能出现泡沫渣的问题值得高度重视，需要认真分析其产生的条件，并提出一些控制措施和解决办法。

从泡沫渣的形成机理来讲，所有的熔池熔炼都可能产生泡沫渣。这是因为所有熔池熔炼的直接炼铅方法包括富氧底吹、富氧顶吹和富氧侧吹工艺，都需要向熔体内鼓入富氧空气，熔体中的气体就是产生泡沫渣的发泡剂。

在富氧熔池熔炼过程中，主要依靠气流在熔体中搅动和气泡扩散进行传质传热，加速熔炼过程中气固两相之间的各种化学反应的进行。其气流主要由两部分气体构成，一部分是为满足熔炼工艺所需鼓入的富氧空气，这部分气体具有一定压力，也就具有一定的动能，具有搅动熔体的能量；另一部分气体是化学反应和水分蒸发产生的气体，如 CO_2、CO、SO_2、H_2O 等。这部分气体不具有搅动熔体的能量，它的解析、扩散和排出都需要借助于鼓入空气的能量。泡沫渣的形成是气体的流量与能量之间的失衡，气流能量与炉渣阻力不平衡，气体流量不断增加，气体能量不足以克服熔体阻力进行扩散、排出，导致大量气体滞留在熔体中形成大的气泡而不能及时破裂，气流对熔体失去搅动能力，使炉渣体积迅速膨胀，渣面迅速上涨，形成泡沫渣。

产生泡沫渣的影响因素主要有炉渣熔体的黏度、密度、表面张力和熔体高度。熔融炉渣的黏度和密度越大，对气体扩散的阻力就越大，不利于气体的解析、扩散和排出。熔体的表面张力越大，熔体与气体之间的吸引力越小，有利于气体的解析、扩散和排出。熔体高度越高，气流扩散遇到的阻力就越大，如果熔体高度太高，由此形成的阻力超过气流扩散的动能，气流不能均匀扩散，传质传热的效果就会变差，熔池温度就会迅速下降，导致熔体黏度增大，熔体内部的气体更加难以扩散、排出。

铅冶炼泡沫渣的形成原因与铜冶炼有些不同，铜冶炼的泡沫渣主要是因为熔炼过程中的过氧化，熔体中的铁被氧化成高价铁，Fe_3O_4的量远远超过正常值，使渣的黏度增加，熔体中的气体不能及时排出。但是从铅冶炼的泡沫渣物相组成的分析结果来看，其物相组成与正常的高铅渣相比没有明显变化，其中的 Fe_3O_4 含量基本相同，表明铅冶炼的泡沫渣形成基本上不是由于炉渣的过氧化引起的，而是由于熔炼温度、富氧空气鼓风量、加料量、熔体高度和渣相成分等因素控制不当所造成的。例如熔体温度持续下降未采取有效措施使其温度恢复正常，导致炉渣黏度增大；加料量不稳定，料量突然加大，反应产生的气体突然增大，无法及时排出；配料不准确导致渣型成分变化，黏度增大；富氧空气流量及氧气浓度不稳定，造成熔体内部压力波动。

上述分析表明，顶吹炉形成泡沫渣的可能性最大，侧吹炉次之，底吹炉最小。其理由是顶吹炉采用单根喷枪鼓入富氧空气，气流进入熔体形成气泡较大，而且采用的富氧浓度最低，鼓入熔体的空气量最大；同时顶吹炉的熔池面积最小，熔体高度最高，熔体对气流形成的阻力更大。底吹炉和侧吹炉都是多个喷嘴鼓入富氧空气，气流比较分散，富氧浓度较高，空气量较少。底吹炉的熔池面积最大，熔体高度最低，所以底吹炉形成泡沫渣的几率最小。侧吹炉形成泡沫渣的可能性比底吹炉稍大，但比顶吹炉的可能性小得多。

合理设置炉渣的渣型、熔炼温度、加料量、富氧空气流量及富氧浓度等工艺参数是预防和控制泡沫渣出现的前提条件。严格按照设定的工艺参数进行操作和管理、保持熔炼过程各工艺参数稳定和准确是预防和控制泡沫渣产生的必要条件。预防泡沫渣的具体措施主要有以下几个方面：

(1)合理选择渣型，选择熔点较低和黏度较低的渣型；

(2)提高熔炼过程的自动化控制水平，减少人为控制因素，对一些重要参数如炉顶压力、喷嘴鼓风压力等进行自动检测，出现异常时，如炉顶压力出现波动，喷嘴鼓风压力明显上升，表明气流受到阻力加大，可能出现泡沫渣，必须自动报警并停止加料；

(3)保持加料量及炉料成分、鼓风量、风压及富氧浓度的稳定性，防止加料量及鼓风量频繁出现波动；

(4)保证一次仪表、配料系统的准确性，保持炉料输送加料系统畅通；

(5)按照操作程序，按时放渣和放铅，避免高熔池操作。因为熔体越高，对气流的阻力越大，形成泡沫渣的可能性也越大。

操作人员必须时刻监视上述工艺参数的情况，如果熔炼温度持续快速下降，或发现有出现泡沫渣的迹象，必须按照程序采取正确的处理措施，立即停止加料和煤，因为冷料加到黏渣表面，会吸收热量使炉渣变得更加黏稠，气体更加难以排出；调整鼓风量、风压及富氧浓度；开启燃料烧嘴，提高渣层温度。

5.7　富氧侧吹炼铅工艺的应用前景

与其他现代火法冶炼方法一样，新的冶炼工艺的开发是以一种新的炉型为代表的。富氧侧吹熔池熔炼的代表就是富氧侧吹炉，其他熔池熔炼法如 QSL 法和 SKS 法是底吹炉，奥斯麦特法或 ISA 法是顶吹炉。首先侧吹解决了底吹和顶吹的喷嘴寿命较短问题；其次，侧吹炉是由铜水套组成炉身，解决了渣线区和高温区的耐火材料蚀损问题，提高了炉寿命。它比闪速熔炼的基夫赛特炼铅技术简单，建设投资低。

富氧侧吹直接炼铅工艺，经过三年多的工业生产试验和近年来的工业化应用，证明该工艺在技术和成本两方面均具有一定优势。

技术优势：其一，炉料准备简单，可以处理各种复杂成分的炉料，甚至包括部分块矿，炉料不需深度干燥，含水量 6% ~8% 可直接入炉；以煤而不是焦作还原剂；炉料熔炼能力达 100 ~120 $t/(d \cdot m^2)$；氧的利用率为 100%。其二，在强烈搅拌的熔池中，液态铅滴在熔体中能迅速长大，并快速沉降与炉渣分相，就金属铅而言，还原熔炼炉中的炉渣可以不经电炉贫化而直接产出含铅低于 2% 弃渣，属真正意义上的直接炼铅工艺。其三，侧吹炉炉型结构紧凑，配置具有紧密性，投资比其他直接炼铅方法少。其四，侧吹炉的操作比较简单，有鼓风炉操作经验的人员更容易掌握侧吹炉的操作。

成本优势：与世界上其他直接炼铅工艺如基夫赛特法、QSL 法、ISA 法、卡尔多法相比，采用富氧侧吹法具有自主知识产权，不需引进技术和关键设备，设备可以实现国产化，因而建设投资可以大为降低。

从富氧侧吹法炼铅工业试验及工业化应用的稳定性以及获得的技术经济指标的先进性等方面考察，其大规模工业化条件已经成熟。再加上投资的节约性及配置的紧凑性，富氧侧吹直接炼铅法的应用前景是乐观的，该技术将是我国传统炼铅工艺改造的首选技术，也将是我国富氧底吹熔炼－鼓风炉还原炼铅工艺进行技术改造的首选方案。

第 6 章　QSL 炼铅工艺

6.1　QSL 技术的发展过程

QSL 技术是 20 世纪 70 年代德国 Lurgi 公司根据 Paut Qaurean 和 Reinhardt Schuhman 两位教授的专利开发的一种直接炼铅法。QSL 法是根据两位教授和 Lurgi 公司名字的第一个字母命名的。20 世纪 80 年代初在德国 Duisburg 铅锌厂建成处理量为 10 t/h 的示范工厂，并进行了工业试验，处理铅精矿和含铅废料，为实现大规模的工业化生产提供了经验和依据。20 世纪 80 年代末和 90 年代初，分别在加拿大的特雷尔(Tail)冶炼厂、我国的西北冶炼厂、德国的斯托尔伯格(Stolberg)冶炼厂和韩国的温山(Onsan)冶炼厂用 QSL 炼铅法建厂并投入运行。加拿大特雷尔冶炼厂的 QSL 炼铅时，在炉料中配入部分湿法炼锌的铁矾渣，1989 年底投产，由于氧化段和还原段间的隔墙下部通道堵塞，造成严重的工艺过程混乱，喷枪寿命仅 2 ~4 天，反应器内衬腐蚀严重，无法继续生产，投产仅 3 个月被迫停产。该厂认为 QSL 工艺不适合他们搭配处理湿法炼锌高铁浸出渣回收铅锌的要求，1993 年改为基夫赛特法炼铅。我国西北铅锌冶炼厂 QSL 炼铅系统于 1990 年建成投产，由于种种原因无法正常生产，投产后 3 个余月停产。1995 年经过多项整改，重新试车投产，但是许多问题没有根本解决，投产不到半年再次停产，至今尚未恢复生产。然而德国斯托尔伯格冶炼厂和韩国锌业公司的 QSL 炼铅厂均在正常生产，韩国 QSL 炼铅生产能力远远超过其设计能力。实践证明，QSL 法是一种成功的直接炼铅法。

6.2　QSL 炼铅工艺

6.2.1　工艺流程

铅精矿、二次物料和熔剂经过配料后，送圆盘制粒机制粒，利用水分测控仪自动调节球粒水分，控制球粒水分约 8%。球粒落入胶带输送机上用分料机将合格粒料分入粒料仓，再经炉料机将粒料加入 QSL 反应器。炉料从反应器氧化段顶部加料口加入。采用工业纯氧作为氧化剂，氧气从底部喷枪喷入，在熔池形成强烈搅动，熔体中硫化铅进行氧化反应，生成 PbO 和 SO_2。一部分 PbO 与 PbS 发生交互反应，生成金属铅。另一部分 PbO 进入渣相，形成富铅渣。SO_2 随炉气带入烟气系统进行回收。富铅渣经隔墙下方通道进入还原段，在还原段经底部喷入粉煤作为还原剂，富铅渣中的 PbO 被还原为金属铅，金属铅潜流返回氧化段，与氧化段生成的金属铅汇集后经虹吸口放出，送精炼车间精炼。炉渣从还原段的渣口排出，进行烟化吹炼，回收其中的铅锌。还原段的烟气有两种不同走向，在德国斯托尔伯格冶炼厂，还原段烟气通过隔墙上方通道与氧化段烟气汇合，经氧化段上方的排烟口排出，在韩国温山冶炼厂隔墙上方没有通道，还原段由单独的烟气系统处理排放。斯托尔伯格和温山两个冶炼厂的工艺流程有所不同，分别简述如下。

6.2.1.1 德国斯托尔伯格冶炼厂 QSL 炼铅工艺流程

德国斯托尔伯格冶炼厂的 QSL 系统设计规模为 500 t/a 炉料处理量，精矿与二次物料的配比为 63∶37，二次物料包括铅银渣、烟尘、炉渣、精炼炉的烟尘、废蓄电池糊等。该厂实际处理能力达 650 t/a，粗铅产量由原设计 75 kt/a 提高到 110 kt/a，斯托尔伯格冶炼厂主要生产数据见表 6-1、工艺流程见图 6-1。

表 6-1 斯托尔伯格冶炼厂主要生产指标

项目	指标	项目	指标
总投料量	210000 t	烟气 SO_2 浓度	8% ~10%
粗铅产量	110000 t	烟气量	24000 m^3(标)/h
硫酸产量	70000 t	蒸汽产量	15 t/h
弃渣量	60000 t	蒸汽压力	4.5 MPa
氧化段温度	1100℃	蒸汽温度	256℃
还原段温度	1150℃	硫回收率	98%
烟气出口温度	1200℃		

6.2.1.2 韩国温山冶炼厂 QSL 炼铅工艺流程

韩国温山的 QSL 炼铅系统在专利技术的基础上作了较大改进，反应器内隔墙上方取消烟气通道，氧化区和还原区的烟气分开排出，分别产出含 SO_2 烟气和含 ZnO 的烟气，设有两套烟气处理系统。氧化区烟气经电收尘后送制酸车间回收 SO_2，含 Pb 高的烟尘返回配料。还原区的烟气经布袋收尘得到含 ZnO 高的烟尘，送氧化锌浸出后，其浸出渣返回配料。

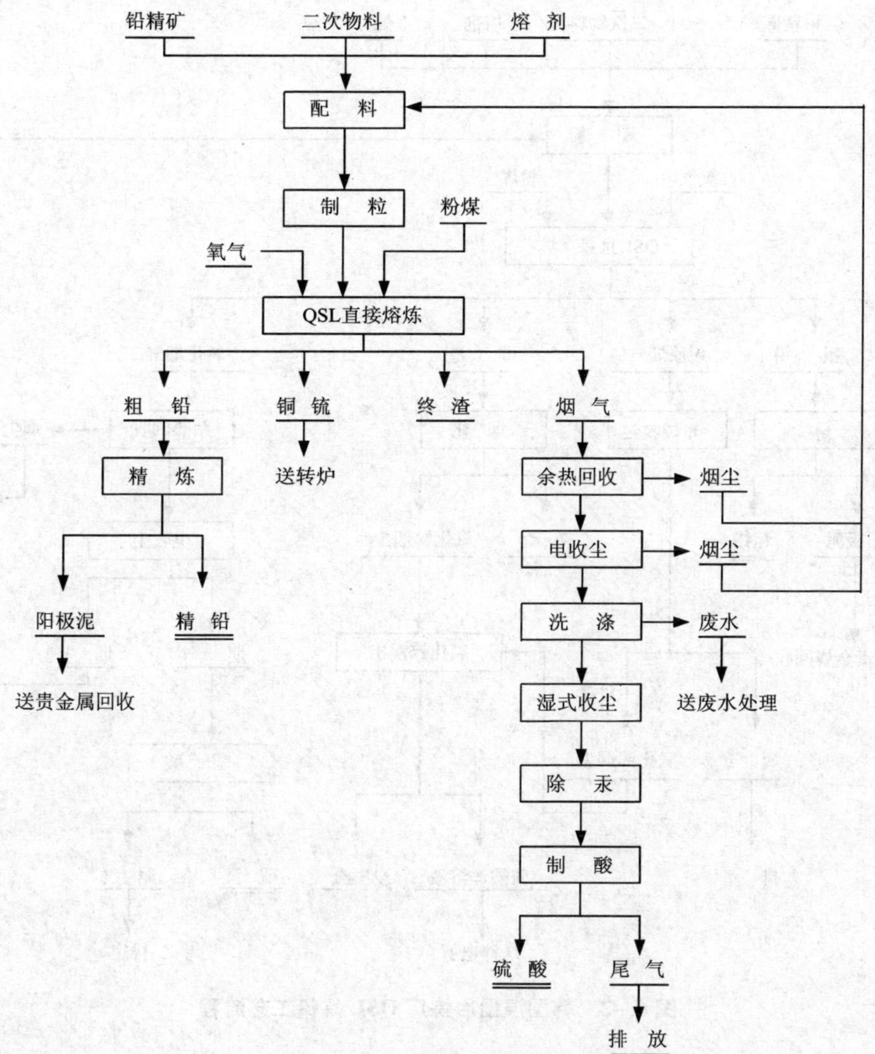

图 6－1　德国斯托尔伯格冶炼厂 QSL 炼铅工艺流程

温山冶炼厂设计能力为 60 kt/a 粗铅，目前包括奥斯麦特炉含铅废料处理，实际产量达 200 kt/a，二次物料在 QSL 炉料中比率为 47%，主要包括 Pb－Ag 渣、烟尘和精炼渣等，1995 年以后该厂新建 5 台奥斯麦特炉，用来处理 QSL 炉渣、电池糊和锌浸出渣等二次物料，QSL 炉主要冶炼铅精矿。其工艺流程见图 6－2。

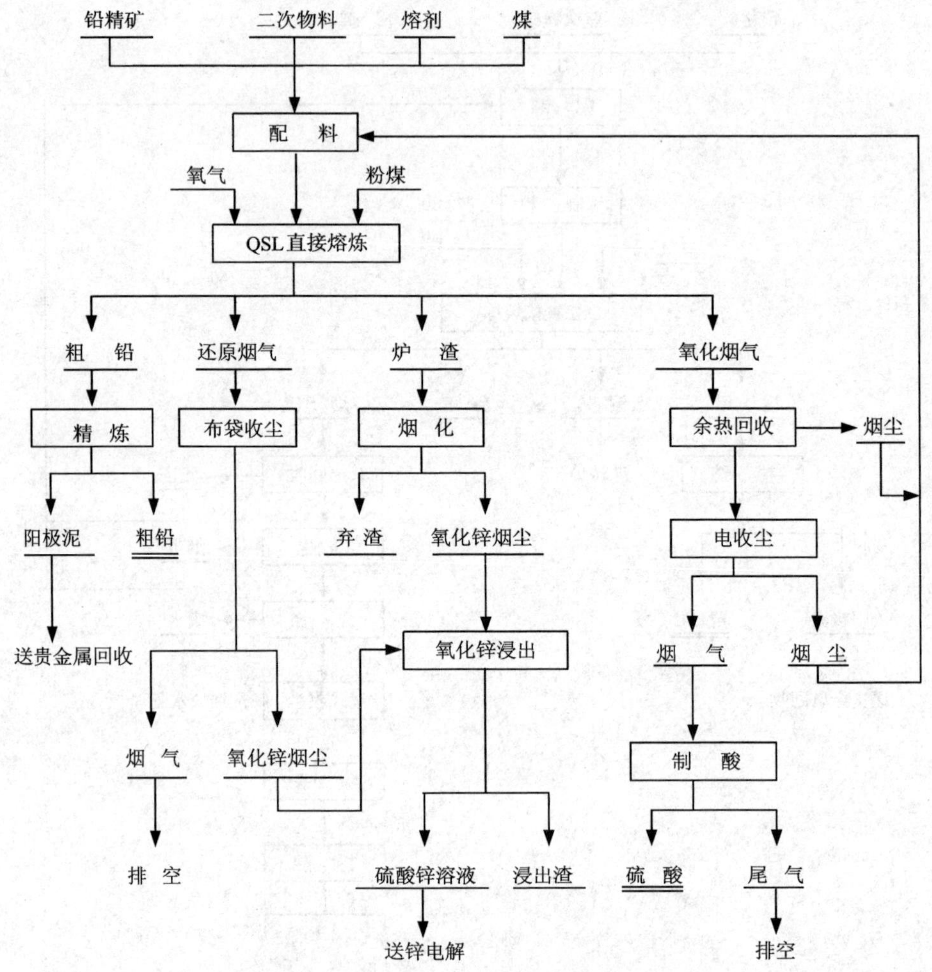

图 6-2 韩国温山冶炼厂 QSL 炼铅工艺流程

将隔墙上方烟气通道封死后，可带来如下好处：

(1)有利于保持氧化区和还原区不同的冶炼气氛。在氧化区保持强氧化气氛，有利于 PbS 的氧化脱硫，在还原区保持强还原气氛，有利于 PbO 的还原。

(2)有利于两种不同性质的烟尘的处理，隔墙完全隔开后，必须建造两个烟气系统分别处理氧化区和还原区产生的烟气。氧化区收下的烟尘含铅高，可直接返回反应器冶炼。还原区的烟尘含锌较高，若返回反应器冶炼就造成炉内锌的积累，熔体内锌含量就会越积越多，影响炉况的正常运行。

(3)有利于保持烟气中较高的 SO_2浓度，还原区的烟气几乎不含 SO_2，如果与氧化区的烟气一起排放，就会冲稀氧化区烟气 SO_2浓度。

6.2.2　技术经济指标

德国和韩国的 QSL 炼铅系统都运行了 10 余年的时间，经过不断改进，产量成倍增加，技术水平不断提高。特别是韩国锌业公司的 QSL 炼铅系统，设计能力为 6 万 t/a 粗铅，实际产量早已超过 12 万 t/a 粗铅。目前该公司的铅产量已超过 20 万 t/a，全部产量来自 QSL 炼铅系统和处理二次物料的奥斯麦特炉，QSL 炼铅主要技术经济指标见表 6－2。

表 6－2　QSL 炼铅主要技术经济指标

指　标		韩国温山冶炼厂	德国斯托尔伯格冶炼厂
铅回收率/%		98	98
粗铅含 Pb/%		99	99
炉渣含 Pb/%		4.23	3.91
烟尘率/%		20	23
烟气量/($m^3 \cdot h^{-1}$)		32000	24000
炉料单耗指标	氧气/($m^3 \cdot t^{-1}$)	182	169
	氮气/($m^3 \cdot t^{-1}$)	38	34
	粉煤(C 60%)/($kg \cdot t^{-1}$)	88	66
	电耗/($kWh \cdot t^{-1}$)	102	104
	煤气/($m^3 \cdot t^{-1}$)	7	4
	压缩空气/($m^3 \cdot t^{-1}$)	65	30
	二氧化硅/($kg \cdot t^{-1}$)	21	13

6.2.3　原料成分

在设计中，QSL 炼铅的原料是铅精矿，铅－银渣，锌浸出渣、烟尘、玻璃、电池糊等，混合炉料中铅精矿与二次物料的配比及主要化学成分见表 6－3。

表 6-3 QSL 炼铅的原料成分

<table>
<tr><th colspan="2">指　标</th><th colspan="2">韩国温山冶炼厂</th><th colspan="2">德国斯托尔伯格冶炼厂</th></tr>
<tr><td colspan="2">每 24 小时炉料量(干料)/(t·d⁻¹)</td><td colspan="2">550</td><td colspan="2">500</td></tr>
<tr><td colspan="2" rowspan="2">铅精矿与二次物料比率</td><td colspan="2">精矿 53%</td><td colspan="2">精矿 63%</td></tr>
<tr><td>铅银渣、锌渣、电池糊、金银矿砂</td><td>47%</td><td>铅银渣、烟尘、玻璃、炉渣、精炼尘</td><td>37%</td></tr>
<tr><td rowspan="6">混合料成分/%</td><td>Pb</td><td colspan="2">35.0</td><td colspan="2">45.0</td></tr>
<tr><td>Zn</td><td colspan="2">10.0</td><td colspan="2">5.0</td></tr>
<tr><td>Cu</td><td colspan="2">0.6</td><td colspan="2">0.7</td></tr>
<tr><td>As</td><td colspan="2">0.3</td><td colspan="2">0.3</td></tr>
<tr><td>Sb</td><td colspan="2">0.3</td><td colspan="2">0.4</td></tr>
<tr><td>Cd</td><td colspan="2">0.3</td><td colspan="2">0.05</td></tr>
</table>

6.2.4 冶炼操作

在氧化区提高富铅渣中 PbS 的浓度可以减少铅的烟化量，因为渣中 PbS 的活度与 PbO 活度的平方成反比。另一方面富铅渣中 PbO 的含量决定渣量、熔剂加入量和还原剂用量。实践证明，富铅渣中 Pb 的含量控制在 25% ~30% 是可行的，烟尘量不会大量增加。

为了得到稳定的还原效果，并将渣内的回混效应减少到最低程度，必须维持还原区的铅液高度为 250 ~350 mm，渣层为 100 ~150 mm。整个系统内的离子运动和不同扩散速率的反应动力学，以及煤的气化或天然气转化的共同影响，形成过热的铅液造成强烈热传导，还原反应所需的热量由过热的铅液提供，因此，在操作温度下不再出现喷嘴附近凝渣和形成大块炉结的问题。

德国斯托尔伯格冶炼厂在余热锅炉面积加大之前，产量一直达不到设计能力。扩大余热锅炉传热面积之后，处理量大大增加，炉料成分按铅精矿与二次物料 1:1 的比例操作，加料速度为 28 ~35 t/h，富铅渣含 Pb 调整为 25% ~30%，烟尘量为 6 t/h，由电收尘后的烟气总量 22000 ~ 24000 m^3/h，含 SO_2 浓度为8% ~10%。

渣型为硅酸铁渣，CaO + MgO 与 SiO_2的平均比例为 1.0 ~ 1.2。由于原料中锌含量低，即使新带入的锌全部富集在渣中，渣的锌含量也不超过 15%，调整还原区的还原氧势使锌不烟化。否则，由于还原段没有设置烟气系统，锌将与氧化区的烟尘收集在一起，循环返回生产流程，就会造成锌在渣中的积累，渣含锌达 18% 以上时，就会变黏，造成操作困难。

韩国温山冶炼厂的情况有所不同，由于在还原区设置第二套烟气系统，即使炉料中含锌较高，也不会因为烟尘的循环返加生产流程而造成锌的积累，因为锌在第二套系统中收集，作为氧化锌烟尘处理。

韩国温山冶炼厂加料速度为 42 ~ 48 t/h，富铅渣含 Pb 保持在 30% ~ 35%，氧化区烟气总量 30000 ~ 32000 m^3/h，SO_2浓度为 9% ~ 11%，烟尘量为 7 ~ 8 t/h。

铜和银主要富集在粗铅中，分别在精炼中得到回收，渣型与斯托尔伯格冶炼厂相类似，也是硅酸渣型。$w_{(CaO+MgO)}/w_{SiO_2}$调整在 0.6 ~ 0.8。

6.3　QSL 反应器

反应器(见图 6 - 3)是由一个卧式的稍许倾斜的圆筒组成。停产时检修或更换喷枪时可沿轴向转动 90°。整个反应器内衬高质量铬镁耐火材料。内设一道隔墙，将反应器内部分隔成氧化区和还原区(见图 6 - 4)。隔墙下部留有一个通道，氧化区的富铅渣通过此通道流入还原区，还原区的粗铅通过通道流入氧化区。德国斯托尔伯格冶炼厂的 QSL 反应器的隔墙上方留有一个洞，还原区的烟气通过此洞进入氧化区。韩国温山冶炼厂 QSL 反应器隔墙上方全部封闭，两个区域的烟气不能相通，还原区另设烟气出口。

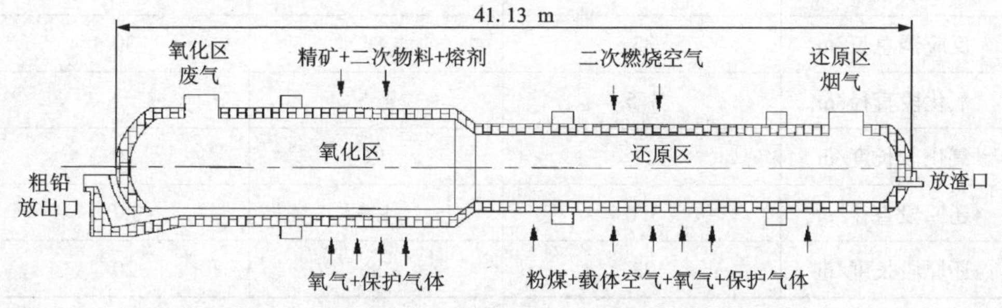

图 6 - 3　韩国锌业公司 QSL 反应器(示意图)

反应器断面沿轴线是不等径的，氧化区直径较大而还原区直径较小。在氧化区顶部设有加料口、排烟口和燃油喷枪口，端部设有虹吸放铅口，底部设有氧气喷枪。还原区顶部设有辅助燃烧器，在韩国温山冶炼厂还设有烟气排出口，端部

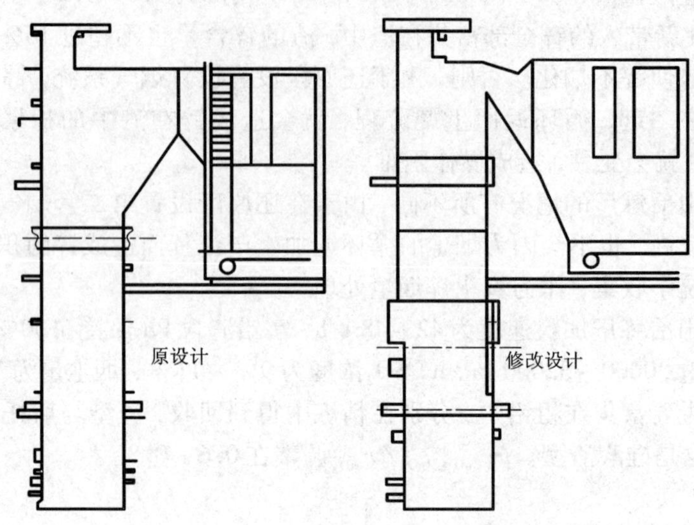

图 6-4　余热锅炉修改示意图

设有放渣口，底部设有氧气－还原剂喷枪。

反应器设计参数见表 6-4。

表 6-4　QSL 反应器设计参数

名　称	德国斯托尔伯格冶炼厂	韩国温山冶炼厂	中国西北铅锌冶炼厂
设计能力/$(t \cdot a^{-1})$	80000	60000	52000
炉料量/$(t \cdot a^{-1})$	500	550	260
反应器总长/m	33	41	30
氧化段直径/m	3.5	4.5	3.5
氧化段长度/m	11	13	10
还原段直径/m	3.0	4.0	3.0
还原段长度/m	22	28	20

(1)氧化区浸没式氧气喷嘴(S－喷嘴)

S－喷嘴由中心管和两层环形套管组成，氧气由中心管喷入反应器内使物料发生氧化反应。保护气体——氮气和雾化水的混合物通过外层环管喷入，保护喷嘴以免过度烧损。天然气也可以与保护气体一起喷入反应器内补充热量，在最初设计中，喷嘴只用氮气冷却，这样导致喷嘴的烧损速率变化不定。用氮气和水的混合物作冷却剂后，在喷嘴口形成稳定的蘑菇状保护层，使喷嘴的寿命延长很多，烧损速率保持稳定。

同时，紧靠喷嘴的耐火砖砌筑也作了改进。由于这个区域内熔体的腐蚀性、湍流性和放热化学反应等影响，耐火砖的磨损速率很高，在原设计中考虑了更换喷嘴附近耐火材料的措施，为了防止在更换耐火砖时余下的内衬塌陷，喷嘴砖周围采用平拱结构。但实际情况表明，耐火砖的损坏总是从砖缝处开始的，砖的磨损扩大到喷嘴直径 10 多倍的区域。经过改进，将喷嘴砖作成 3 块铬镁砖粘合为一体的夹层结构，目的是为了减少砖缝(见图 6 –5)。

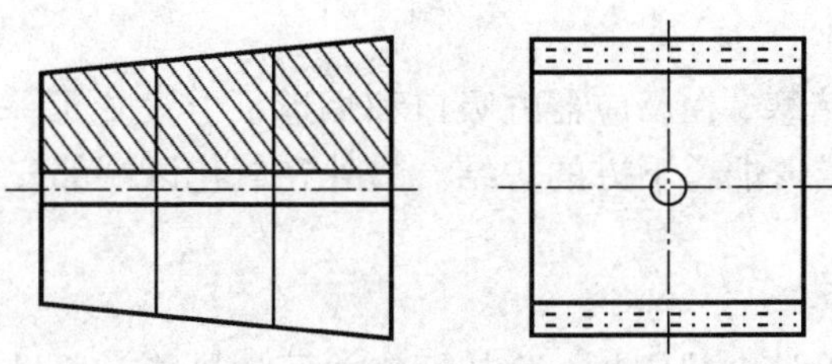

图 6 –5　夹层结构的喷嘴砖

此外，扩大了平拱的横截面，以便提供更大的可更换区域。

所有的喷嘴都是用铁素体不锈钢制作，安装前将其密实浇注在耐火材料块中。

由于改进了喷嘴及其附近的耐火材料，并在喷嘴区反应器外壳采用了强制冷却方式，S – 喷嘴的寿命提高到实际操作时间 1500 h 左右。

(2)还原区

试车操作得出一个结论，在还原区喷嘴上面需要 1 个铅熔池才能使生产稳定，并得到预想的还原结果。必须在氧化区和还原区的过渡处设置一道环形耐火材料隔坝，确保还原区内始终保持一定高度的铅液位。为得到最佳效果，隔坝的设置作了三次修改。第一次修改，环形隔坝高度 150 mm；第二次修改，环形隔坝高度 300 mm；第三次修改，环形隔坝高度 350 mm。

如果二次燃烧的喷射气体冲击渣层，总的还原效率应会降低。原设计中，二次燃烧的喷枪正好位于粉煤喷嘴的上方，二次燃烧的喷射气体在飞溅渣中的冲击相当严重。现在已将二次燃烧的喷枪偏离粉煤喷嘴的位置。

最初设计中还原区分成几个区间，目的是消除高温熔体湍流的回混效应，还原区曾用隔墙分为 3 个区间，后来发现这些隔墙并不需要，但韩国温山冶炼厂仍保留 2 道隔墙，认为这样可以更好地控制铅的还原，减少回混量。

(3)浸没式粉煤喷嘴(K－喷嘴)

还原区的喷嘴用来喷射固体燃料。K－喷嘴分为3层套管，中心管为陶瓷管，外面2层为不锈钢管。与氧气喷嘴一样，粉煤喷嘴及其附近的耐火砖也作了同样的改进。粉煤从中心陶瓷管喷入反应器，氧气通过第一层环缝喷入，保护气体从第二层环缝喷入。粉煤喷嘴的使用寿命可达2000 h以上的实际操作时间。

还原区用5个煤喷嘴和1个天然气(或煤气)喷嘴操作，天然气(或煤气)喷嘴靠近放渣口。喷嘴附近的反应器外壳采用水冷系统冷却。

(4)加料口

在原设计中，3个加料口都正好位于氧化区喷嘴上方，导致喷嘴外的熔融飞溅物将加料口堵塞。后来将3个加料口改为2个，与S－喷嘴的位置错开。

(5)放铅虹吸口

为防止放铅口堵塞，在反应器虹吸口和烟道下方设置了一道隔热衬墙，以减少散热损失，从而减少烟道下方的炉结。另外在氧化区端部安装了氧气燃料燃烧器作为保险措施。

(6)余热锅炉

QSL炼铅厂均设计余热锅炉，冷却烟气并回收热能。原设计的余热锅炉存在的明显问题是传热面积不够，烟气中的热含量远超过预计的水平。后来在辐射室内安装两块面积为100 m^2左右的附加水冷壁，扩大了传热面积。

在辐射室和对流室之间通道形成结块而引起通道堵塞，导致生产中断。后来将辐射室一侧的斜隔墙拆除，改为垂直隔墙(见图6－6)。

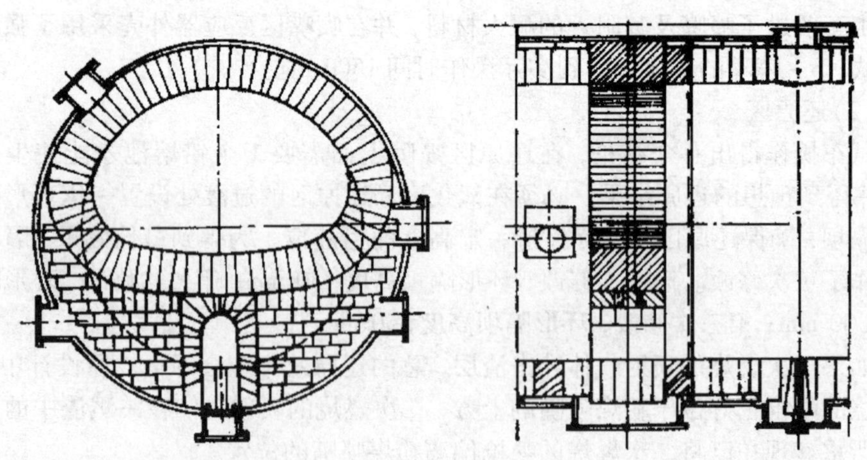

图6－6　德国斯托尔伯格QSL反应器氧化区和还原区之间的隔墙

6.4 QSL炼铅的技术特点

该工艺与传统炼铅工艺相比，有如下特点：

(1)可在硫化矿的氧化过程直接得到金属铅，富铅渣经还原后，炉渣含铅为5% ~10%。金属铅的直接回收，可减少渣量和熔剂量。

(2)富氧熔炼使烟气量减少和SO_2浓度提高，一方面可减少烟气处理设施的投资，另一方面可利用高浓度SO_2烟气制酸，回收硫，从根本上解决烟气SO_2污染问题。

(3)有污染的物质排放量减少。铅的排放仅为传统流程的7.4%，镉为6.7%，SO_2为1.7%。QSL铅厂的运行能达到德国大气污染法规的严格要求。

第7章　富氧顶吹炼铅工艺

7.1　富氧顶吹熔炼技术发展过程

富氧顶吹熔炼技术包括艾萨法(ISA Smelting Process)和奥斯麦特熔炼法(Ausmelt Process)。艾萨法最初是为原生铅的熔炼而开发的，即从铅精矿中直接提取粗铅。它是芒特·艾萨(Mount ISA)矿业控股有限公司(简称MIM)和澳大利亚的政府研究机构"联邦科学工业研究组织"(Commonwealth Scientific and Industrial Research Organization 简称CSIRO)，通过CSIRO墨尔本实验室和芒特·艾萨冶炼厂的半工业试验厂及示范厂的试验工作共同开发的工艺；是在CSIRO组织1973年开发的喷枪顶吹浸没熔炼(Top Submerged Lance Technology 简称TSL)的基础上开发成功的有色金属强化熔炼技术。

1978—1979年进行坩埚试验和热力学模型制作，为铅精矿的熔池熔炼提供了基本数据。1980年在芒特·艾萨铅冶炼厂内建了一座250 kg/h的试验厂，先后进行铅精矿熔炼试验和还原试验，且利用原有冶炼厂的烟气处理设备。1983年建成精矿处理能力5 t/h艾萨法熔炼炉，产出的氧化铅渣用来代替部分返粉加入烧结机，使铅厂生产能力提高15%。1985年第二台炉建成投产，用做氧化铅渣的还原。这两台炉子进行间断操作和连续操作的试验，检验铅精矿的熔炼和还原效果，连续操作时，弃渣含铅可达2%以下。通过对试验工厂及其操作方法的改进，精矿处理能力从5 t/h提高到10 t/h，1991年1月，年产6万t粗铅厂投产后，试验厂关闭。在此期间，试验厂共处理175000 t铅精矿和4000多吨含铅废料。在铅精矿处理能力为5 t/h的试验工厂成功的基础上，MIM公司于1991年建了一座年产粗铅6万t的艾萨炼铅厂，每小时处理20 t含铅47%芒特·艾萨铅精矿，日用氧量70 t。当日用氧量130 t时，该厂铅精矿处理量达到36 t/h，且残渣中含铅水平并不提高。炼铅流程由两台艾萨炉组成，一台氧化炉和一台还原炉，第一台炉子将铅精矿和熔剂熔炼成高铅渣(50%氧化铅)，高铅渣通过溜槽加入还原炉，在还原炉中氧化铅被从喷枪中喷入的粉煤还原，生成金属铅和废渣，金属铅放入铅包送火法精炼，废渣水淬。两台炉子各设一套烟气冷却和收尘系统，烟气未制酸直接排空。在连续操作时，该厂产出的弃渣含铅2%～5%。由于芒特·艾萨矿含铅低，而且矿源枯竭，满足该厂烧结－鼓风炉熔炼厂尚有困难，必须外购精矿来满足 ISA 法炼铅的原料要求。另外因 ISA 法铜冶炼厂于 1992 年投产，所需氧量逐渐增加，导致 ISA 法炼铅厂的氧气供应不足，在这种情况下，ISA 法炼铅厂生产率很低，于 1994 年停产。

ISA 法最初用于原生铅冶炼，把这项技术用于炼铜也是在芒特·艾萨矿业公司的半工业试验及示范工厂进行。1987 年 4 月，一座精矿处理能力为 15 t/h 的艾萨法试验厂在艾萨铜冶炼厂投产运行。炼铜示范厂也有助于铜产量的增加，到 1992 年 3 月，已处理 49 万多吨铜精矿。1992 年，MIM 公司在澳大利亚芒特·艾萨建立了一座艾萨法炼铜厂，生产规模为粗铜 18 万 t/a。该厂生产正常，到 2001 年生产能力已达到粗铜 22 万 t/a。

艾萨法现在已应用于处理铅精矿、铅废料、铜精矿、铜镍精矿以及各种各样的废料，如烟尘、精炼渣和蓄电池填料等。

ISA 法炼铅经过实验室试验、半工业试验和工业化生产，技术上是可行的。特别是对于冶炼含铅较高(50% 以上)含锌较低精矿技术经济指标较好，具有流程短、占地小、操作简单、环境好等优点，烟气 SO_2 浓度能满足制酸要求，可以解决烟气 SO_2 污染问题。1998 年芒特·艾萨公司与我国的云南铜业公司合作，引进 ISA 法炼铜技术，改造其传统的矿热电炉熔炼法，年处理铜精矿 50.75 万 t，已于 2002 年正式点火试车成功，目前在运行中。

芒特·艾萨矿业控股有限公司是澳大利亚国际采矿和矿产加工公司，其工艺技术部(MIMPT)在全世界各地销售艾萨熔炼技术(ISASMELT)。

澳大利亚的 J·M 弗洛依德博士是顶部喷吹浸没熔池冶炼技术(TSL)的发明人之一。1981 年，他辞去了在 CSIRO 的工作并组建了奥斯麦特(Ausmelt)公司来继续发展和推进该技术的应用，且将顶部喷吹浸没熔池熔炼技术正式命名为“奥斯麦特技术(Ausmelt Technology)”，并在顶插浸没套筒喷枪技术和熔池上空设炉气后燃烧装置等方面有了新的发展，也对许多新的应用领域进行了开发和完善。

奥斯麦特公司是一家科研和设计公司，已向世界上 10 多个国家的客户提供了技术和技术服务，设计、建设、试车、投产了 15 座工业化工厂。这些工厂包括了此技术在镍、铜、锡、银、金、锌、铅、铝和钽以及含铅锌的烟尘、炉渣、浸出渣和废蓄电池等二次物料中回收铅锌及其他有价金属工业中的应用，另外还有几座锡、镍、铅和生铁的冶炼厂正在设计建造中。韩国锌业公司是应用此技术最多的也是最成功的公司。该公司的温山冶炼厂有 5 台奥斯麦特炉，其中 2 台用于其 QSL 炉铅渣贫化，2 台用于锌浸出渣处理，1 台用于处理铅蓄电池等含铅废料。

奥斯麦特公司已经在中国为中条山有色金属公司提供了奥斯麦特技术及项目的技术服务，于 1999 年在山西省的侯马市建设了 2 座炉子，一座熔炼产出冰铜，另一座将冰铜吹炼成粗铜，年处理铜精矿 20 万 t，并于 2003 年完成了试车，已建成投产。2002 年该公司还与云南锡业有限公司合作在云南省个旧市建设了 1 座年处理锡精矿 5 万 t 的锡冶炼炉，负责提供技术并进行相应的配套技术服务，采用奥斯麦特技术代替原有 7 台反射炉，熔炼锡精矿，生产粗锡。2003 年在安徽铜陵金昌冶炼厂建成 1 座年处理铜精矿 33 万 t 的熔炼炉，生产冰铜，目前已建成并生产。2006 年云南锡业股份公司引进奥斯麦特富氧顶吹炼铅工艺，单炉分阶段完成氧化、还原、烟化三步作业。2010 年 5 月投产至今运行情况良好。

富氧顶吹炼铅属于氧气顶吹浸没熔池熔炼技术范畴，分为艾萨法炼铅技术和奥斯麦特炼铅技术，它们在工艺流程和炉体结构上均有所不同。

7.2 艾萨法炼铅工艺

7.2.1 概述

艾萨熔炼技术应用于炼铅曾经在芒特・艾萨建立过一座 60 kt/a 的示范工厂，采用两座艾萨炉，分别进行氧化熔炼和还原熔炼，据悉投产后并不顺利，熔体从氧化炉流入还原炉困难，还原阶段的问题很多，其中主要是铅烟化非常严重，大部分铅进入烟尘，无法正常生产。艾萨公司仍然采用烧结 - 鼓风炉还原工艺炼铅。艾萨熔炼技术真正应用于炼铅的工业化生产就是云南驰宏锌锗股份有限公司。云南冶金集团总公司从澳大利亚 Xstrata 技术公司引进艾萨炼铅工艺的氧化熔炼部分，与驰宏公司自主开发的高铅渣鼓风炉还原熔炼相结合，形成了富氧顶吹氧化熔炼 - 鼓风炉还原熔炼的炼铅工艺。建设了一座年产粗铅 8 万 t 的铅冶炼厂，于 2005 年 6 月建成投产。后来对工艺和装备进行一些改进，整体运行情况良好，富氧顶吹炉的处理能力及产能超过设计能力，各项技术经济指标达到设计要求。驰宏公司又在会泽建设了一座相同工艺的炼铅厂，目前尚未投产。

富氧顶吹熔炼的主要原理是通过垂直插入渣层的喷枪向耐火材料砌筑的熔池中直接吹入空气或富氧空气、燃料、粉状物料和熔剂或还原性气体，在熔体中形成强烈搅动，加速熔体内的传热传质，使炉料发生强烈的熔化、氧化、还原(依靠炉料中碳质还原剂)、造渣等物理化学过程。它是一种连续的熔炼过程。燃料和粉料通过喷枪喷入熔池，块料、湿料可通过给料设备从炉顶另开的加料孔加入。它可连续进料、连续排渣，以保持熔体中体积和温度相对稳定。在排放过程中，也可以中断进料，使炉内留一层熔体用于下次给料循环。

根据从喷枪喷入的气体性质和炉料成分的调节，熔炼过程可以随意控制不同的气氛，以分别进行氧化和还原过程。喷枪外壁由于喷溅熔渣的黏附和枪内喷入气体的高速流动的冷却作用而形成固定的渣壳保护层，因而不致过快消耗喷枪。由于熔渣液滴被喷溅进入熔池上空，所以炉膛较高，炉渣不被溅出。同时，设有喷枪升降装置，支撑喷枪并调节喷枪的位置，既保证喷射的深度，而又避免搅动熔池的底部，在熔池底部形成金属或锍聚集体的静止区，有利于渣－金属（锍）澄清分离；被扬起的熔渣在熔池上空吸收金属蒸气、CO等挥发物燃烧释放出的热量后带回熔池。熔融产物从靠近炉体底部的水冷排放口排出，工艺烟气通过炉顶的出口排放，进入废热回收和收尘系统。

艾萨法炼铅技术的主要设备艾萨炉是一种用耐火材料作衬里的圆形立式固定式熔炼炉。其结构紧凑、床能力大、流程简单、对原料适应性很广。

两段艾萨法炼铅工艺是采用一台氧化炉和一台还原炉，精矿和熔剂在氧化炉中熔炼，生成粗铅和高铅渣，粗铅从炉底溢流口放出，高铅渣通过溜槽进入还原炉，被从喷枪注入的粉煤还原，生成粗铅和废渣。两炉的烟气分别由单独的余热锅炉回收余热、电收尘器收尘后，氧化炉烟气送制酸，还原炉烟气收尘后排空。

艾萨炉加鼓风炉炼铅工艺是艾萨氧化炉产出的高铅渣经铸块后，送鼓风炉还原熔炼，产出粗铅锭，鼓风炉渣送烟化炉烟化，以回收渣中的锌。

艾萨法炼铅的燃烧喷枪经炉顶的入口插入熔池。喷枪位于圆筒形炉膛中央，头部埋入熔体，燃料和富氧空气通过喷枪直接喷射到熔融渣层中，产生燃烧反应并造成熔体的剧烈搅动，加入的炉料被迅速加热、熔化和完成冶金过程的反应。调整喷枪的埋入深度可以控制熔体的搅拌强度，操作十分灵活，炉子能在较长时间内保持热稳定。

艾萨法熔炼技术的核心是输送冶金过程所需空气、氧气和燃料的喷枪装置。喷枪为多层套管结构，上段材质为普通钢，下段喷口为不锈钢。内管通过燃料、空气、氧气，外管与内管之间设有螺旋形的导流片，空气以漩涡状从中喷入熔池。燃料在喷枪嘴燃烧，以加热炉内的物料，通过注入物料和产生气体加剧搅动和加速反应过程。由于空气注入冷却，在喷枪外壁形成一层渣壳，喷枪受到喷枪外壁的渣壳的保护。

根据生产实际和通过实验与热力学研究分析，铅熔炼过程采用 $PbO-CaO-SiO_2-FeO-Fe_2O_3-ZnO$ 渣型。PbO在熔炼过程也起熔剂作用，可使操作控制在较低温度范围进行，但随着铅含量的下降，相应的操作温度必须升高。CaO是比FeO和PbO碱性更强的化合物，能提高渣中FeO和PbO的活度，起到降低渣含铅的作用。SiO_2是酸性氧化物，在熔炼过程中与原料中的碱性脉石氧化物（CaO、FeO、MgO等）生成低熔点的硅酸盐，并能有效降低炉渣的密度，有利于金属层和炉渣层的分离。一般原料中的Fe大多以Fe_2O_3形式存在，它先被还原为FeO后才进入炉渣中，FeO会使炉渣的黏度变小，渣流动性变好，熔点下降，但会使炉渣的密度和渣量增大。ZnO在渣中的作用与Al_2O_3类似，少量的ZnO不会对渣产生明显的影响，但ZnO的增加会使炉渣黏度急剧上升。

一般认为铅熔炼合理炉渣的组成应当满足下列工艺要求：

①有利于炉壁挂渣，使之形成炉渣壳以保护炉衬不易受侵蚀；②有利于在喷枪表面形成炉渣包裹层，以减少喷枪的损坏；③具有合适的流动性，传质性能好，

放渣口不易被堵塞；④不形成泡沫渣。

该技术的灵活性在于对于入炉物料的制备要求不苛刻，不论是经破碎到一定块度的粒状物料还是粉状的精矿、烟尘、返料等，只要水分不高于10%，均可直接投入炉内；能使用各种不同的燃料，如煤、焦炭、轻油、重油；能处理各种不同金属的物料，如Cu、Pb、Zn、Ni、Ag、Au、Li等；对于同一种金属物料，其金属品位可以在较大范围内变化，都能取得满意结果。

7.2.2 艾萨炉氧化加鼓风炉还原流程

7.2.2.1 备料

为确保艾萨炉冶炼过程工艺参数稳定，铅精矿、石英石、碎煤、烟灰全部采用集中连续定量配料。经配料后的炉料，由胶带输送机送圆筒混合机加水混合后，再送到艾萨熔炼炉中熔炼。

(1)炉料组成

艾萨炉炉料由硫化铅精矿、烟尘及各种含铅物料、熔剂组成，硫化铅精矿占原料的70% ~80%，烟尘包括来自艾萨炉及其他工序产出的含铅烟尘。渣料主要是锌冶炼产出的铅渣。

物料成分的合理搭配、混合均匀和成分相对稳定，对艾萨炉的稳定操作至关重要。物料含铅高，熔炼温度和氧势控制合理，就可以获得良好的技术经济指标。原料中的杂质元素及其含量对熔炼过程有直接影响，特别Zn和Cu对其影响非常明显。当原料中含锌小于6%，尽可能控制高铅渣含锌小于10%，含锌过高就会使高铅渣的黏度增加，熔炼温度急剧升高，排渣非常困难，烟尘ZnO含量急剧上升，烟气呈白色，影响熔炼过程的正常操作。如果炉料Cu含量过高，大部分铜就会进入一次粗铅，在粗铅浇铸过程中析出，粗铅表面形成一层黑色的铅冰铜，必须在粗铅尚未冷凝时将其除去，否则将会增加初步火法精炼的难度；还有一部分铜进入高铅渣，一般含量比较低，不影响高铅渣的还原熔炼。烟尘及渣料中含铅、硫很低，在熔炼过程中需要吸热熔化，有的还发生吸热反应。因此，熔炼过程中需要配入部分燃料，如碎煤等。

入炉炉料含铅一般控制在50% ~60%，根据选定的高铅渣渣型配入熔剂。炉料的化学成分如表7 -1所示。

表7 -1 混合炉料的主要化学成分/%

Pb	Cu	Zn	S	Fe	SiO_2	CaO	Al_2O_3	MgO	As
59.0	0.039	5.7	19.22	9.0	1.6	1.1	0.03	0.5	0.08

艾萨炉熔炼加入燃料主要是碎煤，用来补充熔炼过程的热量，艾萨炉熔炼的主要热量来自于硫化铅精矿氧化反应放出热量，只有 30% 的热量需要用燃料补充。因此，对燃料没有特殊要求。

艾萨炉熔炼中加入的熔剂主要是石英石，一般不加石灰石，石英石的加入量根据渣型确定，要求石英石中 $SiO_2 \geqslant 85\%$，粒度小于 5 mm。

(2)炉料的物理特性

艾萨炉的炉料一般需要混合制粒，粒度为 5 ~ 15 mm，超过其粒度范围的比例不超过 5%。粒度过小，下落的过程中容易被炉气带走，导致烟尘率升高。粒度过大，容易造成加料口堵塞结块，大块物料掉入熔池会导致炉内剧烈反应，瞬间产生大量烟气，出现炉内冒正压。

炉料水分控制在 8% ~10%。炉料水分过低，导致粒料破碎，熔炼过程中烟尘率高。水分过高，导致炉料在输送过程中粘接和加料口粘接堵塞。

(3)配料

配料系统采用料仓和定量给料机配料，铅精矿、烟尘、碎煤、石英石及含铅渣料存放在各个料仓中，每个料仓设有超声波料位计检测仓内料量，当料量低于限定料位时就会自动报警，提醒操作人员加料。配料量根据每个料仓的设定给料量进行配料。由各个料仓皮带输送机汇集到一条皮带输送机，然后送入圆筒制粒机，制粒后的炉料再由皮带输送机输送到艾萨炉。所有皮带输送机采用 DCS 控制系统进行远程操作，与熔炼系统进行联锁。

炉料在混合制粒之前会自动进行水分检测，当水分低于设定值时，制粒圆筒内的补水机会自动开启进行补水。

7.2.2.2　艾萨炉富氧熔炼

熔炼作业在一台艾萨顶吹熔炼炉中进行，炉料从炉顶加料口加入炉内，硫化铅精矿氧化所需的氧气和空气经顶部喷枪喷入炉内，氧气由氧气站供给，纯度为 93%。操作温度一般控制在 1050℃左右。熔炼过程中熔池剧烈搅动，硫化铅和氧气反应生成氧化铅，硫化铅和氧化铅交互反应产出粗铅、高铅渣和高浓度 SO_2 烟气。粗铅经侧面放铅口放出，采用圆盘铸锭机浇铸，粗铅铅锭送往铅电解车间精炼。富铅渣由圆盘铸渣机铸成渣块，冷却后送颚式破碎机破碎，而后由重型槽式输送机送至鼓风炉车间进行还原熔炼。艾萨熔炼炉产出的高浓度 SO_2 烟气通过余热锅炉回收余热、收尘系统收尘后，送硫酸车间制酸。

(1)熔炼温度

艾萨炉的熔炼温度主要取决于渣型选择和炉料成分，由于熔炼过程的热量 30% 来自于燃料的燃烧热，温度控制过高，能耗增加；温度控制过低，反应速度缓慢，炉渣黏度升高，难以正常操作。生产实际表明，在氧化熔炼过程中高铅渣含铅的高低与其熔点有直接关系，渣含铅越高，渣的熔点就越低。一般来说高铅渣的含铅品位取决于炉料的含铅品位。生产实践中根据炉料含铅品位来控制高铅渣含铅品位及操作温度，表 7－2 是生产实践中根据实际经验总结出来的技术参数。

表 7－2　不同原料品位的控制参数

原料含铅品位/%	一次粗铅率/%	渣含铅控制值/%	操作温度/℃
60～80	75～85	40～60	1000～1100
45～60	35～60	25～40	1100
<45	25～50	20～30	1150～1250

影响熔炼温度的主要因素有富氧浓度、燃料加入量、原料含硫量、炉料组成及水分等。

富氧空气的氧气浓度越高，烟气量越小，烟气带走的热量就越少。但是艾萨炉采用单根喷枪操作，气流的分散性受到一定的限制，其富氧浓度不能太高，富氧浓度过高，就会导致空气量减小，鼓入炉内气量太小，就会影响熔体的搅动强度，从而影响熔体内的传质传热和熔炼强度。因此艾萨炉的富氧浓度一般控制在30%～40%。

燃料加入量增加，可以提高熔炼温度，但是也会导致能耗增加。

炉料中可燃硫的增加，可以增加化学反应热，提高熔炼温度。

熔剂的加入量越大，炉料含水量高，炉料中烟尘、渣料的比例高以及高熔点杂质含量高都会导致炉内温度降低。而且炉料成分及水分、燃料的变化都可能引起炉内温度变化。

(2)熔池高度

艾萨炉熔炼采用连续加料和周期性放渣、放铅的操作制度，熔炼过程中随着炉料的加入，熔体高度就会逐渐升高，喷枪也需要相应提升。当熔体上升至设定上限高度时，进行开孔放渣、放铅，当熔体液面下降至设定下限高度，停止放渣、放铅。熔体液面高度主要根据喷枪高度及插入深度、喷枪内的测压风的背压进行判断，也可以根据加料量进行推算。

在生产实践中，熔体高度一般控制在0.8～2.5 m，熔体液面保持在此范围内波动。熔体过高会使熔池底部温度偏低，可能出现隔层或局部冻结，出现泡沫渣的几率增加，导致炉况恶化。同时熔体过高炉子的重心上移，影响炉体的稳定性和安全生产。熔体过高还会导致熔体喷溅，使加料口、喷枪口堵塞，增加操作难度。但是熔体过低也会带来许多问题，如熔体过低、喷枪与炉底的距离小，容易对炉底造成强烈冲刷，同时喷枪可能接触铅液，加大铅液对喷枪的腐蚀，影响炉体及喷枪的使用寿命。熔体压力较小，渣铅排放不畅。

(3)烟尘率控制

在熔炼温度下铅及其化合物的挥发性都非常强，其中 PbS 挥发性最大，PbO 次之，金属铅最小。而且温度越高，挥发量越大。铅及其化合物挥发是炼铅烟尘率高的主要原因。其次是气流带走的灰尘。烟尘率过高会造成烟尘收集、输送和处理的量增大，冶炼的有效生产能力降低，生产成本增加。艾萨炉炼铅跟其他炼铅方法一样，需要对氧化熔炼的烟尘率进行控制。

主要通过以下途径来控制烟尘率，一是合理控制熔炼温度，当熔炼温度从 1050℃降至 1000℃时铅及其化合物的蒸气压降低一半以上(如表 7－3 所示)，但是温度过低，会使炉渣黏度增大，影响正常操作；二是适当提高富氧浓度，加快硫化物的氧化速度，减少硫化铅在炉内的停留时间，而且提高富氧浓度可以减少烟气量，从而减少气流带走的烟尘。

表 7－3　铅及其化合物蒸气压与温度的关系

	PbS				PbO				Pb			
温度/℃	928	975	1048	1108	850	950	1050	1100	820	960	1130	1290
蒸气压/Pa	266.8	1333	5332	13330	48	240	1000	1987	3.3	133.3	1333	6665

(4)喷枪烧损控制

喷枪工作时管内通有大量富氧空气进行冷却，风管外壁就会粘接一层炉渣保护层进行自我保护，这就是喷枪在高温熔体和高温烟气环境工作而不易损坏的原因。影响喷枪使用寿命的主要因素有喷枪材质、空气流量、熔炼温度、喷枪外壁炉渣保护层厚度和喷枪插入熔体深度等。

喷枪烧损有几种情况，喷枪端部烧损、旋流器烧损和喷枪弯曲等。由于喷枪插入熔体作业，端部烧损属于正常损耗。后两种情况可能由于操作不当所致。其可能原因，一是空气流量过小，不足以对喷枪外壳进行冷却，钢管外壁不能形成炉渣保护层；二是喷枪插入熔体过深，导致旋流器烧损；三是熔体温度过高，造成喷枪弯曲变形。

(5)泡沫渣的控制

泡沫渣的形成机理：在富氧熔池熔炼过程中，主要依靠气流在熔体中搅动和气泡扩散进行传质传热，加速熔炼过程中气固两相之间的各种化学反应的进行。其气流主要由两部分气体构成，一部分是为满足熔炼工艺所需鼓入的富氧空气，这部分气体具有一定压力，也就具有一定的动能，具有搅动熔体的能量；另一部分气体是化学反应和水分蒸发产生的气体，如CO_2、CO、SO_2、H_2O等。这部分气体不具有搅动熔体的能量，它们的解析、扩散和排出都需要借助于鼓入空气的能量。泡沫渣的形成是气体的流量与能量之间的失衡，气流能量与炉渣阻力不平衡，气体流量不断增加，气体能量不足以克服熔体阻力进行扩散、排出，导致大量气体滞留在熔体中形成大的气泡而不能及时破裂，气流对熔体失去搅动能力，使炉渣体积迅速膨胀，渣面迅速上涨，形成泡沫渣。

产生泡沫渣的影响因素主要有炉渣熔体的黏度、密度、表面张力和熔体高度。熔融炉渣的黏度和密度越大，对气体扩散的阻力就越大，不利于气体的解析、扩散和排出。熔体的表面张力越大，熔体与气体之间的吸引力越小，有利于气体的解析、扩散和排出。熔体高度越高，要求喷枪的插入深度越深，气流扩散遇到的阻力就越大，如果熔体高度太高，由此形成的阻力超过气流扩散的动能，气流不能均匀扩散，传质传热的效果就会变差，熔池温度就会迅速下降，导致熔体黏度增大，熔体内部的气体更加难以扩散、排出。

铅冶炼泡沫渣的形成原因与铜冶炼有些不同，铜冶炼的泡沫渣主要因为熔炼过程中的过氧化，熔体中的铁被氧化成高价铁，Fe_3O_4的量远远超过正常值，使其渣的黏度增加，熔体中的气体不能及时排出。但是从铅冶炼的泡沫渣物相组成的分析结果看来，其物相组成与正常的高铅渣差不多，Fe_3O_4的量基本相同，表明铅冶炼的泡沫渣形成基本上不是由于炉渣的过氧化引起的，而是由于熔炼温度、富氧空气鼓风量、加料量和渣相等因素控制不当造成的。例如熔体温度持续下降未采取有效措施使其温度恢复正常，导致炉渣黏度增大；加料量不稳定，料量突然加大，反应产生的气体突然增大，无法及时排出；配料不准确导致渣型成分变化，黏度增大；富氧空气流量及氧气浓度不稳定，造成熔体内部压力波动。

艾萨炉熔炼过程中出现的炉渣泡沫化现象，分为轻微泡沫化和恶性泡沫化。

炉渣出现轻微泡沫化的表现特征是喷枪出现不规则摆动，喷枪出口压力明显升高，提升喷枪时背压变化不明显，炉体及厂房出现明显晃动，炉内压力忽高忽低，炉顶间歇性冒出烟气，烟气量和SO_2浓度波动很大。炉膛内部炽热发白，余热锅炉蒸发量增加，电收尘器出口烟气温度升高。引起炉渣出现轻微泡沫化的原因可能是：加料量偏高，燃料率过高，炉料不能及时反应，堆积在熔体表面，使熔体温度降低，导致炉渣黏度增加；其次是工艺参数控制不合理，如空气过剩系数过高、富氧空气浓度过低、铁硅比过低、炉料水分过高等，造成熔体内部气体聚积，不能及时扩散，或者造成炉渣黏度增高。

炉渣出现恶性泡沫化时会出现如下现象：喷枪大幅度摆动导致密封圈与渣箱撞击发出响声，喷枪出口背压持续升高或不发生变化；炉体及成分发生剧烈晃动；炉顶连续冒烟，大量炉渣喷出，加料口堵塞无法正常下料。引起炉渣恶性泡沫化的可能原因是：熔池处于高位运行，喷枪插入熔池太深；加料量太大，且时间持续太长；在持续轻微泡沫化的情况下，加大富氧空气鼓入量。

泡沫渣对熔炼过程影响很大，一般会出现炉口冒烟和喷渣，加料口及喷枪口堵塞，操作环境恶劣；喷枪插入深度无法控制，喷枪烧损加速，甚至造成喷枪弯曲或断裂；烟气 SO_2浓度剧烈波动，烟气温度及烟尘率上升，余热锅炉及制酸系统不能稳定运行；严重时泡沫渣可能突然从炉顶喷出，导致熔炼过程操作失控，危及设备和人身安全。

理论分析及生产实践表明，合理设置炉渣的渣型、熔炼温度、加料量、富氧空气流量及富氧浓度等工艺参数是预防和控制泡沫渣出现的前提条件。严格按照设定的工艺参数进行操作和管理、保持熔炼过程各工艺参数稳定和准确是预防和控制泡沫渣产生的必要条件。这就要求提高熔炼过程的自动化控制水平，减少人为控制因素，一些重要参数出现异常，必须自动报警并停止加料；精确控制喷枪在熔体中的插入深度；保证一次仪表和配料系统的准确性，保持炉料输送加料系统畅通。及时放渣和放铅，避免高熔池操作。操作人员必须时刻监视上述工艺参数的情况，一旦发现某个参数出现波动，必须按照程序进行及时处理。

7.2.2.3　高铅渣鼓风炉还原熔炼

高铅渣、焦炭和石灰石等物料分别经计量后分批从鼓风炉两侧加入炉内。鼓风炉产出的粗铅用圆盘铸锭机铸锭，然后送往电解车间精炼。鼓风炉炉渣由溜槽流入电热前床，炉渣和粗铅经沉淀、分离后，流入烟化炉进行吹炼。粗铅定期从电热前床放出铅锭，粗铅锭也送铅电解车间。工艺流程如图 7 - 1 所示。

目前艾萨炉产出的高铅渣也在采用液态渣直接还原，取代高铅渣块鼓风炉还原熔炼。其基本原理和工艺选择与富氧底吹炉液态高铅渣还原基本相同，不再进行论述。

7.2.2.4　艾萨法双炉流程

该工艺流程由 2 台艾萨炉组成，这就是芒特·艾萨矿业控股有限公司60 kt/a 粗铅示范工厂的流程。1 台为氧化炉，1 台为还原炉。第 1 台艾萨氧化炉将铅精矿熔炼成粗铅和高铅渣，高铅渣通过流槽自流进入第 2 台艾萨还原熔炼炉；氧化熔炼的 SO_2烟气经回收余热、电收尘器收尘后送制酸系统。艾萨还原炉需要的粉煤、空气、燃油由顶部喷枪鼓入炉内。还原后的产物，进入电热前床进行澄清分离出粗铅和弃渣，还原炉所产烟气经回收余热、电收尘器收尘后送烟囱达标排放。由于芒特·艾萨矿业控股有限公司示范工厂早已经关闭并拆除，目前该流程没有生产实践。

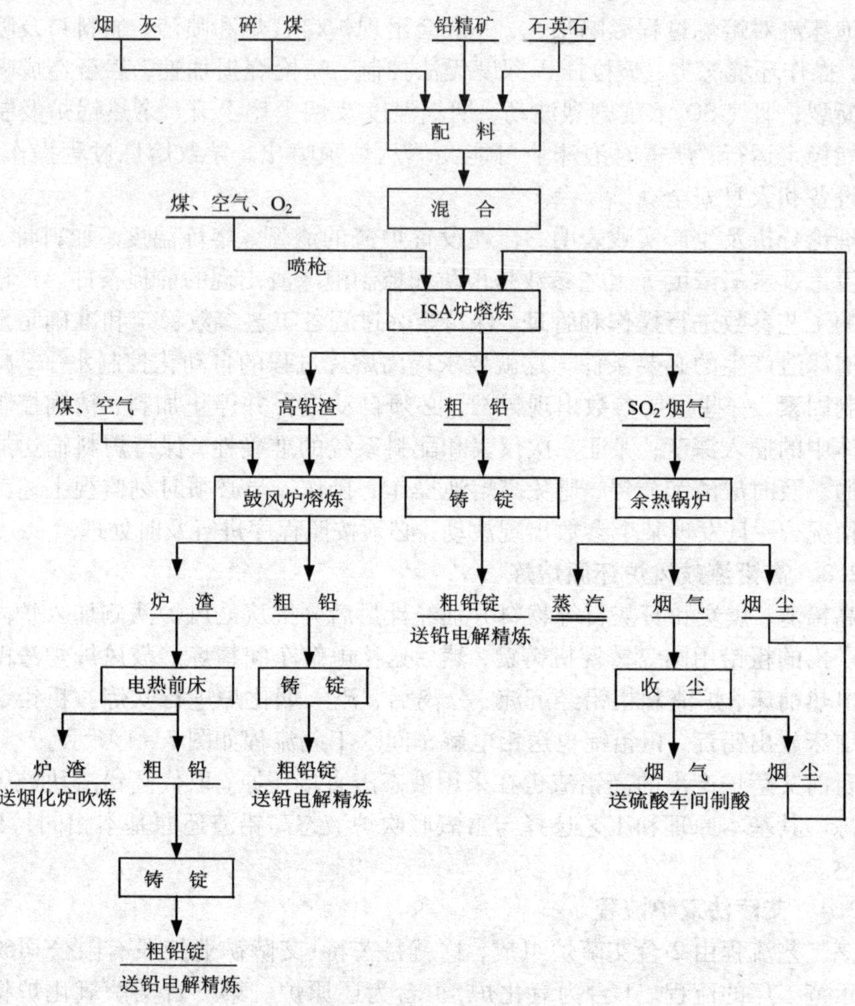

图 7－1　高铅渣鼓风炉还原熔炼工艺流程

7.3　艾萨法炼铅主要设备

7.3.1　艾萨炉

艾萨炉为高 11.2 m，内径 2.9 m，内衬耐火材料的立式圆柱形反应器，如图 7－2所示。

艾萨熔炼炉是艾萨熔炼的主体设备，主要由炉体、喷枪、喷枪夹持架及升降装置、后燃烧器、排烟口、加料装置及放出口等组成。

艾萨熔炼炉为一直立圆柱形炉，炉壳由钢板焊接而成。炉衬全部用铬镁砖砌筑。炉墙的工作条件恶劣，下部受强烈搅动的熔体浸蚀、冲刷，上部受喷溅熔渣的侵蚀和高温烟气的冲刷。保护炉墙的冷却措施有两种：一种是炉壳外表面用喷淋水冷却；另一种是在熔池部位的砖与炉壳之间设一圈铜水套。

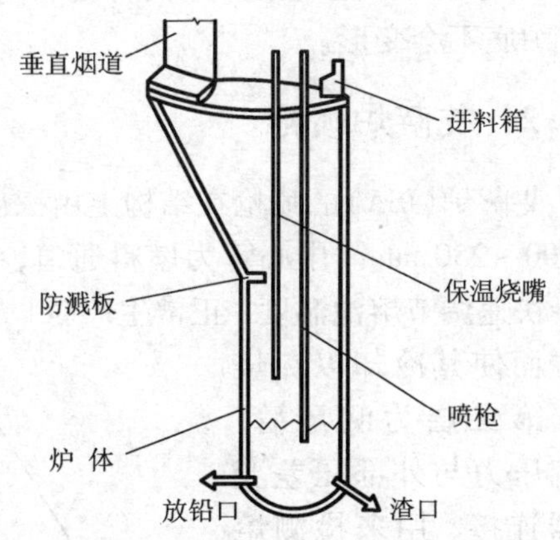

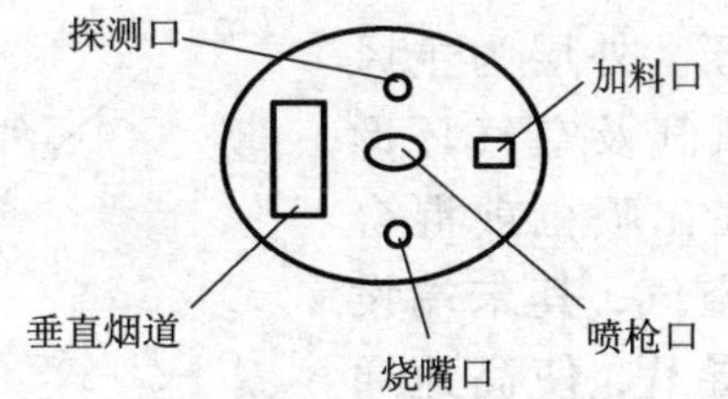

图 7－2　艾萨炉及其炉顶示意图

目前艾萨炉没有采用水套冷却或喷淋冷却，整体采用耐火材料内衬，里层为 450 mm 镁铬砖，外层为 76 mm 的保温砖，炉壳为 25 mm 厚的锅炉钢板。筑炉采用干砌法，间隙用捣打料及耐火泥填充，在操作条件下保证耐火材料之间的表面衔接紧密，以减少熔体渗入其中。为了满足耐火材料热胀冷缩的需求，炉体砌筑时按照计算，在其纵向和横向用膨胀垫片预留膨胀缝。

炉子下部设有一放铅口和放渣口，两个排放口互成 90°分布，放渣口位于渣层高度，放铅口位于炉子底部。排放口的里层用耐火砖砌筑成圆孔，外层为铜水套，便于损坏时更换。

艾萨熔炼炉由炉体和炉顶两部分组成。炉顶开有喷枪插入孔、加料孔、排烟孔、保温烧嘴插入孔和熔池深度测量孔。炉体底部有熔体排放孔，根据生产需要可设置一个或多个排放孔。

艾萨熔炼炉的炉顶为水平式炉顶，最初曾采用钢水冷套或铜水冷套结构，现在逐渐改进为膜式水冷壁结构，成为与炉顶烟道口相接的余热锅炉的一个组成部分。炉体上部靠烟道一侧设有水冷铜水套阻溅块，以防止熔炼过程中的喷溅物直接进入烟道，导致在烟道中的黏结。熔池部位有全衬铬镁砖和铬镁砖 + 水冷铜水套等两种结构形式。艾萨熔炼炉采用间断排放熔体，熔体流量大，溜槽不易结冻，对熔体过热温度要求低。渣线波动范围大，炉衬磨损和腐蚀比较分散，渣线区炉衬寿命长。定期打孔放液，设置泥炮堵孔。

艾萨熔炼炉炉底为倒拱椭球形钢壳，钢壳焊接于钢板圈形支座上，支座底板置于混凝土圈梁基础上，并设有地脚螺栓固定。结构符合热膨胀原理，烤炉升温，炉底不会变形。

7.3.2 艾萨炉喷枪

艾萨炉(ISA)的喷枪在结构上由三层同心圆管组成(见图7－3)，主风管内径为200～250 mm。中心管为燃料通道，可采用气体或液体燃料，一般采用柴油，用于快速调节熔池温度，正常生产时只通入压缩空气，一方面使其保持畅通，另一方面使其冷却以免烧损。第二层为测压管，气流压力与外部压差变送器连接，用来检测熔炼过程中喷枪出口的风压或背压。外层为主风管，是氧气及空气环形通道，在出喷枪前混合成富氧空气，其末端设有旋流导片，使高速通过的反应气体产生旋向运动，强化熔炼过程，同时也能减少气流对耐火材料内衬的冲刷。喷枪安装在移动小车上，喷枪的上下移动，通过控制移动小车沿着轨道上下移动，调节喷枪的高度位置。喷枪内部核心元件距离喷枪出口500～700 mm，由于喷枪在熔体中的插入深度为100～300 mm，喷枪的烧损主要在喷枪出口200～400 mm，一般不会损坏核心元件，因此维修时只需将烧损部分的钢管进行更换。

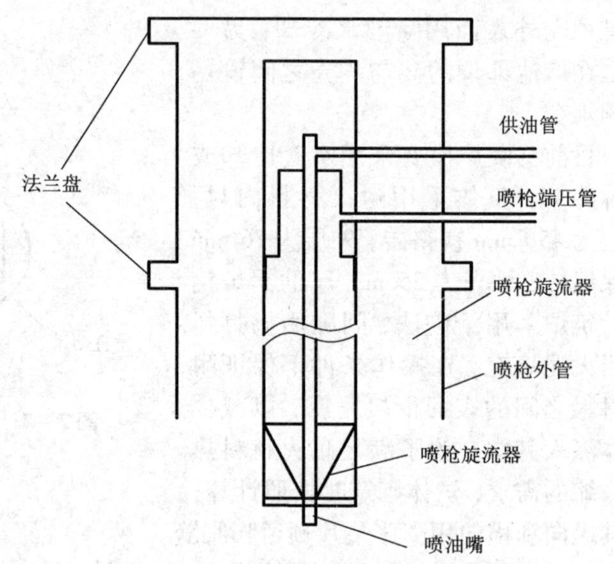

图7－3 艾萨炉喷枪结构示意图

由于喷枪需要上下移动，与其相连的管道均为软管。主风管采用气动机构与金属软管固定连接，测压管和柴油管道管径较小，采用快速接头与软管连接。

喷枪系统包括喷枪、喷枪上下移动机构、金属软管等部分，喷枪移动机构又包括驱动电机、减速机、传动链条及移动轨道等。喷枪的插入深度和高度定位由DCS自动控制。

7.3.3　保温烧嘴和升温烧嘴

艾萨炉熔炼设有保温烧嘴和升温烧嘴。

保温烧嘴的作用是在喷枪从炉内提出进行检查或更换时，开启保温烧嘴，替代喷枪为炉内提供热量，保持熔体及炉体温度，避免熔体冻结；在正常生产过程中，为炉气二次燃烧提供空气，使炉气中的CO完全燃烧。保温烧嘴的燃料由燃油系统供给，保温烧嘴的开启采用DCS系统控制。正常生产时保温烧嘴不需要燃油，只需鼓入空气作为二次燃烧的助燃空气。

升温烧嘴用于炉子投料前烘炉升温，开始烘炉前将烘炉曲线输入计算机系统，升温烧嘴就会自动完成升温烘炉的全过程。整个升温过程实现自动化控制，不需人为干预。升温烧嘴只用于升温烘炉阶段，投料生产后停止使用。

7.4　奥斯麦特炼铅工艺

7.4.1　工艺简介

奥斯麦特炼铅采用单炉生产，单炉生产既可采用连续操作，也可周期性操作。如果采用连续操作，熔炼过程产出粗铅(一次粗铅)和高铅渣(初渣)，初渣经水淬后堆存或出售或集中起来再用此炉还原贫化，产出二次粗铅、氧化Pb－Zn烟尘和弃渣。如果采用周期性操作，即氧化熔炼、高铅渣还原分阶段进行，产出粗铅和弃渣，也产出氧化Pb－Zn烟尘，在氧化阶段加入炉料进行氧化脱硫，产出一次粗铅和高浓度的SO_2烟气，高铅渣继续留在炉内，然后停止加料，加入还原剂进行还原熔炼，产出二次粗铅和含铅较高的次氧化锌烟尘。最后排出炉渣，进行下一周期的冶炼。用单炉交替进行氧化、还原两过程，先后产出的含硫烟气与含金属氧化物尘的烟气不连续，烟气量及其成分(特别是SO_2浓度)波动大，不利于烟气处理和制酸。这就像传统的P－S转炉吹炼铜锍那样存在许多弊端。

德国和纳米比亚采用奥斯麦特法冶炼硫化铅精矿，已于1997年初投产成功，但均为单炉熔炼流程，氧化、还原或烟化均在1座炉内完成，周期性间断作业。目前尚无双炉熔炼生产工厂，而单炉熔炼周期性作业，SO_2烟气不连续，制酸困难。我国的云南锡业集团公司的奥斯麦特炼铅也是采用周期性作业。如德国Nordenham铅冶炼厂奥斯麦特熔炼炉炉渣组成见表7－4。

表7－4　Nordenham铅冶炼厂奥斯麦特熔炼炉炉渣组成/%

Pb	Zn	SiO_2	CaO	$FeO+Fe_2O_3$
40～60	5～15	10～20	5～10	10～30

7.4.2 云锡奥斯麦特炼铅

(1)冶炼工艺

云锡采用奥斯麦特炉实现“一炉三段”直接炼铅，该工艺的技术特点是硫化铅精矿在炉内依次完成氧化脱硫、液态高铅渣还原熔炼生产粗铅和液态高锌炉渣烟化挥发回收锌的三个过程，最终排出弃渣。三段烟气通过有机胺吸收－解吸解决烟气量及其 SO_2 浓度大幅度波动的问题，确保烟气制酸的稳定运行。氧化熔炼和还原熔炼的烟尘返回氧化熔炼，烟化阶段的次氧化锌烟尘送往湿法炼锌回收锌。液态粗铅在炉前进行火法精炼，采用立模浇铸大型阳极板送往电解精炼。

“一炉三段”直接炼铅的工艺流程是将硫化铅精矿、烟尘及熔剂，经过配料、混合、润湿，从炉顶加料口加入炉内。氧化阶段、还原阶段和烟化阶段在同一座炉内依次进行，三个阶段加入的物料和控制的气氛均不相同。氧化阶段进入铅精矿、烟尘和熔剂，鼓入富氧空气，控制炉内较高的氧势和较低的温度。还原阶段加入硫化铅精矿和还原剂，一般不加氧气，控制较低的氧势和中等温度。烟化阶段加入还原煤，控制较高的温度和强还原性气氛。余热锅炉和电收尘器为一套系统。顶吹炉熔炼及吹炼的整个操作周期为 8 h，其中氧化熔炼 5 h，还原熔炼 1 h，烟化吹炼 1.5 h，放渣 0.5 h。

氧化熔炼温度控制在 1150℃以下，高铅渣的渣型 w_{Fe}/w_{SiO_2} 约为 1.2，PbO 为 30%～40%。还原熔炼温度控制在 1300℃以下，控制烟化后的炉渣 w_{Fe}/w_{SiO_2} 约为 1.2，CaO 含量为 5%左右。

(2)烟气处理

顶吹炉产出的烟气量及其 SO_2 浓度在不同阶段是不同的，在氧化熔炼阶段 SO_2 浓度较高，还原熔炼阶段较低，烟化和放渣阶段最低。为了使烟气量及 SO_2 浓度相对稳定，必须进行分流处理。全部烟气经过冷却、净化后分成两个部分，一部分保持一定流量送往制酸系统，另一部分经过有机胺吸收－解吸回收 SO_2，将回收的 SO_2 配入还原和烟化阶段的烟气中，使烟气量及 SO_2 浓度相对稳定，确保制酸系统的正常运行。制酸尾气再经过有机胺吸收－解吸回收 SO_2，脱硫尾气 SO_2 小于 200 mg/m^3，经过烟囱排放。

(3)主要工艺技术指标

粗铅熔炼回收率 >97.5%；银入粗铅率 >96.5%；弃渣含铅 <1%，弃渣含锌 <3%；包括烟化吹炼在内的粗铅综合能耗 <260 kg 标煤/t；硫回收率 >98.5%；尾气 SO_2 排放浓度小于 200 mg/m^3。

7.5　奥斯麦特炼铅的主要设备

7.5.1　奥斯麦特炉

奥斯麦特法与艾萨法炼铅的熔炼炉在结构、熔体排放方式、底部结构等方面有差异，奥斯麦特熔炼炉的炉顶为淋水倾斜炉顶，采用捣打耐火材料衬里。出炉烟气过道为斜坡式钢壳内衬耐火材料结构。生产过程中靠控制烟气温度高于烟尘熔点温度，使结瘤物熔化返回熔池内。目前这种炉顶结构有被水平炉顶垂直烟道取代的趋势。奥斯麦特炉简图见图7-4。

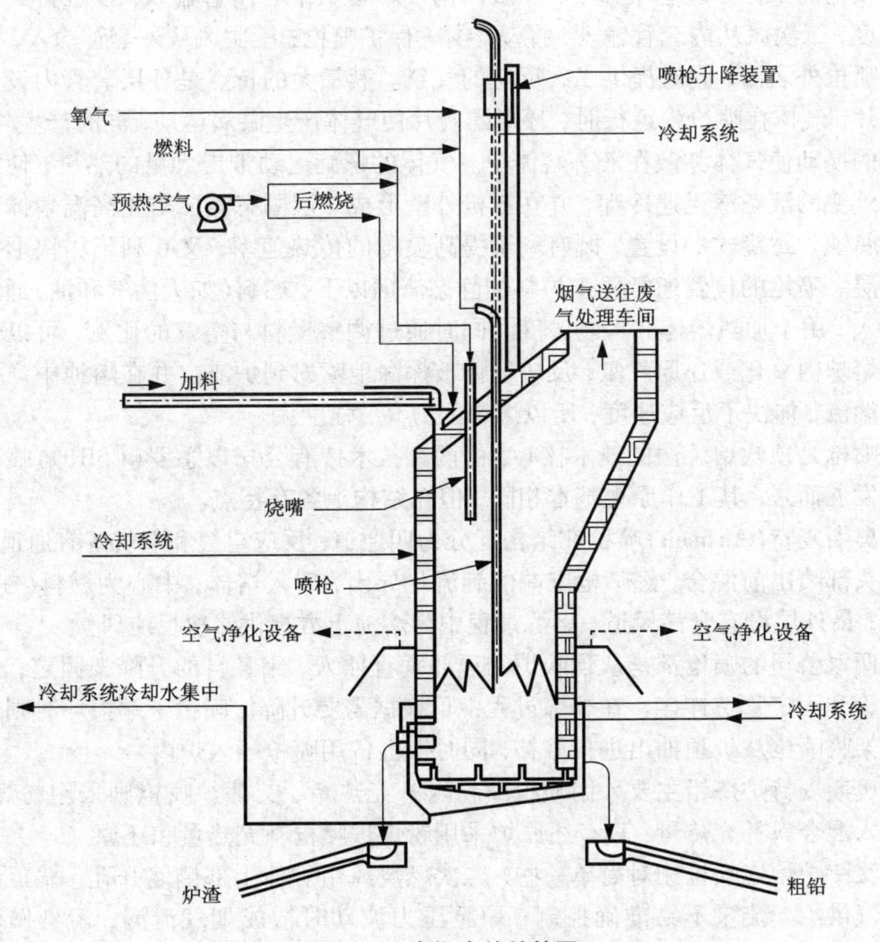

图7-4　奥斯麦特炉简图

奥斯麦特熔炼炉采用连续虹吸排放方式，炉体底层设有虹吸排放孔，辅助烧嘴用柴油作燃料。炉内无阻溅块，在渣线区耐火材料衬里内不设水冷部件，为延长炉体寿命，炉体外壳采用水幕冷却。熔池作业高度恒定，波动小；喷枪不需经常调整高度，操作简单。但排料流量小，对熔体过热温度敏感。渣线波动范围小，炉衬磨损和腐蚀比较集中，渣线区炉衬寿命短。

奥斯麦特熔炼炉底为平板钢壳结构，采用方形混凝土基础上垫两层型钢支撑炉体。其结构简单，制造及筑炉方便。

耐火材料的使用寿命均维持在 1 年以上。

7.5.2 喷枪

喷枪的工作原理基本如下：一次风携带燃料从中心内管输入，以维持炉内反应温度；二次风从内套管输入，搅动熔体，保护喷枪；三次风从外套管输入，用以冷却喷枪外表面，同时提供二次反应的气氛。其最大的特点是外层套管内设置有螺旋片，气体在喷枪内运行时，环形螺旋片使气体产生漩涡运动，同时产生气泡，激烈的搅动使气体弥散在液态熔体中。气体的螺旋运动带走大量的热量，使靠近喷枪外壁的液态渣迅速冷却，并在喷枪外壁形成一层固态渣层防止高温熔体对喷枪的腐蚀。螺旋式的设置，既有利于提高喷枪的传热速率，又有利于尽快形成固态渣层。喷枪的位置通常置于炉料的静态渣面以下，燃料(如天然气和油)通过喷枪加入，用于加热熔体和控制温度。同时通过调整燃料与空气的比例，可以快速控制熔炉内氧化或还原气氛，反应气体被深深地喷射到炉渣内并在熔池中产生激烈的湍流，加快了反应速度，所以熔炼能力高，强度大。

喷枪是顶吹熔炼法的技术核心，由两家技术持有公司以悉罗(CSIRO)喷枪为基础发展而来，其工作原理基本相同，但在结构上各有特点。

奥斯麦特(Ausmelt)喷枪在结构上分为四通道：反应空气和氧气各有通道，在喷枪头部喷出前混合，经喷枪末端的旋流片导出，射入熔体；中心为燃料(粉煤)通道；最外层设有套筒风道，熔炼过程中为熔池上方提供二次反应风。

两家公司的喷枪都是从顶吹炉的顶部垂直插入，用各自的升降架固定，用金属软管和固定管道连接。在熔炼过程中可根据需要升降。喷枪末端损坏时则通过升降架将喷枪从炉顶抽出进行修补，同时换上备用喷枪插入炉内。

奥斯麦特炉炼铅主要采用喷枪喷粉煤补充热量，艾萨炉喷枪则采用粉煤/焦粒配入混合料补充热量，只有还原炉采用粉煤进喷枪补充热量和还原。

艾萨炉熔炼喷枪相对简单一些，二次燃烧风由炉体上部侧墙开孔，靠负压吸入空气供给。流量不易准确控制，炉膛压力波动时造成烟气泄漏，污染操作环境，炉顶热场分布不均。

两家公司的喷枪使用寿命均维持在 15 天左右。

7.5.3　喷枪提升系统

喷枪重约 2 ~ 3.7 t，枪架重 2.6 ~ 11 t，这两部分连在一起的频繁动作系统，加上软管质量的一半和喷枪结渣质量，决定了喷枪的提升(下降)葫芦的起重量。在中国建设的冶炼厂，一般认为喷枪提升系统有配重比无配重好，喷枪架滑道到喷枪中心的水平距离小为好。

7.6　主要技术经济指标

奥斯麦特法炼铅尚缺少生产数据，艾萨法炼铅的两种流程主要技术经济指标如下。

7.6.1　艾萨炉 + 鼓风炉流程

(1) 艾萨炉熔炼

炉粗铅品位　98.50%

一次铅产出率　44.7%

脱硫率　98.38% (进入烟气中硫占精矿量中硫的百分比)

粉煤率　5.24% (占精矿量)

熔剂率　6.19% (占精矿量)

烟尘率　<25% (占精矿量)

高铅渣产出率　68.57% (占精矿量)

高铅渣含 Pb　50%

年工作日　330 d

(2) 鼓风炉熔炼

鼓风炉床能率　40 t/($m^2 \cdot d$)

焦率　18% (占高铅渣量)

熔剂率　12.25% (占高铅渣量)

烟尘率　2.78% (占高铅渣量)

炉渣产出率　55.07% (占高铅渣量)

炉渣含 Pb　3.8%

年工作日　330 d

(3) 冶炼回收率

Pb　96.34% (从铅精矿到粗铅)

Zn　83.93% (从铅精矿到铅锌烟尘)

S　95.41% (从铅精矿到 SO_2)

Ag　　99%（从铅精矿到粗铅）
Ge　　77%（从锌精矿到铅锌烟尘）

7.6.2 两段艾萨炉流程

粗铅品位　　98.50%
脱硫率　　96.40%
熔剂率　　12.83%（占精矿量）
粉煤率　　7.65%（占精矿量）
次氧化铅产出率　　6.24%（占精矿量）
弃渣率　　25.42%（占精矿量）
年工作日　　280 d
冶炼总回收率
　Pb　　96.5%
　Cu　　92.21%
　Zn　　58.51%
　Ag　　98.5%
　Au　　98.5%
　S　　92.33%

7.6.3 富氧顶吹炼铅炉氧化熔炼

该公司主要技术经济指标如表 7－5 所示。

表 7－5　富氧顶吹炼铅炉氧化熔炼主要技术经济指标

指　标	单位	数值	指　标	单位	数值
日处理物料量	t/d	550～650	氧料比	m^3/t	80～110
入炉炉料铅品位	%	52～59	熔池高度	m	<2.5
燃煤率	%	3～5	高铅渣含铅	%	40～50
石英石	%	2～5	高铅渣 w_{SiO_2}/w_{Fe}		0.7～0.9
富氧浓度	%	≥30	熔池温度	℃	950～1050
二次风量	m^3/h	≥3600	一次粗铅产率	%	40～60
喷枪供风压力	kPa	150～170	烟尘率	%	14～16
床能力	$t/(m^2 \cdot d)$	80～90	烟气 SO_2 浓度	%	8～11
作业率	%	>90			

7.7　富氧顶吹炼铅的技术特点

富氧顶吹炼铅技术分为两个不同技术流派，即艾萨炼铅法和 Ausmelt 炼铅法，均已经过多年的工业化应用，技术上基本成熟，成为世界上较先进的熔池熔炼工艺。我国开发的艾萨炉氧化熔炼－鼓风炉还原熔炼相结合的炼铅工艺和 Ausmelt 炉"一炉三段"炼铅工艺，取得了较好的技术经济指标。富氧顶吹炼铅作为直接炼铅工艺之一，具有如下技术特点：

(1)富氧顶吹炼铅工艺对原料的适应性强

该工艺不仅可以处理铅精矿，还可以处理各种含铅原料，如废杂铅、废蓄电池等二次含铅物料及锌浸出渣等，也可以进行铅渣的烟化。

(2)富氧顶吹炼铅物料处理简单

对于物料的粒度、水分要求不苛刻；备料简单，混合料制粒入炉后可明显减少烟气带走的粉尘量，从而降低烟尘率。

(3)技术指标好

对于冶炼含铅较高(50%以上)、含锌较低精矿，技术经济指标相对更优越。弃渣含铅2%～5%。

(4)具有较强的灵活性

生产操作简单，能使用各种不同的燃料，如煤、焦炭、轻油、重油；对于同一种金属物料，其金属品位可以在较大范围变化，都能取得满意结果。

(5)床能力高，达到90～110 $t/(m^2 \cdot d)$

由于使用了喷枪技术及富氧熔炼，生产能力大，炉床能力大，提升产量潜力较大。冶炼工艺的机械化、自动化控制水平高，作业率高，从而提高了企业的劳动生产率。

(6)工艺炉体结构简单

炉体散热少，操作温度相对低，占地少，厂房空间要求不高，便于配置。

(7)环保好

艾萨炉密闭性好，漏风少，环境好，烟气量少，烟气 SO_2 浓度较高，烟气送制酸后可达标排放。

(8)维护方便

生产流程短，操作简单；富氧从喷枪喷入熔池，喷枪顶部自然形成冷凝渣层可有效保护喷枪，喷枪不需额外的冷却设施，喷枪结构简单、操作灵活，寿命长，更换维护也简单。

(9)熔池高度很高

控制在0.8～2.5 m，高于熔池熔炼的其他炼铅方法。需要较大的气流和压力对熔体进行搅动。

第 8 章　卡尔多炉炼铅工艺

8.1　概述

卡尔多炉(Kaldo)技术是由瑞典专家 Bokalling 发明的氧气顶吹转炉熔炼技术。1976 年瑞典波立登(Boliden)金属公司将该技术应用于有色金属冶炼，在瑞典北部的 Ronnskar 冶炼厂建成第一台卡尔多炉，用来处理含铅 43% ~50% 的铅尘。1981 年由于储存铅尘已全部处理完，进行了各种不同铅精矿的熔炼试验，1982 年应用工业化生产。到现在世界上已建成投产卡尔多炉 13 余座，如表 8 -1 所示，分别用于处理氧化铅精矿、硫化铅精矿、废杂铜、阳极泥、镍精矿和贵金属回收。从 1989 年开始波立顿公司 Ronnskar 冶炼厂用卡尔多炉大规模冶炼硫化铅精矿和废杂铜，每年有 200 天时间用于炼铅，其余时间用于处理废杂铜，1997 年该厂的卡尔多炉冶炼铅精矿 57272 t，处理废杂铜 1571 t。伊朗铅锌总公司采用卡尔多炉技术在 Zanjan 建成了一座冶炼厂，冶炼氧化铅精矿，年生产能力为 40 kt 粗铅。意大利的 Nuova Samin 铜冶炼厂利用卡尔多炉技术处理低品位废杂铜，年生产能力为 25 kt 粗铜；波兰 KGHM 铜业公司采用该技术处理阳极泥，年产1000 t 银；印度 SWIL 公司采用此技术处理铜精矿和废杂铜，年生产能力为 60 kt 粗铜。我国金川有色金属公司在 20 世纪 80 年代将卡尔多炉技术用于吹炼镍精矿和二次铜精矿，将其熔化吹炼成金属镍和金属铜。我国西部矿业有限责任公司已采用卡尔多炉技术建成一座 51.5 kt/a 粗铅的炼铅厂，于 2005 年 11 月投产。该厂采用铅精矿为原料，烟气 SO_2 两转两吸接触法制酸。但是由于各种原因，已经处于长期停产状态。卡尔多炉技术应用实例见表 8 -1。

表 8 -1　卡尔多炉技术应用实例

用　户	国　家	原　料	产量 /$(t \cdot a^{-1})$	产　品	卡尔多炉规模/m	投产时期/年
Boliden Mineral	Ronnskar 瑞典	铅精矿 废杂铜	50000 20000	铅锭 粗铜	11	1976

续表 8-1

用　户	国　家	原　料	产量 /($t\cdot a^{-1}$)	产　品	卡尔多炉规模/m	投产时期 /年
Nuova Samin	意大利	废杂铜	25000	粗铜	11	1992
NILZ	Zanjan 伊朗	氧化铅精矿	40000	铅锭	11	1992
KGHM	Glogow 波兰	阳极泥	1100 800	银 金	2	1993
BalkhasmGd	Balkhash 哈萨克斯坦	阳极泥	400 1	银 金	2	1996
Boliden Mineral	瑞典	阳极泥	400	金银合金	0.8	1997
Mexicana de Cobre	墨西哥	阳极泥	500 5	银 金	1	1999
JSC Roskontakr	Kasimov 俄罗斯	废杂铜、军工废料	10000	粗铜	2	1999
Still Water	美国	阳极泥	50	铂、钯	1 1	2000 2001
SWIL Ltd	Baroda 印度	废杂铜、铜精矿	60000	粗铜	11	2001
金川有色金属公司	中国	镍精矿、二次铜精矿	—	粗镍、粗铜	11	1988
西部矿业公司	中国	硫化铅精矿	50000	粗铅	11	2005

8.2　卡尔多炉炼铅工艺

8.2.1　工艺流程

卡尔多炉炼铅分为加料、氧化熔炼、还原和放铅、出渣 4 个阶段，整个冶炼过程周期性进行。设备连接图(见图 8-1)包括精矿干燥、卡尔多炉熔炼、烟气处理 3 个主要系统。

(1)精矿干燥系统

根据工艺要求精矿含水需小于 0.5%，按照过去的经验，当精矿含水量在 12%左右，需采用两段干燥，如果含水量低于6%，则可采用一段干燥。现在由于干燥技术的进步即使精矿含水量高于 12%，采用一段干燥就可将精矿含水量干燥

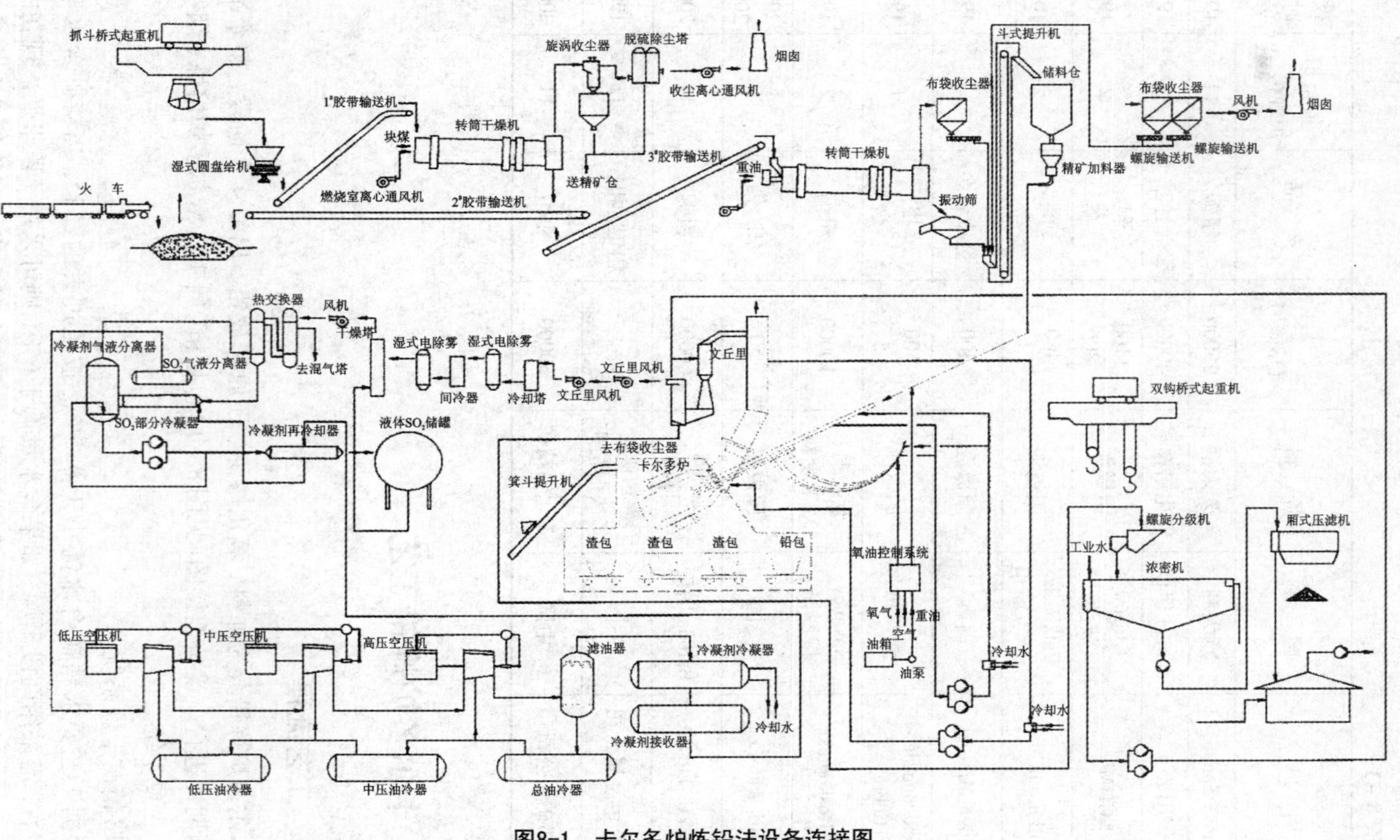

图8-1 卡尔多炉炼铅法设备连接图

到0.5%以下。采用回转干燥筒即可满足要求，头部温度为800～850℃，尾部温度为100～200℃，由于采用深度干燥，烟尘较大，而且烟气的水蒸气含量高，尾部温度低，如果采用干式收尘，可能产生腐蚀和黏结，因此干燥收尘最好采用湿式收尘。

干燥后的铅精矿经斗式提升机加入筛分机筛分，小于5 mm的细料进入加料仓，用压缩空气通过加料器送入精矿喷枪，在喷枪内由富氧空气喷入炉内进行闪速熔炼。大于5 mm的粗料、熔剂和焦粉用翻斗车直接加入炉内。

(2)卡尔多炉熔炼

卡尔多炉的标准炉型为11 m^3，年生产能力为50 kt粗铅，如果要设计100 kt的生产能力，最好采用两台11 m^3，而不是将炉子尺寸加大。其主要理由是11 m^3卡尔多炉已进行多年的生产实践，设备运行可靠，其喷枪与炉子熔炼配合已取得最佳参数；其次是因为卡尔多炉周期性操作，只有在氧化阶段的烟气含高浓度SO_2，两台炉子的操作阶段交错进行，始终保持其中的1台炉子处于氧化阶段，这样可以使烟气SO_2含量相对稳定，有利于烟气制酸。

氧化熔炼所需要的热量主要来自于精矿中PbS氧化反应产生的热量，还原阶段的热量由氧油燃烧喷枪提供。氧油喷枪最大油量为30 L/min，精矿喷枪的最大炉料量为1000 kg/h。炉内产出的粗铅和渣分别倒入两个抬包，抬包车置于炉体下方的轨道上，注满粗铅的抬包送往精炼，注满渣的抬包用吊车送往水淬。

卡尔多炉炼铅过程中，一个操作周期的时间一般为：翻斗车加料10 min，氧化熔炼120 min，还原熔炼60 min，出渣、放铅15 min，机动时间35 min，整个周期240 min。

西部矿业卡尔多炉炼铅厂的主要原料成分及炉渣成分如表8－2和表8－3所示。

表8－2 西部矿业卡尔多炉炼铅厂铅精矿主要成分/%

Pb	Zn	Cu	As	Sb	S
63.5	6.0	0.26	<0.20	<0.60	18.11
Fe	CaO	SiO_2	Ag	Au	
6.0	1	2	750～850 g/t	4 g/t	

表8－3 炉渣主要成分/%

Pb	Zn	Cu	Fe	SiO_2	CaO
4	15	0.09	30	22.1	24.2

(3)烟气处理

卡尔多炉烟气经水冷集烟罩及文丘里降温除尘，烟气温度由1000℃左右降至60℃左右，烟气含尘浓度由150 g/m³降至150 mg/m³以下。这个过程是一个绝热蒸发过程，烟气与喷淋的冷却水直接接触，大量水分被蒸发，同时烟气迅速冷却到接近饱和温度，冷却后的烟气经间冷器进一步冷却至28℃，烟气中的大部分水蒸气被冷凝，再经电除雾器除雾，除雾后的烟气送干燥。干燥后的烟气送入一个由水平壳管和管形热交换器组成的液冷器中进行SO_2部分冷凝。

文丘里洗涤的泥浆，经浓密后溢流返回文丘里循环使用，底流经过滤后返回干燥系统与精矿一起熔炼。

由于卡尔多炉冶炼铅精矿的周期性作业产生的SO_2烟气是不连续的，在氧化熔炼阶段，烟气SO_2浓度为16%左右，在还原阶段、出铅出渣阶段和其他时间，烟气中SO_2浓度很低，几乎为零，因此必须采用SO_2部分冷凝系统将不连续SO_2烟气转变为连续稳定的SO_2烟气，以满足烟气制酸的技术要求。SO_2部分冷凝系统的基本原理是：在SO_2部分冷凝系统有一套SO_2浓度检测控制装置，设定制酸要求的烟气SO_2浓度为6%，在氧化阶段烟气SO_2浓度达到16%左右，检测控制装置就会启动冷凝系统，将高于6%的部分SO_2冷凝，形成液体SO_2进入储存塔。含SO_2 6%的烟气送往制酸。当冶炼过程进入还原阶段或其他阶段时，检测控制装置就会检测到烟气SO_2浓度低于6%，将立即开启液态SO_2储存塔，自动释放SO_2补充到烟气中，使烟气SO_2浓度达到6%，这样就可以得到连续稳定的含SO_2 6%的烟气，满足制酸要求。

整个SO_2冷凝系统由压缩机、液化器、热交换器和SO_2浓度检测控制装置组成。液态SO_2储存塔的大小根据冶炼过程的参数确定。在冶炼过程的各个操作阶段可得到稳定的SO_2烟气，甚至在设备检修时也可以得到6% SO_2的气体制酸，也可以根据液态SO_2的市场情况直接销售。

8.2.2 主要技术操作条件

(1)干燥

干燥机头部温度	800～850℃
干燥机尾部温度	100～200℃
干燥物料水分	<0.5%
筛分物料粒度	<5 mm

(2)卡尔多炉熔炼

炉体转速	0～30 r/min
其中：氧化阶段	10～15 r/min
还原阶段	20～25 r/min

熔炼周期 240 min

其中：翻斗车加料 10 min

氧化熔炼 120 min

还原熔炼 60 min

出渣放铅 15 min

机动时间 35 min

熔炼温度 100～1150℃

炉子容量 90～100 t 炉料

加料速度 600～1000 kg/min

氧气纯度 90%

氧气压力 0.3 MPa

(3)烟气处理

文丘里洗涤系统阻力 20 kPa

处理后烟气温度 60℃

处理后烟气含尘量 <150 mg/m^3

烟气 SO_2浓度 6%

8.2.3 主要技术经济指标

铅回收率 97.5%

银入粗铅率 99.07%

金入粗铅率 98.77%

铜入粗铅率 85.8%

总硫利用率 95.45%

熔炼烟尘率 15%

年工作日 300 d

生产每吨粗铅的单耗指标：

焦炭 50 kg

氧气 300 m^3

重油 14 L

电 265 kWh

耐火材料 6 kg

冷却水 400 m^3/h

8.2.4 卡尔多炉炼铅的物料平衡

表8－4为50 kt/a卡尔多炉炼铅厂的物料平衡的设计数据。

表 8-4 50 kt/a 卡尔多炉炼铅物料平衡表

加入物料	数量		Cu		Zn		Pb		Fe		SiO_2		CaO		S	
	t/a	t/d	%	t/a	%	t/a	%	t/a	%	t/a	%	t/a	%	t/a	%	t/a
铅精矿	81000	270	0.26	211	6.0	4860	63.5	51435	6	4860	2	1620	1	810	18.1	14669
黄铁矿渣	9137	30.46							51	4660	16	1462	1	91	1.5	137
石灰石	13367	44.56							0.5	67	1.5	201	51.5	6884		
硅砂	4440	14.80							3	133	87	3863	1.3	58		
合计	107944			211		4860		51435		9720		7146		7843		14806
产出物料	数量		Cu		Zn		Pb		Fe		SiO_2		CaO		S	
	t/a	t/d	%	t/a	%	t/a	%	t/a	%	t/a	%	t/a	%	t/a	%	t/a
粗铅	51450	171.5	0.35	181			97.5	50139							0.1	51
渣	32400	108	0.09	30	15.	4860	4	1296	30	9720	22.1	7146	24.2	7843	1.0	324
烟气																14431
合计	83850			211		4860		51435		9720		7146		7843		14806

8.3 卡尔多炉

卡尔多炉如图 8-2 所示，主要由 7 个部分组成：精矿喷枪、氧油喷枪、活动烟罩、炉体、炉体旋转装置、炉体支架及倾倒托轮、翻倒机构和止推托辊。

(1)精矿喷枪和氧油喷枪

卡尔多炉装有两支喷枪，一支是用于喷射精矿的精矿喷枪，另一支是用于喷射氧气和燃油的氧油喷枪，两支喷枪装在一个托架上，由液压马达驱动托架，调整喷枪的插入深度。驱动系统中的液压蓄能器保证在停电或失去动力时，喷枪能从卡尔多炉的喷枪口移出。喷枪用水冷却，使其在高温下不会烧损。冷却系统设有安全装置可在万一出现漏水时立即切断供水。氧油喷枪上的高效喷嘴能保证油完全燃烧。氧油喷嘴的最大供油量 30 L/min。精矿喷枪的喷嘴能保证精矿与氧气的良好混合，实现硫化铅精矿闪速熔炼的目的。精矿喷枪的最大炉料量为 1000 kg/min。

(2)活动烟罩

活动烟罩是一个水冷集烟罩，紧紧罩住卡尔多炉的加料口，捕集冶炼过程产生的烟气。烟罩上留有 2 个喷枪插入口，供氧油喷枪和精矿喷枪使用。顶部还有 1 个正常排烟口和紧急排烟口。当文丘里系统出现故障或水流中断时，就会打开

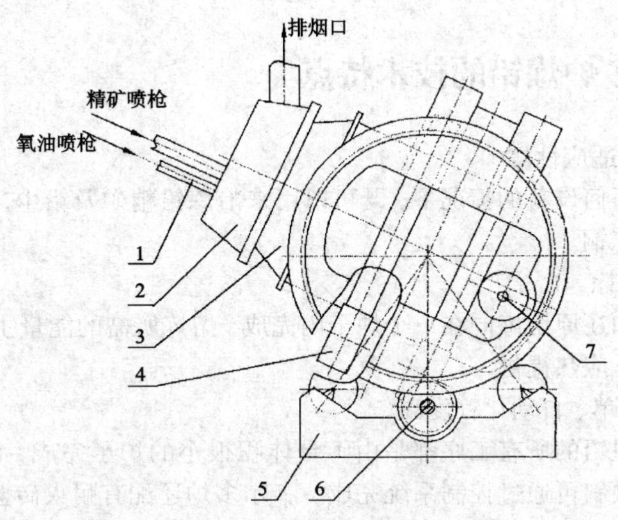

图 8－2　卡尔多炉

1—喷枪；2—活动烟罩；3—炉体装置；4—炉体旋转机构；
5—炉体倾翻支承托轮及其支承架；6—炉体倾翻机构；7—止推托辊

紧急排烟口，烟罩内衬抗腐蚀的耐火材料。

(3)炉体

卡尔多炉本体的外形与炼钢氧气顶吹转炉相似，下部为圆桶形的炉缸，整个炉子只有 1 个口，加料、排渣、放铅、排烟、燃烧都是由这个口实现。炉缸内衬铬镁砖，炉体外径 3.65 m，炉体长度 6.1 m。

炉体在一个弹性环形框架内，电机通过 4 个托轮带动炉体轴向转动，熔炼时的转速为 10 ~ 30 r/min。同时炉体可通过两个仰俯轮，进行 360°的仰俯，操作者可根据加料、冶炼或出铅出渣的需要调整炉体的角度。当加粗料时可将炉体竖起来，粗料经料斗直接从炉口加入。当排渣、放铅时，必须将炉体倾倒。熔炼时其倾角与水平成 28°。仰俯装置由电机、变速箱和齿轮组成。为了应付紧急情况，还配有 1 套紧急仰俯装置。

炉体外壳用钢板制作，内衬两层耐火砖，耐火材料采用抗渣侵蚀能力强的铬镁砖，内层耐火砖每年需更换 3 ~ 4 次，外层耐火砖对钢壳起保护作用，每两年只需更换 1 次。

(4)炉体旋转机构

炉体旋转机构是驱动炉体沿轴向转动的装置，由安装在框架上的电机驱动蜗杆转动，蜗杆带动炉体下方的 4 个托轮使炉体转动。整个旋转机构与炉体形成一个整体，无论炉体处于任何倾斜位置，都不影响炉体转动，传动电机是可以调速的，可根据需要在 0 ~ 30 r/min 内调节转速。

8.4 卡尔多炉炼铅的技术特点

(1)对原料适应性好

在不改变任何设备的情况下，既可以用来冶炼铅精矿及铅尘，也可以用来处理废铅电池和炼铜。

(2)节省能耗

氧化熔炼和还原熔炼同在 1 个炉子内完成，熔炼所需的能量主要由硫化铅精矿直接熔炼的反应热提供。

(3)设备简单、自动化程度高

从原料到粗铅的所有工序都是由 1 台体积很小的炉子完成，设备十分简单，炉体的转动和倾斜可通过控制系统完成。卡尔多炉还配有耐火砖监测装置，通过计算机控制的激光检测仪器跟踪检测耐火材料磨损情况，可使耐火砖工作到允许的最小厚度。当更换耐火砖时可以在炽热的条件下由机械手把要拆除的砖撬松，把炉体倾斜到炉口向下的位置，耐火砖就会自动脱落，不需将炉体冷却后再用人工拆除，这样既可节约时间，也可节省人力。

(4)烟气采用湿式收尘

烟气净化采用文丘里洗涤，烟气含尘量由 150 g/m^{3}降到 150 mg/m^3，收尘效果很好。同时可将烟气温度由 1000℃左右降至 60℃左右，降温效果显著，可节省干式收尘之前的冷却设备投资和运行费用。

(5)烟气 SO_2采用部分冷凝技术

采用 SO_2部分冷凝技术，不仅解决了卡尔多炉冶炼工艺 SO_2烟气不连续的问题，获得了制酸系统所需连续的浓度稳定的 SO_2烟气，而且可根据市场需求，将液态 SO_2直接销售，增加了生产销售的灵活性。

(6)作业环境好

卡尔多炉的整个系统全部笼罩在一个密封的环保烟罩内，包括加料、排渣、放铅等所有操作都在这个环保烟罩内进行，防止了烟气、烟尘、铅蒸气等对操作环境的影响。

(7)该方法采用单台炉子周期性作业，导致烟气 SO_2 浓度波动很大，采用烟气冷凝制酸工艺导致成本增加；周期性还原熔炼的渣含铅偏高。采用卡尔多炉冶炼硫化铅精矿虽然在技术上可行，但经济上未必合理。

第 9 章　粗铅初步火法精炼

9.1　概述

由于粗铅一般含有 1% ~4% 的杂质元素，包括铜、砷、锑、铋、锡、金、银等金属，这些杂质会影响其物理化学性质和机械性能，需要进一步提纯才能满足工业用途的要求。其提纯的过程称为粗铅精炼。

粗铅初步火法精炼是指采用电解精炼工艺流程的工厂，在电解精炼之前采用火法精炼的过程。初步火法精炼的目的是除去粗铅中的铜和锡，调整砷、锑的含量，使粗铅阳极板满足电解精炼的要求。

我国火法精炼普遍采用间断操作工艺，近年开始引进连续脱铜除杂技术。加拿大特雷尔冶炼厂的基夫赛特炉产出的粗铅采用连续脱铜炉脱铜，日本契岛冶炼厂采用熔铅锅进行连续脱铜。

粗铅脱铜包括熔析脱铜和加硫脱铜。

(1)熔析脱铜的基本原理

熔析脱铜的基本原理是基于铜及其砷化物和锑化物在铅液中的溶解度在低温下很小，降低铅液温度可使铜析出。从 Cu - Pb 系状态图可以看出，Cu 在铅液中溶解度随着温度的变化而变化。当铅液温度上升至 952℃ 及以上时，在含铜量一定范围内的合金分成两层：上层含铜 66%，下层含铜 17%。如果温度降至 952℃ 以下，析出的结晶不是纯铜，而是含有 3% ~5% 的固溶体，以固体状态浮在液体合金之上。若温度继续下降铅液中铜含量逐渐降低，析出的固溶体逐渐增加，最后降至铅的熔点 327℃以下时，铜与铅形成共晶，其中 Cu 含量为 0.06%。这是熔析脱铜的极限值，通常当铅液含砷、锑不高时，熔析脱铜是难以将铅液中的铜降至 0.06% 的。其理由：一是熔析脱铜的温度通常控制在 340℃ 以上，铜在铅液中的溶解度大于 0.06%；二是熔析出来的铜聚积成为渣及其上浮的速度取决于铅液的黏度，在较低的温度下铅液黏度大，铜浮渣聚积及上浮速度比较缓慢。

然而在有砷、锑存在的情况下，熔析脱铜效果变好。砷与铜可以形成两种化合物：一种为稳定化合物 Cu_3As，熔点 830℃；另一种为不稳定化合物 Cu_5As_2，分解温度为 710℃。铜还可以与砷形成固溶体，在 684℃时最大含砷量为 4%，在此温度下形成的共晶含铜 78.5%。铜与锑也能生成一种不稳定的化合物 Cu_3As，只有在 585℃ 以下才能稳定。铜与锑也能形成两种共晶，其熔点分别为 528℃ 和 645℃。

由于铅与砷、锑能够形成化合物、固溶体及共晶，因此粗铅中如果含有一定量的砷、锑，就会生成难熔的砷化铜、锑化铜，这些化合物不溶于铅液，进入固体渣而上浮至铅液表面。生产实践表明，含砷、锑高的粗铅熔析脱铜后，铜含量可以降至 0.02% ~0.03%，低于 0.06%。

(2)加硫脱铜的理论基础

加硫脱铜的理论基础是在铅液中加入元素硫时，首先形成 PbS，其反应为：

$$2Pb + S_2 = 2PbS$$

由于在铅液中 Pb 的浓度远远大于 Cu 的浓度，在脱铜过程的温度下，PbS 的浓度为 0.6% ~0.7%，铜对硫的亲和力比铅的亲和力大，即硫化铅的离解压大于铜的离解压，就会发生如下反应：

$$PbS + 2Cu = Pb + Cu_2S$$

Cu_2S 比铅的密度小，在作业温度下不溶于铅液，形成固体硫化物渣浮在铅液表面。在反应过程中 PbS 的离解压逐渐减小，而 Cu_2S 的离解压逐渐增大，直至到 $p_{S_2(PbS)} = p_{S_2(Cu_2S)}$ 的条件下达到平衡。

PbS 的离解压与它在铅液中的浓度的关系按下式进行计算：

$$2[Pb] + S_2 = 2[PbS]$$

$$K_1 = p_{S_2} \times \frac{[Pb]^2}{[PbS]^2}$$

由此得出：$p_{S_2(PbS)} = K_1 \times \dfrac{[PbS]^2}{[Pb]^2}$

由于 CuS 不溶于铅液，其离解压仅取决于铅液中的浓度。

$$4[Cu] + S_2 = 2Cu_2S \quad K_2 = p_{S_2} \times [Cu]^4$$

由此得出：$p_{S_2(Cu_2S)} = K_2/[Cu]^4$

在平衡状态下：$K_1[PbS]^2/[Pb]^2 = K_2/[Cu]^4$

粗铅经过加硫脱铜后，铅液中溶解的硫化铅越多，残留的铜就越少。对于硫化铅在饱和温度 330 ~350℃，理论上残留的铜只有百万分之几，但是由于铜渣分离不完全，实际生产中残留的一般为 0.001% ~0.002%。

9.2 粗铅脱铜精炼工艺

粗铅经排铅口排出，以熔融状态流入熔铅锅，同时加入浮渣处理产出的粗铅降温，进行熔析脱铜，熔铅锅铅液表面的铜浮渣通过捞渣机清除干净。然后，粗铅连续自流到中间锅，在中间锅加硫，脱除对电解有害的铜、锡等杂质，调整锑含量。同时，经洗刷干净的残阳极板从运输线逐块加入中间锅熔化，在中间锅铅液搅拌机搅拌下，铜浮渣浮到铅液表面，通过捞渣机清除干净。这两种铜浮渣都用捞渣机收集到渣仓，再通过埋刮板输送机送往浮渣反射炉配料区。脱铜除杂后的铅液连续流到阳极浇铸锅，然后再通过铅泵将铅液泵入阳极浇铸机组铸造铅阳极板，多余铅液返回。铅阳极板每块 300 ~ 370 kg。

9.2.1　连续脱铜炉脱铜

连续脱铜有两种不同工艺，一是采用连续脱铜炉进行连续脱铜，二是用熔铅锅连续脱铜。

连续脱铜炉脱铜技术最早由澳大利亚皮里港冶炼厂在 1970 年开发，用于鼓风炉粗铅脱铜。1976 年在科明科公司第一次采用，也是用于鼓风炉粗铅脱铜，1990 年重新设计用于 QSL 粗铅脱铜，由于 QSL 工艺不能在炼铅过程中同时处理该公司炼锌厂产出的大量锌浸出渣，后来改用基夫赛特工艺生产粗铅，1996 年用于基夫赛特炉粗铅脱铜。目前江铜铅锌金属公司的基夫赛特炉粗铅也是采用连续脱铜炉脱铜。

9.2.1.1　连续脱铜炉

连续脱铜炉如图 9 – 1 所示，炉体由镁铬砖和粘土砖砌筑，特雷尔冶炼厂的连续脱铜炉的内部尺寸为 2.4 m × 5.75 m，炉内设有 3 道隔墙，用强化铸砖砌成，将炉子分为 4 个室，分别为加料室、产品室、返回室和循环室，加料室上方设有加料口，在加料口的另一端设有燃料烧嘴，用气体燃料或液体燃料为炉内提供热量。产品室中部设有输送通道与输送锅连通，返回室设有返回通道与返回锅连通，循环室下部设有循环通道与循环锅连通，在循环锅与返回锅之间设有蛇形管冷却器。炉体用耐火材料砌筑，设有冰铜放出口和炉渣放出口。

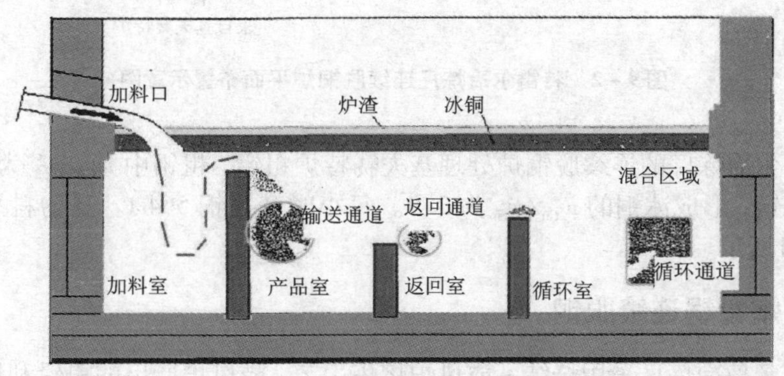

图 9 – 1　连续脱铜炉内部示意图

9.2.1.2 连续脱铜工艺过程

连续脱铜炉的目的是通过粗铅连续循环和冷却，使铜析出进入冰铜相。热铅(750～850℃)加入连续脱铜炉加料室，溢流进入产品室，然后进入静止的炉膛，部分铅液从循环室出发，经过循环通道流入循环锅，经过冷却后进入返回锅，在返回锅内加入熔化后的液态硫磺，再经过返回通道流入连续脱铜炉返回室。铅液不断地循环，不断有硫带入炉内，提供形成冰铜所需的硫，使炉内铅液温度降低，降低冰铜在铅液中的溶解度，冰铜不断析出上升浮于铅液表面，然后从冰铜口放出。用天然气烧嘴将进料温度维持在1280～1320℃，在熔体表面始终保持一层250～300 mm厚的冰铜层，目的是将渣与下面的粗铅隔离。脱铜粗铅从输送通道进入输送锅，然后经过熔铅锅再次熔析脱铜，送入浇铸锅浇铸阳极板。烟气经过布袋收尘后排空。炉渣经过水淬、脱水后返回原料仓。图9－2是特雷尔冶炼厂连续脱铜炉平面布置图。国内采用的连续脱铜炉布置比较简单，没有造稀渣的环节，也没有设计稀渣锅、感应锅及铅液回流系统。

与连续脱铜炉配套的只有2台熔铅锅和1台浇铸锅。

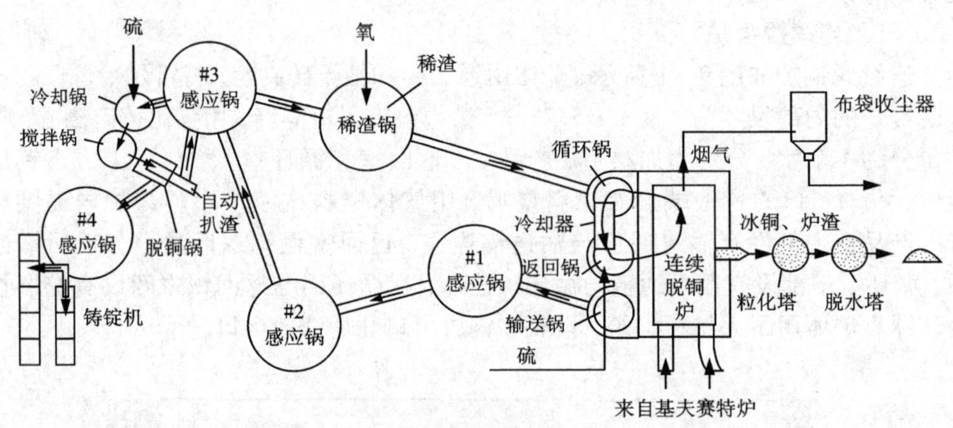

图9－2 特雷尔冶炼厂连续脱铜炉平面布置示意图

特雷尔冶炼厂的连续脱铜炉处理基夫赛特炉粗铅，粗铅中w_{Cu}/w_S为4.9，加入硫磺脱铜，形成冰铜的w_{Cu}/w_S为2.9。每小时产冰铜564 t。其物料平衡计算如表9－1所示。

9.2.2 熔铅锅连续脱铜

日本契岛冶炼厂采用烧结－鼓风炉熔炼工艺，鼓风炉产出的粗铅利用熔铅锅进行连续脱铜，2台熔铅锅和1台浇铸锅呈品字形排列，相互之间有一定的高度差，保证铅液能够自流。鼓风炉产出的液态粗铅流入第一台熔铅锅，锅内插入冷却装置，将铅液温度冷却至 500℃以下，冷却后的铅液经过约 5 m 长的溜槽流入第二台锅继续脱铜除杂，由残极输送机送来的残极自动加入第二台锅。温度控制在 350℃以下。脱铜铅液也是通过溜槽流入浇铸锅，第二台熔铅锅与浇铸锅的距离很近，两台锅中心距离大约 5 m，所以这根溜槽比较短，溜槽上面设有捞渣装置，浮渣从溜槽除去经过浮渣输送机进入收渣箱。浇铸锅的铅液用泵输送至立模浇铸机进行立模阳极板浇铸，多余的铅液经过回流槽返回浇铸锅。当浇铸锅铅液过多时，也是用泵输送一部分到第一台熔铅锅。两台熔铅锅配有搅拌机，浇铸锅没有搅拌机。三台锅及溜槽均有烟罩及收尘装置，如图 9－3 所示。

表 9－1　特雷尔连续脱铜炉物料平衡计算

物料名称		数量 /(kg·h⁻¹)	Cu		S	
			%	kg/h	%	kg/h
加入	含铜粗铅	13330	1.96	261.3	0.4	53.3
	硫磺	33.8			100	33.8
产出	脱铜粗铅	12706	0.07	8.9	0.024	3.0
	冰铜	564	45.8	252.4	15.8	84.1

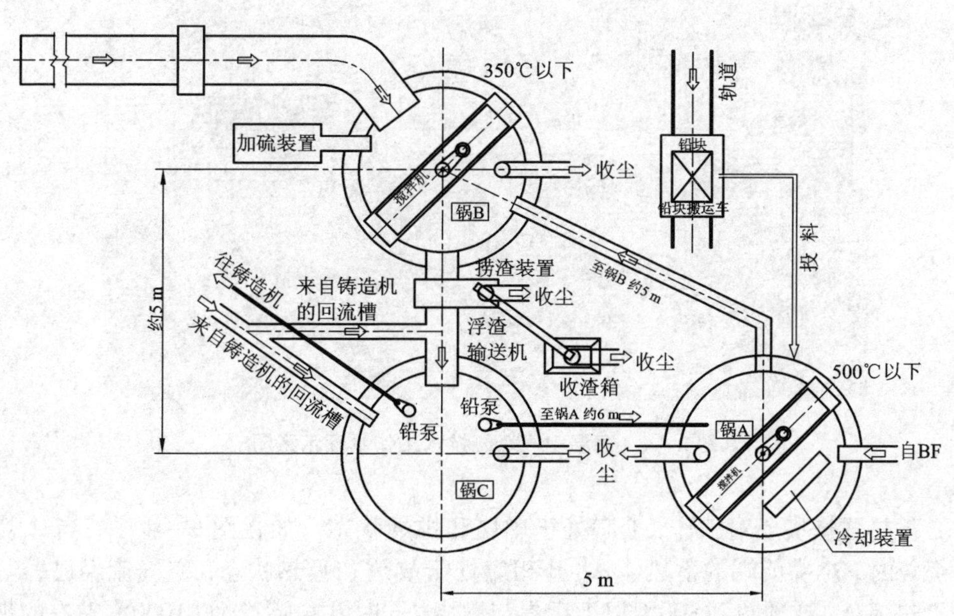

图 9－3　日本契岛冶炼厂熔铅锅连续脱铜设备连接示意图

9.3 蓄热式节能铅锅技术

在粗铅精炼、阴极铅熔铸、阴极板制造、铅合金制造等过程中均使用铅锅。根据其使用功能可分为脱铜锅、熔铸锅和合金锅等，习惯上通常将脱铜锅称为熔铅锅，熔铸锅和合金锅称为精炼锅。熔铅锅和精炼锅在使用过程中，普遍存在因排烟温度高、燃料燃烧不完全、局部高温等问题，从而导致热效率低、能耗高、坩埚使用寿命短、温室气体排放量大。以国内某大型铅锌冶炼厂为例：电铅熔化煤气单耗为240～260 m^3/t，热效率仅为10%左右，坩埚使用寿命一般只有3～4个月，烟气带走的显热高达50%～60%，不完全燃烧热损高达20%～30%。

9.3.1 蓄热式高效熔铅炉工作原理

蓄热式燃烧技术是自20世纪90年代以来，国际燃料利用和燃烧技术研究领域开发成功的一种高新技术，其原理是利用高温烟气预热燃气和助燃空气，以达到降低排烟温度和排放量、减少燃气用量的目的，其原理参见图9－4。

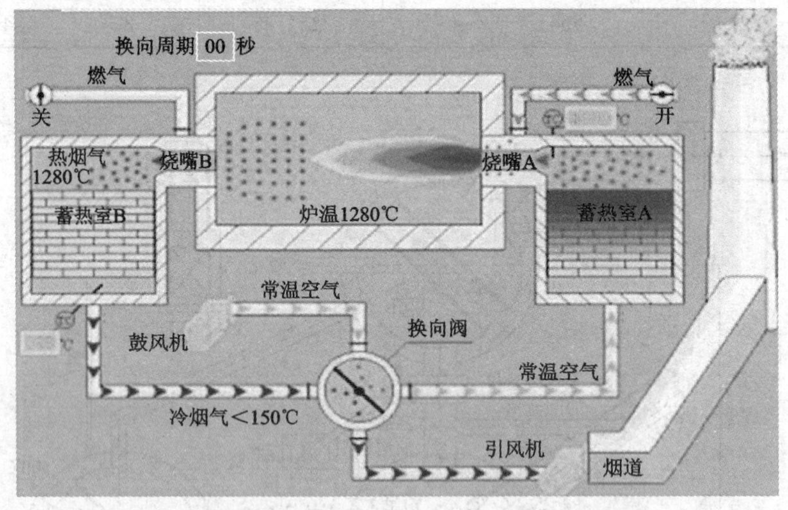

图9－4 高温空气燃烧技术工作原理示意图

蓄热式烧嘴成对工作，交替处于燃烧和排烟状态。如在图9－4中，当A烧嘴燃烧时，烧嘴前端的蓄热体A、B相应处于放热和吸热状态，空气流经已蓄热的蓄热体A，被预热到800℃以上后参与燃烧，同时B烧嘴排烟，1000℃左右的烟气加热蓄热体B，烟气温度降低后通过烟道排出；换向阀换向后，B烧嘴燃烧，烧嘴前端相应蓄热体 B、A 分别处于放热和吸热状态。如此重复，通过蓄热体将烟气余热回收，将空气预热至 800℃以上，排烟温度降到 260℃以下。日、美、欧等在钢铁行业应用该技术平均节能 30% ~50%，CO_2排放量减少 30%以上。

株洲火炬工业炉有限公司与中南大学能源学院在借鉴国外高温空气燃烧技术基础上，成功开发出高风温低氧弥散燃烧技术，达到了既能大量节能、减少温室气体排放，又能使烟气中氮氧化物的含量由数百或数千毫升每立方米降低到 30 ~ 50 mL/m^3 的效果。

9.3.2　蓄热式高效熔铅炉的结构

蓄热式高效熔铅炉采用了优化燃烧、增强传热、余热回收、低氧弥散燃烧等诸多技术措施，包括：①炉膛设置导焰墙，有效组织炉内气流，强化烟气与锅体的传热效果；②两个独立燃烧室，保证煤气充分燃烧的同时避免火焰直接接触锅体；③通过燃烧动力学准则，采用计算机仿真优化的手段，优化烧嘴结构，使燃烧更充分，最大限度地节约燃料；④采用烟气返回及引射技术，降低燃烧区的氧含量，达到弥散燃烧——即炉膛温度均匀、火焰充满度高、无局部高温区的效果；⑤通过公司自主编制的传热效率与阻力函数的双参数优化设计计算程序反复计算并优化蓄热体结构及有关参数，蓄热效率高，换向周期适中，阻力损失适当；⑥控制系统采用可编程控制器(PLC)实现逻辑控制，配置上位机，建立炉子的组态画面，直观地反应炉子的运行状况，并可进行远程操作。设备配置及结构参见图 9 -5。

9.3.3　生产实践与效益分析

目前已有多家铅冶炼厂采用蓄热式熔铅锅。生产实践表明，其性能与普通熔铅锅相比性能明显改善(见表 9 -2)：①吨铅熔化能耗平均降低 49%；②熔化速率提高 21.43%；③平均炉温提高 115℃左右；④热效率提高 9.59%；⑤烟气排放量减少 49%；⑥化学不完全燃烧率降低近 13.36%；⑦烟气中氧气含量降低约 5.8%；⑧铅锅使用寿命平均延长 4 个月以上。

由于蓄热式高效熔铅炉性能优异，带来显著的经济效益和社会效益：①每年减少煤气消耗 500 万立方米，节能效益达 150 余万元；②每年减少温室气体 CO_2 排放 4000 t；③每年减少 NO_x 排放 2500 m^3(标)以上；④减少锅体消耗 2 ~3 个；⑤大大改善工人操作环境，减轻劳动强度。

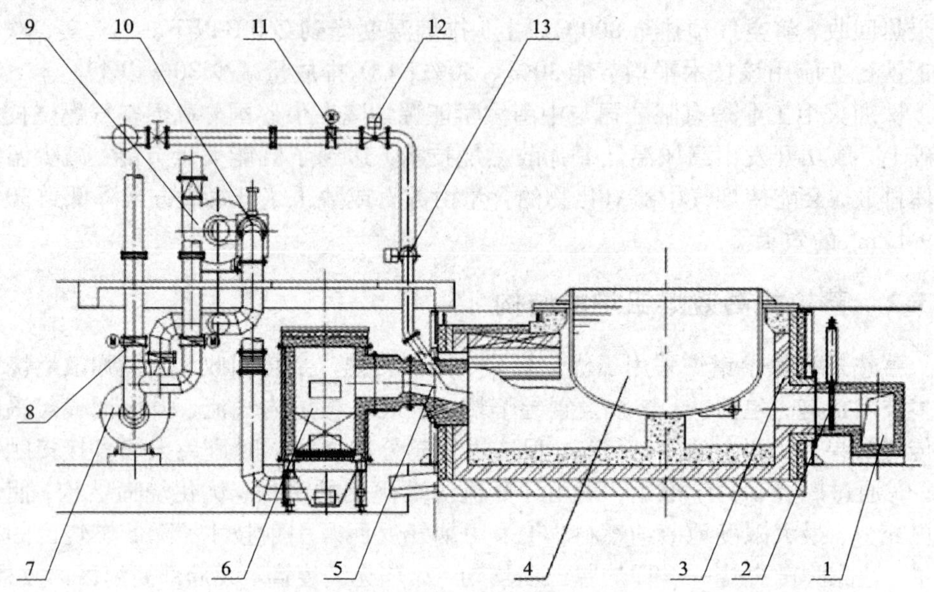

图 9-5　蓄热式高效熔铅炉结构

1—辅助排烟道；2—电动烟道闸板；3—炉体；4—坩埚；5—蓄热式烧嘴；6—蓄热体；7—鼓风机；8—空气电动调节阀；9—引风机；10—三通阀；11—燃气电动调节阀；12—燃气切断阀；13—燃气换向阀

表 9-2　普通熔铅锅与蓄热式熔铅炉性能对比

序号	对比项目	普通熔铅锅	蓄热熔铅炉
1	熔化能耗/($m^3 \cdot t^{-1}$ Pb)	240~260	128
2	熔化速率/($t \cdot h^{-1}$)	16	20
3	平均炉温/℃	1035	1150
4	炉温均匀性/℃	±150	±20
5	热效率/%	10	19.59
6	烟气排放温度/℃	450~500	130~170
7	烟气排放量/($m^3 \cdot t^{-1}$ Pb)	530~710	250~300
8	化学不完全燃烧率/%	23.36	≤10
9	烟气中氧气含量/%	10.8	≤5%
10	铅锅使用寿命/(月·个$^{-1}$)	3~4	≥8

9.4 粗铅火法精炼的技术要求

粗铅火法精炼的目的是除去粗铅中 Cu、Sn，调整 Sb 的含量。由于粗铅含锡不高，不会对电解过程带来危害，一般不在粗铅火法精炼除锡，而是在阴极析出铅精炼过程中除锡。

为了满足阳极板的含锑要求，当粗铅含锑低时，需要搭配含锑高的粗铅或加入铅锑合金或精铅，使阳极板含锑达到0.4% ~0.7%。当粗铅含锑过高时，可以加入氢氧化钠生成锑酸钠除去。其原理是：

$$4Sb + 5O_2 + 12NaOH = 4Na_3SbO_4 + 6H_2O$$

如果原料含锑高，如广西南丹地区的铅锑矿，在熔炼过程中大部分锑进入粗铅，就会导致粗铅含锑过高，在电解过程中锑牢固附着在残阳极板上，阳极泥不能依靠洗涮清除，而需要通过人工或机械铲除。通过阳极泥处理回收锑及其贵金属。

在传统炼铅过程中，粗铅铸锭加入熔铅锅，需要升温450 ~500℃。而现代炼铅技术要求粗铅自流进入熔铅锅，一般铅液温度在600℃以上，需要加入残极或铜浮渣处理的产出的冷铅降温，或采用冷却装置降温至600 ~650℃，进行捞渣。然后降温至340℃左右，搅拌熔析去除稀渣。升温至350 ~400℃，浇铸阳极板。

阳极板的化学成分控制为：$w_{Pb} \geqslant 98.5\%$，$w_{Cu} \leqslant 0.05\%$，w_{Sb}为0.4% ~0.7%。

阳极板的质量及外形尺寸由设计确定。大极板一般在294 kg/块以上。要求表面平整，厚薄均匀，无氧化渣，无毛刺和缺陷等。

第 10 章　铅电解精炼

10.1　铅电解精炼的基本原理

铅电解精炼的目的是在初步火法精炼的基础上将铅进一步提纯，得到更高纯度的工业用铅，同时回收其中伴生的金、银、铋等稀贵金属。

铅电解精炼是火法精炼后的粗铅作为阳极，电解后的纯铅作为阴极，在硅氟酸和硅氟酸铅的水溶液中进行电解。

铅具有化学当量较大，标准电极电位较负的特性，有利于进行电解精炼。硅氟酸对铅的溶解度大，导电率高，化学稳定性较好，而且价格低廉，适合于作为铅电解精炼的介质。

与火法精炼相比，粗铅电解精炼有如下主要特点：

(1)电解过程的流程简单，经过一次电解可以得到含铅 99.994% 以上 1 号电铅，而且铅的回收率高。

(2)粗铅中的杂质进入阳极泥，从而使可回收的稀贵金属在阳极泥中得到富集，有利于资源综合回收。

(3)在电解精炼之前仍然需要进行初步火法精炼，导致整个精炼过程流程较长，建设投资较高。

10.1.1　阳极主要化学反应

在铅电解过程中，当直流电通过时，阳极主要发生的电化学反应为铅及部分杂质的溶解反应。铅阳极电化学溶解时各种杂质的行为主要取决于杂质的标准电极电位(见表 10－1)。

根据电化学理论，在电解过程中标准电极电位比铅更负的元素如 Zn、Fe、Cd、Co、Ni、Sn 等，能够与铅一起溶解于电解液，甚至比铅更优先溶解于电解液；标准电极电位比铅更正的元素如 As、Sb、Bi、Cu、Ag、Au 等，电解时基本不溶解于电解液而留在阳极泥中。其中 Cu、Ag、Au 的标准电极电位比铅高许多，可以认为它们在电解过程完全不溶解于电解液。As、Sb、Bi 的溶解量依据电解过程中的技术条件和阳极泥的厚度而变化，电流密度的升高和阳极泥增厚，As、Sb、Bi 的溶解量增加。如果铋溶解于电解液就会在阴极析出，影响阴极铅纯度，阴极铅除铋难度很大。因此必须严格控制其技术条件，尽可能降低铋的溶解量。研究表明，铋在铅电解过程中的阳极极化过电位临界值为 200 mV，超过其临界值，铋的溶解量就会急剧增加。

表 10-1 阳极中各种元素的标准电极电位

元素	Zn	Fe	Cd	Co	Ni	Sn	Pb
阳离子	Zn^{2+}	Fe^{2+}	Cd^{2+}	Co^{2+}	Ni^{2+}	Sn^{2+}	Pb^{2+}
标准电极电位 $E^{\ominus}$/V	-0.763	-0.440	-0.403	-0.277	-0.250	-0.136	-0.126
元素	As	As	Sb	Bi	Cu	Ag	Au
阳离子	AsO^{+}	$HAsO_2$	SbO^{+}	Bi^{3+}	Cu^{2+}	Ag^{+}	Au^{3+}
标准电极电位 $E^{\ominus}$/V	0.235	0.248	0.212	0.200	0.337	0.800	1.500

从表 10-1 还会看到，锡的标准电极电位与铅比较接近，从理论上讲，锡可以与铅溶解于电解液，但在实际生产中，锡并不完全溶解，有一部分进入阳极泥。这可能是锡与其他金属形成化合物使放电电位升高所致。

在铅电解过程中不溶解的元素在阳极表面形成多孔的网状结构的阳极泥层。铅电解阳极泥的性质不仅取决于铅阳极中正电性元素的种类和含量，而且取决于不同技术条件和操作习惯。阳极泥层的网状结构保证了电解液中带电离子的迁移而使电解液导电，这种网状结构还对阳极泥具有一定的附着性，不容易脱落而污染电解液和阴极铅。

影响阳极泥结构和性质的主要因素有以下几个方面：

(1)阳极泥中杂质组成及其含量

阳极泥中的铜严重影响阳极泥的物理性质，当阳极泥中含铜超过 0.06%，阳极泥就会变得坚硬和致密，阻碍带电离子的迁移，从而影响铅的正常溶解，使槽电压升高，引起杂质的溶解。因此，在初步火法精炼过程中需要将铜含量控制在 0.06% 以下。

阳极泥中锑对阳极泥层的结构和性质也有重要影响，锑能使阳极泥表面的附着性增强，并改善其多孔网状结构，避免阳极泥从表面脱落。因此，铅阳极必须含有一定量的锑，粗铅含锑过低，阳极泥容易脱落进入电解液；但是粗铅含锑过高，会使阳极泥变硬，给阳极泥洗涤带来困难。粗铅含锑量一般控制在 0.5% ~ 1.5%，在初步火法精炼时进行调整。

(2)铅阳极板的浇铸质量

为了得到多孔的网状结构的阳极泥层，要求铅阳极板由粒度均匀的晶粒组成，杂质位于晶粒界面。在电解过程中随着铅晶粒的溶解，留下的杂质就会形成孔径相对均匀的网状结构。阳极板晶粒的均匀性取决于阳极板浇铸时均匀的结晶速度，这就要求浇铸时阳极板双面具备均匀的冷却方式，晶粒控制在 50 μm 左右。

(3)阳极极化的过电位

在铅电解过程中，随电解时间延长阳极泥层会逐渐增厚，部分网状结构的孔隙出现堵塞，造成阳极泥层中铅多酸少，电压降增大，导致槽电压升高，由最初的0.25~0.4 V升高至0.5~0.7 V，从而导致部分正电性杂质加速溶解。而且阳极泥层增厚，会促使阳极泥层脱落。因此对于长周期电解过程，需要及时对阳极板进行洗涤，控制阳极泥层的厚度。

10.1.2 阴极主要化学反应

从理论上讲，在铅电解过程中，能够在阴极放电的阳离子只有 Pb^{+} 和 H^{+}。铅在阴极放电析出的标准电极电位为 -0.126 V，氢离子为0，但是在铅电解精炼条件下，氢离子和铅离子的活度接近于1，电流密度100~200 A/m^2，铅析出的过电位很小，而氢析出的过电位很大，约为1.0 V。氢在阴极上的析出电位为：

$$2H^{+} + 2e \longrightarrow H_2 \qquad E_{H^{+}/H_2} = 0 - 1.0 = -1.0\ V$$

因此，氢在阴极析出的电位比铅负得多，在正常情况下，氢离子不可能在阴极析出，阴极的电化学反应只有铅离子放电析出反应。

在电解过程中标准电极电位比铅更负的元素如 Zn、Fe、Cd、Co、Ni 等，与铅一起溶解于电解液形成金属阳离子。但是，这些杂质元素离子的析出电位也比铅离子负得多，基本上不可能在阴极析出而继续留在电解液中。只有 Sn^{2+} 的析出电位与铅离子接近，可能与铅一起在阴极析出。如果电解液 Sn^{2+} 浓度过高，就会导致阴极铅含锡过高。

电解液中铅离子的析出过程也是阴极铅的结晶过程，由于铅的交换电流密度较大，结晶粒度容易长大。为避免在阴极表面形成沉积物使其表面变得粗糙，影响阴极铅的质量，或造成电流短路，必须严格控制其技术条件和生产操作条件：

(1)保持阳极泥不进入电解液，避免结晶及阴极表面结瘤；

(2)阴极板面积稍大于阳极板面积，以免阴极边缘过于集中放电而影响结晶质量；

(3)控制适当的技术条件，如适当的电流密度，维持电解液中较低的铅离子浓度和较高酸度，保持较低的电解液温度，加入适当的添加剂。

10.1.3 铅电解的主要技术条件

10.1.3.1 电流密度

铅电解过程的电流密度是指单位阴极有效面积通过的电流强度。电流密度的选择原则是：在保证阴极析出铅的质量的前提下，得到最高的生产效率和最低生产成本。

电流密度几乎与铅电解的生产效率成正比关系，在电解设备一定的情况下，提高电流密度可以提高电解精炼的产量。但是在一定生产条件下，电流密度达到一定限度，就会使电流效率降低，单位析出铅的电耗增加，析出铅的结晶颗粒变粗，杂质元素在阴极析出的几率增加，除了金属杂质之外，氢气也可能在阴极析出，严重影响阴极铅的质量和生产过程。因此，适当的电流密度主要取决于阳极的杂质种类及其含量、阳极泥的清洗周期和生产规模等因素。铅电解的电流密度一般为 130 ~ 200 A/m^2，对于阳极杂质含量低、生产规模较大的企业也可以采用更高的电流密度。如株冶小极板铅电解的电流密度达到 220 A/m^2，在原有设备基础上电铅产量由 80 kt/a 增加到 100 kt/a。

铅电解电流密度的提高虽然可以提高电铅产量，但是同时也会给电解过程带来许多不利影响。当电流密度过高时，阴极附近的铅离子浓度急剧下降，就会导致包括氢在内的杂质元素急剧放电，在阴极析出树枝状或毛刺状的结晶，严重影响阴极铅的质量。当电流密度超过极限值时，阴极晶粒变得很细，排列紊乱，得到海绵状多孔的沉积物。

在高电流密度条件下，容易出现电解液的浓差极化。这是因为在阴极区阴极的放电速度加快导致铅离子浓度降低，在阳极区铅的溶解速度加快，铅离子来不及扩散和迁移，导致阳极泥层内和阳极区铅离子浓度不断升高，造成严重的浓差极化，从而导致槽电压升高。其结果是使更多的杂质在阴极析出，一些标准电极电位较正的金属杂质也会在阳极溶解，并在阴极析出。并且短路的几率增加，电流效率降低。

采用高电流密度进行铅电解精炼，必须以保证电铅质量和较低的电耗为前提。经过生产实践和试验研究，采用高电流密度需要满足一些条件：

(1)保证粗铅阳极板的含铅品位，降低杂质含量；

(2)在火法精炼时注意调整 As、Sb 含量，保证阳极泥的附着性能；

(3)选择适当的电解周期和阳极泥清洗周期，保持阳极泥层适当厚度和降低的槽电压；

(4)适当提高电解液中铅离子浓度及硅氟酸浓度（铅离子浓度 100 ~ 130 g/L，游离酸浓度 80 ~ 90 g/L）；

(5)提高电解液的循环速度。循环速度与槽内极板数量、极板大小有关，小极板小电解槽达到 30 L/(槽 · min)。大极板，38 块阳极，循环速度为 40 L/(槽·min)以上，若极板数量增加，循环速度需要更高一些。

10.1.3.2　电解液成分

铅电解的电解液是硅氟酸和硅氟酸铅的水溶液。除此之外，电解液中还含有少量杂质离子和添加剂的水解产物。铅在电解液中呈二价离子形式存在。由于硅氟酸铅容易水解产生硅氟酸，因此必须在电解液中加入适量的游离硅氟酸来抑制硅氟酸铅的水解反应，并提高电解液的电导率。

电解液的成分一般为：呈硅氟酸铅的铅离子浓度 100～130 g/L，游离硅氟酸浓度 80～90 g/L，硅氟酸的总量为 100～190 g/L。

对槽电压的分析表明，在槽电压的组成中，电解液的电压降占 56%～62%（见表 10－2），所以降低电解液的比电阻，对降低槽电压、降低电耗和保证析出铅的质量具有重要作用。

表 10－2　铅电解槽电压的分配情况

名称	电压/V	所占比例/%
电解液的电位降	0.2857	62.11
各接触点的电位降	0.0402	8.74
导体电位降	0.0228	4.96
阳极泥层及浓差极化电位降	0.1113	24.19
合计	0.46	100.00

影响电解液比电阻的主要因素是铅离子、游离硅氟酸浓度以及添加剂骨胶分解的氨基乙酸的浓度。当铅离子浓度一定时，电解液的比电阻随着硅氟酸浓度升高而降低。当总酸浓度一定时，电解液的比电阻随着铅离子浓度的升高而升高。

电解液中杂质离子的含量过高会影响阴极铅的质量，必须降低杂质离子及添加剂水解产物的浓度。杂质离子浓度一般不超过以下范围：Cu 0.002 g/L, Sb 0.8 g/L, Sn 1.0 g/L, Ag 0.001 g/L, Bi 0.002 g/L, Fe 3.0 g/L, F 3.0 g/L。

10.1.3.3　电解液的温度及循环速度

(1)电解液温度

电解液温度一般控制在 30～45℃。当电解液成分一定时，电解液的温度升高，电解液中的离子迁移速度加快，离子水化作用降低，溶液黏度降低，电导率升高。有关资料表明，电解液温度每升高 1℃ 使电解液电阻率降低 2%～2.5%。但是电解液温度过高也会带来一些负面影响，如电解液的蒸发损失增大，硅氟酸按下式进行分解：

$$H_2SiF_6 = 2HF + SiF_4$$

硅氟酸的分解一方面使硅氟酸的消耗量增加，另一方面产生的 HF、SiF_4 是对人体有害的气体。

电解液的温度受电流密度、气温和散热条件等因素的影响，在电解过程中，电流通过电解液产生的焦耳热能够维持电解液的温度在30℃以上，电流密度的升高，会使电解液的温度升高。气温过高或过低的时候，需要冷却或降温来调整电解液的温度。

(2)电解液的循环方式及循环速度

电解液的循环可以根据电解槽的不同排列分为双级循环和单级循环。双级循环需要将电解槽布置为高度不同的两级，电解液利用两级的高差进行自流。由于两级的电解液的成分和温度难以控制一致，设计中基本上全部采用单级循环方式。

单个电解槽的电解液一般采用上进下出的循环方式，这种方式有利于阳极泥的沉降，有利于采用较大的循环速度，但是槽内电解液成分及温度的均匀性不如下进上出的循环方式。

电解液的循环速度取决于电流密度、阳极成分和阳极泥厚度。当采用高电流密度、阳极杂质含量高、阳极泥层较厚时，应该适当提高电解液的循环速度，但是不能引起阳极泥脱落。槽内电解液一般需要在 1.5 ~ 2.5 h 更换一次。生产实践表明，如果不考虑其他因素影响，电流密度与电解液循环速度的经验关系如表 10 - 3 所示。

表 10 - 3　电流密度与电解液循环速度的经验关系

电流密度/($A \cdot m^{-2}$)	120	160	180	200	220
循环速度/($L \cdot min^{-1}$)	15	18	22	25	30

10.1.3.4　添加剂

采用高电流密度的电解过程，一般需要加入较多的添加剂。目前我国许多企业是根据析出铅的结晶状态及生产经验来确定添加剂的种类和加入量，有的企业则采用极化测量技术来控制添加剂的加入量。通常使用的添加剂的种类有骨胶、β - 萘酚、木质磺酸钙、芦荟提取物等。

10.1.3.5　同极距

在电解过程中缩短同极距可以提高产量，降低槽电压。但是同极距过小会导致短路几率增加，电流效率下降。我国小极板铅电解的同极距一般为 80 ~ 95 mm，大极板为 100 ~ 110 mm。

10.2　铅电解精炼的技术发展

铅精炼有火法精炼和电解精炼两种工艺，火法精炼工艺流程较短，建设投资省，但精铅纯度较低，中间产品多，工序复杂，贵金属比较分散；电解精炼工艺流程较长，在电解之前必须进行初步火法精炼，建设投资较高，但产品纯度高，有利于稀贵金属的回收。中国、日本、韩国和加拿大普遍采用电解精炼。中国长期以来采用小极板、小电解槽电解技术，其主要技术参数如表 10 - 4 所示。小极板电解的机械化和自动化水平低，大部分工作由人工操作，劳动强度大，劳动生产率低。近几年来，我国多家铅冶炼企业采用大极板、大电解槽技术，使铅电解的技术装备水平和自动化水平有很大提高。本书主要介绍大极板电解技术。

表 10 - 4　小极板电解的技术参数

技术参数	1	2	3	4
电流密度/($A \cdot m^{-2}$)	180 ~ 230	140 ~ 210	180 ~ 240	160
同极中心距/mm	80 ~ 90	95	80	90
电解液温度/℃	37 ~ 45	40 ~ 50	35 ~ 45	35 ~ 45
电解液循环速度/($L \cdot min^{-1}$)	15 ~ 30	20 ~ 30	18 ~ 20	20 ~ 30
阴极有效尺寸/mm × mm	1000 × 670	800 × 700	730 × 630	760 × 700
每槽阴极片数	33，39	33	25	37
阴极周期/d	2	2	3 ~ 4	3
阳极板尺寸/mm	890 × 625 × 25	760 × 660 × 25	690 × 590 × 20	730 × 660 × 15
阳极板质量/kg	90 ~ 95	110 ~ 120	70 ~ 80	75
每槽阳极板数	32，38	32	24	36
阳极板寿命/d	4	4	3 ~ 4	3

10.3　大极板电解技术

10.3.1　铅阳极制造

10.3.1.1　极板规格

铅阳极板：质量 300 ~ 370 kg，厚度 27 mm，有效面积：0.95 m^2；阴极片：有效尺寸为 1240 mm × 840 mm，厚度 0.9 cm。

10.3.1.2　铅阳极板浇铸方式

传统的小极板普遍采用平模浇铸，平模浇铸由于上表面暴露和淋水冷却，以及上顶脱膜，容易产生表面氧化和变形(见图 10 - 1)。大极板既可以平模浇铸，也可以立模浇铸，日本的播磨、竹园、神岗冶炼厂采用平模浇铸，日本契岛冶炼厂和我国的大极板铅电解厂均采用立模浇铸(见图 10－2)。一般来说，立模铸造的阳极板质量优于平模铸造的阳极板质量，这是由铸造方式、冷却方式和脱模方式决定的。

图 10－1　平模浇铸的小极板

图 10－2　立模浇铸的大极板

铸造方式：直立、对开的水冷模具，浇铸时耳子在下，耳子最先浇注、冷却时间最长，因而饱满、强度好，在电解槽内长周期电解不易断脱，阳极板几乎没有掉槽现象。

冷却方式：平模浇注一般是自然冷却，立模浇注模具中通冷却水强制冷却。平模浇注底面与上表面冷却速度不同，上表面固化快，且全部暴露在空气中，容易发生氧化和产生浮渣；立模浇注只有阳极顶部与空气有接触，接触面少，产生浮渣现象少。

脱模方式：平模浇注的极板脱模为顶升式，容易造成极板弯曲；立模浇注的极板脱模方式为液压开模，模具开启，铅阳极板自动脱模，脱模时没有外力作用于极板。

立模极板相比平模极板，表观质量好，尺寸偏差小，厚薄均匀。

10.3.1.3　阳极板吊耳

传统小极板电解的铅阳极板吊耳有大小耳之分，即同一块极板的两个吊耳尺寸不一样，极板中心线不对称。电解时长耳搭接于槽间导电棒，短耳搭接于槽间绝缘板。当电解槽与厂房垂直布置、采用自动排距、洗刷机、拔棒机等设备时，就会有 50% 的极板必须旋转，必须采用旋转吊具，增加吊具制作和吊装操作的麻烦。目前新建的铜电解的阳极板没有大小耳之分。日本播磨、竹园、神岗冶炼厂的铅电解也没有大小耳之分，极板中心线对称。槽间导电棒较宽，在上面安装一块锯齿形的绝缘板，其中一个吊耳与导电棒搭接，另一个则与绝缘板搭接。我国江铜和内蒙古某厂铅电解的阳极板也没有大小耳之分。但是日本契岛冶炼厂和我国其他大极板电解厂家均采用大小耳的阳极板。

10.3.2 铅阴极制造

大阴极板与传统小阴极板制造工艺不同，大阴极板制造过程自动化程度高，先采用铅卷机自动控制铅带线速度制成铅卷(见图 10 -3)。铅卷再与导电铜棒一起送阴极板制造机组制造阴极板。阴极板制造过程主要有切片、整平、装棒、卷边、压纹、点焊、矫正等工序，整个过程自动完成，制成阴极板美观、平整、强度高，制成的铅阴极能满足 7 ~8 天长周期电解不断极的强度要求。得到可入槽的合格铅阴极片，并按设定的速度插入自动排距机进行排距。大阴极板和阴阳板吊装见图 10 -4。

图 10 -3 阴极铅卷

图 10 -4 大阴极板及阴阳极吊装

10.3.3 电解周期

当采用一次电解，阳极寿命与阴极周期相同，称为同周期电解。国内大中型炼铅厂大多采用二次电解，电解周期为 2 ~4 天。大极板电解可以采用同周期电解，也可以采用不同周期电解。如日本契岛冶炼厂采用同周期电解，电解周期为 7 天。但是考虑到阴极片的荷重及电流效率，大多采用不同周期电解，如日本播磨、竹园、神岗冶炼厂及国内大极板电解厂家均采用不同周期电解。不同周期电解一般阳极为 8 天，阴极为 4 天，为了保证电流效率和阴极质量，在阴极出槽的同时，阳极吊出清洗一次阳极泥后重新装入槽内进行后半周期的电解。

10.3.4　阴阳极板自动排距、装槽

阳极板浇铸后一般按照同极距100～110 mm的距离放置或紧密排列在阳极摆放架上，也有的厂没有阳极摆放架，浇铸后阳极板直接进入排距输送线。阴阳极板自动排距时，用吊车将阳极板吊到自动排距线的阳极输送机上，阳极板自动往排距机输送的同时，合格铅阴极片按设定的速度插入自动排距机进行排距，在每两块阳极板之间自动插入一块阴极板，有的采用阳极板插入方式，排好极距的阴、阳极板使用吊车和专用吊具吊装入电解槽。

10.3.5　大极板铅电解技术参数

大极板铅电解的技术参数如下：

电流密度：140～200 A/m^2；电解液成分：Pb^{2+} 100～140 g/L；SiF_6^- 120～150 g/L；H^+ 50～60 g/L；电解液循环量：40～60 L/min；电解液温度：40±2℃；同极间距：100～110 mm；电解周期：同周期7～8天；不同周期电解，阴极4天、阳极8天。

铅电解槽规格：大极板电解根据极板数量及同极距的不同，电解槽的长度有所不同，一般长度为4500～6000 mm，宽度和深度基本相同，分别为1000 mm和1620 mm。

槽内放置极板数：槽内放置的阳极板数38～50块，阴极为39～51片。

槽间距：为保证铅电解槽的整体强度，不同类型或放置的极板数不同，其电解槽壁厚也不相同，因此相邻两槽的中心间距也相应不同，目前有1160 mm、1260 mm、1300 mm三种。

槽间导电棒：槽间导电棒的型式取决于槽间距、相邻两槽电的传导方式、出装槽作业的横电方式等，导电棒的断面形式也是多样化的，目前断面形式有屋型、矩形及板型。

选择和设计槽间导电棒原则：确保相邻两槽的阴、阳极板搭接良好；出装槽横电时通过的电流强度必须控制在铜棒的许用范围内，否则铜棒发热，损毁槽间导电棒下方的绝缘板。

10.3.6　大极板电解的应用情况

2005年，国内首条采用大极板技术的电铅生产线(100 kt/a)投产成功，开创了我国铅电解精炼采用大极板的应用先例，同时也标志着我国铅电解工业开始进入设备大型化时代，开始朝着机械化、自动化方向发展。

到目前为止，我国先后有如下厂家采用大极板铅电解技术：云南驰宏锌锗股份有限公司曲靖分公司电解车间，该公司内蒙呼伦贝尔项目已建成但尚未投产；

河南豫光金铅股份有限公司铅电解车间；云锡公司铅电解车间；江西铜业铅锌冶炼公司铅电解车间(阳极板370 kg；每槽阳极板50块、阴极板51片；电解槽采用混凝土衬玻璃钢)；株洲冶炼集团公司基夫赛特直接炼铅项目电解车间；山东恒邦冶炼股份有限公司铅电解车间。

目前我国有一些厂家正在计划采用大极板电解技术，将现有的小极板电解进行技术改造。如水口山有色金属有限公司正在计划对原有铅电解进行技术改造。

近年来铅电解装备水平得到了显著提升，虽然与铜电解精炼水平还有一段距离，但是大极板电解技术的采用为我国铅电解设备大型化、机械化和自动化打下良好基础。每一条生产线的设计均有技术创新，研发了多条生产联动线、极板和阴极铅自动输送线，使铅电解装备水平、机械化和自动化程度得到显著提升。

铅电解自动化的提高，为生产操作带来许多好处：

(1)阴阳极自动排距机，可以使阴、阳极板同时起吊装槽，极板间距严格可控，大大降低了阴、阳极短路现象的发生。

(2)采用阴极铜棒研磨机，使铜棒的研磨更简单和便利。

(3)可在吊车驾驶室操控极板吊具，实现了铅电解出、装槽的机械化和自动化。

图10-5为铅电解槽排列实况，图10-6为槽间导电棒及大小耳阳极板搭接图。图10-7为阴阳极板同时吊装实况，图10-8为铅电解车间槽面状况。

(4)采用全自动单片残极洗涤机组，对残极进行2段洗涤，残极洗刷效果好。

(5)全自动阴极洗涤及抽棒机组，对析出铅片进行洗涤、抽取阴极铜棒和自动堆垛铅片，劳动生产率显著提高。

图10-5 铅电解槽排列

图10-6 槽间导电棒及大小耳阳极板搭接

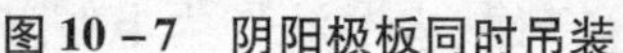

图10-7 阴阳极板同时吊装

图10-8 铅电解车间槽面状况

表10-5为大极板铅电解参数与技术经济指标的一些实例。

表10-5 大极板铅电解参数及技术经济指标实例

指 标	契岛铅厂	竹原铅厂	播磨铅厂	神冈铅厂	国内厂一	国内厂二
年产电铅/(万 $t \cdot a^{-1}$)	9	3.6	3	3	10	10
阳极单重/kg	294±4	450~480	320	300	370	297±4
阳极板形状	中心线不对称	中心线对称	中心线对称	中心线对称	中心线对称	中心线不对称
阴极周期/天	7	4~5	4	5	4	8
阳极周期/天	7	8~10	8	5	8	8
同极中心距/mm	110	100	110	110	110	110
槽装阴、阳极数量/块	29/28	44/43	55/54	44/43	50/51	39/38
电解槽数量/个	364	100	62	78		328
电解液循环量/($L \cdot min^{-1}$)	50	50	30	40	50	50
电解液含 Pb/($g \cdot L^{-1}$)	70~130	75		110	100~140	100~140
电流密度/($A \cdot m^{-2}$)	147	112	215	100	140	140
残极率/%	36	40	28	50	38	38
电流效率/%	97	97.7	98	96	95	95
直流电单耗/($kWh \cdot t^{-1}$)		150	175	150	120	120
铅锭含 Pb/%	99.999	99.999	99.999	99.999	99.994	99.994
阳极含 Pb/%	98.2±0.4	98		98		
阳极含 Cu/%	0.03~0.035			0.2		
阳极含 Sb/%		0.8~1	0.8~1			

从表 10－5 可以看出以下特点：①同周期电解的残极率较高，不同周期电解的残极率较低；②除了播磨冶炼厂之外，大极板电解的电流密度较低，一般在 150 A/m^2 以下；③国外的电流效率较高，但是国内的大极板电解的电流效率普遍低于小极板电解。

10.4　铅电解的生产操作与自动化控制

10.4.1　铅电解工艺过程

铅电解在电解槽中进行，以硅氟酸铅和游离硅氟酸水溶液作为电解液，铅阳极板、铅阴极及电解液装入电解槽中。通入经硅整流器整流后的直流电进行电解精炼，根据生产实际及设备能力电流密度可控制 140～200 A/m^2，槽电压 0.4～0.6 V。铅阳极的铅金属溶解进入电解液，并在阴极上连续放电析出；比铅更正电性的金、银、铋等稀贵金属和杂质则不溶解而附着在阳极板上形成阳极泥。

直流电一般按两个系列供电，每系列电铅规模 50 kt/a，也可以采用一个系列供电。

如果采用同周期电解，电解的阴、阳极周期为 7～8 天。同极距 100～110 mm，采用吊车出装槽。阴极析出铅送至阴极洗涤抽棒机组进行洗净、抽棒等作业，得到析出铅片。大部分铅片送精炼锅熔化再精炼，少部分送去制造始极片。残极用吊车吊运至残极洗刷机组，将附着其上的阳极泥洗刷干净，洗刷下来的阳极泥用泵送至阳极泥过滤及洗涤。洗刷干净的残极返回熔铅锅。

10.4.2　电解液循环

电解液用泵从低位循环槽泵至电解液高位槽，通过供液总管、各列供液次管及各电解槽进液支管后，将电解液输入电解槽。从电解槽流出的电解液经回液流管汇集流回循环槽，由此构成一循环系统，以保证电解过程的进行。为保证铅电解液温度在 38～42℃，设置有换热器，采用蒸汽加热。

10.4.3　残阳极洗刷及阳极泥洗涤过滤

从电解槽中取出的残极在阳极残极洗涤机组上进行两段逆流洗涤，洗后的残极返回熔铅锅重铸阳极。一段阳极泥浆送一段箱式压滤机快速过滤后，滤液返回一段洗刷循环使用。根据需要该一段滤液澄清后作为系统补液进电解液系统。从电解槽中抽出的阳极泥浆经过压滤机过滤，其滤液可作为一段洗刷液；一段箱式压滤机卸下的阳极泥先在浆化槽内浆化，再泵送机械搅拌槽内加热洗涤，洗后的阳极泥浆进二段隔膜厢式压滤机压滤，滤液可作为一段洗刷液。隔膜压榨后的阳极泥含水≤25%，送稀贵厂回收金、银等有价金属。

10.4.4　阴极铅精炼及电铅铸锭

经析出铅洗涤抽棒机组洗涤、抽棒、收拢成堆的阴极铅用吊车或自动输送线送入精炼锅，经熔化、搅拌氧化，进一步氧化脱除砷、锑、锡等杂质，产出的氧化铅渣送熔铅锅处理。合格的铅液经泵送电铅铸锭机组进行铸锭、堆垛、打捆，最后入库销售。

10.4.5　铅电解的自动化控制

采用大极板电解技术以来，铅电解的机械化和自动化水平明显提高。主要有以下几个方面：

(1)阳极板立模浇铸生产线及阳极板自动输送线，包括泵铅、浇注、铸造、冷却、脱膜、接收、矫正、移载、提升、齐排输送等动作全部由计算机程序控制，自动完成；

(2)阴极(始极片)制造生产线，包括铅带反绕、折边、剪切、喂铜棒、包棒、纵向和横向移动输送、点焊、压纹、矫正等动作全部由计算机程序控制，自动完成；

(3)阴阳极出装槽吊车自动定位、自动起吊生产线；

(4)阴极析出铅自动抽棒、铜棒自动研磨及自动输送；

(5)阴极析出铅自动洗涤及残极自动洗涤；

(6)阴极析出铅自动输送、入锅生产线；

(7)残极自动输送线；

(8)铅锭自动码垛、自动打捆、自动称量生产线。

10.4.6　铅电解出槽短接方式

我国铅电解出槽时普遍采用铜棒进行短路，几个槽子配一根短路铜棒，由行车来执行。由于江铜的铜电解采用短接开关进行短路，新建的铅电解也采用了短接开关。在日本参观的几个厂家均采用短接开关，一般几个槽子共一个短接开关。采用短接开关可以同时短接几个或十几个电解槽(见图 10－9)。但是采用短接开关会导致导电母排用量增大，从而使投资增大，而且总电流效率有所降低。假设规模为 100 kt/a 电铅的电解车间，如果采用 300 kg/片的阳极板，每槽 38 块阳极，大约需要 330～340 个电解槽，可以分成 24 组，每组 14 个电解槽，只需安装 24 套短接开关。当然也可以分成更多组，只是需要安装更多的短接开关。采用短接开关比短路铜棒操作方便、更为安全。

铅电解短接开关的作用是根据出装槽及清槽的需要对电解槽短接。短接开关

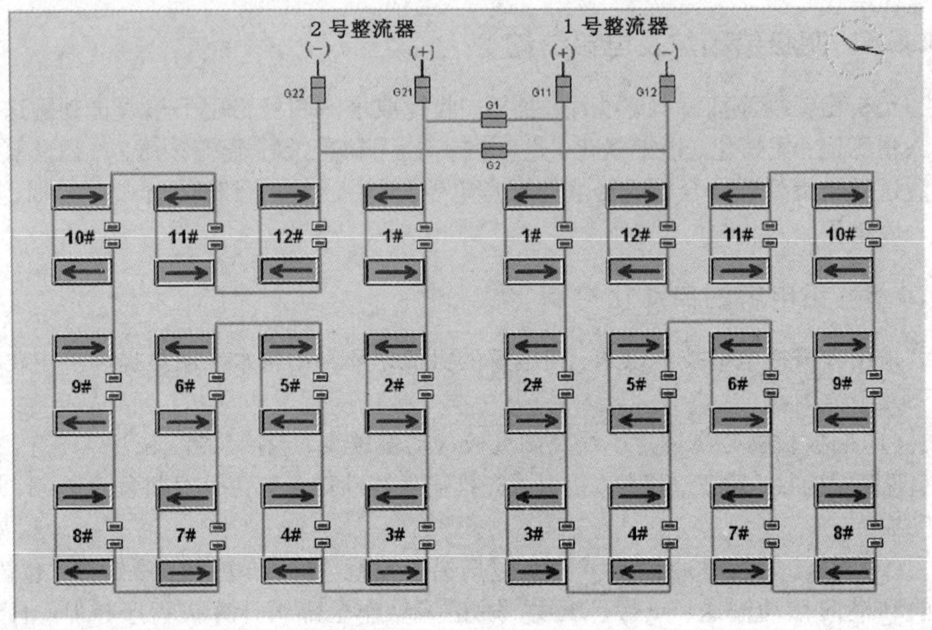

图 10-9　短接开关布置回路图

具有封闭的触头系统和不锈钢支架等特点，有很强的耐环境腐蚀能力，因此可以将其直接安装到电解车间的电解槽面。短接开关的两侧都带有外接铜母排，可直接安装在用户母排上，其中短接开关的一端铜母排为软连接，可以适应安装误差，(见图 10-10 和图 10-11)。

短接开关工作电压高达 DC90 V，额定电流分别为 6 kA、12 kA、18 kA、24 kA，开关操作电源为 AC 380 V。

短接开关由主开关、弧系统和驱动系统等组成。其中主开关用来承载工作电流，弧系统用来保护主开关触头系统。短接开关安装照片如图 10-12 所示。

主开关由触头系统、外接铜母排、支架和运动机构等组成。驱动电机带动开关轴旋转，通过一偏心轮传动到活动轭，使得活动轭直线运动，从而实现安装在活动轭上主开关的动触头与安装在固定支架上的静触头接触和分离。

短接开关的触头系统由彼此相邻的若干触头(触头数量由短接开关的电流大小决定)组成，每组触头的额定电流为 6 kA。

每组触头包括一个静触头和一个动触头，触头与外接铜母排直接接触。在开关闭合时，动触头被压到静触头上，相应的接触压力由压缩的碟簧提供。

每组触头都是密封的，位于柔韧的囊袋中，这样可防止酸液或碱液进入到触头系统中。因此短接开关可用于各种电解工艺，并且直接安装在电解车间。

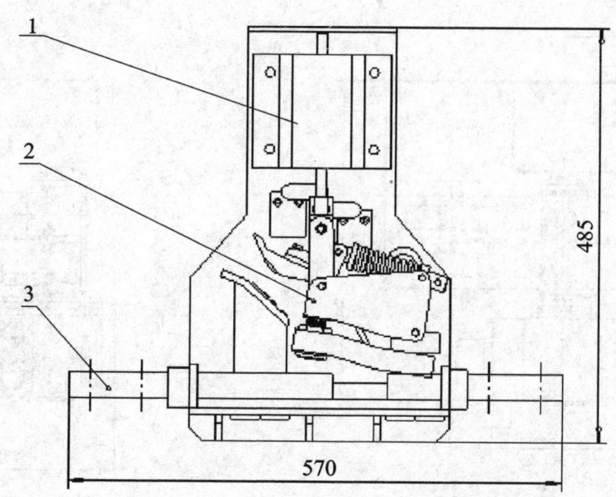

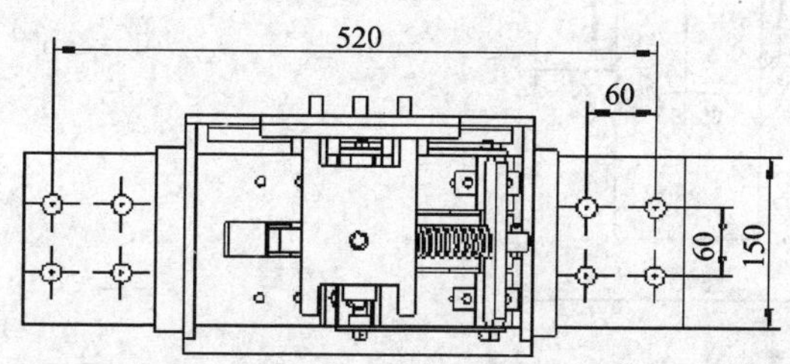

图 10－10　额定电流 6 kA 开关接口图

1—动力机构；2—触头系统；3—母线接口

为了防止主开关触头系统被电弧损害，短接开关设计有弧系统。此弧系统可接通分断 DC90V、24 kA 的电流。短接开关闭合时，弧系统先闭合，主触头后闭合；短接开关分断时，主系统先分断，弧触头后分断。这样可有效地保护主开关触头系统。

驱动系统由三相电机和蜗轮蜗杆减速机组成，两者固定连接成一个整体，并安装在主开关支架上。驱动系统的扭矩通过连接件传输到主开关的开关轴上。

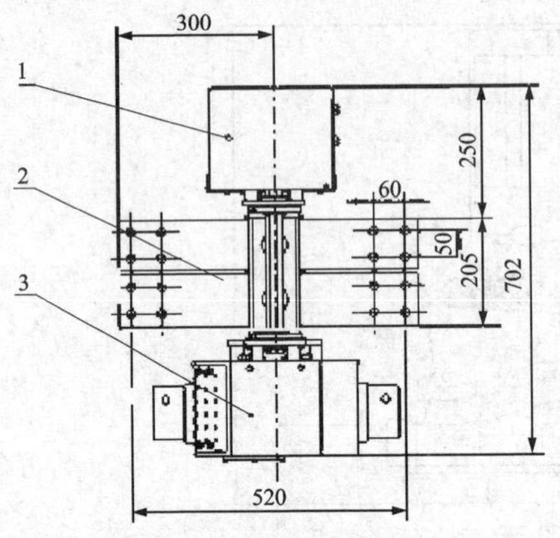

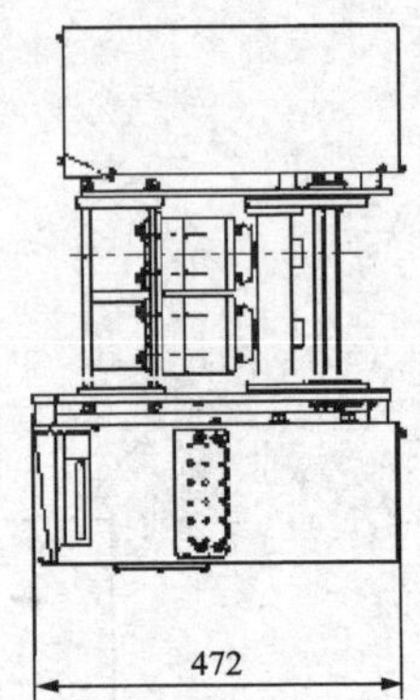

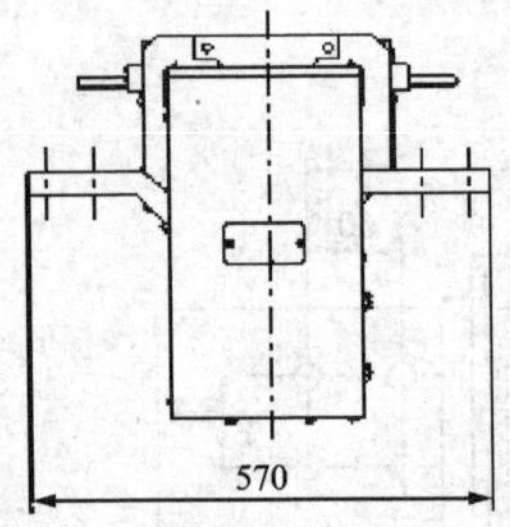

图 10－11 额定电流 12 kA 短接开关接口图

1—动力机构；2—主结构；3—弧系统

图 10－12 短接开关安装照片

10.5　铅电解的主要设备

10.5.1　熔铅锅

(1)脱铜铅锅和浇注锅

脱铜铅锅的用途是熔化粗铅、除铜、锡、砷、锑等杂质。浇注锅的用途是熔化精铅，为电解提供合格的阴极板(始极片)。过去一般采用较小熔铅锅，容积为 50～80 t。随着大极板铅电解技术的应用，熔铅锅技术也在不断进步，容积加大 120～150 t，采用蓄热式加热炉，将助燃空气预热至 200℃以上，排烟温度降低至 150℃以下，天然气用量由原来的 80～90 m^3(标)/h 降低至 40 m^3(标)/h，实现了节能减排。同时提高了炉内温度的均匀性和自动化控制水平，减少了锅体由于温度不均匀而产生的变形，延长了熔铅锅的使用寿命。

(2)精炼锅和铅钙合金锅

精炼锅的用途是熔化精铅，除去氧化铅渣，将高纯铅液浇铸铅锭。铅钙合金锅用于制作铅钙合金，将母合金加入锅内熔化，搅拌均匀，要求温度控制精确。合金锅目前一般采用中频感应电炉加热锅，有利于温度精确控制。过去采用燃料加热锅。目前精炼锅和铅钙合金锅普遍采用蓄热式加热炉，节能减排的效果更为明显。

10.5.2　铅阳极板浇铸生产线

铅阳极板浇铸分为平模浇铸和立模浇铸，小极板普遍采用平模浇铸，设备相对简单。大极板大多采用立模浇铸，也有平模浇铸。

平模浇铸生产线一般由铅泵、圆盘浇铸机、淋水冷却装置、自动输送线组成，设备和自动化控制比较简单，但占地面积较大。

铅阳极立模铸造生产线由保持炉、铅泵、浇注机、铸造机、接收机、矫正机、移载机、起重机、提升机、推出机、齐排输送机、油压装置、控制盘、操作盘(含操作程序)组成。

铅阳极立模铸造作业过程：铅泵将铅锅中的高温铅液泵到保持炉中，利用铅液循环使保持炉中的铅液温度保持恒定，铅泵将保持炉高温铅液送到浇注勺，定量浇注勺倾翻使铅阳极铸造立模注满铅液，铸模冷却水使铅液快速冷却制作成铅阳极板。油缸张开立模，气动顶出铅阳极板下落到受取机，受取机旋转，阳极板水平送入平整机进行平整后，送到移载翻立机，经翻转使阳极板立起，由提升机提起，推出机将制作好的铅阳极板送到齐排输送机上待用。阳极板在齐排输送机上的排列间距，可根据用户需要设计成紧密排列或按固定间距排列。

铅阳极立模铸造生产线的优点：阳极板尺寸准确，厚薄均匀，表面状态平齐，槽内同极距有保证；阳极板浇铸时耳子在下，较饱满，强度好，不易断脱，阳极板掉槽现象少；阳极板成分均匀，偏析现象少，每块质量固定，低残极率有保证；设备占地面积小。

10.5.3 铅阴极制造生产线

铅阴极制造生产线由铅带反绕机、阴极板制造机、喂铜棒机、倾斜输送机、移载机、横向移动输送机、压力机、点焊机、矫正机、油压装置、控制盘、操作盘(含操作程序)组成。

铅阴极制造作业过程：将铅卷制造机生产的铅带卷用吊具安放在反绕滚筒上，张紧辊将铅卷上的铅带张紧，折边机把宽度为920 mm的铅带折边，折成宽度为840 mm铅带，剪切机使840 mm宽度的铅带制作成铅阴极所需要的定长铅带，铅带经翻板折头、油缸送到喂铜棒机处，铜棒下落，包棒机压两点进行包棒，铅阴极经倾斜输送机的链钩送到移载机处停止运动，移载机将铅阴极送入横向输送链链钩；铅阴极板在输送链钩作用下间隙运动，经过压纹机压纹增强整体刚度；经点焊机点焊16个点，增强铅阴极板导电性能及悬挂强度；平整机进行最后平整工作，输送链钩将合格的铅阴极板送到插入机处进行自动排距。

铅阴极制造生产线的优点：表面无毛刺，可提高电效；整体刚度好，不易变形，在电解过程中很少短路；节电，降低电铅生产成本。

10.5.4 铅阴阳极自动排距机组

铅阴阳极自动排距机组由阳极板接收输送机、阳极输送机、自动排距输送机、阴极装入机、阳极肩部矫正机、阴阳极定位机、打印装置、油压装置、控制盘、操作盘(含操作程序)组成。

铅阴阳极自动排距作业过程：立模阳极板铸造线生产的阳极板由运载机送到阳极板输送机并整齐排放，阳极提升机将输送机上阳极板提起，在油缸作用下送到自动排距机尾部，由排距链钩带走，每次前进100 mm或110 mm后停车，这样铅阳极板按照100 mm或110 mm等距离地排放在自动排距输送机上。铅阴极移载机将铅阴极板制造机横向输送机链钩上的阴极板送到铅阴极插入机提钩上，移载机提钩上的铅阴极在螺旋杆作用下将一块块铅阴极板等距离地插入铅阴阳极自动排距输送机链带上，机组使一块阴极板、一块阳极板间隔等距离、整齐地排放在阴阳极自动排距输送机上。

铅阴阳极自动排距机组的优点：能准确控制槽内极间距，槽电压稳定，电解过程中不容易出现短路现象以致降低电流效率。

10.5.5　铅带铸造机组

铅带铸造机组由铅液保温炉、铅液循环泵、缓冲浇注槽、水冷滚筒、卷绕机、卷绕滚筒、控制盘、操作盘(含操作程序)组成。

铅带铸造作业过程：铅泵将大铅锅中高温铅液一次性泵满铅液保温炉，保温炉中的铅液温度由热电偶和电加热器自动保持在恒定范围。保温炉铅液由铅泵送到缓冲槽，缓冲槽内铅液面高度保持恒定，多余铅液流回到保温炉。伸入铅液中的水冷制片辊将铅液制作成铅带，经压平辊压平，导辊、卷绕辊筒压辊后绕卷到铅带卷绕滚筒上，每卷铅带约长400 m，铅带厚0.9 mm，宽920 mm。

铅带铸造机组的优点：铅带表面平整，有利于提高电解效率；铅带卷滚筒使用的伺服电机可保证卷绕滚筒铅带卷的绕卷速度与制带辊的制带速度同步；生产的铅带先做成卷状，除可以用于生产铅阴极片外，还有利于工厂生产隔音板及其他产品，生产灵活。

10.5.6　电铅及铅合金直线铸锭机组

电铅及铅合金直线铸锭机组由定量浇铸装置、直线铸锭机、打印装置、堆垛码垛装置、输送辊道和液压泵站等组成。机组动力由液压泵站和电动机提供，机组动作程序由PLC根据位置信号和预编程序进行集中控制，实现机、电、液一体化，机组自动化程度高。

定量浇铸装置主要由液位调节装置、回铅装置、放料装置、浇铸小车、液压系统等组成，通过液压控制确保定位准确、定量精确。在浇铸过程中定量浇铸装置和铅锭模采取机械式同步，提高了两者的同步精确度，确保铅锭外观质量。

在直线铸锭机尾轮处增设阻尼轮装置，可减缓链传动中的多边效应，提高了铅锭模运行中的平稳性，更好地保证铅锭表面质量。

10.5.7　捞渣机

目前国内外捞渣方式有离心式捞渣机、链刮板式捞渣机和螺旋式捞渣机、捞渣盘式捞渣机及人工捞渣等方式。

我国普遍采用捞渣盘进行人工捞渣，捞渣时必须将锅罩移开，锅内烟气无法控制，劳动条件很差。日本契岛冶炼厂采用溜槽内捞渣，设备简单，劳动条件很好。意大利维斯麦港冶炼厂链刮板式捞渣机捞渣，不需移开锅罩进行捞渣。

采用自动捞渣机的先决条件是浮渣必须呈粉末状，浮渣能够集中于捞渣机入口处，在不移开锅罩的条件下进行捞渣。

10.5.8 残阳极洗刷机

残阳极洗刷机主要用于对每块电解后的铅残阳极板(简称残极)进行洗刷，将附着于残极上的硅氟酸和阳极泥清洗干净，并将阳极泥有效集中到处理池内。同时，对洗刷后的残极用清水清洗后排距或密集，以便于吊运，返回熔铅锅。

10.5.9 阴极洗涤机及抽棒机

阴极洗涤机主要用于对电解后的阴极铅片进行喷淋洗涤，将附着于阴极铅片表面的残酸冲洗干净。抽棒机将阴极铅片上的导电铜棒抽出，并将铜棒自动喂入抛光机入口。同时，对抽棒后的阴极铅片进行堆垛输送至精炼锅熔化铸锭。

抽棒机与阴极制片机匹配对接，抽棒速度与阴极生产线的生产频率同步。

10.5.10 铅电解阴阳极出装槽吊具

阴阳极出装槽吊具主要用于单独吊取电解后的阴极或阳极(残极)，也可同时吊取阴极和阳极，并将极板放置于指定的位置。即从阴阳极排距机上直接吊装入槽，或从槽中整体吊出，分别送到残极洗刷机组或阴极抽棒洗涤机组。对于采用大小耳阳极板的吊具，必须能够具有旋转±180°的功能。

10.5.11 铅电解槽

根据不同材质铅电解槽分为三种，即钢框架内衬整体成型 PE 槽、钢筋混凝土内衬整体成型 PE 槽、钢筋混凝土内衬玻璃钢。铅电解槽规格：大极板电解根据极板数量及同极距的不同，电解槽的长度有所不同，一般长度为 4500 ~ 6000 mm，宽度和深度基本相同，分别为 1000 mm 和 1620 mm。

10.6 阴极析出铅精炼与铸锭

由于阴极析出铅中含有少量金属杂质如砷、锑、锡等(见表 10 - 6)，以及胶性物质，特别是 Sb 的含量超过 1# 电铅的质量标准，因此必须进行精炼除杂。目前普遍采用精炼锅进行氧化精炼或碱性精炼除杂。

表 10 - 6 阴极铅与电铅产品化学成分实例/%

成分	Pb	Cu	As	Sb	Sn	Bi	Ag	Zn	Fe
阴极铅	>99.99	0.0005	0.0003	0.008	0.0005	0.0003	0.0005	0.0003	0.0005
电铅产品	≥99.994	<0.0005	<0.0005	<0.0005	<0.0005	≤0.0008	<0.0008	≤0.0004	≤0.0005

电铅铸锭采用直线铸锭机，进行自动码垛、自动打捆和自动称重。铸锭铅液温度为 480 ~ 520℃。铅锭单重为 48 ± 2 kg/块，一般每垛 20 块。

10.7　大极板铅电解主要技术经济指标

云南驰宏锌锗股份有限公司是我国第一家采用大极板铅电解技术的企业，其主要技术经济指标如表 10 - 7 所示。

表 10 - 7　大极板铅电解主要技术经济指标

序号	项目名称	单位	技术经济指标	备注
1	设计规模(电铅)	t/a	100000	
2	铅回收率	%	98.50	含铜浮渣处理
3	银回收率	%	99.00	含铜浮渣处理
4	金回收率	%	99.00	含铜浮渣处理
5	铜回收率	%	82.00	含铜浮渣处理
6	铅一级品率	%	100	
7	电铅含 Pb	%	≥99.994	
8	阴极电流效率	%	95.0	
9	电流密度	A/m^2	140 ~ 160	
10	槽电压	V	0.4 ~ 0.6	
11	残极率	%	41.68	
12	直流电单耗	kWh/t	110 ~ 120	
13	阳极泥率	%	1.26	
14	电铅铸锭渣率	%	≤1.5	
15	铸锭渣含铅	%	82 ~ 88	
16	硫磺单耗	kg/t 电铅	0.84	工业三级
17	纯碱单耗	kg/t 电铅	3.42	工业纯
18	铁屑单耗	kg/t 电铅	2.14	含 Fe≥95%
19	焦粉单耗	kg/t 电铅	0.86	固定碳≥75%
20	骨胶单耗	kg/t 电铅	0.50	一级品
21	木质磺酸盐	kg/t 电铅	0.50	木质素≥50%
22	硅氟酸	kg/t 电铅	4.00	H_2SiF_6 ≥360 g/L，游离 F^- <3 g/L
23	煤气单耗	m^3/t 电铅	300	
24	水耗	t/t 电铅	0.2	
25	蒸汽单耗	m^3/t 电铅	0.41	

10.8 大极板铅电解设备的国产化

自从2005年我国第一套大极板铅电解精炼生产线投产以来，设备的国产化率越来越高。特别是昆明理工大学和重庆科技学院，对大极板电铅精炼系统成套设备中的铅电解阳极立模浇铸机组、铅片制备机组、阴极制造机组、阴阳极排距机组、导电棒研磨机组、残阳极洗刷机组和阴极析出铅洗刷机组等进行了大量模拟仿真研究、样机开发试制。

大极板铅电解精炼系统成套装备中的部分机组的三维模型图如图10－13、图10－14、图10－15所示。

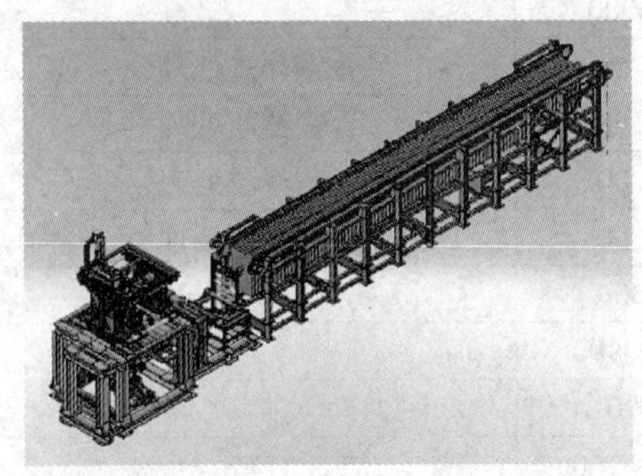

图10－13 阳极立模浇铸机组样机三维图

图10－14 阴极铅带制造机组样机三维图

图10－15 阴极制片机组及阴阳极排距机组样机三维图

经过多年对大极板铅电解精炼系统成套装备的研究和试制。目前，大极板铅电解关键机组的开发与研制，已经实现对设备、机组及生产线的全部国产化，成功制造且已安装到生产现场进行综合调试运行。其机械性能及生产效率在许多方面优于进口产品：

(1)铅电解阳极板立模浇铸机组生产加工能力有了较大幅度的提高，单模生产能力达到60块/h，比引进机组的生产能力提高了50%，并且生产的阳极板质量更高。

(2)铅片制备机组中的关键部件水冷滚筒使用寿命提高了3倍以上，极大地降低了维护费用，为生产企业节约了成本。

(3)导电棒研磨机组传统研磨工艺是借助钢丝刷对导电铜棒的4个表面进行滚刷。缺点是表面氧化皮清除不干净，而且对表面有划伤，缩短了导电棒的使用寿命。然而，采用喷丸研磨用磨料对铜棒表面进行喷丸处理，去除氧化皮效果好，而且不损伤铜棒。

(4)阴极制造机组，极板加工平整，偏差较小，在阴极板点焊压纹处理上进行了多处改进，经过现场测试，性能更加优良，断板率大大降低，满足生产要求。

(5)阴阳极排距机组，极板排列均匀，便于槽面管理，机械化、自动化程度高，大大降低了人工费用，降低了能耗和生产成本。

(6)残极洗刷机组，功能是对每块残阳极进行洗刷，并将阳极泥有效集中到处理池内，还能对洗涤后的残阳极板进行排板、密集和储运。能够自动完成对单块残阳极板的洗涤处理，具有洗净度高、洗液不易膨胀、操作调整方便、故障率低、生产效率高等优点。

(7)阴极抽棒洗涤机组，是对电解后的阴极板进行喷淋洗涤，抽取导电棒堆垛后等待吊运，并将抽出的导电棒自动送入研磨机。机组采用了先进的智能化、集成化的电液比例控制技术与计算机网络最优控制技术，能够自动完成电解阴极板的洗涤、导电棒的抽棒、阴极板堆垛储运，且操作简单，维护方便、故障率低，综合经济效益好。

(8)阴阳极旋转吊具的用途是将电解槽内的阴极与阳极吊出并卸到出槽处理机上，同时将极板准备机组上的阴极板和阳极板吊装入槽，可同时起吊阴极板和阳极板，也可单独起吊阴极板或阳极板。设备可实现正反向自动旋转180°，具有运行平稳，可准确定位、钩挂、入槽和卸载以及生产效率高等优点。

(9)节约能源方面，采用铅电解精炼系统成套装备后，由于自动化程度高，使劳动生产率得到大幅提高，一些技术经济指标也得以改善；环境保护方面，采用高度集成的自动化生产模式，降低了污染物的排放和人的劳动强度，有效避免了铅电解过程中对人体的危害和对周围生态环境的影响；节能减排方面，铅电解精炼系统成套装备可以对污染物进行回收处理，降低了企业的单位能耗，节约能源、降低能源消耗、减少污染物排放，具有较高的社会效益。

第 11 章　直接炼铅资源综合回收

11.1　概述

炼铅的主要原料是铅精矿，其次是锌冶炼产出的各种渣料如浸出渣、硫尾矿渣、铅银渣等，以及其他含铅物料。硫化铅精矿除了主要成分铅和硫之外，还含有许多种伴生金属，如锌、铜、金、银、铟、镓、锗、铋、锡、锑、镉、铊、碲等。我国几个主要铅锌矿山的铅精矿伴生元素含量见表 11－1。锌浸出渣也同样富含锌、铟、铜、金、银、镓、锗等。这些金属具有很高的回收价值，在铅锌价格低迷的状况下，主金属铅锌在冶炼环节几乎没有利润，甚至亏损，资源综合回收的副产品是铅锌冶炼企业的主要利润来源。铅冶炼的主要副产品有硫酸、次氧化锌、冰铜、金、银、铋等。锌冶炼的副产品有硫酸、铅渣、铟、镓、锗等。

表 11－1　我国几个主要铅锌矿山的铅精矿伴生元素含量

矿山	Zn	Cu	Au	Ag	In	Ga	Ge	Bi	Sn	Sb	Cd
凡口	5.39	<0.20	微量	0.0557	0.0016	0.0043	0.0005	0.033	0.0014	<0.60	0.011
黄沙坪	2.03	0.72	微量	0.0775	0.001	0.006	0.0005	0.029	0.270	<0.60	0.05
柿竹园	3.89	0.26	0.00015	0.1525	0.0028	0.0047	0.0005	0.032	0.037	<0.60	0.026
宝山	4.42	0.92	0.00049	0.1356	0.002	0.0074	0.0005	0.158	0.082	0.614	0.056
香花岭	4.08	0.83	微量	0.1338	0.0011	0.0037	0.0005	0.071	0.071	0.60	0.001
清水塘	4.81	1.37	微量	0.1448	0.0025	0.0059	0.0005	0.011	0.392	0.928	0.078
锡铁山	2.49	0.38	0.00021	0.0701	0.0014	0.0014	0.0005	0.025	0.0054	<0.60	0.0012

我国有色冶金的综合回收是世界上做得好的国家之一。除了综合回收的经济效益之外，还有两方面的原因：一方面是资源紧缺，希望将有限的资源充分利用；另一方面是为了保护环境，有些重金属(如铅、镉、铊、砷等)对人体有害，资源的回收利用还可以减少它们对环境的影响。

11.2　伴生元素在冶炼过程中的分布

粗铅冶炼都是火法冶炼，伴生元素大多分布在烟尘、炉渣和粗铅，分布在粗铅中的伴生金属在精炼过程中基本上进入铜浮渣和阳极泥。但是各种不同的冶炼工艺的分布情况也有差异，我国目前用于生产的直接炼铅工艺有富氧底吹炉工艺、富氧侧吹炉工艺、富氧顶吹炉工艺和基夫赛特炉工艺，基夫赛特炼铅工艺是将氧化熔炼和还原熔炼在一座炉子内完成，伴生元素只有一次分布。其他几种方法都属于熔池熔炼，氧化熔炼和还原熔炼在两座炉内完成，伴生元素在冶炼过程中的两个阶段存在两次分布，几种熔池熔炼炼铅方法的伴生元素的分布情况基本类似。

11.2.1　基夫赛特炼铅伴生元素的分布

锌：以氧化锌形态进入渣中，在电热区得到还原挥发，挥发率一般约 60%，进一步提高锌的挥发率会造成电耗过高，电热区工作负荷过大。生产实践也表明当电热区渣含锌低于 3% 时，铁的氧化物被还原，炉底会有积铁。如果炉渣不直接丢弃而用烟化炉吹炼回收其中的锌时，则在电热区应尽量减少锌的还原挥发，这样电热区负荷会降低很多，锌回收率会大幅度地提高，弃渣含铅也会降低。

铜：熔炼过程中铜进入粗铅。如果采用虹吸放铅，当炉料含铜大于 1.5% 时，容易造成放铅虹吸道堵塞，致使操作困难，所以须控制脱硫率，以便在炉内造冰铜，使粗铅含铜不大于 3.0%，保证虹吸放铅能顺利进行。

硫：硫含量应大于 14%，方能满足自热熔炼需要。通常炉料含硫 16% ~ 20%。生产中不产冰铜时，脱硫率大于 95%；产冰铜率为 90% ~95%。脱除的硫以 SO_2 形态进入熔炼区形成烟气。

金、银：基夫赛特炼铅具有很高的银捕集率，约 99.5% 的金、银进入粗铅。

FeO、SiO_2、CaO 等造渣成分，熔炼过程中进入炉渣。

有资料表明，冶炼过程中是否产出冰铜，对某些稀散金属有较大的影响，如铟元素当含铜低熔炼不产出冰铜时，约 57% 铟进入粗铅，当精矿含铜高需产出冰铜时，约 50% 铟进入冰铜。总之对稀散元素在基夫赛特炼铅过程中的行为和走向还需要进一步研究，各类稀散元素在冶炼过程中大致分布如下：

铟：以奇姆肯特厂铅原料（含铜低）为例，铟 55% 分布在粗铅中，33% 分布在炉渣中，6% 分布在电热区升华物中。

碲：碲在精矿中通常为硫化物，在反应塔内形成氧化物，通过焦滤层后，被还原的碲约 70% 进入粗铅中。

铊和硒：大约 60% 的铊和硒进入熔炼区的烟尘和烟气中。

锗：78% ~88%的锗进入炉渣和电热区烟尘中。

11.2.2 富氧熔池熔炼方法伴生元素的分布

锌：在氧化阶段锌被氧化成氧化锌进入高铅渣，在还原阶段具有较强还原性气氛，熔炼温度比氧化阶段高，一部分(20% ~30%)锌被还原成金属锌，形成锌蒸气进入烟气，锌的其余部分进入炉渣。

铜：在氧化熔炼阶段生成铅冰铜，如果采用底吹炉熔炼，底吹炉没有冰铜排放口，由于炉内气流的强烈搅动，冰铜与粗铅不能很好分层，只能与粗铅一起从虹吸口排出，因此有60%以上的铜进入一次粗铅，对炉子内衬及虹吸口耐火材料造成严重腐蚀，并且在一次粗铅浇铸时部分铜以冰铜或铅铜合金形式从粗铅中析出，浮在粗铅表面。为了减轻火法精炼脱铜的压力，操作人员从粗铅表面将其除去。有25%左右的铜进入高铅渣，在高铅渣还原熔炼阶段进入二次粗铅，粗铅精炼时铜进入铜浮渣。

硫：在氧化熔炼过程中96%的硫被氧化生成SO_2进入烟气，1.5% ~2.0%的硫以硫化物或硫酸盐的形态进入烟尘，少量的硫进入高铅渣和一次粗铅，在高铅渣还原过程中少量的硫生成SO_2进入烟气，一部分硫生成硫酸铅和金属硫化物进入炉渣。

金、银：金在氧化熔炼和还原熔炼阶段均不发生化学反应，氧化熔炼过程中金有80%左右进入一次粗铅，20%的金进入高铅渣，在高铅渣还原过程中金几乎全部进入粗铅。银在氧化熔炼过程中约75%进入粗铅，大约24.7%进入高铅渣，极少量(约0.3%)的银进入烟尘。在高铅渣还原过程中98%的银进入二次粗铅，大约0.3%进入炉渣。在粗铅电解精炼过程中金、银进入阳极泥。

铟：铅精矿一般含铟很低，炉料中主要来自锌浸出渣，在火法冶炼过程中铟的走向比较分散，氧化熔炼阶段进入高铅渣，在高铅渣还原过程中进入粗铅、炉渣和烟尘。粗铅中铟在火法精炼过程大部分进入铜浮渣，在浮渣处理过程中大部分进入烟尘。

铋：在氧化熔炼阶段约60%的铋进入一次粗铅，30%的铋进入高铅渣，5%进入烟尘，在粗铅电解精炼过程中进入阳极泥。

锑：在氧化熔炼过程中锑于强氧化气氛中被氧化生成氧化锑，一部分进入烟尘，一部分进入高铅渣，少量进入一次粗铅。在高铅渣还原过程中大约65%的锑进入炉渣，30%进入粗铅，5%进入烟尘。

根据伴生元素的分布情况可以看出，S主要进入氧化熔炼的烟气；Cu、Au、Ag、Sb、Bi、In等进入粗铅，Zn、In进入炉渣。Sb、In虽然部分进入烟尘，但是烟尘基本上返回熔炼过程，经过系统循环，最后分别进入粗铅和炉渣。因此铅冶炼的资源综合回收主要集中在粗铅和炉渣的综合回收。

11.3　铜浮渣处理

11.3.1　铜浮渣成分及处理方法

粗铅火法精炼产出的铜浮渣，一般含有铜 10% ~15%、含铅 70% 左右，还含有锌、锡、砷、锑、镍、钴、金、银等其他元素。铜浮渣主要成分实例如表 11 -2 所示。铜浮渣处理的目的是将其中的有价金属进行分离和回收。

表 11 -2　铜浮渣主要成分实例

成分/%	Pb	Sb	Cu	Au/ $(g \cdot t^{-1})$	Ag/ $(g \cdot t^{-1})$	Bi	As	S	Zn
实例 1	76.0	0.795	9.612	0.487	635	0.176	2.636	3.290	
实例 2	70	1.93	6.17	714	—	0.045	1.01		0.65
实例 3	70	14.9	13.8	476	0.98		0.16	9.6	

铜浮渣处理主要采用火法工艺，一般为纯碱 - 铁屑还原熔炼法。国外也采用湿法工艺流程，湿法工艺有酸浸法和氨浸法。

火法冶金处理设备有反射炉、鼓风炉、短窑、回转窑和电炉。国内普遍采用反射炉处理铜浮渣，也有采用鼓风炉处理，国外大多采用短窑或回转炉。近年来我国开发出富氧底吹炉处理铜浮渣的工艺。

11.3.2　反射炉处理铜浮渣

反射炉处理铜浮渣的工艺过程是加入铁屑、焦炭、碳酸钠和铜浮渣一起熔炼，产出冰铜、粗铅、烟尘和炉渣，加纯碱的目的是利用纯碱使砷、锑生成钠盐进入炉渣。加铁屑的目的是降低冰铜和炉渣中铅的含量，有利于提高冰铜中铜铅比。粗铅返回火法精炼系统，从烟尘中回收铟和铅。

反射炉处理铜浮渣的优点是：①铅的回收率高，可达 97%；②冰铜含铅低，铜铅比可达 5 ~9；③流程适应性强，处理不同成分的铜浮渣效果均较好；④工艺流程短，设备简单，投资少。

其缺点是机械化和自动化程度低，劳动条件较差，热效率较低，炉衬腐蚀快。

铜浮渣的处理方法实例见表 11 -3。

表 11－3　铜浮渣处理方法实例

工厂	处理方法及设备	产出冰铜成分/%
株冶	反射炉，纯碱－铁屑法	Cu 30～45，Pb 6～7
水口山八厂	鼓风炉	Cu 35～40，Pb 5～6
韶冶	反射炉，纯碱－铁屑法	Cu 40～45，Pb <7
皮里港	短窑，加铁屑、石英石	Cu 70～75
特雷尔	反射炉，不加熔剂	Cu 55，Pb 19
斯托尔伯克	回转炉	Cu 35，Pb 45
圣加维诺	短窑，加硫	Cu 60，Pb 15
列宁诺哥尔斯克	电炉，加硫化钠	Cu 41.5，Pb 6.2
杜伊斯堡	酸浸法	1#电铜
柯克尔－克里克	氨浸法	1#电铜或硫酸铜

反射炉处理铜浮渣的技术条件如下：

(1)配料

根据铜浮渣成分配入一定量的纯碱、铁屑、氧化铅和焦炭。

纯碱：其作用是使砷锑进入炉渣，使 PbS 生成金属铅，降低炉渣和冰铜的熔点。加入量为6%～10%。在冶炼过程中纯碱的分布为37%进入炉渣，60%进入冰铜，3%进入烟尘。

铁屑：其作用是降低冰铜和炉渣含铅量，提高铅的回收率。加入量一般为6%～8%。实验研究表明，在适当范围内炉料含铁增加1%，铅的回收率提高1%～2%。但是加入铁屑过多，容易产生炉结。

氧化铅：加入氧化铅的目的是使部分砷挥发，减少砷冰铜的产出率，从而提高铅的回收率。氧化铅的加入量根据铜浮渣中砷、硫的含量而定，若铜浮渣含砷低且氧化铅含量足够多，可以少加或不加氧化铅，一般加入量不超过炉料量的10%。

焦炭：焦炭的作用是将氧化铅还原成金属铅，维持炉内适当的还原性气氛，防止炉料表层氧化，并能调整钠在冰铜和炉渣之间的分配。焦炭加入量一般为1%～3%。

反射炉处理铜浮渣配料实例见表 11－4。

表 11－4　反射炉处理铜浮渣配料实例/%

实例编号	铜浮渣	纯碱	铁屑	焦炭	氧化铅	铅精矿
1	100	6～10	6～10	1.5～2.5	0～10	0～10
2	100	6～8	8～12	2～3	0～8	
3	100	4～5	10～12	2.5	0～3	

(2)生产操作

加料：配好的炉料经过混合均匀后，分两次加入炉内，第一次加入 2/3，其余 1/3 待第一次炉料熔化后加入。第一次加料应在前一炉放完冰铜后加入，然后放铅。这样可以避免冷料加入炉内产生急冷急热，有利于延长耐火材料寿命。

加铁屑：当炉料完全熔化后，炉温提高到 1200～1250℃，保温 1～2 h，使渣铅分离良好。放完渣后向炉内分批加入铁屑，当铁屑熔化速度变慢，冰铜流动性变差时停止加铁屑，在炉温 1250℃下保持 30 min，使置换反应进行完全。然后降温扒尽黏渣。

放冰铜和放铅：冰铜放出温度一般为 900～1000℃，温度太高，铅的挥发损失增加，温度太低，不利于冰铜与铅液分离。

反射炉操作周期与温度控制见表 11－5。

表 11－5　反射炉操作周期与温度控制实例

项目	实例 1		实例 2	
	时间	温度/℃	时间	温度/℃
第一次进料	20 min	1200	20 min	800
熔化	6～8 h	1200	2.5～3 h	1250～1300
第二次进料	20 min	1200	20 min	1250～1300
熔化	6～8 h	1200	7 h	1250～1300
扒渣	30 min	1200		
放渣			20 min	1250～1300
加铁屑	2 h	1200	20 min	1250～1300
扒渣	30 min	1200		
沉淀分离	40 min	1100	30～50 min	1250～1300
放冰铜	1.5 h	1000	1 h	900
降温			1～1.5 h	
放铅	30 min	800～900	40 min～1 h	600
每炉操作时间	19～20 h		13～15 h	

11.3.3 底吹炉处理铜浮渣

铜浮渣处理是一个还原熔炼、造渣和造冰铜的冶炼过程。富氧底吹炉处理铜浮渣的工艺是以天然气为燃料，喷入氧气进行燃烧供热。除了铜浮渣之外，冶炼过程还需加入石灰石($CaCO_3$)、铁屑和焦炭等辅料，为了满足造冰铜所需的硫，必要时加入适量的硫化铅精矿。加入石灰石的作用是造渣，取代反射炉工艺中的纯碱。$CaCO_3$在高温下分解成 CaO 和 CO_2，CaO 与铁、硅等氧化物形成炉渣。加入铁屑的作用是将硫化铅置换成金属铅，降低冰铜含铅。加入焦炭的作用是将氧化铅还原成金属铅，降低渣含铅。

河南豫光金铅股份有限公司从 2008 年 9 月至 2009 年 3 月采用底吹炉处理铜浮渣进行工业试验。历时 5 个月，达到或超过预期的结果。

铜浮渣：Pb 65% ~72%，粒度不大于 100 mm。

辅助原材料的化学成分及物料规格要求：

铁屑：$w_{Fe} \geqslant 90\%$，屑状、无铁锈和杂物；

石灰石：$w_{CaO} \geqslant 40\%$，粒度 10 ~ 30 mm；

焦炭：$C_{用} > 60\%$，$V_{用} < 15\%$，$A_{用} < 15\%$，$W_{用} < 4\%$，粒度≤30 mm；

天然气：CH_4 85% ~97%；

硫化铅精矿：$w_{Pb} \geqslant 50\%$，$w_S \geqslant 9\%$。

主要工艺参数为：

预定为铜浮渣处理量 1 t/h，$m_{铜浮渣} : m_{石灰石} : m_{铁屑} = 100:(6 \sim 8):(6 \sim 8)$，天然气流量 100 ~ 140 m^3/h，氧气流量 200 m^3/h。试验过程中调整为 $m_{铜浮渣} : m_{石灰石} : m_{焦炭} : m_{铁屑} : m_{吹炼渣} = 1000:50:70:100:120$，天然气流量 110 m^3/h，氧气流量 240 m^3/h。物料处理量基本上达到 2 t/h。

试验过程共处理铜浮渣 2280 t，吹炼渣 300 t，产出粗铅 1200 t，冰铜 330 t，炉渣 590 t。

粗铅平均含 Pb 97.194%，Cu 0.576%；炉渣含 Pb 2% ~5%；冰铜含 Cu 37.98%。

底吹炉处理铜浮渣的生产成本为 450 元，当时该公司的铜浮渣反射炉的纯碱 - 铁屑熔炼，冰铜鼓风炉富集工艺的生产成本为 540 元。底吹炉处理铜浮渣的生产成本降低 20%。

目前底吹炉处理铜浮渣的工艺已经用于工业化生产，取得了令人满意的技术经济指标。

11.4　阳极泥的处理

11.4.1　阳极泥成分及处理方法

在粗铅电解精炼过程中，一些电位比铅更正的元素不溶解于电解液，附着在阳极的残极上，在残极洗涤过程中进入阳极泥。阳极泥含有金、银、铋、锑等有价金属。阳极泥主要成分实例见表 11－6。

表 11－6　国内外阳极泥主要成分实例

成分/%	Pb	Sb	Cu	Au/$(g \cdot t^{-1})$	Ag	Bi	As	Sn	Zn
特雷尔厂	19.7	38.1	1.8	160	11.5	2.1	10.6	0.07	
秘鲁奥罗亚厂	15.6	33.0	1.6	1100	9.5	20.6	4.6		
国内厂一	15.92	28.17	3.09	71.43	10.38	3.21	1.59		1.62
国内厂二	10.42	65.5	0.20	14.06	1.20	2.10	0.91		
国内厂三	11.0	18.8	2.74	88.0	9.76	20.1	6.70		

阳极泥处理有火法和湿法两种处理工艺，我国一般采用火法处理工艺，其特点是流程较短，投资较少，但是劳动条件较差。火法处理工艺又有几种：一是传统工艺，二是卡尔多炉工艺，三是底吹炉工艺，四是侧吹炉处理工艺。在铅冶炼厂大多采用传统处理工艺。铜冶炼有几家冶炼厂采用卡尔多炉处理铜电解阳极泥。湖南豫光金铅集团首先采用底吹炉处理阳极泥获得成功，并取得很好技术经济指标。济源市金利金鸿实业有限公司设计研发出铅阳极泥侧吹熔炼炉，取代传统的贵铅炉取得成功。

11.4.2　底吹炉处理阳极泥

底吹炉处理阳极泥的工艺流程见图 11－1，铅阳极泥还原熔炼的基本原理是利用阳极泥中各种元素氧化的难易程度不同，将大部分砷、锑在熔化过程中挥发，或进入高铅高锑渣，与铜、铋、金、银等分离。熔炼结果表明：99% 的铜、铋进入贵铅，85% 以上的砷锑进入烟灰。贵铅还原熔炼炉、炼锑炉及分银炉均采用富氧底吹炉，贵铅炉采用连续进料、间断放出炉渣和贵铅。阳极泥的处理能力大幅度提高，日处理能力超过 25 t。由于分银炉采用底吹炉，富氧空气从底部喷入，氧气的传递不受渣层厚度的影响，使分银炉的效率成倍增加，生产周期大大缩短，排烟、造渣时间由原来的 2 d 缩短为 8 h 以内。

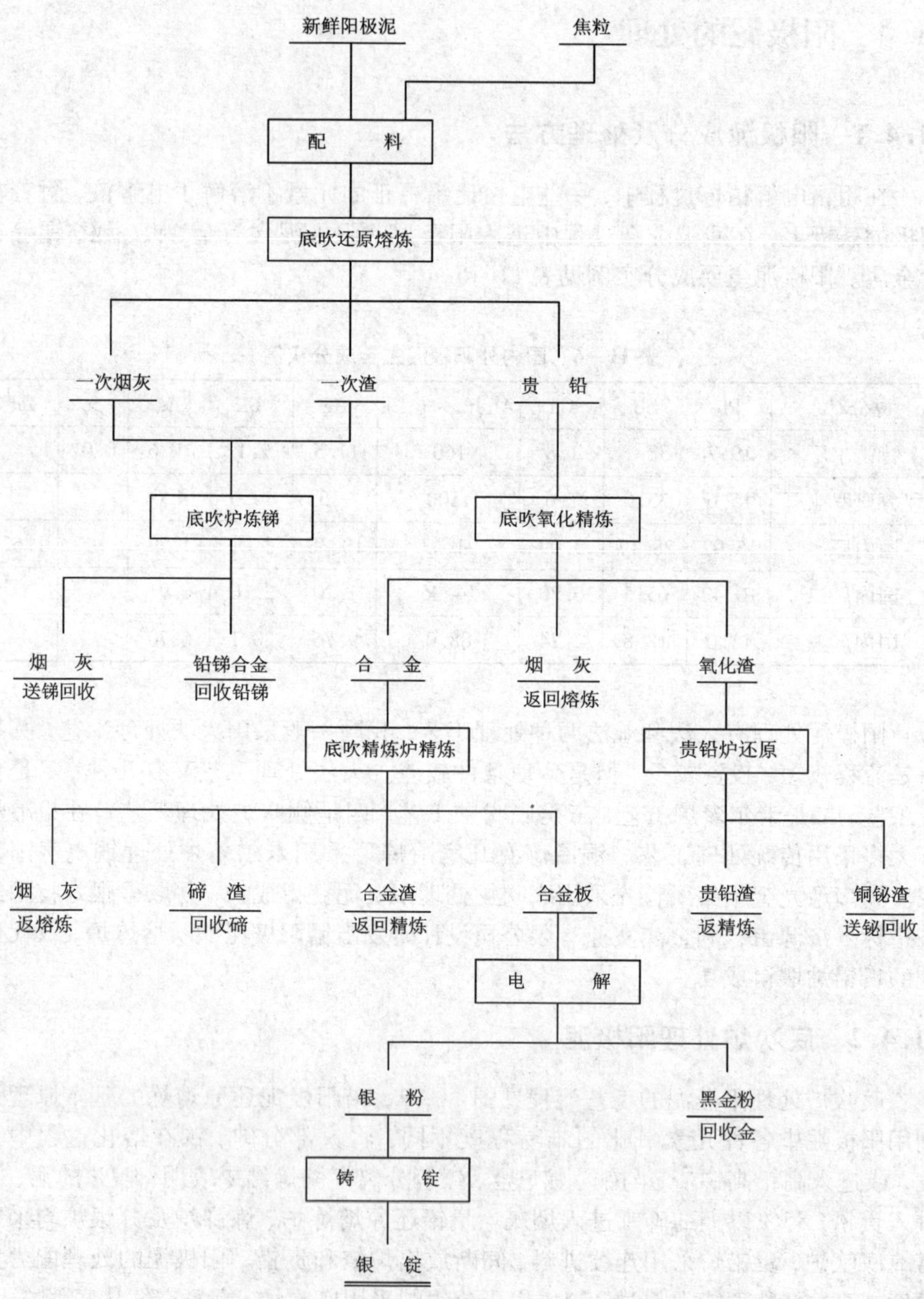

图 11－1　底吹炉处理阳极泥的工艺流程

改进后的阳极泥熔炼炉改变了熔炼渣型，不需配入纯碱和萤石，只需配入适量的焦粒，从而用高铅高锑渣型替代了原来的高钠碱渣型，一方面使炉子的处理能力提高 2 倍，月处理阳极泥超过 500 t，贵铅品位由原来的 20% ~25% 提高到 35% ~45%；另一方面消除了高钠碱渣对耐火材料内衬的腐蚀，耐火材料的使用寿命延长。富氧底吹贵铅炉渣线砖使用寿命达到 8 个月以上，炉底耐火材料超过 2 年。同时工艺指标明显改善，从阳极泥到合金板的生产周期由原来的 4 天缩短到 2 天，熔炼烟灰产出率由原来的 15% 提高到 50%，熔炼渣的产出率由原来的 65% 降低到 30%。金银回收率分别为 99% 和 98.5%。生产效率提高，减少了燃料消耗，节省了纯碱及萤石费用，使生产成本明显降低。

11.4.3　侧吹炉处理阳极泥

济源市金利金鸿实业有限公司设计研发出铅阳极泥侧吹熔炼炉，取代传统的贵铅炉(反射炉或转炉)。阳极泥侧吹熔炼炉于 2011 年 9 月 11 日投入试生产，稳定运行 28 天，处理阳极泥(干量)914.4 t。

(1)主要技术经济指标

试生产时间 28 d；处理干阳极泥 914.4 t；消耗焦粒 91.4 t；消耗氧气 93908 m^3；消耗煤气 159643 m^3；产出贵铅 558.6 t；产出氧化锑粉 385.8 t；产渣 61.4 t；银的直收率 97%；银回收率 99%；锑回收率 75%；烟灰含银小于 1500 g/t；渣含银小于 1000 g/t；渣含锑小于 10%。

(2)侧吹炉处理阳极泥的工艺特点

从原料到产品的生产周期由传统工艺的 13 ~15 天缩短至 7 天，加快了资金的周转速度，减少了资金占用所带来的财务费用。

自动化程度提高，从阳极泥上料、配料、计量及烟尘输送均实现自动化控制；

炉体密封性能好，加料口无烟气外逸，操作环境明显改善；

烟灰及炉渣中的金属含量降低；

碳热反应在熔体内部进行，燃料燃烧的热利用率提高，煤气消耗量大幅度减少，只有转炉的 1/3，反射炉的 1/12。

11.5　含锌炉渣的处理

直接炼铅产出的还原炉渣，如基夫赛特炉炉渣、QSL 炉渣、鼓风炉炉渣、底吹还原炉炉渣及侧吹还原炉炉渣等，含锌 6% ~18%，含铅 2% ~5%，必须进行处理回收其中的铅锌及其他有价元素。目前处理还原炉渣的方法有多种：如烟化炉吹炼、回转窑挥发、奥斯麦特法和富氧侧吹炉吹炼。我国使用最多的是烟化炉吹炼，它具有金属挥发率高，处理能力大，机械化程度相对较高和能耗降低的特点。但是需要采用粉煤作为燃料和还原剂，粉煤制备、输送及给煤系统复杂；炉身采用钢水套冷却，熔渣的冲刷、磨损及高温腐蚀，导致水套使用寿命较短；粉煤经过喷嘴喷入炉内，对喷嘴磨损严重，导致喷嘴寿命较短；必须以处理热渣为主，只能搭配少量冷渣，不能全部处理固态冷渣。

11.5.1 烟化炉吹炼

11.5.1.1 炉渣烟化过程的基本原理

烟化过程是还原挥发过程。将空气和粉煤喷入烟化炉内的熔体中，使化合物中的和游离的 ZnO 及 PbO 还原成锌和铅的蒸气，炉渣中的其他金属如铟、锗、锡等也会还原挥发，随着炉气上升到炉子上部或余热锅炉前部时，与三次空气或 CO_2 再次反应，氧化成金属氧化物进入烟尘，在余热锅炉和收尘系统被收集，得到次氧化锌烟尘。烟化炉烟尘一般含 Zn 40% ~65%，含 Pb 10% ~20%。次氧化锌烟尘送往锌冶炼系统回收锌及其他有价金属。

烟化过程发生的化学反应主要有两类：

一类是燃料的燃烧反应：

$$C + 1/2O_2 = CO$$

$$C + O_2 = CO_2$$

$$H_2 + 1/2O_2 = H_2O$$

另一类是金属氧化物的还原反应：

$$MeO + CO = Me + CO_2$$

$$Me + C = Me + CO$$

烟化炉的燃料既是燃料也是还原剂，可以用固体燃料、液体燃料及气体燃料。但是从经济角度考虑，基本上都是采用粉煤作燃料。试验研究表明，燃料中含氢越多，Zn 的还原速度越快。天然气及燃料油的氢含量比煤高，还原速度更快。

有的理论认为，烟化过程中 PbO 的还原挥发比金属铅困难得多，PbO 完全挥发大约需要 20 h，而金属铅挥发大约只需 15 min，因此烟化时铅的挥发主要以金属铅的形态挥发。作者对这种观点有些质疑，因为金属铅的沸点比 PbO 高，在相同温度下金属铅的蒸气压比 PbO 低得多见表 11 - 7，金属铅不可能更容易挥发，应该是硫化铅和氧化铅更加容易挥发。如果是铅、锌都以金属形态挥发，那么锌应该比铅容易挥发得多，锌精馏就是利用铅锌的这一特性将铅、锌进行分离的。但烟化过程中的情况恰恰相反，铅在炉渣中含量比锌低得多，而铅的挥发更为彻底。一般弃渣含铅小于 1%，含锌在 2% 左右。其原因是铅在炉渣熔化阶段就可能以 PbO 的形态挥发，图 11 - 3 表明当温度在 1250℃以上，烟化 30 min 即可挥发 90% 左右。而锌只有还原成金属锌才能大量挥发，ZnO 又需要很强的还原性气氛才能还原为金属锌。

表 11－7　铅及其化合物蒸气压与温度的关系

物相	PbS				PbO				Pb			
t/℃	975	1048	1108	1281	950	1050	1100	1300	960	1130	1290	1360
p/kPa	1.33	5.33	13.33	101.3	0.24	1.00	1.99	20.0	0.13	1.33	6.67	13.33

锌的挥发率与熔体中 ZnO 的活度、吹炼温度及气相成分有关。渣含锌越高、温度越高、气相中 CO 浓度越高，锌的挥发率就越高。

锌在炉渣中主要以氧化锌（ZnO）、硅酸锌（$2ZnO \cdot SiO_2$）和铁酸锌（$ZnO \cdot Fe_2O_3$）的形态存在。还原比较完全的温度是氧化锌为 1000℃，硅酸锌为 1250℃，铁酸锌为 1050℃。因此高温和强还原性气氛有利于锌的还原。但是温度过高（>1350℃）可能会使 FeO 还原成金属铁。CO 浓度升高会引起炉温下降和燃料利用率降低。因此烟化炉温度一般控制在 1250℃左右，还原期的 CO 浓度控制在 10%左右。

铁可能发生如下反应：

$$FeO + CO = Fe + CO_2$$

$$\lg K = \frac{949}{T} - 1.140;\ K = \frac{p_{CO_2}}{p_{CO} a_{FeO}}$$

假设 $a_{FeO} = 0.5 \sim 0.6$，在 1225～1300℃时计算 $p_{CO_2}/p_{CO} = 0.157 \sim 0.188$，需要平衡气相中含 CO 为 84%～86%，因此 FeO 在一般的还原气氛中很难还原。

铁的还原可以促使锌的挥发：

$$Fe + ZnO = Zn_{(g)} + FeO$$

热力学研究表明，当熔渣中 $w_{Zn} > 3\%$ 时，完全可以避免积铁的产生。生产实践表明，很少发现烟化炉内积铁的现象。只有在渣含锌过低，渣中 SiO_2 含量也很低，炉气中 CO 浓度又很高时，才可能产生积铁。

稀有元素在烟化过程中的挥发情况大约为：锗 75%，铟 75%，铊 75%，硒 95%，碲 95%。

11.5.1.2　烟化过程的影响因素

烟化过程的主要影响因素有吹炼温度、燃料率、鼓风量和风压、吹炼时间、炉渣成分和渣层高度等。

烟化炉温度及吹炼时间对铅、锌挥发率的影响如图 11－2 和图 11－3 所示，生产实际中吹炼温度一般控制在 1150～1300℃，吹炼时间为 80～120 min。

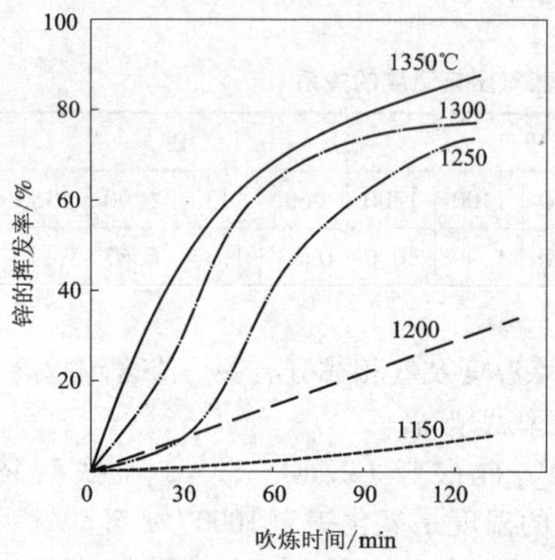

图 11-2 烟化温度对锌挥发率的影响
（从含锌 12%的渣中挥发）

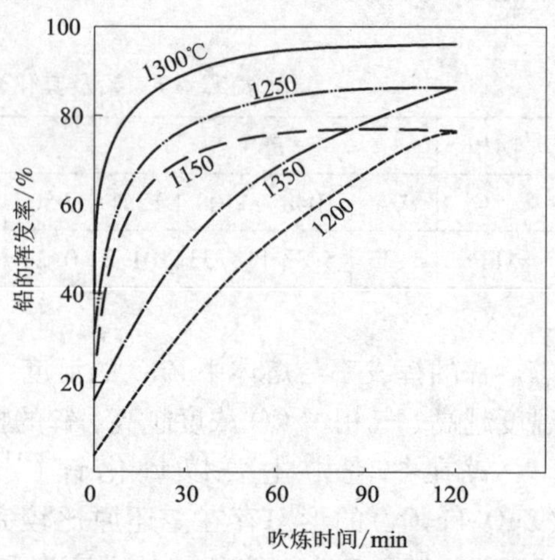

图 11-3 烟化温度对铅挥发率的影响
（从含铅 2.5%的渣中挥发）

鼓风量可以根据炉渣的化学成分及物相组成在炉内的化学反应进行冶金计算，算出理论空气量。然后按照不同阶段确定过剩空气系数，得出实际鼓风量。

烟化炉的鼓风量也可以根据生产实践的经验数据确定，按照炉子风口区的断面积计算，风口区断面积的鼓风强度为 25 ~ 35 $m^3/(m^2 \cdot min)$。送入烟化炉的空气分为一次空气和二次空气，一次空气作为粉煤输送的载体，将粉煤送入喷嘴混合室与二次空气混合后鼓入炉内。一次空气为总空气量的 30% ~40%，其余为二次空气。炉子上部三次风口，有的用风机鼓入空气，有的靠炉内负压吸入空气来氧化被还原挥发的金属蒸气。为强化生产，二次空气可以采用预热空气或富氧空气。

一次空气与二次空气采用相同压力，一般为 0.6 ~0.8 MPa。

烟化炉吹炼过程分为加热期和熔化期两个阶段，两个阶段的过剩空气系数有所区别。

加热期是熔渣加入烟化炉后迅速将温度提至 1250 ~1300℃，加热期在保持弱还原性气氛的条件下，以升温为主，使铅、锗还原挥发。因此加热期的过剩空气系数一般控制在 0.8 ~0.9。

还原期需要控制更强的还原性气氛，使锌和剩余的铅还原挥发，过剩空气系数控制在 0.5 ~0.7。一般是维持风量不变，加大粉煤给入量。

11.5.1.3 烟化炉技术的发展

国内外烟化炉技术的发展主要有以下几个方面：烟化炉 - 余热锅炉一体化设计；烟化炉面积大型化；烟化炉富氧空气吹炼；烟化炉实现连续吹炼。

(1)烟化炉－余热锅炉一体化设计

20 世纪 90 年代后期，我国长沙有色冶金设计研究院首次在韶关冶炼厂开发了烟化炉－余热锅炉一体化设计，此后在许多炼铅厂得到应用。烟化炉－余热锅炉一体化设计在烟化炉炉型结构上进行了重大改进(见图 11－4)。一体化设计将烟化炉的上部及炉顶设计成膜式水冷壁结构，使之既是烟化炉的顶部，又成为余热锅炉的前辐射室，与锅炉辐射室和对流室构成一个整体，既缩短了烟气的行程，减少了占地面积和烟气的泄漏，又解决了烟道积灰严重的问题，并实现了烟化炉余热的全面回收。烟化炉一体化装置由烟化吹炼池、余热锅炉和省煤器三部分组成，与传统的烟化炉相比，具有如下特点：

①余热回收效率明显提高，将烟化炉上部及炉顶水套冷却改用余热锅炉冷却，增加中压蒸汽产量。设置省煤器进一步回收低温烟气中的余热，用以提高锅炉给水温度。按照 8 m^2 烟化炉计算，传统设计的余热锅炉平均产蒸汽(4.0 MPa) 8～10 t/h，采用一体化设计平均产蒸汽(4.0 MPa)17～21 t/h。

②烟道截面扩大，炉顶高度提高，消除了炉渣喷溅在烟道黏接造成的烟道堵塞。

③由于进入余热锅炉的熔渣大幅度减少，产品次氧化锌烟尘的品质提高，氧化锌含量提高 5～10 个百分点。

④多种清灰方式相结合，有效地解决了烟道和余热锅炉积灰问题，使余热锅炉保持良好的热交换状态，确保炉子的正常运行。

(2)烟化炉面积大型化

20 世纪我国最大烟化炉的面积为 10 m^2 左右，而国外烟化炉超过 20 m^2，加拿大特雷尔冶炼厂的烟化炉为 21.6 m^2。近年来我国最大烟化炉已经达到 18 m^2。

烟化炉面积大型化，处理能力增大，对大型炼铅厂更为合理，比建设多台烟化炉投资省，占地面积小，有利于车间布置和生产管理。但是大型烟化炉的结构更为复杂，设计难度更大。

(3)烟化炉富氧空气吹炼

国内有的厂家借鉴国外烟化炉操作经验，采用富氧空气进行吹炼，将富氧空气的氧气浓度控制在 23%～25%，有利于缩短吹炼时间，提高烟化炉的吹炼温度，降低燃料消耗，改善烟化的经济技术指标。特雷尔冶炼厂采用富氧空气前后的主要技术经济指标比较见表 11－8。从表中数据可见，采用富氧空气之后，若维持原来的吹炼时间和处理量，则弃渣含锌降低，每天可以增加回收 5.7 t 锌，提高锌的回收率 8 个百分点。如果缩短每炉吹炼时间，就可以提高处理能力，在锌回收率略有提高的条件下，每天可以增加回收锌 17.9 t。

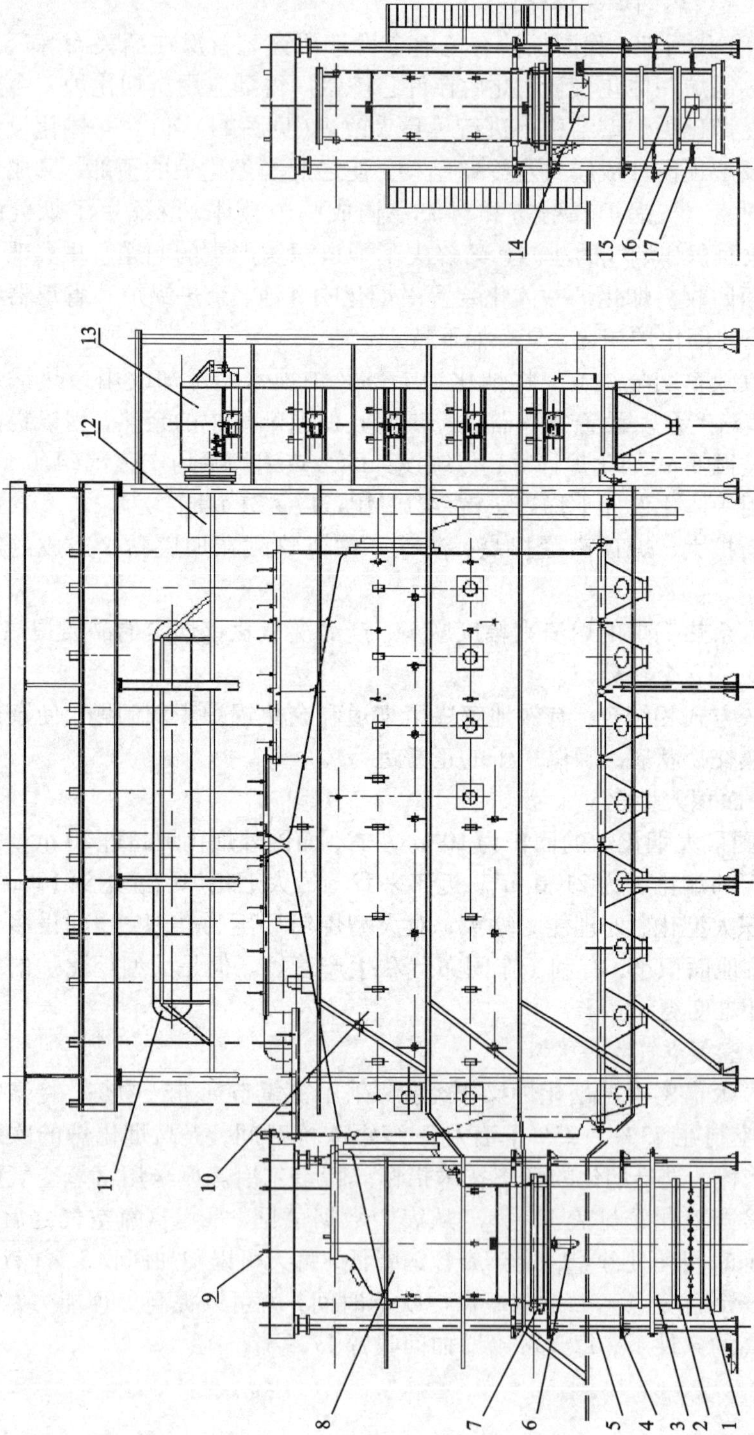

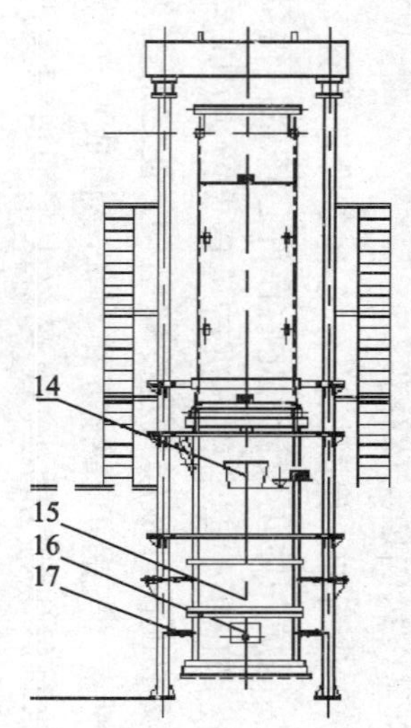

图11-4 烟化炉-余热锅炉一体化设计

1—炉底水套；2—紧箍；3—侧墙水套；4—顶杆；5—钢骨架；6—冷料加入口；
7—膨胀节；8—烟化炉炉顶；9—吊挂装置；10—余热锅炉；11—汽包；12—连接烟道；
13—省煤器；14—液态渣加入口；15—端墙水套；16—放渣口；17—喷嘴

表 11-8　特雷尔冶炼厂烟化炉采用富氧空气实例

指　标	单位	空气含氧浓度/%		
		20.9	23.4	23.4
每炉吹炼时间	min	160	160	130
每天吹炼次数		9	9	11
处理渣量	t/d	495	495	605
炉渣含锌率	%	16.8	16.8	16.9
炉渣含锌总量	t/d	83.2	83.2	102.3
弃渣含锌率	%	2.9	1.6	2.6
弃渣含锌量	t/d	11.6	6.4	12.6
烟尘含锌量	t/d	71.6	77.3	89.5
烟尘锌回收率	%	86.2	92.4	87.5
每天锌增加量	t/d	0	5.7	17.9
锌增加率	%	0	8	25

(4)烟化作业连续化

国外烟化炉连续作业在 20 世纪 80 年代开始尝试，保加利亚亚普罗夫迪夫冶炼厂将周期性作业改为连续作业，还原剂改为重油，进入烟化炉的炉渣含锌 12% ~14%，含铅 1.2% ~1.6%，烟化炉面积 5.85 m^2。

连续作业的主要技术经济指标如下：床能力 48 ~ 56 t/(m^2 · d)；鼓风量 1160 ~1230 m^3/t 渣；弃渣含锌 2% ~2.5%，含铅 0.1%；重油消耗率 15% ~ 16.5%；空气预热温度 180 ~200℃。

国内也有铅冶炼企业进行过烟化炉作业连续化的尝试，结果不太理想。要实现烟化作业连续化，需要解决两个问题：一是保证锌的回收率，二是在保证锌回收率的前提下，合理的燃料消耗和燃料品种。

最近，江铜铅锌金属公司在 18 m^2 大型烟化炉连续化作业技术上取得成功，已实现连续烟化正常生产，基夫赛特炉渣连续流入烟化炉吹炼，烟化炉连续排放弃渣，渣含 Pb <0.5%，含 Zn <3%，粉煤率 16% ~18%，基本上达到设计值。烟化炉连续作业减少进料和排渣所需的操作有利于安全生产。同时能产出连续稳定的高温烟气，从而使余热锅炉产出连续稳定的蒸汽，有利于余热发电。还消除了开始吹炼时烟气 SO_2 浓度超标的问题。

11.5.2 富氧侧吹炉处理铅冶炼炉渣

富氧侧吹炉处理含铅渣料的工艺流程如图 11 - 5 所示，其中包括对铅冶炼炉渣的处理。从理论上讲，采用富氧侧吹炉处理含铅渣料要比烟化炉的效果更好，而且能够克服烟化炉技术所存在的缺点。

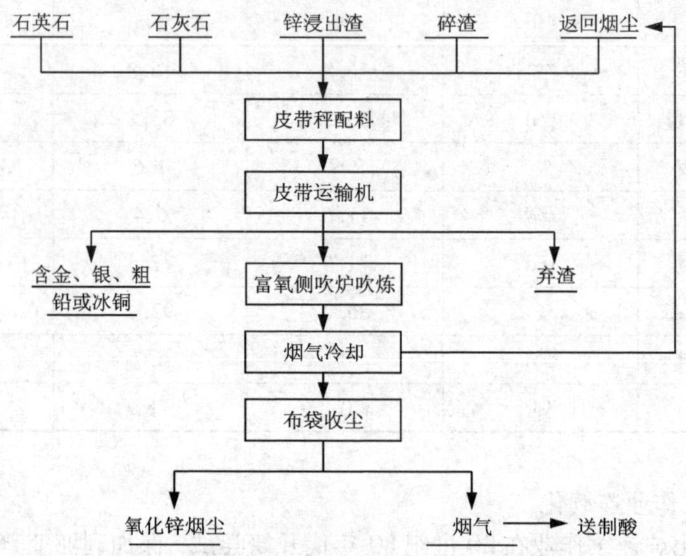

图 11 - 5 富氧侧吹炉处理炼铅炉渣工艺流程图

采用富氧侧吹炉处理炼铅炉渣是将还原炉产出液态炉渣直接流入侧吹炉内，加入还原剂(碎煤)，必要时鼓入气体燃料进行吹炼。物料配比需要根据锌浸出渣的成分确定，一般按照炉渣的渣型计算熔剂和还原剂配入量。富氧空气通过炉子两侧的喷嘴喷入炉内进行熔炼，熔炼温度1300℃左右。在余热锅炉和收尘器收集得到次氧化锌烟尘。次氧化锌烟尘一般含锌 45% ~55% 。

采用富氧侧吹炉处理锌浸出渣具有如下优点：

(1)用块煤替代粉煤，能够减少粉煤制备、输送及给煤等复杂工序，并消除了由此带来的安全问题，减少了由此带来的生产成本。

(2)富氧侧吹炉的喷嘴只鼓入富氧空气，块煤从炉顶加料口加入，避免了煤对喷嘴的磨损，喷嘴寿命相对较长。

(3)采用氧气浓度 45% ~85% 的富氧空气，烟气量仅为烟化炉的 40% ~50% , 烟气量及烟气带走的热量大幅度减少，使冶炼过程的能耗降低。

(4)富氧侧吹炉熔池部位采用铜水套，使炉子寿命延长，减少停产检修的成本，生产作业率提高。

(5)设备处理能力大，床能力达到 60 ~ 80 t/(m^2·d)，占地面积小。

11.5.3　奥斯麦特炉处理铅冶炼炉渣

韩国锌业公司温山冶炼厂采用奥斯麦特炉处理 QSL 炉炼铅炉渣已有近 20 年生产实践。1992 年 4 月建设 QSL 铅厂，处理的原料为铅精矿和湿法炼锌过程产生的铅－银渣组成的混合物料，从反应器产出的炉渣含铅 5% ~ 8%，含锌 14% ~ 16%，炉渣的化学成分如表 11－9 所示。

表 11－9　炉渣的化学成分/%

Zn	Pb	Sb	S	Fe	SiO_2	Al_2O_3
14 ~ 16	5 ~ 8	1.0	0.1	21.0	20.3	4.0

11.5.3.1　工艺过程

(1)加料系统

配有两个加料仓，一个是作还原剂用的煤仓，另一个是水淬固体渣料仓。当 QSL 反应器因需要维修而不生产液态渣时，临时将固态渣加入奥斯麦特炉内。给料量控制在 1.2 ~ 12 t/h。用做还原剂的块煤粒度为 5 ~ 20 mm，其给料速度控制在 100 ~ 1000 kg/h。两种物料用给料秤称量后，用皮带输送机和盘式输送机送往炉顶的加料口。

(2)喷枪系统

炉子上插有奥斯麦特的专利套筒喷枪，喷枪设计成能导入压缩的助燃空气(0.23 MPa)、提供的气态加压纯氧(0.23 MPa)、风机送来的二次空气(0.03 MPa)。燃料煤由两个煤仓气力输送过来，喷枪安装在带有电动提升装置的喷枪架上，控制喷枪在炉内的插入深度。

(3)炉子系统

炉子的内径为 3.9 m，炉子内衬为 300 mm 厚的铬镁砖，炉子外壳从顶部到底部用喷淋水冷却，冷却炉子的水经过收集冷却后循环使用。QSL 炉的液态炉渣经虹吸口放出通过倾斜溜槽自流进入奥斯麦特炉子的侧面进料口。进料口位于渣面之上。

(4)烟气处理系统

奥斯麦特炉烟气采用引风机从炉内抽出，在余热锅炉进口处通过喷水使烟气温度降到 800℃ 以下，再经过余热锅炉冷却，余热锅炉出口烟气温度大约为 350℃。正常生产时，余热锅炉产生 5 ~ 6 t/h 的蒸汽。烟气用喷淋水冷却到较低的温度进入布袋收尘器。经冷却和除尘的尾气放空。布袋收尘器收下的次氧化锌烟尘送现有的浸出车间进行处理。烟尘中的 Pb 以硫酸铅的形式进入浸出渣。浸出渣送往 QSL 炉回收 Pb。

(5)放铅

由于炉内为强还原性气氛，在炉子底部形成一层金属铅，金属铅每隔 2 d 或 3 d从铜水套放铅口放出，熔融铅通过内衬耐火材料的浇铸溜槽流进熔铅锅。每次放铅量为 10 ~12 t 粗铅，粗铅被送往粗铅火法精炼车间作为锑添加剂。金属中杂质元素见表 11 –10。

表 11 –10　粗铅中杂质成分/%

As	Cu	Ag	Au
2.0 ~3.0	1.5 ~3.0	70 ~200 ppm	微量

(6)炉渣处理

炉子放出的炉渣经水淬成粒状后送往渣池，或用抓斗起重机将渣装到卡车上送渣场堆存或外卖。

(7)控制系统

奥斯麦特炉和其相关结构(如烟气冷却器、布袋收尘器等)由一套编程逻辑控制(PLC)系统控制，安放在控制室中的几台显示器显示出与操作相关的所有工艺参数。现场仪表提供 4 ~20 mA 的输入和输出功率，来显示气体及液体压力、温度、流量和液位。

11.5.3.2　投产运行状况及其改造

(1)第一阶段(1992 年 10 月—1993 年 4 月)

1992 年 10 月 20 日开始试运转，在这阶段有大量操作问题需要解决。采用液态渣流入奥斯麦特炉遇到很多问题。最终，放弃了液态渣进料，QSL 反应器产出的炉渣直接水淬成粒状的固态渣。因而，从 1993 年 4 月，奥斯麦特炉处理固态渣并将其重新熔化来保持给料的稳定性。

当 QSL 反应器和奥斯麦特炉同时操作正常时，可以维持液态渣给料。然而，QSL 炉炼铅也在 1992 年 5 月才开始投料，在奥斯麦特炉交付使用时 QSL 炉炼铅还未达到设计要求，所以奥斯麦特炉的液态渣进料经常被中断。另外，当时溜槽过长，存在保温加热的困难。

(2)第二阶段(1993 年 4 月—1996 年 12 月)

在这一阶段，奥斯麦特炉的生产取得较大的进展。固态渣的平均给料量是

6～8 t/h。这一数量还不到设计的液态渣处理量的一半。另外固态渣需要重新熔化，导致燃料消耗比设计值高出许多。鉴于这种操作方法在经济上并不划算，处理固态渣的生产于 1996 年 12 月 9 日停止。

(3)第三阶段(1997 年 9 月—1999 年 5 月)

经过第二阶段，对于如何处理液态渣进行了多次尝试，两个基本的思路是：一是保证在 QSL 反应器放渣口和奥斯麦特炉进渣口之间的连接尽可能最短；二是在渣的溜槽上设置保温装置。基于这些观点，进料口原来设有一个内衬耐火材料的箱体，用来将虹吸口放出的液态渣加入奥斯麦特炉，后来取消这个箱体。而是在炉子的侧面设置一个溢流口，溢流口的定位在奥斯麦特炉与 QSL 反应器连接的最短直线距离处。在溜槽的顶盖上装有加热烧嘴，以维持溜槽内炉渣的温度。这种改变解决了较早阶段的一些生产问题。

开始时，液态渣和固态渣之间的比例为 70∶30，而在 1998 年提高到 94∶6，在 1999 年为 87∶13。

1998 年 6 月 25 日至 8 月 14 日进行技术改造，包括加大布袋收尘器和引风机的能力，这样使生产更趋灵活。1998 年 8 月 29 日重新开始粗铅生产。另外一项改造在 1999 年 5 月 28 日至 7 月 5 日进行，为了增加渣在炉内的停留时间，将炉子的内径由 3.3 m 增加到 3.9 m。

(4)第四阶段(1999 年 7 月至今)

由于炉渣在炉床内停留时间延长，采用了更高的燃煤率，Zn、Pb 的回收率明显提高。然而由于多种有价金属含量远远高于奥斯麦特炉设计处理能力，以氧化物形态和金属形态回收的金属回收率受到限制。所以后来又建另外的一座奥斯麦特炉，对 QSL 炉渣进行两段处理。最新的控制系统于 2000 年 1 月建成。

11.5.3.3　**操作**

(1)操作条件

典型的操作条件如表 11－11 所示，QSL 炉渣的给料速度根据 QSL 操作条件的不同而变化。然而，下面的给料速度是根据现在的 QSL 熔炼的正常操作确定的。

(2)操作性能

一些作业数据列于表 11－12 中。煤的破碎和干燥需消耗轻油，氮气被用来在仓内贮存燃煤和将粉煤从粉煤车间输送到渣烟化炉。液化天然气经过烧嘴燃烧，加热溜槽和烟化炉炉渣放出口。

表 11-11　炉渣烟化典型的操作条件

QSL 液态渣加入量	12.5 t/h
燃煤料量	1000 kg/h
还原煤料量	300 ~ 400 kg/h
助燃空气量	2200 ~ 2300 m^3/h
输送燃煤空气量	400 m^3/h
氧气用量	350 m^3/h
二次助燃空气量	1500 m^3/h
二次助燃空气量①	2500 m^3/h
炉渣入炉温度	1200 ~ 1250℃
炉渣出炉温度	<1300℃

注：①由单独插入炉内的管道提供。

表 11-12　炉渣烟化操作数据

参　数	操作数据	技术指标
作业率/%	89.6	(1312 h)
处理的液态 QSL 渣/t	12011	(12.36 t/h; 972 h)
处理的固态 QSL 渣/t	1967	(5.79 t/h; 340h)
氧气用量/m^3	1413647	(1077 m^3/h)
液化天然气用量/m^3	40212	(30.6 m^3/h)
轻油用量/L	16323	(12.4 L/h)
电耗/kWh	570183	(435 kW)

目前奥斯麦特炉处理的物料见表 11-13，这些成分与以前报道的数据有些不同。由于 QSL 熔炼的给料速度和产量粗铅在不断增加，炉渣的检测数据在变化。例如，1994 年该厂 QSL 炉处理 165200 t/a 的原料(干)，产出粗铅为 64500 t/a。而 1999 年处理原料增加到 339300 t/a，产出的粗铅增加到 121000 t/a。

表 11－13 典型物料化学成分/%

名称	Zn	Pb	Sb	S	Fe	SiO_2	Al_2O_3	CaO
QSL 渣	14～16	5～8	1.0	0.1	21.0	20.3	4.0	13.2
SF 渣	8～10	2～3	0.4	0.1	24.5	23.1	5.0	15.2
烟化氧化物	39.4	28.9	1.9	0.7	0.7	0.6	0.1	0.4
金属	—	80.0	12.1	—	—	—	—	—

(3)杂质的分配

表 11－14 中杂质的分配是在第四阶段测量的。QSL 炉渣中砷和锑的成分都是大约 1%；然而它们的分配是不同的。砷大部分进入氧化物烟尘，而其余的砷大部分留在渣中，很少有砷进入金属。锑进入氧化物烟尘和渣中的分配率与砷类似，但金属中含有大量的锑。QSL 炉渣中铜的含量通常较低；因此，对它做一个精确的评估存在一定困难。然而，氧化物烟尘中铜含量低于 0.1%，铜主要进入金属中。

表 11－14 砷、锑、铜的分配率/%

名 称	砷	锑	铜
氧化物烟尘	80	44	—
金属	3	18	25
奥斯麦特炉炉渣	17	38	75

奥斯麦特技术处理渣料的特点：

(1)与烟化炉相比，奥斯麦特技术具有连续操作的优势。

(2)与挥发窑相比，奥斯麦特技术利用煤作燃料和还原，比焦炭便宜，可节约成本。

(3)奥斯麦特炉有炉缸，可以形成金属相。如果炉渣含铅较高，可以将大部分铅形成金属排出，从而降低氧化锌烟尘锌的含量。

11.5.4 回转窑挥发铅冶炼炉渣

回转窑可以用来处理各种含铅锌物料，包括锌浸出渣、低品位铅锌氧化矿、钢厂含锌烟尘及炼铅炉渣。但是由于回转窑只能处理固体渣料，很少用于处理炼铅炉渣，特别对于直接炼铅的炉渣都是液态渣自流进入下一道工序进行处理，因此更不适合采用回转窑处理。另外，回转窑处理渣料还存在下列缺点：物料在窑内处于半熔融状态，靠窑体慢速转动，对物料进行翻动，冶炼过程的传质传热效果较差，部分还原剂在窑内没有发生化学反应，导致还原剂消耗高；由于窑体在冶炼过程中不停转动，无法密封，窑头及窑尾漏风率高，烟气量大，从而烟气带走热量也大，导致能耗高；一般采用焦粉作燃料和还原剂，导致生产成本高；烟气中低浓度 SO_2 处理困难；炉衬使用寿命短。

第 12 章　含铅物料处理

12.1　含铅物料及其分类

随着资源的日益枯竭，矿石的开采成本越来越高，同时环境保护的要求也日益严格。铅是对人类健康有害的重金属，含铅物料的存放、运输都可能带来环境污染。因此含铅物料的处理越来越受到社会的关注。

本章涉及含铅物料包括有色冶炼过程中、铅冶炼烟气制酸过程中产生的含铅废渣和含铅烟尘，以及铅酸蓄电池等二次含铅物料，但不包括铅冶炼过程中产生的各种废渣和烟尘，因为这些废渣和烟尘被定义在铅冶炼资源综合回收的范畴，或是返回熔炼系统，或是有专门的处理工序，已在第 11 章进行过专门论述。

含铅物料的分类主要是含铅废渣的分类，可以分为含硫和不含硫两种含铅废渣。含硫废渣主要是湿法炼锌产生的各种渣料，如浸出渣、铅渣、硫尾矿渣、硫热滤渣等，渣料中硫的形态各异，浸出渣和铅渣中的硫主要以硫酸盐的形态存在，而硫尾矿渣和硫热滤渣中的硫主要以元素硫的形态存在，铅冶炼烟气制酸过程产生的污酸渣的硫主要以硫酸盐的形态存在。这些渣料在火法处理过程中硫酸盐就会发生离解反应产生 SO_2 气体，元素硫或硫化物就会氧化产生 SO_2 气体。如果单独处理，产生的 SO_2 烟气必须经过脱硫处理才能对外排放。其他经过火法冶炼产生的废渣和烟尘，一般含硫很低，处理过程中不会产生 SO_2 烟气。

12.2　含铅物料的处理方法

含铅物料的处理方法可以分为两大类：一类是在直接炼铅过程中搭配处理含铅物料；另一类是对含铅物料进行单独处理。

直接炼铅过程中搭配处理含铅渣料的理论基础在第 3 章进行过比较详细的论述，在此不再介绍。与单独处理相比，具有下列优势：

（1）解决了处理过程中产生的低浓度 SO_2 烟气问题，渣料中的硫酸盐离解及硫化物氧化产生 SO_2，与硫化铅精矿富氧熔炼产生 SO_2 气体混合进入烟气，烟气 SO_2 浓度仍然达 10% 以上，完全满足两转两吸制酸工艺的要求；

（2）可以降低能耗。硫化铅精矿氧化过程中放出大量反应热，可以为含铅物料的熔化和化学反应提供部分或全部热量，是否需要补充燃料，需要根据原料含硫量及搭配含铅物料的比例进行计算，一般来说，至少减少 50% 的能耗；

(3)除了回收铅之外，其他金属也可以得到有效回收。从烟尘中回收锌、铟，金、银进入粗铅，然后进入阳极泥而回收。铜可以进入冰铜或铜浮渣而回收。

搭配处理含铅物料的直接炼铅方法有基夫赛特炼铅法、富氧侧吹熔炼法和富氧底吹熔炼法。

基夫赛特炼铅法搭配含铅物料种类最多，搭配比例最高。几乎各种含铅物料均可搭配处理，包括湿法炼锌各种渣料、火法冶炼烟尘(如铜冶炼铅烟灰)、污酸渣以及蓄电池铅膏等，搭配比例可以达到炉料总量的50%，炉料含铅在25%左右进行冶炼，这一点已在第3章进行过详细论述。但是基夫赛特炼铅是闪速熔炼，要求原料含水低，而湿法炼锌的渣料普遍含水高达25%～30%，需要进行预干燥才能与铅精矿、熔剂一起配料。

底吹炉能搭配处理含铅物料，炉料含铅品位可以控制在35%左右。炉料含铅品位过低，可能会影响一次粗铅产出率，还原熔炼的高铅渣量会有所增加，设计还原炉时应该考虑留有余量。

侧吹炉目前还没有搭配处理含铅物料的报道，但是它的前身瓦纽科夫炉能够处理各种废料，而且作为烟化炉进行过含铅物料吹炼试验。从炉型结构和反应机理而言，侧吹炉是可以搭配处理含铅物料的。

顶吹炉可以单独处理含铅物料，在炼铅过程中搭配处理也应该没有问题，但是由于顶吹炉的富氧浓度较低，烟气 SO_2 浓度不是很高，过多搭配含硫很低的渣料，会进一步冲稀烟气 SO_2 浓度，因此，搭配含铅物料的比例会受到一定限制。

12.3 废蓄电池处理

12.3.1 铅酸蓄电池的组成

铅的主要用途是制造铅酸蓄电池，铅酸蓄电池所消耗的铅约占铅总消耗量的80%。因此废蓄电池的处理对于铅资源的回收利用和减少铅的环境污染都具有非常重要的意义。

铅酸蓄电池主要由正负极板、电解液、隔板和外壳等构成。极板由板栅和活性物质构成，板栅一般是用铅锑合金浇铸而成，这为了减少铅酸蓄电池的维护，减少合金中锑的含量。现在的板栅材料采用含锑低的或不含锑的合金或铅钙合金。电解液为硫酸溶液，外壳材料一般为聚丙烯板，少量采用硬橡胶板、胶木或酚醛塑料板等。隔板由重塑料板制成。板栅合金是铅蓄电池的重要非活性元件，它的变化过程决定铅酸蓄电池的发展过程，即由普通型蓄电池发展为全封闭的免维修的蓄电池。板栅材料则由纯铅材料发展为铅锑合金(由高锑合金到中锑合金再到低锑合金)或铅钙合金。铅锑合金具有良好的加工性能和力学特性，但采用铅锑合金板栅的蓄电池在使用过程中需要经常加水和充电，因此铅锑合金板栅中的锑含量被不断降低，或者采用铅钙锡合金板栅，以便减少其维护。铅酸蓄电池的平均质量为 17 kg，其组成如表 12－1 所示。

表 12－1　铅酸蓄电池的组成

部件名称	占质量比例/%	部件名称	占质量比例/%
隔板和重塑料	4.3	金属、板栅和电极	27.5
总糊状物	43.0	聚丙烯外壳	5.0
其中氧化铅(PbO、PbO_2)	13.0	电解质	20.0
硫酸铅	30.0		

12.3.2　废蓄电池的拆解及分选工艺

过去废旧蓄电池的回收都是采用人工拆解，人工拆解对工人健康有害，而且带来环境污染。目前发达国家都进行机械自动拆解。世界上制造的废旧铅酸蓄电池自动拆解设备主要有意大利安吉泰(Engitec)制造的 CX 破碎分选系统，美国的 LMT 公司和 MA 公司、法国的 BJ 公司以及日本东邦亚铅株式会社制造的蓄电池拆解及预处理系统。应用最广泛的是意大利的 CX 破碎分选系统和美国的 MA 拆解及预处理系统。其工作原理是：将蓄电池放入胶带输送机提升到破碎机加料口，在提升过程中用穿孔机将其外壳击穿，电解质硫酸溶液流入贮槽，然后送往污水处理站处理。破碎机将蓄电池击碎成粒度 20 mm 以下的颗粒，然后送入水利分级箱分级，利用各部件材料的密度差，将合金与塑料等有机材料进行分离。金属及塑料的回收率均可达到 95%。

上述列举蓄电池自动拆解分选设备几乎都在我国得到应用。江苏徐州春兴合金集团和河南豫光金铅集团采用的美国 MA 公司的破碎分选设备，而且徐州春光在引进的基础上消化吸收，自行开发了一套蓄电池破碎分选系统，使用效果和技术性能不错。豫北集团采用的 LMT 公司的设备，湖北金洋采用的意大利安吉泰公司的 CX 破碎系统，天津采用的日本东邦亚铅的破碎分选系统。

废旧铅蓄电池由汽车运至仓库后，先采用油压钻穿孔放出废电解液，再通过抓斗行车抓到胶带输送机上的加料斗，通过振动加料机均匀加料，并由胶带输送机输送至破碎机破碎。在行车抓运、振动给料以及胶带输送机运输过程中，将有少量残余废电解液从废电池中流出。

破碎机采用“钩型重锤式结构”，能有效地将带壳的废电池击碎至 <20 mm 的粒度后排出。废料由一台水平螺旋输送机连续送往水力分级箱，通过调整高压水泵的供水压力，加上碎料各组分的密度差，密度大的重质部分(即金属粒子)沉入分级箱底部，由一台螺旋机取走，经洗涤沥干后通过胶带输送机送栅板熔铸车间铸成铅合金后外售。密度小的轻质部分(即氧化物和有机物)随水流进入水平筛，筛下物为粒度较小的氧化物，由一台步进式除膏机卸出。经浆化槽浆化后用压滤机压滤，滤饼送粗铅冶炼生产线配料，滤液进循环池循环使用。筛上的有机物随水流入另一台水力分级箱分级，密度较小的塑料与密度较大的橡胶分开，分别由各自的螺旋机卸出，送仓库堆存后外售。废旧铅蓄电池经铲车或抓斗倒入加料斗后，采用设有变频驱动器的振动给料机以一定比例送料，再通过皮带输送至破碎机内。皮带输送机上设有除铁器，可除去铁质金属碎片，以保护破碎机锤头。若破碎机进料中有未被除铁器吸走的非磁性金属或铁屑存在，则皮带输送机后端设置的金属探测器将导致其自动停机。

废旧铅蓄电池进入破碎机后，先经锤头粉碎，碎料直接掉入水动力分离机，在循环水喷洒机制的配合下开始进行分类动作。

重质部分的板栅金属从水动力分离设备下方，由螺旋输送机运送分离出来，再做最后的清洗与处置。

轻质部分包括铅膏、塑料、橡胶等随水流进入水平筛。铅膏由水流带进下方的船型收集罐内，经链条刮除机刮送至可称重的搅拌罐内搅拌，呈现悬浮状态。铅泥浆密度的控制，可经重量与液位传感器将信号送至 PLC 计算后，通过调整链条刮除机速度达到控制目的。船型收集罐内的澄清水经由溢流口不断流入喷洒水收集罐内，由泵再次抽送至水动力分离机连续循环使用。循环水路线上设有一组过滤器，可将 >3 mm 的杂质滤除，以防止循环水喷嘴堵塞。塑料从水动力分离设备上方，由螺旋输送设施运送分离；橡胶随分离水流一起输送至除水筛，使固体橡胶部分分离。分离的塑料和橡胶采用洁净水清洗，送仓库堆存外售，清洗水送循环水池重复利用。除水筛出水带有部分含铅颗粒、铅泥与塑料碎片，收集至沉降池进行沉降分离，凝聚剂加药机经由定量泵将凝聚剂加入，使铅泥凝结沉降以澄清水质。

12.3.3 废电解液收集与处理

废电解液处理是铅酸蓄电池回收工艺中最难解决的问题。日本神冈冶炼厂是专门处理蓄电池的回收铅冶炼厂，废电解液采用石灰中和处理。中和后废水送污水处理站再进一步处理。

从废旧铅蓄电池流出来的废电解液，通过有适度斜坡的地沟进入车间集液池内，并投加絮凝剂使其中的重金属离子沉淀后过滤分离。滤渣与铅膏一同送粗铅冶炼生产线配料，滤液(稀硫酸)送入废酸储槽，储存硫酸浓度约 15%(凝固点介于 -10 ~ -14℃)，可以经膜过滤系统处理后送制酸车间回收硫酸，或经过中和预处理后送污水处理站进行进一步处理。

12.3.4　铅膏压滤与回收

搅拌槽内收集的铅泥浆由泵按批次抽送至压滤机内，将酸性水液与铅膏压滤分离。铅膏掉入储料区；酸性水溶液收集至储罐后循环使用。铅膏的主要成分是氧化铅(PbO、PbO_2)和硫酸铅($PbSO_4$)，还有少量的 $Pb_2O(SO_4)$、Pb_2O_3，含铅 70% ~80%，含硫约达 6%，熔炼时硫酸根会分解生成 SO_2。解决 SO_2 的方法有：

(1)在熔炼过程中加入苏打和铁将铅膏中的硫固化在渣中，这种方法会使渣含铅升高；

(2)将铅膏浆化，在浆液中加入氢氧化钠和碳酸钠，使硫酸铅转化为碳酸铅，进行脱硫反应后泥浆经过压滤去除水分，然后进行熔炼；

即理论脱硫反应为：

$$PbSO_4 + Na_2CO_3 = PbCO_3 + Na_2SO_4$$

但实际上并不是按照上述反应进行的，而是生成不同的碱式碳酸铅：

$$2PbSO_4 + 3Na_2CO_3 + H_2O = NaPb_2(CO_3)_2OH + 2Na_2SO_4 + NaHCO_3$$

$$3PbSO_4 + 4Na_2CO_3 + 2H_2O = Pb_3(CO_3)_2(OH)_2 + 3Na_2SO_4 + 2NaHCO_3$$

(3)使铅膏熔炼过程中产生的 SO_2 进入烟气，然后对烟气继续脱硫处理。

铅膏可以在炼铅过程中搭配处理，与粗铅冶炼原料一起配料熔炼。各种直接炼铅方法包括基夫赛特炼铅法、富氧底吹熔炼法、富氧侧吹熔炼法和富氧顶吹熔炼法都可以搭配处理铅膏，由于铅膏含铅高，有助于提高炉料中铅的品位。在熔炼过程中铅进入粗铅，由于富氧炼铅的烟气 SO_2 浓度很高，硫酸铅分解产生的 SO_2 可直接进入烟气制酸。

铅膏也可以单独熔炼，单独熔炼一般与板栅一起熔炼，其熔炼设备有短窑、鼓风炉、反射炉、顶吹炉和底吹炉等。根据国际铅锌组织的统计数据，到目前为止，前三种设备用得最多，其产量占蓄电池铅回收量的 50% 左右。

全世界有 76 家企业采用回转短窑熔炼，产能达到 1410 kt，大部分回转短窑熔炼的厂家产能为 20 ~50 kt/a。由于存在许多规模很小的企业，导致其平均产能仅为 18.5 kt/a。

采用鼓风炉熔炼工艺的厂家数量居第二位，但其产能居第三位。有约 40 家企业采用此工艺，产能为 970 kt。平均每家产能为 25.5 kt/a。

采用反射炉熔炼工艺的厂家数量居第三位，但其产能居第二位。有 23 家企业采用此工艺，产能为 1120 kt。平均每家产能为 49 kt/a。绝大部分反射炉产能在美国，有 11 家反射炉处理蓄电池工厂，规模在 60 ~130 kt/a，平均产能约100 kt/a。

有 4 家企业采用顶吹炉(奥斯麦特炉或艾萨炉)，产能为 120 kt/a。

我国蓄电池回收企业大部分采用反射炉熔炼工艺，如江苏徐州春兴合金集团、湖北谷城金洋冶金股份公司、安徽界首鑫华铅业集团、河北保定新鑫铅业公司、上海飞轮有色冶炼公司、河北安新华诚有色金属公司等，规模在 30 ~ 200 kt/a。近年来河南济源豫光金铅集团、安阳豫北金铅公司等多家底吹炉炼铅企业搭配处理蓄电池，效果很好。

第 13 章　铅冶炼环境保护与清洁生产

13.1　概述

铅冶金可能造成环境影响的污染物主要有 SO_2 烟气、含铅烟尘和粉尘、含重金属及含酸废水、含重金属的废渣。国家及其有关部门对这些污染物的排放制定了一系列法律法规、标准和规程规范，进行了非常严格的限制。铅冶金必须严格遵守这些法律法规，在这些约束条件下进行生产。

铅是对人体健康有害的重金属元素。铅进入人体后，除部分通过粪便、汗液排泄外，其余在数小时后溶入血液中，阻碍血液的合成，导致贫血，出现头痛、眩晕、乏力、困倦、便秘与肢体酸痛、动脉硬化、消化道溃疡与眼底出血等症状。小孩铅中毒则出现发育迟缓、食欲不振、行走不便与便秘、失眠；若是小学生，还伴有多动、听觉障碍、注意力不集中、智力低下等现象。这是因为铅进入人体后通过血液侵入大脑神经组织，使营养物质与氧气供应不足，造成脑组织损伤所致，严重者可能导致终身残废。特别是儿童处于生长发育阶段，对铅比成年人更敏感，进入体内的铅对神经系统有很强的亲和力，故对铅的吸收量比成年人高好几倍，受害尤为严重。铅进入孕妇体内则会通过胎盘屏障，影响胎儿发育，造成畸形等。因此，如何防止铅冶金对环境造成影响是重要课题。

铅冶炼首先必须执行国家通用环境保护标准，其中主要包括：《环境空气质量标准》(GB 3095—1996)；《地表水环境质量标准》(GB 3838—2002)；《声环境质量标准》(GB 3096—2008)；《污水综合排放标准》(GB 8978—1996)；《大气污染物综合排放标准》(GB 16297—1996)；《工业炉窑大气污染物排放标准》(GB 9078—1996)；《工业企业厂界环境噪声排放标准》(GB 12348—2008)；《一般工业固体废物贮存、处置场污染控制标准》(GB 18599—2001)；《危险废物贮存污染控制标准》(GB 18597—2001)。

由于铅是对人体健康有害的重金属，铅冶炼除了需要执行国家有关有色冶金行业的通用环保标准外，还需执行铅锌冶炼或铅冶炼的环境保护和清洁生产的标准，这些标准包括：《清洁生产标准　粗铅冶炼业》(HJ 512—2009)；《清洁生产标准　铅电解业》(HJ 513—2009)；《铅锌冶炼准入条件》；《铅、锌工业污染物排放标准》(GB 25466—2010)。

国家有关部门还在制定更加严格的粗铅生产环境保护标准实施细则。正是因为对铅冶炼严格的环境保护要求，推动了铅冶炼的技术不断进步，不断寻求新工艺、新技术来取代落后的工艺和技术。

13.2 铅冶炼工艺烟气处理

铅冶炼的工艺烟气主要分为两大类：一类是含 SO_2 烟气；另一类是不含 SO_2 的烟气。两类烟气的处理工艺是不同的。

含 SO_2 烟气来自氧化熔炼过程，由于直接炼铅的氧化熔炼均采用富氧熔炼，烟气 SO_2 的浓度一般都在10%以上，只有富氧顶吹的富氧浓度较低一些，但烟气 SO_2 的浓度至少达到7%～8%，完全能够满足两转两吸制酸的工艺要求。这是现代铅冶金区别于传统铅冶炼的重要标志，现代铅冶金从根本上解决了铅冶炼 SO_2 烟气的环境污染问题。含 SO_2 烟气离开氧化熔炼炉时一般温度高达1000～1300℃，含有高浓度的含铅烟尘和高浓度的 SO_2 气体，其处理流程为：SO_2 烟气→余热锅炉炼铅→电收尘器除尘→动力波净化洗涤→两转两吸制酸→尾气脱硫→环保在线监测→烟囱排放。正常生产和有计划停炉检修的情况下，排放烟气的 SO_2、NO_x 等有害气体浓度、烟尘浓度、铅及其化合物的浓度都能达到国家排放标准的要求。需要注意的是开炉时及生产系统突然出现故障需要停炉保温时的应对措施，因此在设计时必须设计烟气旁路系统及脱硫系统，与加料系统进行自动联锁控制。当烟气系统中某台设备出现故障需要停炉保温时，实现自动停止加料，同时自动将烟气切换至旁路系统进行除尘或脱硫处理。

另一类烟气是不含 SO_2 的烟气，其实这类烟气并非其中的 SO_2 浓度为零，而是其中的 SO_2 浓度在允许排放浓度以下，或经过脱硫处理能够达到排放的要求。这部分烟气主要来自高铅渣还原熔炼炉、基夫赛特炉的电热区和炉渣吹炼的烟化炉。无论是高铅渣还是还原炉炉渣，含硫均很低，一般为0.5%左右，如此低的含硫不可能在还原性气氛中被氧化成 SO_2 进入烟气，烟气中低浓度的 SO_2 主要来自煤炭中的硫燃烧。基夫赛特炉用焦炭作还原剂，其烟气几乎不含 SO_2，可以不需要进行脱硫。但是高铅渣还原炉及烟化炉都是用块煤或粉煤作燃料和还原剂，如果煤炭含硫过高，就会导致烟气 SO_2 浓度超过国家标准允许排放浓度，必须进行脱硫处理才能排放。还原炉及烟化炉内均为还原性气氛，烟气中含有一定量的CO气体和金属蒸气，必须在炉子顶部或余热锅炉的入口鼓入(或吸入)复燃空气，将CO氧化成 CO_2，金属蒸汽氧化成金属氧化物，这些氧化反应产生的热量会使烟气温度进一步升高，温度一般为1200℃左右，含有高浓度的含铅烟尘。其处理工艺流程为：烟气──→余热锅炉冷却──→省煤器冷却──→布袋收尘器除尘──→烟气脱硫──→环保在线监测──→烟囱排放。烟气含尘浓度、铅及其化合物的浓度都能达到国家排放标准的要求。

13.3　直接炼铅的通风除尘

现代铅冶炼方法都是硫化铅精矿直接熔炼，不需要烧结-鼓风炉熔炼工艺的大量返粉制备的复杂工序，从而消除了烧结及返粉制备产生的大量粉尘。直接炼铅的通风除尘主要是原料车间、配料工序、加料系统、放铅口、放渣口和熔铅锅等。然而不同炼铅工艺的通风除尘重点也有所不同。

基夫赛特直接炼铅属于闪速熔炼，炉料需要干燥与磨矿筛分，这些工序很容易产生粉尘。粉尘逸散点比熔池熔炼多。因此除了干燥机、磨矿机及筛分设备具有良好的密封性能之外，在各个加料口和排料口都要设计通风除尘。炉料输送采用气流输送，保证接收仓的密封性能并合理设计收尘装置。炉料计量及加料系统必须具备良好的密封性能并设计通风除尘设施。

熔池熔炼的富氧空气鼓入熔体内部使熔体产生强烈搅动，当控制不当时容易产生炉顶冒烟或喷渣。炉料输送一般采用皮带输送机在不封闭状态下输送，各个下料点容易出现粉尘逸散。因此必须做好炉顶及下料点通风除尘。

粗铅火法精炼熔铅锅的通风除尘是一个世界难题。在粗铅熔析脱铜除杂过程中，锅面会产生铅蒸气、烟气和烟尘，特别是残极加入时，容易冒烟，只能用锅罩密封将铅蒸气、烟气和烟尘进行收集和净化除尘，但是目前熔铅锅普遍采用捞渣盘捞渣，就必须将锅罩移开才能捞渣，这时铅蒸气、烟气和烟尘就会产生无组织逸散，危害操作环境。解决这个难题的最好方法是不需移开锅罩，实现自动捞渣和残极自动加入。新建的铅冶炼厂大都设计了残极自动输送线和加入装置，在不移开锅罩的条件下加入残极基本实现。但是要实现自动捞渣，需要具备一定技术条件，如液态粗铅流入熔铅锅，没有固体粗铅的铁钩等难熔杂物；粗铅品位高，杂质含量低，浮渣量较少；浮渣呈现粉末状，能够被捞渣机带走；实现连续脱铜，铅液通过虹吸流动，铅液面相对稳定。日本契岛冶炼厂的熔铅锅是在溜槽中进行捞渣。意大利维斯麦港基夫赛特冶炼厂采用捞渣机，可以在不移开锅罩的条件下进行捞渣，这些经验都值得借鉴和参考。

13.4　铅冶炼废水处理

本书所述的现代铅冶金均为火法冶炼工艺。水主要用来冷却炉体、设备、烟气和炉渣，以及烟气脱硫和烟气洗涤净化。水的循环利用率可达 98% 以上，基本上可以实现废水零排放，新水主要用来补充水循环过程中蒸发消耗的水量，达到粗铅冶炼企业清洁生产一级技术指标的水平，即单位产品新水消耗不超过 10 t。

炉体冷却及设备冷却一般采用工业净化水或软化水，经过水套冷却，水得到循环使用。采用软化水的炉体冷却水循环系统如图 13－1 所示。

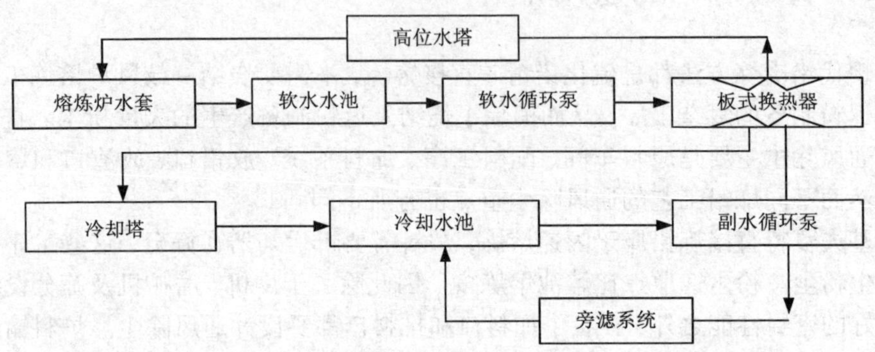

图 13－1　炉体冷却循环水系统流程实例图

软化水经熔炼炉水套吸收热量，温度升高。由软水循环泵加压输送至板式换热器，经板式换热器冷却后进入高位水塔，然后自流至设备进行闭式循环。工业水由副水循环泵供给至板式换热器，对软化水进行换热冷却，换热后的循环回水靠余压进入冷却塔冷却后自流至冷却水池。需要冷却的设备包括阳极立模浇铸机、DM 机、空气压缩机和风机等。如果采用工业净化水，循环系统更为简单。烟化炉水套及设备的冷却水，冷却后经回水管道自流至该循环水系统热水池中，通过热水泵送至冷却塔冷却后自流进入冷水池，再通过冷水泵加压扬送至设备，部分水经旁滤设备过滤后进入冷水池。其工艺流程如图 13－2 所示。

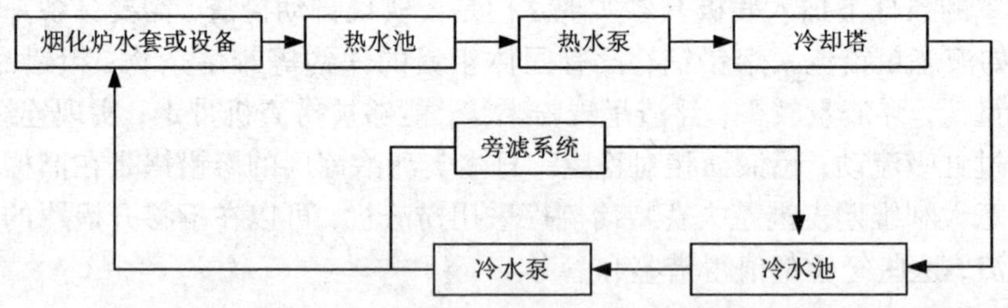

图 13－2　烟化炉及设备循环水系统流程图

烟气冷却采用余热锅炉冷却，产生压力为 4.0 MPa 的蒸汽，可用于发电、炉料干燥、电解液升温等。发电及炉料干燥的蒸汽冷凝水返回化水站生产软化水。生产废水主要来自于循环系统冷却排污水和锅炉化水站反冲洗水，废水除温度、盐分较高外，仅含有少量的悬浮物，收集后全部回用于烟气脱硫或烟化炉冲渣。

生产污水主要是碱液吸收烟气脱硫产生的污水和制酸系统的烟气洗涤净化污水，其中含有重金属离子和硫酸根离子，送污水处理站处理后回用于烟化炉冲渣。

13.5　铅冶炼废渣的无害化处理

铅冶炼废渣主要有烟化炉水淬渣、铜浮渣和阳极泥。

烟化炉炉渣为玻璃体水碎渣，其主要成分为 Fe、SiO_2、CaO，含有少量的 Pb、Zn、Cu、S 等。经固废的毒性浸出实验结果表明，该渣为 I 类一般固废，可外售给水泥厂作原料或作为铺路等建筑材料。

铜浮渣的主要成分为铅和铜，一般采用反射炉处理，产出粗铅、冰铜和炉渣。粗铅送入火法精炼，冰铜送铜冶炼厂回收铜，炉渣返回熔炼系统进行粗铅冶炼。没有废渣对外排放。

阳极泥富含金、银、铋，送贵金属车间进行贵金属回收。

制酸烟气经过稀酸洗涤，烟气洗涤净化产生的污酸渣，经过过滤后返回熔炼系统。

除了烟化炉水淬渣外售之外，其余废渣均返回熔炼系统进行冶炼。

13.6　铅冶炼清洁生产

现代铅冶炼的各种直接炼铅工艺均可达到《清洁生产标准　粗铅冶炼业》(HJ512—2009)粗铅冶炼业清洁生产技术指标要求一级和二级指标等级的水平，具有较高技术装备水平和自动化控制水平。配料、进料及冶炼过程采用计算机控制，具有炉内温度、压力、气氛、废气流量及成分的在线监测及报警装置。

主要金属回收率、单位产品新水消耗量、SO_2转化率、单位产品废水产生量、单位产品二氧化硫的产生量、工业废水重复利用率及固体废物综合利用率等指标均达到一、二级技术指标水平。

所有冶炼过程在密闭炉体内进行，对容易产生烟气的部位均设计集气和净化装置。从原料库开始直至粗铅产出的每个环节，原料输送尽可能采用密闭输送方式，排渣和放铅均采用有盖板的溜槽，使液态熔体在封闭状态下流入下一道工序，在下料点、进料口、排渣口、放铅口等有粉尘或废气逸散的点均设计有集气和净化装置。

第 14 章　铅冶金工厂设计简述

14.1　概述

由于铅冶炼产生的烟气、粉尘、废水和废渣可能对环境造成影响，国家对此制定了许多法律法规予以限制。同时我国铅冶炼生产能力远远大于原料生产能力，新建铅冶炼项目很难获得批准。因此我国铅冶炼项目主要是以提高技术装备水平、治理环境污染或整合生产能力为目的的技术改造项目。

工程设计是建设项目实施的一个重要环节，对项目成败起决定性作用，对项目的经济效益和社会效益产生深远的影响。工程设计一般包括三个阶段：项目可行性研究、基础设计(又称初步设计)和详细设计(又称施工图设计)。

工业工程设计是一个综合性的复杂系统工程，涉及面非常广泛，必须组织一个多专业的团队，包括工艺、设备、电气仪表、自动化控制、土建、采暖通风、总平面规划、给排水、投资造价、技术经济等十几个专业，涉及国家法律法规、产业政策、各专业的标准和规程规范、国内外经济的发展和变化。

项目可行性研究是对拟建项目的建设条件、技术可行性和经济可行性进行论证和研究，对存在的问题和风险进行分析，并作出客观的评价和结论。它是决定拟建项目是否成立的关键步骤。铅冶炼工程的可行性研究必须符合相关的产业政策和环境保护标准，对项目带来的环境影响进行重点分析和论证。可行性研究报告编制完成后，必须组织专家进行评审，设计单位根据专家评审意见进行修改和完善。同时建设单位必须委托具备环评资质的单位根据可行性研究报告编制项目的环境影响报告书，报送环境保护管理部门批复。有关部门根据环境影响报告书的批复意见决定是否批准立项。如果项目被批准立项，设计单位必须严格按照可行性研究报告的内容和环境影响报告书的批复要求进行设计。

初步设计是根据可行性研究报告及其专家评审意见、环境影响报告书及批复进行的。初步设计文件包括初步设计说明书、主要设备明细表、初步设计概算和初步设计附图。初步设计说明书需要对项目每道工序进行论述，冶金计算及热平衡计算，设备参数计算及设备型号确定，工艺参数及技术经济指标的计算与确定，对总平面布置、节能、环保、消防、安全生产及职业卫生的论述，并根据初步设计概算和技术经济指标进行财务分析、经济效益分析，作出财务评价结论。主要设备明细表包括各个专业主要设备的名称、数量、型号规格、技术性能、电机容量、设备质量等技术参数。初步设计概算是根据主要设备明细表及土建工程造价进行计算的。初步设计附图包括总平面布置图、各个专业工艺流程图、设备连接图、车间配置图和主要非标准设备总装图等。初步设计完成后，必须组织专家进行评审，设计单位根据专家评审意见进行修改和完善。初步设计是施工图设计的基础。

施工图设计是将初步设计转化为可以实施的图纸，包括每个专业、每道工序的厂房、设备、电气、仪表、自动化控制、给排水、通风除尘、管道、电线电缆的建设安装的详细图纸。施工图设计完成后应向施工单位进行施工图技术交底，使施工单位理解设计意图，减少施工错误。

14.2　铅冶金工厂设计可行性研究报告的编制

14.2.1　可行性报告的目的和内容

可行性研究报告必须委托具备工程咨询资质的单位进行编制。可行性研究报告的编制是拟建项目立项前期必须进行的技术经济论证工作。可行性研究报告是投资人进行科学决策、项目立项、编制环境影响报告书的重要依据。铅冶炼项目可行性研究报告需要根据国家产业政策及相关的法律法规，对项目选址、技术先进性和可靠性、经济效益和社会效益进行客观全面分析和评价。

可行性研究报告一般包括以下内容：

(1)项目概况、建设条件及背景资料。

(2)产品销售及原材料供应的市场分析与预测。

(3)建设方案(包括厂址选择、建设规模、工艺流程、技术装备水平、产品方案等)论证与选择。

(4)项目产生的环境影响及环境保护措施。

(5)能耗分析及节能措施与途径。

(6)项目建设的实施计划。

(7)建设投资估算及资金来源。

(8)主要技术经济指标分析与综合评价。

(9)建设条件不充分和存在的问题进行分析并提出建议。

(10)可行性研究报告附图包括工厂区域位置图、总平面布置图、主要专业工艺流程图、主要车间配置图等。

14.2.2 厂址选择论证

一般工厂选址首先需要考虑项目的交通运输条件、供电供水条件及原材料供应条件。铅冶炼项目还需满足“铅锌行业准入条件”的要求。准入条件规定“在国家法律、法规、行政规章及规划确定或县级以上人民政府批准的自然保护区、生态功能保护区、风景名胜区、饮用水水源保护区等需要特殊保护的地区、大中城市及其近郊、居民集中区、疗养地、医院和食品、药品等对环境要求高的企业周边1 km内，不得新建铅锌和再生铅锌冶炼项目，不满足上述要求的现有企业必须限期搬迁。再生铅锌企业厂址选择还要按照《危险废物焚烧污染控制标准》(GB18484—2001)中焚烧厂选址原则进行，在《重金属污染综合防治“十二五”规划》规定的重点区域和因铅污染导致环境不能达标的区域内不得新建再生铅项目。”

依据上述条件和要求，对不同厂址的优缺点从环境保护和技术经济指标等方面进行比较和分析，提出厂址推荐意见。

对于一些大型项目要求编写单独的“厂址选择报告”上报有关部门审批。厂址选择报告一般包括厂址选择依据、不同厂址及其周边环境概况、交通运输条件、供电供水条件、对不同厂址的优缺点进行比较、厂址推荐意见等内容。

14.2.3 建设方案论证

建设方案主要包括建设规模、产品方案、工艺流程的论证与确定、总平面布置、技术装备水平及供水供电方案等。

14.2.3.1 建设规模及产品方案

建设规模必须符合“铅锌行业准入条件”的要求。“铅锌行业准入条件”规定，新建铅锌冶炼项目，单系列铅冶炼能力必须达到100 kt/a以上，新建再生铅项目单系列规模必须达到100 kt/a及以上。产品方案可以根据市场情况进行决策。

14.2.3.2 冶炼工艺论证

现代铅冶金包括的几种直接炼铅方法将是未来铅冶炼新建项目及技术改造的选择工艺。几种直接炼铅工艺各有所长，必须根据项目的原料特点、建设企业人员技术水平、生产规模等多方面的因素合理选择冶炼工艺。对于铅锌联合冶炼项目或企业，铅冶炼应该选择原料适应性强的冶炼工艺，可以搭配处理锌冶炼产出浸出渣等各种渣料。搭配处理锌浸出渣比单独处理能耗低、环境污染少、资源综合回收好，如基夫赛特工艺、富氧侧吹炼铅工艺。但是基夫赛特炼铅工艺自动化控制要求相对较高，建设投资较大，要求企业具备相应的技术能力和融资能力。对只有铅冶炼的项目或企业，选择富氧底吹炼铅工艺较好，该工艺建设投资相对较低，生产操作相对简单。

14.2.3.3　总平面布置

总平面布置对于工厂的生产流程的顺畅、物流及车辆管理和形象美观都非常重要。总平面布置一般遵循以下原则：

(1)满足生产工艺流程的顺畅，为生产的机械化、自动化、智能化创造条件。

(2)选择合理、有效的运输方式，布置直接、简便的运输线路。

(3)尽可能减少动力设施能量输送的损失，各种动力供应设备尽量靠近负荷中心或主要负荷中心。

(4)建、构筑物的布置力求紧凑合理，选取合适的通道宽度和间距，满足《建筑设计防火规范》及国家现行有关规程、规范的要求。

(5)各建筑物之间保持良好的通风、采光条件，同时预防废气、废水等有害因素的互相干扰。

遵循的标准及规范有《工业企业总平面设计规范》(GB 50187—2012)；《工业企业标准轨距铁路设计规范》(BGJ 12—87)；《厂矿道路设计规范》(GBJ 22—87)；《建筑设计防火规范》(GB 50016—2006)。

铅冶炼厂一般可以分 5 大区布置，即原材料区、熔炼区、电解区、制酸区和辅助区。原材料区包括原料库、配料系统和原料制备系统；熔炼区包括炉料氧化熔炼、高铅渣的还原熔炼、炉渣烟化炉吹炼、粗铅火法精炼及阳极板浇铸；电解区包括铅电解、电铅铸锭及成品库；制酸区包括烟气洗涤净化、制酸系统、尾气脱硫及硫酸贮槽；辅助区包括供电站、化水站、空气压缩机站、氧气站和循环水站等。

14.2.4　环境保护论证

环境保护论证是依据国家有关环境保护的法律、法规、标准及规范，对项目可能产生的废气、废水、废渣来源、数量及其处理措施和处理效果进行论述，对噪声来源及其防治措施及防治效果进行论述。

14.2.5　消防及职业卫生论证

14.2.5.1　消防

依据《中华人民共和国消防法》(1998 年)、中华人民共和国公安部令第 106 号《建设工程消防监督管理规定》(2009 年 5 月 1 日)、《建筑设计防火规范》(GB 50016—2006)、《建筑灭火器配置设计规范》(GB 50140—2005)、《建筑物防雷设计规范》(GB 50057—1994)等法律法规，以及相关专业有关消防的规范和规程，对项目进行消防隐患分析，采取消防措施。

消防隐患分析包括对原材料、燃料、产品着火可能性的分析和火源分析。

消防措施包括以下几个方面：

(1)总平面消防

建、构筑物的间距、消防车道的设置均满足《建筑设计防火规范》(GB 50016—2006)要求。消防车道的宽度最小为4.0 m，消防车道的最小转弯半径为9.0 m。除原料库及配料厂房、柴油发电机房是沿建筑物的两个长边设置消防车道外，其他均设置了环形消防车道。

(2)消防给水

根据《建筑设计防火规范》，厂区内同时发生火灾次数为一次计，火灾延续时间为2 h，室外消防用水量标准为20 L/s，室内消防用水量标准为20 L/s。生产与消防共用一个管网并成环状。厂区内室外适当位置设置室外消火栓，车间内设室内消火栓系统。

按照《建筑灭火器配置设计规范》(GB 50140—2005)要求，建筑物内设置磷酸铵盐干粉灭火器。

(3)建筑物消防

铅冶炼项目厂房的耐火等级一般按二级考虑。各车间的层数、防火分区面积及占地面积符合规范要求。厂房的安全出口的数目符合防火规范要求；安全疏散距离根据厂房生产的火灾危险性类别为依据进行确定；高层厂房的疏散楼梯间按要求设封闭楼梯间。

(4)电气消防

设置独立的火灾自动报警系统。所有变压器均安装在独立房间内，并设有挡油设施。车间变压器选用全密封变压器，减少漏油引起的火灾事故。电缆从室外进入建筑物入口处、电缆引至电气柜或控制屏的开孔部位用防火堵料封堵。电缆沟内间隔100 m处设置防火墙，架空桥架间隔100 m处、桥架分支处采取阻火措施。架空敷设的电缆与热力管路平行敷设时，净距不小于1.0 m；垂直敷设时，净距不小于0.5 m。柴油发电机的油箱设置快速切断阀。柴油机排气管的室内部分采用不燃烧材料保温。

14.2.5.2 劳动安全及职业卫生

依据《中华人民共和国安全生产法》中华人民共和国主席令第70号(2002年6月29日))《建设工程安全生产管理条例》(国务院令第393号)，《压力容器安全技术监察规程》原质量技术监督局国发(1999)154号，《中华人民共和国劳动法》中华人民共和国主席令第28号(1994)，《中华人民共和国职业病防治法》中华人民共和国主席令第60号(2001)，《建设项目(工程)劳动安全卫生监察规定》(1996)，《生产过程安全卫生要求总则》(GB 12801—2008)，《生产设备安全卫生设计总则》(GB 5083—1999)，《工业企业总平面设计规范》(GB 50187—2012)，《工业企业设计卫生标准》(GBZ 1—2002)，《工作场所有害因素职业接触限值》(GBZ 2—2002)，《工业企业厂界噪声标准》(GB 12348—2008)，《工业企业噪声控制设计规范》(GBJ 87—1985)等相关的法律法规及标准规范。对生产过程中主要安全、卫生危害因素进行论述，提出切实有效的防范措施。

根据项目生产用原辅材料、生产工艺及主要设备的特点，对生产中存在的可能造成安全事故和职业危害的主要危险、有害因素进行分析。铅冶炼项目存在的主要危险及有害因素有：危险性物质的影响、腐蚀危害、高温辐射及熔体灼伤危害、粉尘危害、噪声危害、电气安全事故危险、起重伤害、压力容器爆炸危险、燃爆危害、窒息危害。

(1)铅冶炼危险性物质有铅尘、二氧化硫、天然气、煤气、氧气和氮气。

含铅化合物的铅尘是有毒有害物质之一。产生铅尘岗位主要有熔炼炉及还原炉放铅口、粗铅的初步火法精炼、电解析出铅片的氧化精炼、铅锭及铅合金锭的浇铸岗位等。

二氧化硫是具有强烈辛辣刺激性的气体，短期大量接触可能引起 SO_2 急性中毒；长期低浓度接触，可导致慢性 SO_2 中毒。氧化熔炼炉产生的高浓度 SO_2 烟气，在直升烟道、余热锅炉、电收尘器及其风机房均有泄漏的可能。

开炉升温及保温、粗铅脱铜精炼、浇铸铅阳极板、电解析出铅氧化精炼、铜浮渣的处理等需采用天然气或煤气作燃料，天然气中主要含有 CH_4，煤气含有 CO，如果泄露可能造成中毒危害。

所有直接炼铅工艺均采用富氧熔炼，氧气是强氧化剂，有强烈助燃作用，如与可燃气体混合会引起燃烧或爆炸。

氮气为窒息性气体，如果泄漏，可能造成窒息危害。

(2)腐蚀危险主要来自铅电解液中的硅氟酸制酸系统产出的硫酸。

(3)高温辐射来自于氧化熔炼炉、还原熔炼炉、烟化炉、余热锅炉、铅锅等高温设备在生产操作过程中产生的热辐射。

熔体灼伤危害来自于氧化熔炼炉及还原熔炼炉放铅、放渣及烟化炉进料、出渣过程中有可能发生高温熔体溅身，灼伤皮肤的危险。

(4)粉尘危害来自于原料输送、配料系统、熔炼、烟化炉吹炼及其收尘系统等作业。长期吸入大量的粉尘后，可得尘肺病，严重的可使肺部功能丧失。

(5)噪声主要来源于球磨机、引风机、鼓风机等机械设备在运转中的摩擦、碰撞。噪声源源强一般为 85 ~ 100 dB(A)。长期接触超标噪声对人体听力及神经系统造成危害，导致语言交谈与思考障碍，影响睡眠，引发安全事故。

根据劳动部关于劳动安全卫生“三同时”的要求，针对项目的具体危害因素采取相应的防护及防治措施。针对工程的职业危害特点，从“治本”的指导思想出发，采用先进、可靠的冶炼工艺，设备选型安全可靠，提高生产过程中机械化、自动化水平，大大减少和消除不安全和危害人体健康的因素。对操作人员进行培训和加强安全生产与职业卫生教育，提高工人的安全生产意识和职业卫生意识，保障职工在生产过程中的安全和身体健康，实现文明生产。

14.2.6 项目建设投资估算及技术经济论证

14.2.6.1 投资估算

可行性研究阶段的投资估算由工程费、其他费用及预备费组成。其中工程费由项目范围内建筑工程费用、设备材料费用及安装工程费用构成，一般占建设投资总额的70% ~75%。其他费用包括建设管理费、工程监理费、可行性研究费、环境影响评价及竣工验收费、水土保持服务费、试验研究费、工程设计费、技术引进费、联合试车费、技术培训费等，一般占建设投资总额的15% ~20%。预备费一般占建设投资总额的8% ~10%。建筑工程费用和安装工程费用主要依据当地定额标准计算，设备材料费主要通过询价进行计算。

14.2.6.2 技术经济论证

根据项目投产后的主要技术经济指标、投资估算及资金来源，计算项目投产后的销售收入、生产成本、利润总额、净利润、所得税后项目投资财务内部收益率、投资回收期、盈亏平衡点等经济指标。这些指标反映出项目的经济效益和抗风险能力，由此对项目进行综合评价。

14.3 铅冶金工厂初步设计

初步设计是依据经过专家评审通过的可行性研究报告、环境影响报告书及其批复、项目职业病危害预评价报告的批复等文件进行的。

14.3.1 初步设计说明书

初步设计说明书的内容与可行性研究报告基本相同，不同的是深度比可行性研究报告更深更细。同时需要编写消防专篇、职业卫生专篇。说明书的主要内容包括以下方面：

(1)技术经济：包括主要技术经济指标、劳动定员及组织机构、项目总投资及融资方式、成本费用估算、财务分析、不确定性分析和财务评价等。

(2)冶炼工艺：包括生产规模及产品方案、冶炼过程描述、冶金计算及热平衡计算、设备能力计算及设备选型、车间配置等。

(3)冶金热能及余热回收与利用。

(4)烟气处理：包括烟气收尘、净化、制酸及尾气脱硫。

(5)工厂总平面布置及交通运输。

(6)给排水：包括给排水设施及管网、水循环系统、化水站、废水处理及回用、雨水收集及处理等。

(7)电力、仪表、通信及自动化控制：包括项目的供电、配电，检测温度、压力、流量、料位、料量的仪器仪表，以及设备、仪表、工艺过程的自动化控制。

(8)采暖、环境卫生、通风除尘。

(9)土建工程：包括厂房及建构筑物的建筑设计与结构设计说明。

(10)能耗分析、节能措施与节能指标。

(11)环境保护：包括项目主要污染治理与效果、环境保护投资及定员、环境影响简要分析。

(12)劳动安全与职业卫生：包括生产过程主要安全、卫生危害因素、防范措施、劳动安全卫生机构、劳动安全及劳动卫生措施预期效果等。

(13)消防：包括消防隐患分析及消防措施。

(14)建设投资概算：包括编制依据及投资分析。

14.3.2　初步设计主要设备明细表

主要设备明细表包括冶炼工艺、烟气收尘、制酸、冶金炉及余热利用、给排水、电力、自动化仪表、通信、自动化控制、总图运输、环境通风除尘等各个专业的主要设备的名称、数量、质量以及型号规格、电机容量等技术参数。

14.3.3　初步设计附图

初步设计附图主要包括：

(1)总体布置图、工厂总平面布置图、厂区绿化图。

(2)冶炼工艺流程图、各车间或工序冶炼设备连接图、各工序冶炼配置平面图及剖视图。

(3)冶金炉窑及其余热锅炉总装图、主要非标设备总装图。

(4)余热锅炉房及余热发电配置图、热力系统图、化水站、氧气站、空压站配置图及工艺系统图。

(5)各烟气收尘配置图。

(6)生产给水系统总平面图、各个用水点水循环系统平面图及剖视图、厂区给排水系统管网总平面图、水量平衡图。

(7)供电系统图、各个车间配电站系统图、低压配电系统图、厂区电力网络图；各个生产系统或设备仪表检测控制系统图、工厂自动化控制系统网络结构图。

(8)各个工序环境通风除尘系统配置图、办公室、操作室、控制室、配电室空调布置图。

(9)各个厂房及建筑物建筑图。

14.3.4 初步设计概算

初步设计概算与可行性研究报告投资估算基本相同，由工程费用、其他费用及预备费3部分组成，但是比可行性研究报告的投资估算详细得多，更为准确。初步设计概算的建筑工程费用根据附图的建筑面积、当地定额标准或市场价格对每个建筑物进行计算；设备费用根据设备明细表、对每台设备进行询价计算；安装工程费用根据每台设备的安装工作量及安装定额标准进行计算。其他费用也更为详细和准确。

14.4 铅冶金工厂设计实例

现以建设一座100 kt/a粗铅规模工厂为例，简要介绍其产品规模、原辅材料及工艺流程、设施配备、投资估算及主要经济评价指标。

14.4.1 生产规模及产品方案

(1)粗铅：100 kt/a，含Pb 96%。金银富集在粗铅中。

(2)副产品：硫酸100 kt/a。

(3)次氧化锌烟尘：9712.45 t/a，含Zn 52.0%。

14.4.2 原、辅材料及工艺流程

(1)原料、燃料及辅助材料

该厂以硫化铅精矿为原料，以煤作为燃料和还原剂。辅助材料主要为石灰石和石英石等熔剂，年需铅精矿量179452.95 t(干)，其主要成分见表14－1。

表14－1 铅精矿成分/%

Pb	Zn	Cu	S	Fe	SiO_2	CaO	Ag	Au
55.0	4.70	0.80	17.0	7.0	3.80	0.35	800 g/t	3.0 g/t

年需燃料和还原剂煤量18650 t，含固定碳70.83%。

石灰石年需量约15647.03 t，CaO含量为49.50%；石英砂年需要量约6895.86 t，SiO_2含量为91.1%。

(2)炼铅工艺流程

根据目前的原料成分，可以采用富氧底吹炉或富氧侧吹炉进行氧化熔炼，考虑到原料可能发生变化，富氧侧吹炉对原料的适应性更强，决定采用富氧侧吹直

接炼铅工艺，即氧化熔炼和还原熔炼均采用富氧侧吹炉。硫化铅精矿先经氧化炉进行氧化熔炼，产出一次粗铅和高铅渣，烟尘返回氧化熔炼；液态高铅渣流入还原炉进行还原熔炼，产出二次粗铅和还原炉渣，还原炉产出的烟尘返回还原熔炼。还原炉渣直接流入烟化炉吹炼，得到次氧化锌烟尘。冶炼工艺主要包括炉料准备、氧化熔炼、还原熔炼、炉渣吹炼 4 个主要工艺过程。

炉料准备：炉料准备包括原辅材料贮存、配料及炉料制备。

原辅材料贮存：原料库设有精矿仓、烟尘仓、熔剂仓、煤仓等。外购铅精矿用汽车(或火车)运入精矿仓，卸入精矿仓贮存；各类铅精矿、烟尘用抓斗按比例在精矿仓内进行堆式预配料。按要求采购的煤、石灰石、石英砂用汽车运入，分别卸入煤仓和熔剂仓贮存。

配料：混合铅精矿、熔剂和煤用抓斗将混合矿抓入配料仓。配料仓中的混合精矿、煤、石灰石、石英砂经圆盘下料、电子皮带秤计量后用胶带输送机送往熔炼车间。

炉料制备：采用圆筒制粒。

氧化熔炼：来自原料准备车间的炉料经圆筒制粒后，加入富氧侧吹熔炼炉，同时通过炉体两侧风口鼓入富氧空气进行氧化熔炼，控制炉内温度 1000 ~ 1150℃。炉料落在气流剧烈搅动的熔体层表面，迅速进入熔体，在高温和氧化气氛下发生强烈的氧化脱硫和造渣反应，产出一次粗铅、高铅渣和含 SO_2 浓度≥10% 高温烟气。粗铅经圆盘铸锭机铸成粗铅锭，送往成品库堆存出售或进一步送铅精炼厂生产精铅；液态富铅渣经过保温溜槽流入还原炉进行还原熔炼；含二氧化硫的高温烟气经过余热锅炉冷却及电收尘器收尘后送制酸。

还原熔炼：从溜槽流入还原炉的富铅渣含有大量铅和锌的氧化物，在炉内加煤作还原剂和补充燃料进行还原熔炼，控制炉内温度 1000 ~ 1250℃。在还原气氛下，铅被还原成金属铅，经过虹吸口放出二次粗铅，经过溜槽直接流入熔铅锅进行火法精炼。还原炉烟气含 SO_2 浓度很低，经余热锅炉和省煤器冷却、布袋收尘器收尘后，送往烟囱排放，不达标烟气再经尾气吸收处理后达标排放。

(3) 烟化炉吹炼

锌大部分进入炉渣，还原熔炼渣从渣口放出，经过溜槽直接流入烟化炉吹炼，回收其中的铅锌，烟化炉炉渣经过水淬送渣场堆存。余热锅炉及收尘器收集的次氧化锌烟尘外售。

(4) 制酸工艺流程

富氧侧吹氧化熔炼烟气含 SO_2 浓度为 20% ~ 24%，采用两转两吸制酸工艺。因此，净化工段采用绝热蒸发、稀酸冷却及半封闭循环净化流程，稀酸采用板式冷却器移走热量；干吸工段循环酸系统采用泵后冷却流程，浓酸冷却器采用阳极保护管壳式不锈钢冷却器；转化工段采用 3 + 1 转化流程，换热流程采用Ⅲ. Ⅰ -

Ⅳ.Ⅱ换热流程。

14.4.3 工程设施

项目工程需配备的设施有：原料库、配料仓、计量设备、皮带运输机、圆筒制粒机、氧化炉及其余热锅炉、电收尘器、还原炉及其余热锅炉、布袋收尘器、氧化熔炼烟气制酸设施、烟化炉－余热锅炉一体化装置、烟化炉布袋收尘器、制氧站、冷却水循环设施、电气、仪表及自动化控制等公用辅助设施。

14.4.4 主要技术经济指标

主要技术经济指标见表 14－2。

表 14－2 主要技术经济指标

项 目		单位	指标	说明
粗铅产量		t/a	100000	
混合原料处理量		t/a	201995.84	
混合炉料含铅平均品位		%	48.86	
氧化熔炼	一次粗铅产量	t/a	45882.86	
	一次粗铅产出率	%	45	按铅量计算
	一次粗铅品位	%	96.80	
	氧化炉工业氧消耗	m^3/t	129	按干混合原料计
	燃料率	%	4.06	按干混合原料计
	氧化炉熔剂率	%	11.16	占混合原料比例
	氧化炉烟尘率	%	15	按干混合原料计
	氧化炉脱硫率	%	98.63	
	高铅渣产量	t/a	128911.03	
	高铅渣含铅	%	42.11	
	氧化熔炼作业天数	d	330	

续表 14 - 2

项　目		单位	指标	说明
还原熔炼	还原炉粗铅品位	%	97.30	
	还原炉煤率	%	8	
	还原炉工业氧消耗	m^3/t	46.46	按高铅渣计
	还原炉熔剂率	%	4.72	
	还原炉烟尘率	%	13	
	还原炉渣含铅	%	2.38	
	还原炉渣含锌	%	12.35	
年工作天数		d	330	
铅总回收率		%	98.35	精矿→粗铅
烟化炉吹炼	次氧化锌产量	t/a	12650.57	含锌品位 60%
	锌回收率	%	90	
	弃渣含铅	%	0.42	
	弃渣含锌	%	1.46	
	粉煤率	%	18	
	富氧空气浓度	%	24	

14.4.5　冶金计算

氧化熔炼，还原熔炼及炉渣烟化的物料及主要元素的平衡计算见表 14 - 3，表 14 - 4，表 14 - 5。

14.4.6　主要冶金设备选型计算

(1) 氧化熔炼炉

炉型：富氧侧吹炉。

床能力：根据生产实践，取 65 $t/m^2 \cdot d$。

表 14-3 氧化熔炼物料及主要元素平衡表

物料名称		数量		Pb		Zn		Cu		Fe		CaO	
		t/a	t/d	%	t/a	%	t/a	%	t/a	%	t/a	%	t/a
加入	混合精矿	179452.95	543.80	55.00	98699.12	4.70	8434.29	0.80	1435.62	8.25	14804.87	0.35	628.09
	石灰石	15647.03	47.42							0.63	98.58	55.40	8668.46
	石英石	6895.86	20.90							1.83	126.19	3.57	246.18
	氧化烟尘	30299.38	91.82	49.00	14846.69	4.70	1424.07	0.12	36.36	0.83	249.97	0.04	10.60
	无烟煤	8192.42	24.83							0.02	1.39	0.27	22.48
	工业氧	3283.00	m^3(标)/h										
	空气	747.54	m^3(标)/h										
	二次空气	6481.76	m^3(标)/h										
	合计				113545.81		9858.36		1471.98		15281.00		9575.80
产出	一次粗铅	45882.86	139.04	96.80	44414.60			1.88	861.37				
	氧化烟尘	30299.38	91.82	49.00	14846.69	4.70	1424.07	0.12	36.36	0.83	249.97	0.04	10.60
	富铅渣	128911.03	390.64	42.11	54284.52	6.54	8434.29	0.45	574.25	11.66	15031.03	7.42	9565.20
	氧化烟气	16221.41	m^3(标)/h										
	合计				113545.81		9858.36		1471.98		15281.00		9575.80

续表 14－3

	物料名称	数量		SiO_2		S		Ag		Au	
		t/a	t/d	%	t/a	%	t/a	%	t/a	%	t/a
加入	混合精矿	179452.95	543.80	3.80	6819.21	17.00	30507.00	800.00	143.56	3.00	538.36
	石灰石	15647.03	47.42	0.34	53.20						
	石英石	6895.86	20.90	90.2	6220.06						
	氧化烟尘	30299.38	91.82	0.38	115.14	7.17	2171.10				
	无烟煤	8192.42	24.83	6.98	572.09	1.50	122.89				
	工业氧	3283.00	m^3(标)/h								
	空气	747.54	m^3(标)/h								
	二次空气	6481.76	m^3(标)/h								
	合计				13779.71		32800.99		143.56		538.36
产出	一次粗铅	45882.86	139.04			0.39	176.94	2909.87	133.51	10.91	500.67
	氧化烟尘	30299.38	91.82	0.38	115.14	7.17	2171.10				
	富铅渣	128911.03	390.64	10.60	13664.57	0.19	244.06	77.96	10.05	0.29	37.69
	氧化烟气	16221.41	m^3(标)/h			15.68	30208.89				
	合计				13779.71		32800.99		143.56		538.36

表 14-4 还原段物料及主要元素平衡表

物料名称		数量		Pb		Zn		Cu		Fe		CaO	
		t/a	t/d	%	t/a	%	t/a	%	t/a	%	t/a	%	t/a
加入	富铅渣	128911.03	390.64	42.11	54284.52	6.54	8434.29	0.45	574.25	11.66	15031.03	7.42	9565.20
	石灰石	6085.55	18.44							0.63	38.34	55.40	3371.40
	还原烟尘	16758.43	50.78	48.59	8142.68	5.28	885.60	0.05	8.04	1.88	315.65	1.20	200.87
	无烟煤	10312.88	31.25							0.52	53.63	0.27	28.29
	工业氧	756.27	m^3(标)/h										
	空气	992.05	m^3(标)/h										
	二次空气	2129.06	m^3(标)/h										
	合计				62427.19		9319.89		582.29		15438.64		13165.76
产出	二次粗铅	54117.14	163.99	97.30	52656.57			0.54	292.94				
	还原烟尘	16758.43	50.78	48.59	8142.68	5.28	885.60	0.05	8.04	1.88	315.65	1.20	200.87
	还原渣	68272.17	206.89	2.38	1627.94	12.35	8434.29	0.41	281.31	22.15	15122.99	18.99	12964.89
	还原烟气	6096.97	m^3(标)/h										
	合计				62427.19		9319.89		582.29		15438.64		13165.76

续表 14 - 4

	物料名称	数量		SiO_2		S		Ag		Au	
		t/a	t/d	%	t/a	%	t/a	%	t/a	%	t/a
加入	富铅渣	128911.03	390.64	10.60	13664.57	0.19	244.06	7.80	10.05	0.29	37.69
加入	石灰石	6085.55	18.44	0.34	20.69						
加入	还原烟尘	16758.43	50.78	1.71	286.96	0.10	17.08	0.42	0.07		
加入	无烟煤	10312.88	31.25	6.98	720.17	1.21	124.64				
加入	工业氧	756.27	m^3(标)/h								
加入	空气	992.05	m^3(标)/h								
加入	二次空气	2129.06	m^3(标)/h								
加入	合计				14692.38		385.78		10.12		37.69
产出	二次粗铅	54117.14	163.99			0.16	85.42	15.23	8.24		30.69
产出	还原烟尘	16758.43	50.78	1.71	286.96	0.10	17.08	0.42	0.07		
产出	还原渣	68272.17	206.89	21.10	14405.43	0.07	48.81	2.65	1.81	0.10	7.00
产出	还原烟气	6096.97	m^3(标)/h				234.46				
产出	合计				14692.38		385.78		10.12		37.69

表 14－5 烟化炉段物料及主要元素平衡表

	物料名称	数量		Pb		Zn		Cu		Fe		CaO	
		t/a	t/d	%	t/a	%	t/a	%	t/a	%	t/a	%	t/a
加入	还原渣	68272.17	206.89	2.38	1627.94	12.35	8434.29	0.41	281.31	22.11	15096.89	18.99	12964.89
	粉煤	12288.99	37.24							4.56	560.75	13.12	1612.56
	鼓入富氧空气	10652.78	m^3(标)/h										
	吸入空气	3652.38	m^3(标)/h										
	合计				1627.94		8434.29		281.31		15657.64		14577.45
产出	次氧化锌烟尘	12650.57	38.34	10.94	1383.75	60.00	7590.34	0.06	7.06	2.99	378.72	25.71	325.23
	弃渣	57867.91	175.36	0.42	244.19	1.46	843.95	0.47	274.25	26.40	15278.92	24.63	14252.21
	烟气	15950.05	m^3(标)/h										
	合计				1627.94		8434.29		281.31		15657.64		14577.45

	物料名称	数量		SiO_2		S		Ag		Au			
		t/a	t/d	%	t/a	%	t/a	%	t/a				
加入	还原渣	68272.17	206.89	21.10	14405.43	0.07	48.81	26.50	1.81	0.10	7.00		
	粉煤	12288.99	37.24	0.59	73.00	1.5	184.33						
	鼓入富氧空气	10652.78	m^3(标)/h										
	吸入空气	3652.38	m^3(标)/h										
	合计				14478.43		233.15		1.81		7.00		
产出	次氧化锌烟尘	12650.57	38.34	2.86	361.37	0.12	15.41			0.07	0.95		
	弃渣	57867.91	175.36	24.40	14117.05	0.06	33.40	31.26	1.81	0.10	6.05		
	烟气	15950.05	m^3(标)/h				184.33						
	合计				14478.43		233.15		1.81		7.00		

每天处理炉料量：

(179452.95 + 15647.03 + 6895.86 + 30299.38 + 8192.42)/330 = 728.75 t/d。

炉膛面积：$F = A/\alpha = 728.75/65 = 11.2\ m^2$，取 $F = 12.0\ m^2$。

炉子风口区尺寸：2 m × 6 m。

(2) 还原熔炼炉

炉型：富氧侧吹炉。

床能力：根据生产实践，取 65 t/(m^2·d)。

每天处理炉料量：162066/330 = 491 t/d。

炉膛面积：$F = A/\alpha = 491/65 = 7.6\ m^2$，取 $F = 8.0\ m^2$。

炉子风口区尺寸：2 m × 4 m。

(3) 烟化炉

工作时间：330 d。

每天处理渣量：207 t/d。

每天炉次：8 炉。

每炉处理渣量：26 t。

炉膛面积：

$F = 26/3.5 \times 1 = 7.38\ m^2$，取 $F = 8.0\ m^2$。

(4) 制氧站

深冷法技术。气氧 + 液氧：3500 m^3(标)/h；纯度≥99.6%。

14.4.7　熔炼车间配置

富氧侧吹炼铅氧化熔炼、还原熔炼及烟化炉吹炼厂房配置如图 14 - 1 所示，其中图(1)为车间平面布置图，图(2)为立面配置图。

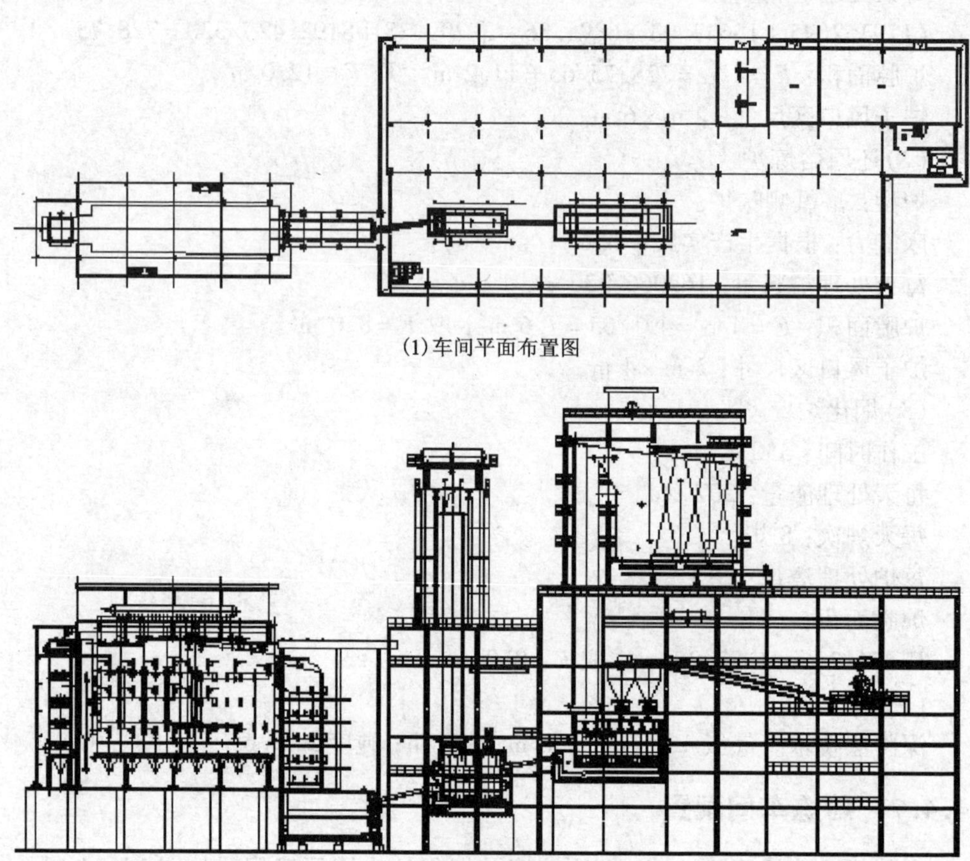

(1)车间平面布置图

(2)立面配置图

图 14－1　熔炼车间厂房配置图

参考文献

[1] 东北工学院有色金属冶炼教研室. 铅冶金. 北京：冶金工业出版社，1976
[2] 铅锌冶金学编委会. 铅锌冶金学. 北京：科学出版社，2003
[3] 王吉坤等. 铅锌冶炼生产技术手册. 北京：冶金工业出版社，2012
[4] 张乐如. 铅锌冶炼新技术. 长沙：湖南科学技术出版社，2006，5
[5] 李卫锋，贾著红等. 硫化铅精矿富氧底吹及富氧顶吹熔炼技术. 长沙：中南大学出版社，2010，12
[6] Lyamina M A, Shumskii V A. Theoretical questions in the treatment of lead-bearing raw materials by the KIVCET process, 2006
[7] 有色冶金炉设计手册编委会. 有色冶金炉设计手册. 北京：冶金工业出版社，2000，9
[8] 重有色金属冶炼设计手册编委会. 重有色金属冶炼设计手册(铅锌铋卷). 北京：冶金工业出版社，1996，5
[9] 袁永锋，刘素红. 底吹熔池熔炼连续处理铅阳极泥的工艺设计及生产实践. 中国有色冶金，2012，8
[10] 徐诗艳，王艳玲，陈梁. 底吹炉系统配套电除尘器的改进实践. 中国有色冶金，2009，12
[11] 张和平. 底吹还原喷枪试验研究. 中国有色冶金，2011，4
[12] 任鸿九等. 有色金属熔池熔炼. 北京：冶金工业出版社，2001
[13] 朱祖泽，贺家齐. 现代铜冶金学. 北京：科学出版社，2003，1
[14] 王忠实. 富氧底吹熔炼－鼓风炉还原炼铅工艺的开发和应用. 中国重有色金属工业发展战略研讨会暨重冶学术委员会第四届学术年会论文集，2003，10
[15] 李东波，张兆祥. 富氧底吹熔炼－鼓风炉还原炼铅新技术及应用. 中国重有色金属工业发展战略研讨会暨重冶学术委员会第四届学术年会论文集，2003，10
[16] 康新建，刘坚. 富氧底吹炼铅法的大型工业化生产. 中国重有色金属工业发展战略研讨会暨重冶学术委员会第四届学术年会论文集，2003，10
[17] 陈学兴，龙飞. 提高鼓风炉处理高铅渣能力的探讨. 中国有色冶金，2012，12
[18] 徐诗艳，王艳玲，陈梁. 底吹炉系统配套电收尘器的改进实践. 中国有色冶金，2009，12
[19] 杨华锋，翁永生，张义民. 氧气底吹－侧吹直接还原炼铅工艺. 中国有色冶金，2010，8
[20] 李小兵，李元香，蔺公敏，宾万达，张立. 万洋“三连炉”直接炼铅法的生产实践. 中国有色冶金，2011，12
[21] 蒋继穆. 顶吹浸没熔炼技术在我国的进展. 有色冶炼，2001(5)
[22] 孔繁义. 用艾萨熔炼技术改造云铜熔炼系统. 有色冶炼，2003(5)
[23] 宋光辉，张乐如. 氧气侧吹直接炼铅新工艺的开发与应用. 有色金属(冶炼部分)，2005(3)

[24] 长沙有色冶金设计研究院，株洲冶炼厂. 基夫赛特炼铅法文集(内部资料)，1995

[25] 舒见义，何醒民. 卡尔多炉炼铅在国外的生产应用. 湖南有色金属，2002，(1)

[26] 袁锐波，贾著红，王剑. 大极板铅电解精炼系统成套装备的国产化研发及其应用. 全国第十二届铅锌冶金学术年会暨中国铅锌联盟专家委员会工作会议，2013，5

[27] 顾鹤林，宋兴诚. 顶吹炉“一炉三段”直接炼铅工艺的渣型控制. 全国第十二届铅锌冶金学术年会暨中国铅锌联盟专家委员会工作会议论文集，2013，5

[28] 宋兴诚，顾鹤林. 顶吹炉一步直接炼铅及渣烟化回收锌工艺技术. 全国第十二届铅锌冶金学术年会暨中国铅锌联盟专家委员会工作会议论文集，2013，5

[29] 陈学兴，刘繁. 富氧底吹炉处理高锌精矿的探讨. 全国第十二届铅锌冶金学术年会暨中国铅锌联盟专家委员会工作会议论文集，2013，5

[30] 李小兵，张立，李伟伟. 三连炉工艺技术研发及产业化应用. 全国第十二届铅锌冶金学术年会暨中国铅锌联盟专家委员会工作会议论文集，2013，5

[31] 陈霖，宾万达，李小兵，张立. 三连炉直接炼铅工艺取消电热前床的合理性分析. 全国第十二届铅锌冶金学术年会暨中国铅锌联盟专家委员会工作会议论文集，2013，5

[32] 李卫锋. 中国炼铅技术现状及发展对策－兼谈液态高铅渣直接还原技术的进展. 第三届铅锌新技术与装备高层研讨会暨铅锌冶炼新工艺现场交流会论文集. 世界有色金属，2009，(8)

[33] 刘维，蔡练兵. 氧气底吹炼铅工艺中砷元素分布及含砷物料处理研究. 第三届铅锌新技术与装备高层研讨会暨铅锌冶炼新工艺现场交流会论文集. 世界有色金属，2009，(8)

[34] 熊家政，赵涛. 铅及其合金高效节能熔化技术. 第三届铅锌新技术与装备高层研讨会暨铅锌冶炼新工艺现场交流会论文集. 世界有色金属，2009，(8)

[35] 贺菊香. 铅锌冶炼联合企业的技术优势. 第三届铅锌新技术与装备高层研讨会暨铅锌冶炼新工艺现场交流会论文集. 世界有色金属，2009，(8)

[36] 赵中伟，任鸿九. 铅锌及其共伴生元素和化合物物理化学性质手册. 长沙：中南大学出版社，2012

[37] 湖南省有色金属工业总公司，水口山有色金属有限责任公司，长沙有色冶金设计研究院技术考察组. 赴韩国、哈萨克斯坦、澳大利亚铅冶炼技术考察报告(内部资料)，2002，8

[38] David W Goosen，Michael T Martin. 基夫赛特熔炼技术在科明科的应用. 株冶科技，2005，3，译自 Mining Millennium 2000

[39] 陈智和. 大极板技术在我国铅电解工业的应用. 第五届铅锌冶炼专家论坛暨深加工产品技术(装备)创新现场交流会论文集，2011

[40] 宋守恒. 基夫赛特炉耐火材料内衬的国产化设计研究. 第五届铅锌冶炼专家论坛暨深加工产品技术(装备)创新现场交流会论文集，2011

[41] 贺菊香. 基夫赛特直接炼铅技术的发展前景. 第五届铅锌冶炼专家论坛暨深加工产品技术(装备)创新现场交流会论文集，2011

[42] 赵红浩，刘超. 铅阳极泥还原熔炼节能实例与分析. 中国有色冶金，2011，10

[43] 黄宪涛，涂绪良. 铅阳极泥侧吹炉还原熔炼试生产总结. 中国有色冶金，2012，10

[44] 卢宜源，宾万达. 贵金属冶金学. 长沙：中南大学出版社，1994，10

[45] 杨明，狄聚才. 底吹炉处理铜浮渣的半工业试验. 中国有色冶金，2012，8
[46] 邹强. 云南驰宏锌锗大极板铅电解精炼技术引进及思考. 中国有色冶金，2009，12
[47] 徐华军. 大极板和小极板铅电解的比较. 中国有色冶金，2012，10

图书在版编目(CIP)数据

现代铅冶金/张乐如编著. —长沙:中南大学出版社,2013.11
ISBN 978 -7 -5487 -0912 -1

Ⅰ.现... Ⅱ.张... Ⅲ.炼铅 Ⅳ.TF812

中国版本图书馆 CIP 数据核字(2013)第 153124 号

现代铅冶金

张乐如 编著

□责任编辑 史海燕
□责任印制 文桂武
□出版发行 中南大学出版社
社址:长沙市麓山南路 邮编:410083
发行科电话:0731-88876770 传真:0731-88710482
□印 装 长沙市宏发印刷有限公司

□开 本 720×1000 1/16 □印张 22.5 □ 字数 441 千字 □插页
□版 次 2013 年 11 月第 1 版 □2013 年 11 月第 1 次印刷
□书 号 ISBN 978 -7 -5487 -0912 -1
□定 价 68.00 元